计算机公共课系列教材

计算机网络基础

主　编　李俊娥
参　编　陈　萍　刘　珺　王　鹃
　　　　詹江平　吴黎兵

武汉大学出版社

图书在版编目(CIP)数据

计算机网络基础/李俊娥主编.—武汉:武汉大学出版社,2006.11
计算机公共课系列教材
ISBN 978-7-307-05263-5

Ⅰ.计… Ⅱ.李… Ⅲ.计算机网络—高等学校—教材 Ⅳ.TP393

中国版本图书馆 CIP 数据核字(2005)第 116366 号

责任编辑:林 莉 责任校对:刘 欣 版式设计:支 笛

出版发行:**武汉大学出版社** (430072 武昌 珞珈山)
（电子邮件:wdp4@whu.edu.cn 网址:www.wdp.com.cn）
印刷:湖北省黄石市华光彩色印务有限公司
开本:787×1092 1/16 印张:21.125 字数:536 千字
版次:2006 年 11 月第 1 版 2008 年 7 月第 2 次印刷
ISBN 978-7-307-05263-5/TP·220 定价:34.00 元(含配套光盘)

版权所有,不得翻印;凡购买我社的图书,如有缺页、倒页、脱页等质量问题,请与当地图书销售部门联系调换。

计算机公共课系列教材
编 委 会

主　　任：杨健霑

副 主 任：熊建强　李俊娥　殷　朴　刘春燕

编　　委：（以姓氏笔画为序）

　　　　　刘　英　何　宁　汪同庆　杨运伟

　　　　　吴黎兵　罗云芳　黄文斌　康　卓

执行编委：黄金文

内 容 简 介

本书为高等院校计算机公共课系列教材之一,是根据教育部关于计算机基础教育的指导意见,同时参照全国计算机等级考试三级网络技术的大纲,综合作者多年的教学和科研实践编写而成的。

全书共 15 章,分为既相互联系又相对独立的四篇:计算机网络基础(第 1~4 章)、Internet 应用(第 5~12 章)、网络管理与网络安全(第 13~14 章)和下一代网络技术(第 15 章)。

本书融基本原理、基本概念及应用于一体,内容新颖丰富、深入浅出、循序渐近、详略得当、联系实际,可作为普通高等院校非计算机专业研究生和本科生计算机网络课程的教材,或作为计算机专业网络课程的入门教材和高职高专类计算机专业的教材,也可用做网络技术基础的培训教材、网络技术等级考试和自学网络基础知识的参考书。

前 言

随着计算机技术和通信技术的进步,计算机网络技术得到了迅速发展。作为信息系统基础设施,计算机网络建设在世界各国均受到极大重视。美国于1994年提出建设"信息高速公路",就是指建设国家信息基础设施和全球信息基础设施的规划和实施。计算机网络的应用已深入到各行各业以及人们的日常生活中。早在1986年,美国Sun Microsystem公司总裁奥尔森就发表了"Network is Computer"(网络就是计算机)的名言,这句话表明,不管一个网络有多么复杂,总可以把它理解为一个扩展了的计算机系统,而每一台连网的计算机可以看成这台大电脑的外部设备,甚至有人认为,"不连网的机器不能称为计算机"。可见,网络应用已成为计算机应用的重要组成部分,计算机网络技术已成为计算机技术不可缺少的内容,不懂计算机网络就等于不懂计算机。因此,学习计算机网络知识已成为时代的需要。

在多年的非计算机专业本科生和研究生的"计算机网络"课程教学实践中,一直为没有合适的教材而感到遗憾,现有的相关出版物中,要么过于原理化,要么过于侧重应用,甚至接近于操作手册。原理性太强的教材,非计算机专业人员学起来枯燥而难以理解,且与实际应用联系不起来而不能学以致用;应用操作性太强的教材,读者学完后只能知其然,而不能知其所以然,以至于不能触类旁通,遇到的问题稍有变化,就无从解决。

随着计算机网络应用的不断深入,计算机网络知识已经成为计算机文化的一个重要部分,怎样才能使非计算机专业人员(学生或一般网络用户)在较短的时间内掌握足够的计算机网络知识,使他们能够随心所欲地应用计算机网络这一工具为自己的学习、工作和生活服务,并且不会在飞速变化的网络技术面前感到茫然,就成为我们努力的目标——我们希望教给读者一把开启网络世界的钥匙而不仅仅是有限的知识。在这样的指导思想下,我们编写了本书。

本书融基本原理、基本概念及应用于一体,面向应用阐述原理与概念,基于原理而引出应用,深入浅出、循序渐进、详略得当。在内容的选取和编排上,我们始终将自己作为一个计算机网络的使用者来思考问题:我需要使用网络的什么?如何使用它们?为什么这样用?然后,将上列三个问题的答案倒序排列,就是本书的基本内容及基本顺序。此外,还考虑了如下的问题:使用网络时我需要注意什么?总之,书中阐述的原理和概念是为了应用而服务的,是交给读者的"钥匙",有了这些知识,当遇到书中没有阐述的问题或未来网络技术与应用发生变化时,读者能够触类旁通;应用是目标,但我们没有写成简单的操作手册,而是作为原理的实例引出,做到理论联系实际,使读者能更好地理解基本原理和概念,达到融会贯通的目的。

全书共15章,分为既相互联系又相对独立的四篇:

• 第一篇(第1~4章)为"计算机网络基础",阐述计算机网络的基本概念、网络体系结构、与物理层和数据链路层相关的概念和技术、TCP/IP协议的基本和重要内容,以及局域网组网用到的实用技术。

• 第二篇(第5~12章)为"Internet应用",阐述Internet的接入方式、Internet服务(WWW、E-mail、FTP、Telnet、搜索引擎、BBS、网络聊天、网络新闻组、IP电话与网络会议等)的原理与应用,以及网页制作与网站设计技术。

- 第三篇(第13~14章)为"网络管理与网络安全",阐述网络管理的基本概念、SNMP协议、常用网管工具与软件、网络安全的基础知识、加密技术与认证技术、防火墙与VPN技术、网络病毒及其防护、电子商务与电子邮件的安全与防护等,并讨论了网络道德建设问题。
- 第四篇(第15章)为"下一代网络技术",概要介绍了移动IP技术、多媒体网络的概念与对服务质量(QoS)的需求、IPv6及下一代互联网的发展趋势。

在教学时数有限的情况下,对于不同的对象,可参考以下建议进行教学:

(1) 对理工科类学生和工程技术人员,应侧重第一篇和第三篇内容的教学,第二篇和第四篇内容可留给学生自学;

(2) 对人文社科类学生和一般Internet用户,可侧重于以下内容:第1章,第2章的2.2节、2.3节和2.5节,第3章的3.1~3.3节、3.7节(3.7.3小节可略讲)和3.8节,第4章,第二篇的全部内容(其中第12章可根据具体情况灵活选取主要或全部内容),第14章选讲。

为便于教学,随书提供配套光盘一张(由陈萍设计,陈萍和刘珺共同制作,李俊娥修改)。此外,与本书配套的《计算机网络基础实验教程》已在编写之中,不久将与读者见面。

本书由李俊娥教授主编,陈萍、刘珺、王鹃、詹江平和吴黎兵等老师参编,具体分工为:第1~3章由李俊娥编写,第4章和第13章由刘珺编写,第5~11章由王鹃编写,第12章由陈萍编写,第14章由詹江平和吴黎兵共同编写(其中14.9节由王鹃编写),第15章由詹江平和陈萍共同编写,全书由李俊娥统稿。此外,黄磊老师、熊卿博士生也为本书的编写做了工作。本书所有参编人员均多年从事计算机网络领域的教学、科研或网络运行管理工作,书中融入了作者的部分科研成果和实践经验。

本书面向非计算机专业人员,内容新颖丰富、深入浅出、联系实际,可作为普通高等院校非计算机专业研究生和本科生计算机网络课程的教材,或作为计算机专业网络课程的入门教材和高职高专类计算机专业的教材,也可用做网络技术基础的培训教材、网络技术等级考试和自学网络基础知识的参考书。

书后所列参考文献可作为本书未覆盖相关内容的补充,供读者进一步学习参考。

参考文献1~3对作者和本书具有重大影响,书中个别绘图参考了上列文献,在此向原书作者表示最真诚的感谢!感谢所有参考文献的作者!在本书的编写和出版过程中,得到了武汉大学教务部、武汉大学计算中心、武汉大学计算机学院和武汉大学出版社的大力支持,在此向所有关心和支持本书的人们表示诚挚的谢意!

由于作者水平所限,书中缺点和不足在所难免,真诚地希望读者给予批评指正。

作 者

2006年6月于武昌珞珈山

联系作者:jeli@whu.edu.cn(李俊娥)。欢迎您提出宝贵意见。

目 录

第一篇 计算机网络基础 ... 1

第1章 计算机网络的基础知识 ... 3
1.1 概述 ... 3
1.1.1 计算机网络的形成与发展 ... 3
1.1.2 计算机网络的定义 ... 5
1.1.3 计算机网络的组成 ... 5
1.2 计算机网络的分类 ... 7
1.2.1 计算机网络的分类方法 ... 7
1.2.2 广播式网络和点到点网络 ... 8
1.2.3 局域网、广域网和城域网 ... 9
1.3 计算机网络的拓扑结构 ... 10
1.4 计算机网络的体系结构 ... 12
1.4.1 网络协议分层模型及相关概念 ... 12
1.4.2 网络服务及服务类型 ... 14
1.4.3 ISO/OSI 参考模型 ... 15
1.4.4 IEEE 802 系列标准 ... 17
1.4.5 TCP/IP 协议族 ... 19
1.5 本章小结 ... 22
思考与练习 ... 23

第2章 低层网络技术 ... 24
2.1 数据通信的基础知识 ... 24
2.1.1 数据、信号与信道 ... 24
2.1.2 信号与信道的带宽 ... 25
2.1.3 信道的最大数据传输速率 ... 26
2.1.4 单工、半双工、全双工通信 ... 27
2.2 传输介质 ... 27
2.2.1 双绞线 ... 28
2.2.2 同轴电缆 ... 29
2.2.3 光纤 ... 30
2.2.4 无线传输 ... 32
2.3 局域网技术——以太网 ... 34

2.3.1　局域网技术概述 ……………………………………………………… 34
　　2.3.2　传统以太网 …………………………………………………………… 35
　　2.3.3　以太网的 MAC 帧及相关概念 ……………………………………… 38
　　2.3.4　交换式以太网 ………………………………………………………… 40
　　2.3.5　高速以太网 …………………………………………………………… 42
2.4　虚拟局域网(VLAN) ……………………………………………………………… 44
　　2.4.1　VLAN 技术简介 ……………………………………………………… 44
　　2.4.2　VLAN 的标准与 MAC 帧格式 ……………………………………… 45
　　2.4.3　VLAN 的类型 ………………………………………………………… 46
2.5　无线局域网 ………………………………………………………………………… 47
　　2.5.1　无线局域网的种类 …………………………………………………… 47
　　2.5.2　IEEE 802.11 系列标准及发展 ……………………………………… 48
　　2.5.3　无线局域网的介质访问特点 ………………………………………… 49
　　2.5.4　无线局域网的两种组织模式 ………………………………………… 49
　　2.5.5　无线局域网硬件 ……………………………………………………… 51
2.6　广域网技术 ………………………………………………………………………… 53
　　2.6.1　基本概念 ……………………………………………………………… 54
　　2.6.2　公用交换电话网(PSTN) …………………………………………… 56
　　2.6.3　公用分组交换网(X.25) ……………………………………………… 58
　　2.6.4　数字数据网(DDN) …………………………………………………… 60
　　2.6.5　帧中继网络(FR) ……………………………………………………… 60
　　2.6.6　综合业务数字网(ISDN) ……………………………………………… 61
　　2.6.7　广域网技术小结 ……………………………………………………… 64
2.7　本章小结 …………………………………………………………………………… 65
思考与练习 ………………………………………………………………………………… 65

第 3 章　网络互连与 TCP/IP 协议 …………………………………………………… 67
3.1　网络互连问题 ……………………………………………………………………… 67
3.2　IP 地址 ……………………………………………………………………………… 68
　　3.2.1　IP 地址及其结构 ……………………………………………………… 68
　　3.2.2　IP 地址的分类 ………………………………………………………… 69
　　3.2.3　特殊 IP 地址 …………………………………………………………… 70
　　3.2.4　IP 地址的管理 ………………………………………………………… 71
　　3.2.5　保留的 IP 地址 ………………………………………………………… 72
3.3　IP 编址的扩展 ……………………………………………………………………… 73
　　3.3.1　子网编址 ……………………………………………………………… 73
　　3.3.2　无类型编址 …………………………………………………………… 74
3.4　IP 数据报 …………………………………………………………………………… 75
　　3.4.1　IP 数据报的结构及其封装 …………………………………………… 75
　　3.4.2　IP 数据报的格式 ……………………………………………………… 76

- 3.5 IP 地址到 MAC 地址的映射 ... 79
  - 3.5.1 地址映射问题 ... 79
  - 3.5.2 ARP 的工作原理 ... 79
  - 3.5.3 ARP 报文及其封装 ... 81
  - 3.5.4 ARP 在互联网上 ... 82
- 3.6 IP 路由 ... 83
  - 3.6.1 IP 路由选择问题 ... 83
  - 3.6.2 IP 路由表 ... 85
  - 3.6.3 IP 数据报转发算法 ... 87
  - 3.6.4 路由表的初始化和更新 ... 88
  - 3.6.5 IP 层互连设备及其地址分配 ... 88
- 3.7 TCP/IP 的传输层 ... 89
  - 3.7.1 确定最终目的地——协议端口 ... 89
  - 3.7.2 UDP 协议 ... 90
  - 3.7.3 TCP 协议 ... 93
  - 3.7.4 协议端口的分配与熟知端口(Well-known Ports) ... 99
- 3.8 域名系统(DNS) ... 100
  - 3.8.1 客户机/服务器工作模式 ... 100
  - 3.8.2 域名的层次型命名与管理机制 ... 100
  - 3.8.3 Internet 域名系统 ... 101
  - 3.8.4 域名服务 ... 102
- 3.9 本章小结 ... 104
- 思考与练习 ... 105

第4章 局域网组网 ... 107
- 4.1 概述 ... 107
  - 4.1.1 局域网的主要技术特点 ... 107
  - 4.1.2 局域网的拓扑结构 ... 108
  - 4.1.3 局域网的传输介质 ... 108
- 4.2 以太网的物理网络设备 ... 109
  - 4.2.1 网卡 ... 109
  - 4.2.2 集线器(HUB) ... 110
  - 4.2.3 交换机(Switch) ... 111
- 4.3 双绞线组网 ... 112
  - 4.3.1 双绞线的接口与制作 ... 112
  - 4.3.2 网线的连接 ... 113
- 4.4 结构化布线 ... 115
  - 4.4.1 结构化布线的概念 ... 115
  - 4.4.2 结构化布线系统的组成 ... 116
  - 4.4.3 著名的结构化布线系统 ... 117

4.5 网络操作系统 ………………………………………………………… 118
　4.5.1 网络操作系统概述 …………………………………………… 118
　4.5.2 Windows 操作系统 …………………………………………… 119
　4.5.3 Linux 操作系统 ……………………………………………… 120
4.6 Windows 下建立局域网连接 …………………………………………… 122
　4.6.1 安装网卡及网卡驱动程序 …………………………………… 122
　4.6.2 配置局域网连接 ……………………………………………… 123
4.7 动态主机配置(DHCP) ………………………………………………… 124
　4.7.1 概述 …………………………………………………………… 124
　4.7.2 Windows 上 DHCP 服务器的安装与设置 …………………… 125
　4.7.3 DHCP 客户端的设置 ………………………………………… 127
4.8 代理服务(Proxy) ……………………………………………………… 127
　4.8.1 概述 …………………………………………………………… 127
　4.8.2 代理服务器软件 WinRoute 的应用 ………………………… 129
　4.8.3 客户端使用设置 ……………………………………………… 132
4.9 组建大型局域网——园区网 ………………………………………… 132
　4.9.1 网络设计的原则和步骤 ……………………………………… 132
　4.9.2 园区网示例 …………………………………………………… 134
4.10 本章小结 ……………………………………………………………… 135
思考与练习 ………………………………………………………………… 136

第二篇　Internet 应用 ……………………………………………………… 139

第 5 章　Internet 概述 …………………………………………………… 141
5.1 Internet 的发展历史 …………………………………………………… 141
5.2 Internet 的服务与资源 ………………………………………………… 141
5.3 Internet 的组织与管理 ………………………………………………… 142
5.4 Internet 在中国 ………………………………………………………… 143
思考与练习 ………………………………………………………………… 144

第 6 章　接入 Internet …………………………………………………… 145
6.1 选择 ISP 和接入方式 ………………………………………………… 145
　6.1.1 Internet 服务提供商 ………………………………………… 145
　6.1.2 接入 Internet 的方式 ………………………………………… 146
6.2 拨号上网 ……………………………………………………………… 146
　6.2.1 调制解调器 …………………………………………………… 146
　6.2.2 拨号上网的安装与使用 ……………………………………… 147
6.3 ISDN 上网 …………………………………………………………… 149
　6.3.1 ISDN 设备与连接 …………………………………………… 150
　6.3.2 ISDN 联网的软件安装 ……………………………………… 150

6.4 ADSL 上网 ·· 151
　6.4.1 ADSL 简介 ·· 151
　6.4.2 ADSL 设备与连接 ·· 151
　6.4.3 ADSL 联网的软件安装 ·· 152
6.5 本章小结 ·· 152
思考与练习 ·· 153

第7章 WWW 服务 ·· 154
7.1 WWW 服务概述 ·· 154
7.2 WWW 服务的基本概念 ··· 155
7.3 Internet Explorer 的使用 ·· 157
　7.3.1 Internet Explorer 的基本操作 ······································ 157
　7.3.2 Internet Explorer 中设置代理服务 ································ 159
7.4 本章小结 ·· 160
思考与练习 ·· 161

第8章 电子邮件(E-mail) ·· 162
8.1 电子邮件系统的工作原理 ·· 162
8.2 电子邮件系统协议 ·· 163
8.3 电子邮件地址 ··· 164
8.4 使用 Outlook Express 收发电子邮件 ···································· 164
　8.4.1 需要事先获取的信息 ··· 164
　8.4.2 使用 Outlook Express ··· 165
8.5 使用 Webmail 收发电子邮件 ··· 168
8.6 本章小结 ·· 169
思考与练习 ·· 170

第9章 文件传输(FTP) ·· 171
9.1 FTP 概述 ··· 171
9.2 FTP 服务的使用方法 ·· 172
　9.2.1 以命令行方式使用 FTP ··· 172
　9.2.2 通过图形客户程序使用 FTP ······································ 173
　9.2.3 通过浏览器使用 FTP 服务 ·· 175
9.3 建立 FTP 服务器 ·· 177
9.4 本章小结 ·· 179
思考与练习 ·· 179

第10章 远程登录(Telnet) ·· 180
10.1 Telnet 的工作原理 ·· 180

10.2 使用 Windows 下的 Telnet 程序远程登录 ……………………………………… 181
10.3 其他 Telnet 客户程序简介 …………………………………………………… 181
10.4 本章小结 …………………………………………………………………… 182
思考与练习 ………………………………………………………………………… 182

第 11 章 其他 Internet 服务 ………………………………………………………… 183
11.1 搜索引擎 …………………………………………………………………… 183
11.2 BBS ………………………………………………………………………… 185
11.3 网上聊天 …………………………………………………………………… 186
11.4 网络新闻组 ………………………………………………………………… 186
11.5 网络电话和网络会议 ………………………………………………………… 188
11.6 Gopher ……………………………………………………………………… 189
11.7 本章小结 …………………………………………………………………… 190
思考与练习 ………………………………………………………………………… 190

第 12 章 Web 网页制作与发布 …………………………………………………… 191
12.1 HTML 语言 ………………………………………………………………… 191
　　12.1.1 基本标记 ……………………………………………………………… 192
　　12.1.2 添加超级链接和书签 ………………………………………………… 193
　　12.1.3 添加图像 ……………………………………………………………… 194
　　12.1.4 创建表格(Table) ……………………………………………………… 195
　　12.1.5 定义表单(Form) ……………………………………………………… 197
　　12.1.6 设置帧(Frame) ………………………………………………………… 199
12.2 动态网页开发技术 …………………………………………………………… 202
　　12.2.1 CGI 与 ISAPI …………………………………………………………… 202
　　12.2.2 Java Applet …………………………………………………………… 203
　　12.2.3 脚本语言与服务器端脚本技术 ………………………………………… 205
12.3 ASP 技术 …………………………………………………………………… 208
　　12.3.1 概述 …………………………………………………………………… 208
　　12.3.2 ASP 的执行环境 ……………………………………………………… 209
　　12.3.3 编写 ASP 脚本 ………………………………………………………… 209
　　12.3.4 ASP 语法 ……………………………………………………………… 210
　　12.3.5 ASP 的五大内置对象 ………………………………………………… 212
12.4 使用 FrontPage 制作网页 …………………………………………………… 220
　　12.4.1 FrontPage 2000 概述 ………………………………………………… 220
　　12.4.2 创建 Web 站点 ………………………………………………………… 221
　　12.4.3 制作网页 ……………………………………………………………… 221
　　12.4.4 添加超链接 …………………………………………………………… 223
　　12.4.5 使用表格(Table)增添结构 …………………………………………… 223
　　12.4.6 用帧(Frame)辅助布局 ………………………………………………… 224

12.4.7 运用表单(Form)交互 ……………………………………………………………… 226
12.5 网页制作其他工具 …………………………………………………………………… 226
  12.5.1 Dreamweaver ……………………………………………………………………… 226
  12.5.2 Fireworks ………………………………………………………………………… 227
  12.5.3 Flash ……………………………………………………………………………… 227
  12.5.4 PhotoShop ………………………………………………………………………… 227
12.6 网站设计与发布 ……………………………………………………………………… 227
  12.6.1 网站规划与设计原则 ……………………………………………………………… 228
  12.6.2 网站发布 …………………………………………………………………………… 228
12.7 建立 Web 服务器 …………………………………………………………………… 228
  12.7.1 在 Windows 平台上建立 Web 服务器 ………………………………………… 229
  12.7.2 在 Linux 平台上建立 Web 服务器 …………………………………………… 231
12.8 本章小结 ……………………………………………………………………………… 231
思考与练习 …………………………………………………………………………………… 231

第三篇 网络管理与网络安全 ……………………………………………………………… 233

第 13 章 网络管理 ……………………………………………………………………………… 235
13.1 网络管理概述 ………………………………………………………………………… 235
  13.1.1 网络管理的概念和目标 …………………………………………………………… 235
  13.1.2 网络管理的发展及有关标准化组织 ……………………………………………… 236
  13.1.3 网络管理基本模型——Manager/Agent 模型 …………………………………… 238
  13.1.4 集中式网络管理与分布式网络管理 ……………………………………………… 240
13.2 网络管理的基本功能域 ……………………………………………………………… 240
  13.2.1 配置管理 …………………………………………………………………………… 241
  13.2.2 故障和失效管理 …………………………………………………………………… 241
  13.2.3 性能管理 …………………………………………………………………………… 242
  13.2.4 计费管理 …………………………………………………………………………… 242
  13.2.5 安全管理 …………………………………………………………………………… 243
13.3 简单网络管理协议(SNMP) ………………………………………………………… 243
  13.3.1 SNMP 概述 ………………………………………………………………………… 243
  13.3.2 SNMP 操作 ………………………………………………………………………… 244
  13.3.3 管理信息库(MIB) ………………………………………………………………… 245
13.4 网络管理工具和软件 ………………………………………………………………… 246
  13.4.1 概述 ………………………………………………………………………………… 246
  13.4.2 TCP/IP 网络管理工具 …………………………………………………………… 248
  13.4.3 CiscoWorks2000 …………………………………………………………………… 252
13.5 网络管理技术的发展趋势 …………………………………………………………… 257
13.6 本章小结 ……………………………………………………………………………… 258
思考与练习 …………………………………………………………………………………… 259

第14章 网络与信息安全 260

14.1 概述 260
14.1.1 网络与信息安全问题 260
14.1.2 计算机系统的安全等级 261
14.1.3 网络与信息安全措施 264

14.2 数据加密技术 266
14.2.1 密码学的基本概念 266
14.2.2 对称密钥密码系统 267
14.2.3 非对称密钥密码系统 268
14.2.4 密钥管理 268

14.3 认证技术 270
14.3.1 消息认证 270
14.3.2 身份认证 270
14.3.3 数字签名 271

14.4 常用安全协议 272
14.4.1 SSL 协议 272
14.4.2 HTTPS 协议 274
14.4.3 S/MIME 协议 274
14.4.4 IPSec 协议 275

14.5 防火墙技术 276
14.5.1 防火墙的基本概念 276
14.5.2 防火墙的类型 277
14.5.3 个人防火墙 278

14.6 虚拟专用网(VPN)技术 283
14.6.1 VPN 的基本概念 284
14.6.2 VPN 的安全技术 284

14.7 网络病毒与特洛伊木马 286
14.7.1 计算机病毒 286
14.7.2 网络病毒 288
14.7.3 特洛伊木马程序 289

14.8 电子商务安全 292
14.9 电子邮件安全 295
14.10 网络道德建设 296
14.11 本章小结 298
思考与练习 298

第四篇 下一代网络技术 301

第15章 下一代网络技术 303
15.1 移动 IP 303

    15.1.1 移动 IP 技术概述 …………………………………… 303
    15.1.2 移动 IP 的工作机制 …………………………………… 305
    15.1.3 移动 IP 的关键技术 …………………………………… 305
  15.2 多媒体网络与"三网合一" …………………………………… 307
    15.2.1 多媒体网络的概念和基本特征 …………………………………… 307
    15.2.2 多媒体网络对服务质量(QoS)的需求 …………………………………… 308
    15.2.3 关于"三网合一" …………………………………… 310
  15.3 下一代 IP 协议——IPv6 …………………………………… 312
    15.3.1 IPv6 的提出与发展 …………………………………… 312
    15.3.2 IPv6 与 IPv4 的主要区别 …………………………………… 313
    15.3.3 IPv6 地址及其表示 …………………………………… 314
    15.3.4 IPv6 的前景 …………………………………… 316
  15.4 下一代互联网络 …………………………………… 317
  15.5 本章小结 …………………………………… 319
  思考与练习 …………………………………… 320

主要参考文献 …………………………………… 321

第一篇 计算机网络基础

第1章 计算机网络的基础知识

本章阐述计算机网络的概念、分类、拓扑结构及计算机网络的体系结构,其中计算机网络的体系结构是本章学习的重点。

本章是全书的基础,是学习计算机网络必须掌握的内容。学习要点如下:

(1) 了解计算机网络的发展历史,掌握计算机网络的定义、网络系统的组成及网络协议的概念及其在网络中的作用;

(2) 掌握计算机网络的常见分类方法,特别掌握广播式通信和点到点通信的概念,以及分组交换的概念;

(3) 掌握几种计算机网络拓扑结构的特点及适用范围;

(4) 掌握计算机网络分层体系结构的概念模式及工作方式;掌握三种重要体系结构 ISO/OSI、IEEE 802 和 TCP/IP 的分层模型及在实际应用中的作用,了解它们的组织管理机构;掌握实际的网络体系结构模型的层次和各层的名称;

(5) 掌握网络服务的概念,以及面向连接服务与无连接服务的特点。

1.1 概述

1.1.1 计算机网络的形成与发展

计算机网络是计算机技术与通信技术相结合而产生的,其发展经历了由简单到复杂、由低级到高级的过程。

20 世纪 50 年代,为了解决远程数据收集、远程计算和处理,发展了远程联机的系统,即一个远程终端利用专用线路和主机连接起来作为主机的一个用户,其基本结构如图 1.1 所示。这种系统被称为面向终端的计算机网络,其特点是所有用户共用同一台主机,终端不具备独立的计算能力。严格地说,这种系统并不是真正的计算机网络,实际上更像一台多终端主机,只不过与通信技术结合实现了远程终端与主机的连接。远程联机系统为计算机网络的发展奠定了基础,可视为计算机网络的雏形。

随着计算机应用范围的扩大,新的需求不断出现,例如一个计算机系统中的用户希望能使用另一个计算机系统的资源,或希望和另一个计算机系统一起共同完成某项任务,这就出现了"计算机—计算机"的网络,也就是现在意义的计算机网络。这种网络系统的发展,起源于 1969 年美国国防部高级研究计划局(Advanced Research Project Agency)创建的 ARPAnet。随着 ARPAnet 的建立与发展,计算机网络的优越性得到了证实,许多国家相继建立了规模较大的公用计算机分组交换网,例如美国的 TELENET、TYMNET,加拿大的 DATAPAC,法国的 TRANSPAC 等。这时的计算机网络以远程通信为主,属于现在所说的广域网。

1975 年,美国 XEROX 公司的 PALOALTO 研究中心推出了世界上第一个总线型网络"以

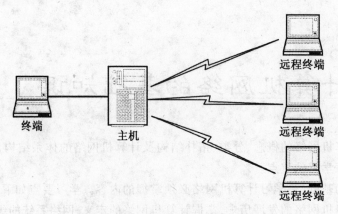

图 1.1　面向终端的计算机网络基本结构示意图

太网(Ethernet)",使计算机网络技术出现了一个新的分支"计算机局域网络"。此后,各种局域网技术相继出现,同时由于微型计算机技术的发展,微机局域网络迅速用于各类中小型信息系统、办公自动化系统和生产过程自动化控制系统。

到 20 世纪 70 年代中期,计算机网络大多是由研究机构、大学或计算机公司自行开发研制的,没有统一的体系结构和标准,各个厂家生产的计算机和网络产品无论在技术上还是结构上都有很大差别,从而造成不同厂家生产的计算机及网络产品很难实现互连。当时,各个计算机网络公司都纷纷研究开发自己的计算机网络体系结构和协议,如 IBM 公司于 1974 年公布了"系统网络体系结构(SNA)",DEC 公司于 1975 年公布了"分布式网络体系结构(DNA)"等。这种状况给用户的使用带来了极大的不便,也制约了计算机网络的发展,于是,制定统一的网络标准被提到议事日程上来。

1977 年,国际标准化组织(International Standards Organization,ISO)在研究分析已有的网络结构经验的基础上,开始研究"开放系统互连"问题,并于 1983 年公布了"开放系统互连参考模型(Open System Interconnection Reference Model)"的正式文件,通常称为 ISO/OSI 参考模型,或简称为 OSI 参考模型。OSI 模型对计算机网络理论与技术的发展起到了很好的指导作用,然而由于以下几方面的原因,却始终未能成为网络产品的真正标准。

(1) OSI 过于庞大,实现起来过分复杂且运行效率低,从而不利于产品化;
(2) 设计本身有缺陷,层次划分不太合理,有些功能在多个层次中重复出现;
(3) 制定周期太长,失去了市场时机,在其正式发布之前,TCP/IP 已经被使用来实现网间互连。

尽管如此,OSI 仍然是一个比较完美的模型,直到目前为止,仍然被大量地用于计算机网络协议模型的描述。

在 ISO 研究 OSI 的同一时期,美国国防部高级研究计划局为了实现异种计算机之间、异种网络之间的互连(Interconnection)与互通(Intercommunication),大力资助网间网技术的研究开发,于 1977～1979 年间推出了 TCP/IP 网络协议族,并于 1983 年 1 月完成了 ARPAnet 上所有机器向 TCP/IP 协议的转换工作,TCP/IP 成为事实上的工业标准。

1985 年,美国国家科学基金会 NSF(National Scientific Foundation)开始涉足 TCP/IP 的研究与开发,并于 1986 年资助建立远程主干网 NSFnet,该网连接了全美主要的科研机构,并与

ARPAnet 相连。此外,美国宇航局(NASA)与能源部的 NSINET、ESNET 相继建成,欧洲、日本等也积极发展本地网络,于是在此基础上互连形成了 Internet。Internet 的发展进一步推动了网络技术,各种局域网之间的互连、局域网与广域网之间的互连技术也得到了巨大发展。

20 世纪 90 年代后,Internet 应用迅速普及,对世界经济、文化、科学研究、教育和人类社会生活发挥出越来越重要的作用,使人类社会进入信息化时代。在 Internet 飞速发展与广泛应用的推动下,高速网络技术不断涌现,如光纤分布式数据接口 FDDI、异步传输模式 ATM、快速以太网、交换式局域网等。

目前,计算机网络正朝着高速率和综合业务的方向发展,局域网与广域网的边界也越来越模糊。总之,计算机技术和通信技术的结合产生了计算机网络,而计算机网络的发展又将使计算与通信统一起来。

1.1.2 计算机网络的定义

在计算机网络发展的不同阶段,人们对计算机网络的定义也不同,不同的定义反映了当时网络技术发展的水平和人们对网络的认识程度。如在 20 世纪 50 年代,只要能够远程使用计算机主机的资源,就认为是计算机网络。即使在今天,不同文献对计算机网络的定义也不完全相同。

根据计算机网络的发展现状,可以将其定义为:计算机网络是指具有独立功能的计算机或其他设备,用一定通信设备和介质互相连接起来,能够实现信息传递和资源共享的系统。"具有独立功能"排除了网络系统中主从关系的可能性,一台主控机和多台从属机的系统不能称为网络;同样地,一台带有远程打印机和终端的大型机也不是网络。"用一定通信设备和介质互相连接起来"指出计算机之间必须是以某种方式互连的,两台计算机之间通过磁盘拷贝传递信息不能算是网络系统。在物理互连的基础上,计算机之间还必须能够进行信息传递和实现资源共享,这可以认为是逻辑意义上的互连。此外,网络系统中不仅包括计算机,还可以包括具有独立网络功能的其他设备,如网络打印机、网络存储器等。

在有些文献中,对计算机网络定义时强调了"地理上分散的"计算机,我们认为是不必要的。

1.1.3 计算机网络的组成

在计算机技术和网络技术发展的不同阶段,从物理上看,计算机网络的组成也有所不同。为了适应技术的不断发展,本书从逻辑的角度来看计算机网络的组成:计算机网络系统由计算机设备、传输介质、网络协议实体等三部分共同组成。

1. 计算机设备

计算机设备包括具有独立功能的计算机系统和具有独立网络功能的共享设备。

(1)计算机系统可以是多终端主机、高性能计算机,也可以是一台微型计算机或笔记本电脑。这里我们不强调计算机系统在网络中的作用(如是服务器还是客户机),因为目前的计算机网络是一种对等式网络(俗称 P2P 网络,P2P 源自 Peer to Peer 的谐音,但我们不提倡使用 P2P),任何一台计算机,即便是 PC 机,通过安装合适的软件都可以作为服务器或是客户机,或是二者兼有,甚至网络中可以没有服务器(如以共享硬盘和打印机为目的,将两台或更多计算机连接起来的简单局域网)。

(2)具有独立网络功能的共享设备指为网络用户共享的、自身具备网络接口、可以直接连网而不依赖于任何计算机的打印机和大容量存储器。一台连接在计算机上的打印机设置为共享不能算做独立的共享设备,同理,一台连网计算机的磁盘设置为共享也不属于此列。

在一个网络系统中,计算机系统是最基本的组成元素,是必须的,而共享外设是根据实际需要可选的。系统中计算机设备的数量可以成千上万,也可以只有两台微型计算机。

2. 传输介质

传输介质也称传输媒体,是实现网络通信的物理基础,因此是计算机网络的必要组成部分。传输介质分为有线和无线两大类,有线介质如双绞线、光纤、同轴电缆等,无线介质如无线电波、微波等。关于传输介质的详细介绍参见2.2节。

3. 网络协议实体

用传输介质连接起来的计算机之间要实现通信,还必须遵循共同的约定和通信规则,这些约定和通信规则就是网络协议(Protocol)。这就像人们之间交谈一样,只有用对方能够理解的语言才能交流,所用语言就是人与人之间交谈的共同约定,语言的语法就是双方要遵守的规则。总之,网络协议是计算机之间通信需要遵守的、具有特定语义的一组规则。

网络协议的实现是由软件、硬件或二者共同完成的,我们将实现协议的软件和硬件称为协议实体。可见,协议实体是计算机网络的重要组成部分,就像人们之间选定了交流语言还必须由适当的方式表达一样。

实际中,一次完整的通信过程既要用到软件协议实体也要用到硬件协议实体。这是因为,计算机通信是一个非常复杂的过程,完整通信需要的网络协议是分层次实现的,通常高层协议由软件实现,而低层协议由硬件实现。换句话说,计算机网络通信实际上需要用到一组协议,通常称为协议族。关于协议分层的概念在1.4节还会详细讨论。

目前,计算机上安装的网络适配器(俗称"网卡"),连网使用的交换机、集线器,网络互连使用的路由器,远程接入用到的调制解调器等均属于硬件协议实体,而网络软件,如操作系统中实现TCP/IP协议的软件模块、提供应用层服务的服务器程序(如Windows Server中提供Web服务的IIS程序)和访问网络服务的客户机程序(如IE浏览器)等则属于软件协议实体。

在计算机与网络技术发展的不同阶段,或者使用不同的网络协议族,硬件协议实体和软件协议实体所实现的层次有所不同,相应的物理表现形式也不同。比如,随着网络应用的普及,连网成了计算机的必备功能,因此,目前大多数计算机厂家已将网卡的功能集成在计算机的主板上了。对用户来说,网卡已不是一个独立的物理部件,用户能够看到的,只是主板上的一个接口。因此,本书将实现协议的软硬件看做一个整体,作为计算机网络的组成部分,这一点有别于其他文献。至于交换机、路由器一类的网络设备,并不是连网所必需的,而是由网络规模和组网方式决定的,如两台计算机连网则可以不用任何网络设备,同轴电缆局域网也不需要网络设备,并且这只是目前网络技术发展阶段的物理表现形式,将来还可能会表现为其他形式。因此,在网络的基本组成中,我们不强调网络设备。然而,不管协议的实现形式如何,协议实体是必须的。

在其他文献中,一般将硬件协议实体单独列为计算机网络的组成部分,由于以上原因,我们认为不具有广泛的适应性。

需要进一步明确的是,网络协议仅仅是具有特定语义的一组规则,其本身不构成网络的组成部分。

综上所述,计算机网络最基本的物理组成部分是计算机设备和传输介质,由于协议实体的物理表现形式是随着技术的变化而变化的,且往往集成在计算机设备中,因此可以认为是逻辑组成部分。

传输介质与计算机之间通过合适的接口连接。如用双绞线传输时,使用的是 RJ-45 接口;用无线方式传输时,计算机上必须使用带有天线的无线网卡,其天线就是接口。接口在计算机一侧位于网络适配器上,如果网络适配器已集成在主板上,则接口位于主板上。接口形式与物理层协议有关,因此也可以认为是协议实体。

其实,如果进一步抽象,传输介质也可以认为是网络协议实体的一部分,因为传输介质与网络协议是密切相关的,或者说是协议实现的一部分。这样,计算机网络系统就可以认为是由两部分组成的:计算机设备和网络协议实体,这样的划分具有更强的适应性。但由于传输介质在协议的实现中相对独立,为了符合思维习惯,我们仍将其列为单独部分。

在上述讨论的基础上,计算机网络的概念也可以简单地定义为:计算机网络为自主计算机(Autonomous Computers)的互联(Interconnected)集合。"自主"即指具有独立功能;"互联"既包含了物理互连的意义,也包含了逻辑互连的意义,逻辑互连意味着互连的计算机之间要能够互相通信和共享资源。

1.2 计算机网络的分类

1.2.1 计算机网络的分类方法

按照不同的标准,计算机网络的分类也不同。在计算机网络的发展过程中,有过的分类方法如下所示:

(1) 按拓扑结构分类:总线型网、环型网、星型网和网状型(或分布型)网。
(2) 按网络协议分类:以太网、令牌环网、FDDI 网、ATM 网、Novell 网、TCP/IP 网等。
(3) 按传输介质分类:同轴电缆网、双绞线网、光纤网、无线网等。
(4) 按交换方式分类:电路交换网、报文交换网、分组交换网和混合交换网。
(5) 按使用者分类:公用网和专用网。
(6) 按通信技术分类:广播式网络和点到点网络。
(7) 按分布距离分类:局域网、广域网和城域网。

上列每一种分类都反映了网络某一方面的特征。20 世纪 90 年代之前,网络规模较小,结构比较单一,因此常常按照网络的拓扑结构或网络协议来对计算机网络分类。目前,基于单一网络协议的小规模网络的应用越来越少,而更多的是具有复合拓扑结构的、使用了多种网络协议的大规模网络。比如校园网或企业内部网,就有可能集成了多种网络技术和协议,拓扑结构也可能是星型、环型甚至分布型的复合体。因此,按照拓扑结构和网络协议对一个具体的网络进行分类已不合适。类似的原因,按照传输介质分类也不合适。

按照交换方式的分类主要是针对底层通信网络的,即广域网通信子网的(参见 2.6.1 小节),计算机网络使用的是分组交换方式。因此,我们首先给出分组交换的概念:所谓分组交换,指在传输数据之前,将要传的数据划分成一个个小的数据段,并在每一个数据段前加上必要的控制信息,如目的地址、源地址、差错校验信息等,与数据段一起构成一个分组(Packet),然后再将分组独立地发送到网络上。由于分组中含有地址信息,当源站点和目的站点之间有多条路径时,每一个分组可以独立地选路。

按照通信技术的分类涉及网络通信中两个重要的概念:广播式通信和点到点通信,按照分布距离的分类是目前常用的一种分类方法,因此,下面着重讨论这两种分类。

1.2.2 广播式网络和点到点网络

计算机网络所采用的通信技术决定了网络的主要技术特点,因此,了解通信技术的有关概念对随后网络知识的学习非常重要。

现有通信技术可归为两类:广播式(Broadcast)通信和点到点(Point-to-Point)通信,采用了相应通信技术的网络分别被称为广播式网络(Broadcast Network)和点到点网络(Point-to-Point Network)。下面通过两个生活实例来阐述广播式网络和点到点网络的通信特点。

1. 共享式网络和广播式网络

在学习广播式网络之前,需要首先了解共享式网络的概念。

设想教师在课堂上讲课的例子。当教师讲解时,教室中的所有学生都能听到,教师的讲课声就是一种广播(Broadcasting):教师一个人讲,所有学生听并接收所听到的信息。如果教师提问,当点名张三回答时,同样所有学生都会听到,但是只有张三会应答,其他学生则只需要继续听下去,并随时准备点到自己的名字时给出应答。如果将教室内的教师、学生和空气比做计算机网络系统的话(教师和学生是网络上的计算机节点,每个人的姓名是节点的地址;空气是传输介质;声音是传播的信息,所用的交流语言和课堂规则是网络协议),则这种网络就是共享式网络,其通信信道(上例中的空气)为共享式信道,讲课和提问分别代表了共享式网络中两类重要的交互方式:

- 一台计算机发送广播分组(目的地址不用具体计算机的地址,而是用广播地址),其他计算机都要接收这类分组;
- 一台计算机向指定计算机(目的地址用目的计算机的地址)发送分组,所有的计算机都能"听"到该分组,但只有自己的地址与分组中指定的目的地址相同的那台计算机才接收分组。

共享式网络是一种天生的广播式网络,具有广播式网络的特点:网上的任何一台计算机都可以发送广播分组(目的地址是广播地址),并且其他所有计算机都要接收和处理这类分组。

但是,需要特别指出的是,广播式网络并不等同于共享式网络。在共享式网络中,通信信道是为所有连网计算机共享的,当一台计算机利用共享通信信道发送分组时,不管是否广播分组,所有其他的计算机都会"听"到这个分组,但由于发送的分组中带有目的地址,接收到该分组的计算机将检查目的地址是否与本节点地址相同(或是否广播地址),如果是则接收该分组,否则丢弃分组。而在非共享的广播式网络中(如第2章中的交换式以太网),只有当计算机发送的是广播分组时,其他计算机才能"听"到。

2. 点到点网络

典型实例是电话网。不管电话网上安装有多少电话机,也不管同时有多少人在打电话,只有建立了通话连接的两部电话机才能相互通话,而同一网络中的其他话机是不能听到的,并且在这两部话机之间,电话线路可能经过了多个电话交换机的转接。通话双方就相当于用点到点线路连接的两台计算机。

在点到点网络中,每条物理线路只连接一对计算机。假如两台计算机之间没有直接连接的线路,那么它们之间的分组传输就要通过中间节点的接收、存储和转发,直至目的节点。由于连接多台计算机之间的线路可能是复杂的,从源节点到目的节点之间可能存在多条路径,分组在转发时需要对下一步要走的线路作出选择,称为路由选择。采用存储转发和路由选择是点到点网络和广播式网络的重要区别之一。

1.2.3 局域网、广域网和城域网

1. 局域网

局域网(Local Area Network,LAN)的分布范围一般在几公里以内,通常由一个部门或一个单位组建。局域网是在小型计算机和微型计算机大量推广使用之后才逐渐发展起来的。局域网传输速率高,目前一般为10~1 000Mbps;延迟小;网络站点往往能对等地参与对整个网络的使用与监控。局域网络技术主要采用广播式通信技术,是目前计算机网络技术中发展最活跃的一个分支。

典型的局域网技术有以太网、令牌环网、令牌总线网和光纤分布式数据接口(FDDI)等。

2. 广域网

广域网(Wide Area Network,WAN)也称远程网,一般跨城市、地区甚至国家。此类网络出于军事、国防和科学研究的需要发展较早,如美国国防部的ARPAnet网络。在不同的发展阶段,广域网的传输速率根据使用技术的不同而差别较大。在广域网中,物理网络本身往往包含了一组复杂的分组交换设备,通过通信线路连接起来,构成网状结构。广域网一般采用点对点的通信技术,所以必须解决路由选择问题。目前,许多全国性的计算机网络就属于这类网络,例如中国电信的ChinaNet网、ChinaPac网和ChinaDDN网等。

典型的广域网技术有X.25和帧中继。

3. 城域网

城域网(Metropolitan Area Network,MAN)是介于局域网与广域网之间的一种大范围的高速网络。随着局域网使用带来的好处,人们逐渐要求扩大局域网的范围,或者要求将已经使用的局域网互相连接起来,使其成为一个规模较大的城市范围内的网络。因此,城域网设计的目标是要满足一个城区范围内的大量企业、机关、公司与社会服务部门的计算机连网需求,实现大量用户、多种信息传输的综合信息网络。

城域网技术的发展一直有些尴尬,常常是标准制定出来了,却未来得及投入实用就被淘汰了,比较典型的就是IEEE 802.6标准。实际中,早期主要用广域网技术来实现城域网,而目前主要用局域网技术来实现,使得城域网成为局域网技术应用的一种拓展。目前正在研究一种称为弹性分组环(Resilient Packet Ring,RPR)的城域网技术,有望改善过去的局面。

此外,有些文献在按照分布距离对计算机网络分类时,还包括互联网和接入网。

实际上,互联网并不是一种具体的物理网络技术,它是将不同的物理网络技术按某种协议统一起来的一种高层技术。只要是多个网络互相连接起来能够通信就是互联网,广域网与广域网、广域网与局域网、局域网与局域网的互连,都能形成局部处理与远程处理、有限地域范围资源共享与广大地域范围资源共享相结合的互联网。Internet是世界上最大的互联网。

接入网又称本地接入网或居民接入网,是近年来由于家庭用户对高速上网需求的增加而出现的一种网络技术。但接入网只是终端用户计算机(也可能是小型局域网)与互联网之间的接口,不能算做独立的网络。

值得指出的是,在目前的应用中,局域网和广域网的概念都已经有所延伸,如通常人们把本地网连接称为局域网连接,而将远程连接均称为广域网连接,目前广泛使用的SOHO路由器上的端口表示就是这个意义上的。

1.3 计算机网络的拓扑结构

计算机网络的拓扑结构指网络系统中的节点(包括计算机和通信设备)和通信链路构成的几何形状。

拓扑设计是建设计算机网络的第一步,也是实现各种网络协议的基础,它对网络性能、系统可靠性与通信费用都有重大影响。在设计和选择网络的拓扑结构时,应该考虑到组网的主要用途、网络可靠性和传输速率的要求、今后的扩展性需求等,不同的拓扑结构选择可能决定了可选择的组网技术不同,从而投资需求也不同。

计算机网络可能采用的拓扑结构类型有:总线型、环型、星型、网状型(也称分布型)、树型,以及上述拓扑结构的混合结构。

1. 总线型拓扑结构

总线型结构的网络采用一条单根的通信线路(总线)作为公共传输信道,所有的节点都通过相应的接口连接到总线上,并通过总线进行数据传输,如图1.2所示。这种网络中不存在中心节点,所有节点均处于平等的地位。总线型结构只应用在单一的局域网技术上,典型代表是同轴电缆以太网。

总线型网络的信道是一种天生的共享式信道,因此使用的是广播式通信技术。由于总线上的所有计算机共享一个通信信道,同一时刻只能有一台计算机向信道发送数据,因此这种网络是共享式网络的典型代表。总线型网络其整体性能随着网络上连接节点数量的增加而急剧下降。

总线型网络的另一个缺点是网络上的任何一个节点或链路出现故障都会导致整个网络的瘫痪,且故障检测比较困难。

2. 环型拓扑结构

环型结构的网络中,节点通过传输介质连接成一个环状结构,如图1.3所示。环型结构在局域网和广域网上均有应用。

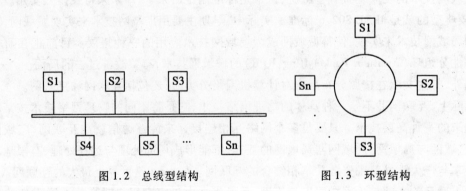

图1.2 总线型结构　　　　　图1.3 环型结构

早期的环型网络技术有单环结构和双环结构两种。

单环结构的网络中,数据只能沿着一个方向逐站传输,环上的每个节点都将数据接收放大后再发送出去,直至数据到达目标节点为止。这种结构的典型代表是令牌环(Token Ring)网。

双环结构的网络中,数据能在两个方向上传输,如果一个方向的环中断了,数据还可以从相反的方向在另一个环上传输,直至到达目标节点。这种结构的典型代表是光纤分布式数据接口(FDDI)网。

令牌环网和 FDDI 网代表的环型网络仍然是共享信道网络,因为任何时候环上只能有一个节点发送数据,因此,当节点数增加时,网络整体性能会下降。

上述早期环型网络技术已经淘汰。目前,在城域网或某些大型企业网上,为了提高主干网的健壮性,也经常将主干网设计为环型结构。这种设计一般是用大型路由器实现的,即环上的各个节点由大型路由器组成。这种网络中,数据可以双向传输,当一侧的链路出现故障时,数据可以通过另一侧到达目的节点,且不同链路上传输的数据不会互相干扰,即信道不是共享的,与早期环型网络技术的信道使用方式有很大差别。

3. 星型拓扑结构

星型结构的网络中,任意两个节点必须通过中心节点连接,如图 1.4 所示。这种结构主要用在局域网上,典型代表是双绞线以太网。星型拓扑还可以构成多级星型结构,如图 1.5 所示,用于构成较大型的局域网。

许多网络技术都可以构成星型拓扑结构,不同技术使用的通信方式也不同,有广播式通信也有点到点通信,有共享信道也有非共享信道。具体情况参见第 2 章相关技术的讨论。

星型网络中,任何一个节点发送数据时,都必须经过中心节点设备的转发,因此,一旦中心节点失效,整个网络就会瘫痪,但中心节点之外的其他节点故障不会影响网络运行。

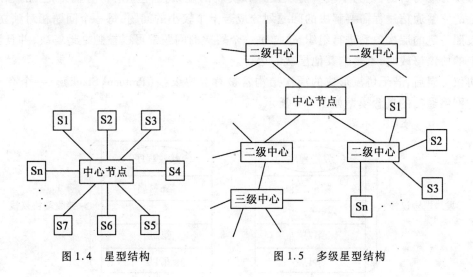

图 1.4　星型结构　　　　　　图 1.5　多级星型结构

4. 网状型(分布型)拓扑结构

网状型拓扑结构又称分布型或无规则型拓扑结构。在网状型拓扑结构中,节点之间的连接是任意的,没有规律,如图 1.6 所示。网状型拓扑结构的主要优点是系统可靠性高,但是结构复杂,必须采用路由选择算法与流量控制方法。这种结构一般用在广域网或大型局域网上,目前广域网和互联网主干基本上都是采用的网状型拓扑结构。

5. 树型拓扑结构

如图 1.7 所示,树型结构是一种有分支的总线结构,多用于宽带网(CATV 系统)中。目前在计算机网络中,物理上基本不用这种拓扑结构,只有在一种叫做"生成树(Spanning Tree)"的协议中使用了树型的逻辑拓扑结构(有关生成树的概念本书没有阐述,读者可参考其他文献)。

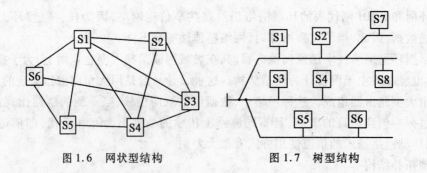

图 1.6　网状型结构　　　　　图 1.7　树型结构

1.4　计算机网络的体系结构

1.4.1　网络协议分层模型及相关概念

1.1.3 小节中已指出,网络协议是实现计算机网络通信的基础,完整通信过程需要一组协议的支持,并由硬件和软件共同完成。这样的局面直接由协议分层的思想而导致。

协议分层的目的,是为了减少协议设计和实现的复杂性,应用了"分而治之"的思想。即将复杂的完整通信过程需要解决的问题划分成若干个较小的问题,每一个问题相对独立,相互之间按照一定的层次关系进行组织,这样每一个层次的问题都可以被独立地解决,并且当一个层次上的协议修改时,不影响其他层次的运行。

协议分层后,若干协议形成的层次结构常被称为协议栈(Protocol Stack)。一个有 n 层协议栈的网络通信的概念模型如图 1.8 所示。

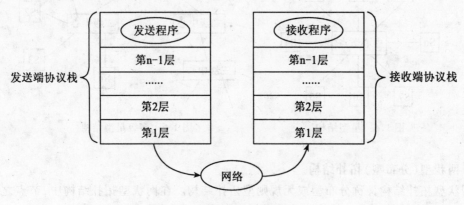

图 1.8　网络通信的概念模型

理论上,一台计算机上的某应用程序向另一台计算机上的某应用程序发送报文时,首先在发送端逐层将报文下传,然后报文经网络传到目的主机(接收消息的计算机),最后接收端再逐层将报文上传。报文在发送端逐层下传时,每下传一层,每一个分组通常都会附加一些额外的信息(如地址信息),而在接收端逐层上传时,每上传一层,又会将分组中相应层次上的额外信息剥离掉。

不同机器上的相同协议层次叫做对等层(Peer Layers),实现对等层的软件实体称为对等进程(Peer Processes)。同一台机器上的每一对相邻层之间都有一个接口(Interface),上下层之间通过接口交换数据。

为了理解网络通信的有关概念,我们看一下如图 1.9 所示的实例。假设有两家公司进行商务合作,一家是中国公司,一家是德国公司。现中国公司经理 A 需要向德国公司经理 B 传递商务信息,将自己的想法口述给自己的助理 A,要求助理 A 书写正式商务函的文本并与对方的经理助理 B 联系;助理 A 只懂中文,助理 B 只懂德文,因此双方都得借助于翻译。于是,助理 A 接受任务后,将经理的陈述写成中文函件,并在函件中注明自己的通信地址和收件人(德国公司的经理助理 B)的通信地址,然后交给自己的翻译 A;翻译 A 懂中文、英文和法文,德国公司的翻译 B 懂德文、英文和法文,根据以往的约定,翻译 A 选择了英文,于是将助理 A 交来的函件翻译成英文,同时用英文在函件中附加上自己的通信地址和翻译 B 的通信地址,然后交给自己的秘书 A;秘书 A 接到英文书写的函件,根据以往与德国公司秘书 B 联系的约定,选择了传真的方式将函件传给秘书 B。当德国公司的秘书 B 收到传真后,根据传真中英文书写的收件人信息,将传真件交给翻译 B,翻译 B 将传真的内容(不包括两个翻译的通信地址信息)翻译成德文,然后只把翻译后的德文文本根据文本中指示的接收人信息交给助理 B,最后,助理 B 向经理 B 报告函件的原始内容(不包括任何附加信息)。

在上例中,秘书、翻译和助理形成了一个三层结构的协议栈,由于经理并未参与通信过程,仅仅是使用了协议栈,因此相当于网络上的用户。各层使用的协议如图 1.9 所示,应注意到每层协议与其他层完全无关,只要接口保持不变即可。如只需两位翻译认可,他们完全可以将英文换成法文,而不必改变他们和第 1 层或第 3 层之间的关系。同理,秘书可以把传真换成电子邮件而不会影响到其他层。每一层可能会增加一些被对等层使用的信息,但这些信息不会被传递到在他们之上的层。

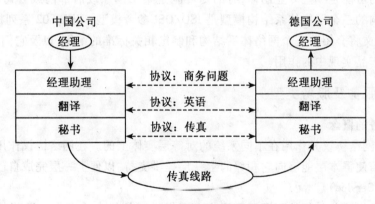

图 1.9 层次结构通信实例

可见,协议只与对等层有关,是负责对等进程之间通信的。

发送端向下传递数据时增加的信息构成分组的报头(Header),也称首部。即网络上传送的分组由两部分组成:上层通过接口传来的数据和本层的报头。将上层数据加上报头后构成本层分组的操作称为封装(Encapsulating),相应地,接收端将分组的数据区部分提取出来交给上一层的操作称为解封(De-encapsulating)。一个有 5 层协议栈的数据段 M 的封装与解封过程如图 1.10 所示(假设 M 在传送过程中不需要进一步分段)。需要说明的是,在有些协议中,附加的信息不仅形成分组的头部,还形成尾部(Tail)信息,如图中第 2 层所示。

13

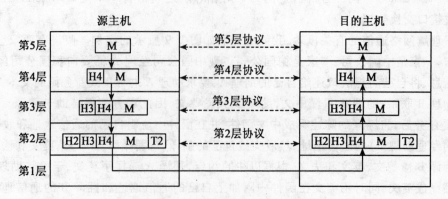

图 1.10 分组的封装与解封示意图

网络协议的层次结构中,层次是按功能划分的。一个网络系统总是由低层协议和高层协议的共同实现而构成,并且一个层次上可能实现有多个协议;上层协议往往支持多种下层协议,而同一种下层协议之上又可以运行不同的上层协议,正如图 1.9 所示的实例。

计算机网络的层次结构及其各层协议的集合称为计算机网络的体系结构(Computer Network Architecture)。计算机网络体系结构是计算机网络及其部件所应完成的功能的精确定义。

网络分层体系结构模型的概念为计算机网络协议的设计和实现提供了很大方便,但各个厂商都有自己产品的体系结构。不同的体系结构有不同的分层模型与协议,这就给网络的互连造成了困难。为此,国际上出现了一些团体和组织为计算机网络制定各种参考标准,而这些团体和组织有的可能是一些专业团体,有的则可能是某个国家政府部门或公司。对计算机网络发展最具影响的三个网络体系结构模型是 ISO/OSI 参考模型、IEEE 802 系列标准和 TCP/IP 协议族,本章后文将介绍这三个网络体系结构和制定相关标准的组织,以及它们之间的关系和在计算机网络产品实现中的作用。

1.4.2 网络服务及服务类型

1. 网络服务的概念

由上可见,网络协议是作用在不同系统的对等层实体上的。在网络协议作用下,两个同等层实体间的通信使得本层能够向它相邻的上一层提供支持,以便上一层完成自己的功能,这种支持就是服务(Service)。

网络服务是指彼此相邻的两层间下层为上层提供通信能力或操作而屏蔽其细节的过程。下层是上层的服务提供者,上层是下层的服务用户,下层通过接口向上层提供服务,接口也称为服务访问点 SAP(Service Access Point)。

可见,协议是水平的,而服务是垂直的。

由于网络分层结构中的单向依赖关系,使得网络的底层总是向它的上层提供服务,而每一层的服务又都是借助于其下层以及以下各层的服务能力。

从通信的角度看,各层所提供的服务可分为两大类:面向连接的服务(Connection-oriented Service)和无连接的服务(Connectionless Service)。

2. 面向连接的服务

所谓连接,是指在对等层的两个对等实体之间为传输数据建立的逻辑通道。利用这种连接进行数据传输而向上层提供服务的方式就是面向连接的服务。

考虑电话传输系统的例子。当我们需要打电话时,总是要先拨号(请求连接),等到对方拿起话筒(接受连接)接听电话后(连接建立)才能够进行通话。通话过程中,线路将一直被通话双方占用,因此通话结束后,需要挂断电话以释放线路。

面向连接的服务正如电话传输系统,整个通信过程包括三个阶段:建立连接、传输数据和释放连接。也就是说,在传输数据之前必须先建立连接,而数据传输完毕必须释放连接。建立连接的过程实际上是申请网络资源的过程,而释放连接即释放所占用的资源。这种服务比较适合于在一定期间内要向同一目的地发送大量数据的情况,而不适合零星数据的传输,因为建立和释放连接的过程需要增加额外的开销。

面向连接的服务在传输数据时是按序传送的,即接收端接收到的数据顺序与发送顺序相同。此外,面向连接的服务通常具有较高的可靠性。

3. 无连接的服务

无连接的服务通信之前不需要建立连接,每一个分组被独立地传送到目的地,到达目的地的顺序可能完全不同于发送顺序。

考虑邮政系统的例子。当我们需要发送信件时,只需将信件投入邮筒,而不需要与收信人联系;不管我们向同一收信人同时发送多少封信件,每一封信件都将被独立地传送给收信人,且到达的顺序不一定和发送顺序相同。

与面向连接的服务相比,无连接服务节省了建立和释放连接的开销,但由于每一个分组是独立传送的,因此每个分组都必须包含地址信息并且需要单独选路,即增加了每个分组的开销。可见,无连接服务适合于一次传送的数据量较小的情况。

无连接服务的另一个特点是不需要通信双方都同时处于工作状态,如同在信件传递中收信人没必要当时位于目的地一样。可见,无连接服务灵活方便,这是其最大的优点。

无连接服务通常不需要接收端作出任何响应,这样,传送的分组可能会在中途丢失而发送端却全然不知,因此,它是一种不可靠的服务,常被称为"尽最大努力交付(Best Effort Delivery)"或"尽力而为"型服务。需要指出的是,这种说法是指目前使用的大部分无连接服务的实际情况,并不等于说无连接服务就不能设计成可靠的服务,增加额外的措施也可以实现可靠的无连接服务,如增加请求应答,就像我们可以要求收信人回信或回电话一样。

1.4.3 ISO/OSI 参考模型

正如 1.1.1 小节中所述,ISO/OSI 是由国际标准化组织(International Standard Organization, ISO)提出并制定的。ISO 是世界上最著名的国际标准组织之一,它主要由美国国家标准组织 ANSI(American National Standards Institute)及其他各国的国家标准组织的代表组成。OSI 参考模型如图 1.11 所示,共具有七个层次,因此也常称为"七层参考模型"。

ISO/OSI 模型遵循了如下的分层原则:
- 根据不同层次的抽象分层;
- 每层应当实现一个明确定义的功能;
- 每层功能的选择应该有助于制定网络协议的国际标准;
- 各层边界的选择应尽量减少跨过接口的通信量;

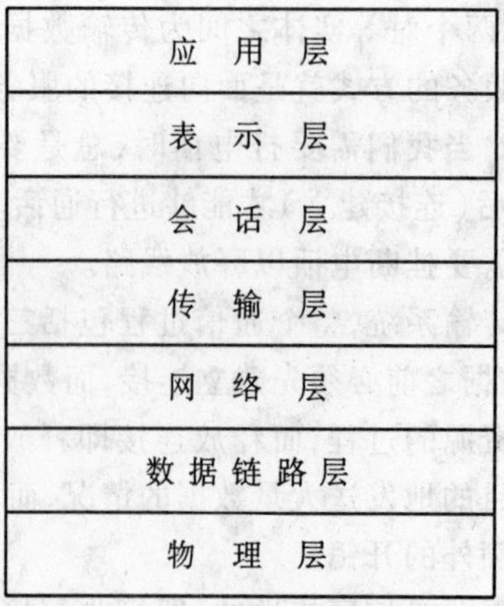

```
┌─────────────┐
│  应  用  层  │
├─────────────┤
│  表  示  层  │
├─────────────┤
│  会  话  层  │
├─────────────┤
│  传  输  层  │
├─────────────┤
│  网  络  层  │
├─────────────┤
│ 数 据 链 路 层│
├─────────────┤
│  物  理  层  │
└─────────────┘
```

图 1.11　ISO/OSI 参考模型

- 层数应足够多,以避免不同的功能混杂在同一层中,但也不能太多,否则体系结构会过于庞大。

上述分层原则对后来网络体系结构的发展具有很好的指导作用。

需要指出的是,ISO 只描述了 OSI 各层应该完成的功能,而并未确切地描述用于各层的协议。因此,严格地说,OSI 参考模型并未包含网络体系结构的全部内容。

OSI 参考模型的各层功能简单描述如下。下述功能描述是抽象的,要做到完全理解,需要结合后续内容的学习。这里可以先对其初步了解,等学完全书后,再回过头来深入理解。

1. 物理层(Physical Layer)

物理层是 OSI 参考模型的最低层,主要任务是在通信线路上传输数据比特(bit)的电信号,它必须保证一方发出二进制"1"时,另一方收到的也是"1"而不是"0"。这里涉及的典型问题是用多少伏特电压表示"1",多少伏特电压表示"0";一个比特的电信号持续多少微秒;传输是否在两个方向上同时进行;最初的连接如何建立,完成通信后连接如何终止;网络接插件(接口)有多少针,各针有什么用途等。总之,物理层主要处理与传输介质有关的机械的、电气的和过程的接口。

2. 数据链路层(Data Link Layer)

数据链路层负责在相邻节点之间的链路上传送以"帧(frame)"为单位的数据,即实现帧的传输控制,包括比特流成帧、帧定界、透明传输、差错检测与处理、流量控制和链路控制等功能。在广播式网络上,数据链路层还要处理多个站点对共享信道竞争的问题(数据链路层的介质访问控制子层——MAC 子层,就是专门处理这个问题的)。

3. 网络层(Network Layer)

网络层关系到网络的运行控制,其中一个关键问题是分组从源站点到目的站点的路由寻径问题,即为分组选择最合适的路径以使其最终到达目的地。如果在一个网络上出现过多的分组,将可能阻塞通路,产生拥塞现象,网络层还需要解决这类拥塞控制问题。当分组跨越不同的网络时,第二个网络的寻址方法和能够传输的分组长度可能不同于前一个网络,网络层必须解决这些问题,以便异种网络能够互通,即实现异种网络的互连。总之,网络层要实现路由选择、拥塞控制与网络互连等功能,是 OSI 参考模型中最复杂的一层。

4. 传输层（Transport Layer）

传输层负责提供相互通信的两端点之间（而不是相邻节点之间）数据的传送，目的是向高层提供可靠的端到端服务，透明地传送报文。传输层必须实现端点之间的流量控制问题，即避免高速主机"淹没"低速主机；此外，还需要解决一台主机上运行的多道程序的数据传输问题，即需要有某种方式来确定应该将报文交给哪个程序。传输层向高层屏蔽了下层数据通信的细节，因而是计算机网络体系结构中最关键的一层。

5. 会话层（Session Layer）

会话层负责控制每一站究竟什么时间可以传送与接收数据，为不同用户提供建立会话关系，并对会话进行有效管理。

6. 表示层（Presentation Layer）

表示层主要用于处理两个通信系统中信息的表示方式，完成数据格式的转换，对数据进行加密和解密、压缩和恢复等。

7. 应用层（Application Layer）

应用层是 OSI 参考模型的最高层，它负责网络中应用程序与网络操作系统之间的联系，为用户提供各种服务，如文件传送、远程登录、电子邮件以及网络管理等。

由于 1.1.1 小节中提到的三方面的原因，OSI 最终未能产品化。但是，这并不意味着 OSI 没有意义，其分层思想和层次结构模型仍然被广泛应用在现今的网络产品体系结构描述中。

通常，人们将 OSI 模型的第一层和第二层称为低层协议，而将第三层及其上所有层称为高层协议。实际中，低层和高层都是按照其他的协议模型实现的，低层所对应的就是局域网、城域网和广域网协议标准，高层对应的是 TCP/IP 协议族、Novell IPX/SPX 等。低层协议由硬件和软件共同实现，如以太网（Ethernet）、令牌环网（Token Ring）、光纤分布式数据接口（Fiber Distributed Data Interface，FDDI）等，计算机上体现为不同的网络适配器及其驱动程序；高层协议由软件实现，如 Novell IPX/SPX、TCP/IP 等。正如前面指出的，高层协议和低层协议之间具有一定的独立性，只要遵循定义好的接口，同一种低层协议之上可以使用不同的高层协议，而同一种高层协议也可以在不同的低层协议之上使用。比如，在以太网上，既可以运行 TCP/IP，也可以运行 Novell IPX/SPX；而 TCP/IP 既可以运行在以太网上，也可以运行在其他物理网络上。

1.4.4 IEEE 802 系列标准

对应于 OSI 模型的低层，在局域网和城域网上广泛使用的协议标准就是 IEEE 802 系列标准。IEEE 802 系列标准是由电气电子工程师协会（The Institute of Electrical and Electronic Engineer，IEEE）的 802 委员会制定的。IEEE 802 委员会成立于 1980 年，专门负责制定不同工业类型的网络标准。IEEE 802 系列标准中的每一个子标准都由委员会中的一个专门工作组负责，到目前为止，已有的工作组及工作内容如下：

(1) IEEE 802.1：高层局域网协议（Higher Layer LAN Protocols）；
(2) IEEE 802.2：逻辑链路控制（Logical Link Control）；
(3) IEEE 802.3：以太网（Ethernet）；
(4) IEEE 802.4：令牌总线（Token Bus）；
(5) IEEE 802.5：令牌环（Token Ring）；
(6) IEEE 802.6：城域网（Metropolitan Area Network）；

(7) IEEE 802.7:宽带技术(Broadband TAG);

(8) IEEE 802.8:光纤技术(Fiber Optic TAG);

(9) IEEE 802.9:综合语音/数据服务局域网(Isochronous LAN);

(10) IEEE 802.10:局域网/城域网的安全(LAN/MAN Security);

(11) IEEE 802.11:无线局域网(Wireless Local Area Network,WLAN);

(12) IEEE 802.12:100VG-AnyLAN(Demand Priority,需求优先级协议);

(13) IEEE 802.13:(未使用);

(14) IEEE 802.14:电缆调制解调器(Cable Modem);

(15) IEEE 802.15:无线个人网(Wireless Personal Area Network,WPAN);

(16) IEEE 802.16:宽带无线接入(Broadband Wireless Access);

(17) IEEE 802.17:弹性分组环(Resilient Packet Ring);

(18) IEEE 802.18:无线管制(Radio Regulatory TAG);

(19) IEEE 802.19:共存(Coexistence TAG);

(20) IEEE 802.20:移动宽带无线访问(Mobile Broadband Wireless Access,MBWA);

(21) IEEE 802.21:媒体无关切换(Media Independent Handoff);

(22) IEEE 802.22:无线区域网(Wireless Regional Area Networks)。

其中,有些早期的工作组已经解散(如802.4),或处于不活跃状态(如802.2、802.5)。目前活跃的工作组是802.1、802.3、802.11、802.15~802.22。随着网络技术的发展,新的工作组还会不断出现。

每一个工作组又维护着若干子协议,并且随着网络技术的发展不断推出新的标准,后制定的标准一般是对已有标准的修改或扩展。如IEEE 802.3工作组维护的标准除了IEEE 802.3之外,还有IEEE 802.3u、IEEE 802.3z、IEEE 802.3ab、IEEE 802.3ac、IEEE 802.3ae等,分别对应于不同介质和速率以太网使用的MAC层和物理层协议;IEEE 802.11工作组维护的协议有IEEE 802.11、IEEE 802.11a、IEEE 802.11b、IEEE 802.11g等,不同的无线局域网标准有着不同的传输速率。

IEEE 802系列主要标准的层次关系及其参考模型见图1.12。与OSI参考模型相比,IEEE 802标准只定义了物理层和数据链路层,其余的高层协议并未制定,虽然有802.1这一层,但802.1工作组并未制定网络互连和交互信息所需要的所有高层协议。实际上,在早期的局域网实现中,并未实现802.1协议,所以,通常人们认为IEEE 802标准的参考模型如图1.12所示。目前802.1子标准系列中应用比较广泛的是802.1Q虚拟网协议和802.1D生成树协议,可以将802.1认为是在数据链路层和网络层之间的协议。

IEEE 802主要标准之间的关系				IEEE 802参考模型	OSI参考模型
802.1局域网协议高层(体系结构、网络互连和网络管理等)					较高层
802.2逻辑链路控制标准(LLC)				LLC子层	数据链路层
802.3 CSMA/CD	802.4 Token Bus	802.5 Token Ring	802.11 WLAN	MAC子层	
CSMA/CD 物理层	Token Bus 物理层	Token Ring 物理层	WLAN 物理层	物理层	物理层

图1.12 IEEE 802系列标准及其体系结构模型

IEEE 802 标准的数据链路层分为两个子层:MAC 子层(MAC 是 Medium Access Control 的缩写,即媒体访问控制,描述访问传输介质的方法)和 LLC 子层(LLC 是 Logical Link Control 的缩写,即逻辑链路控制)。MAC 子层对应于不同的局域网或城域网技术,而 LLC 子层是定义在所有 IEEE 802 技术之上的,目的是屏蔽各种 802 网络之间的差别,为高层提供统一的接口。IEEE 802 模型各层数据的封装如图 1.13 所示。

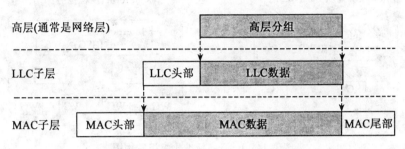

图 1.13　IEEE 802 模型各层数据的封装

需要指出的是,目前广泛应用的以太网并没有使用 LLC 子层,详细情况参见 2.3 节。

1.4.5　TCP/IP 协议族

TCP/IP 协议起源于 ARPAnet,并由于 ARPAnet 导致的 Internet 的发展,TCP/IP 协议成为了事实上的工业标准。TCP/IP 是专门针对互联网络开发的一种体系结构和协议标准,其目的在于解决异种计算机网络的通信问题,使得网络在互连时把底层技术细节隐蔽起来,为用户提供一种通用、一致的通信服务。

与其他网络体系结构不同的是,TCP/IP 不是由任何国际标准化组织制定和维护的,而是由自愿者组成的民间团体"Internet 协会(Internet Society,ISOC)"管辖的一个主要部门"Internet 体系结构委员会(Internet Architecture Board,IAB)"负责发布和管理的。IAB 为在 TCP/IP 协议下所进行的研究和开发提供方向和进行协调,并决定哪些协议是 TCP/IP 的一部分。IAB 包括了两个主要的工作组:Internet 研究任务部(Internet Research Task Force,IRTF)和 Internet 工程任务部(Internet Engineering Task Force,IETF),IRTF 协调有关 TCP/IP 协议或一般互联网体系结构的研究活动,IETF 致力于短期或中期工程问题。实际上,IRTF 是一个规模小且不太活跃的工作组,大部分研究工作都由 IETF 完成了。IETF 又分成大约 10 个领域,每个领域都有自己的管理人,IETF 主席和各领域组成 Internet 工程指导小组(Internet Engineering Steering Group,IESG)。以上组织之间的关系如图 1.14 所示。

有关 Internet 工作的文档、新协议或修订过的协议的建议和 TCP/IP 协议标准都出现在一系列技术报告中,这些报告称为 Internet RFC(Internet Request For Comment)或 RFC。RFC 文档的编辑由 IETF 各领域的管理人完成,IESG 总体上认可新的 RFC。RFC 文档以年代顺序进行编号,修订过的 RFC 也被分配一个新的编号,因此对同一协议,一定要参考最高编号的 RFC 文档。RFC 文档均可从网上免费获得。

实际上,TCP/IP 由一组协议组成,因此又称为 TCP/IP 协议族。TCP/IP 协议族中两个最重要的协议就是 TCP 协议和 IP 协议,并因此而得名。TCP/IP 协议族的分层体系结构模型称为 TCP/IP 协议模型,由四个层次组成,各层及其所包含的常用协议如图 1.15 所示。

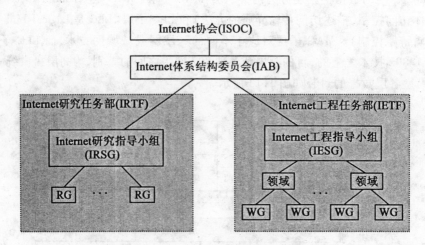

图 1.14　Internet 标准化组织结构图

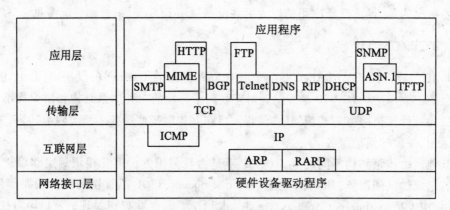

图 1.15　TCP/IP 协议模型及其主要协议的层次关系

TCP/IP 协议模型的各层功能简要描述如下,主要协议的技术细节将在本书的后续章节中逐步讲到。

1. 应用层(Application Layer)

应用层向用户提供一组常用的应用程序,例如文件传送、电子邮件、远程登录等。严格地说,应用程序可以不属于 TCP/IP,但对一些常用应用程序,TCP/IP 制定了相应的协议标准,所以把它们也作为 TCP/IP 的内容。当然用户完全可以根据自己的需要在传输层之上建立自己的专用程序,这些专用程序要用到 TCP/IP,但不属于 TCP/IP。

应用层的协议很多(图 1.15 中只给出了部分常见协议),依赖关系相当复杂,这种现象与具体应用的种类繁多现象密切相关。应当指出,在应用层中,有些协议不能直接为一般用户所使用。那些直接能被用户使用的应用层协议,往往是一些通用的、容易标准化的协议,例如 FTP、Telnet 等。

2. 传输层(Transport Layer)

传输层包括两个协议:传输控制协议 TCP(Transmission Control Protocol)和用户数据报协议 UDP(User Datagram Protocol),分别向应用程序提供了两种不同的服务:面向连接的服务和无连接服务,以满足不同应用程序的需要。

传输层的根本任务是提供一个应用程序到另一个应用程序之间的通信,通常称为"端到端"通信,它处理互联网层没有解决的通信问题。在发送端,传输层软件负责解决多个应用程序复用下层通道的问题,并把发送的数据流分成若干个报文分组传递给下一层;在接受端,传输层软件则负责将数据交给上层相应的应用程序,根据使用协议的不同(TCP 或 UDP),可能还需要解决分组的排序、流量控制及差错控制等问题。

3. 互联网层(Internet Layer)

互联网层也常称为网间网层、网际层、Internet 层或 IP 层。互联网层包括多个协议:IP、ICMP、IGMP、ARP、RARP 等,其中最重要的是 IP 协议。

互联网层是 TCP/IP 模型的关键部分,其功能是使主机可以把分组(Packet)发往任何网络,并使各分组独立地传向目的地。这些分组到达的顺序可能和发送的顺序不同,因此当应用程序需要按顺序发送和接收时,传输层必须使用面向连接的 TCP 协议对分组进行排序。此外,分组路由和差错控制也是互联网层的主要设计问题。

4. 网络接口层(Network Interface Layer)

网络接口层是 TCP/IP 的最底层,负责将 IP 分组通过选定的物理网络发送出去,和从物理网络接收数据帧(Frame)并提取出 IP 分组交给 IP 层。根据选定物理网络技术的不同,网络接口层对应的可能是一个设备驱动程序(如使用以太网的局域网),也可能是一个使用自己的数据链路协议的复杂的子系统(如由使用 HDLC 协议与主机进行通信的分组交换机构成的网络)。

TCP/IP 模型与 OSI 模型层次之间的对应关系如图 1.16 所示。

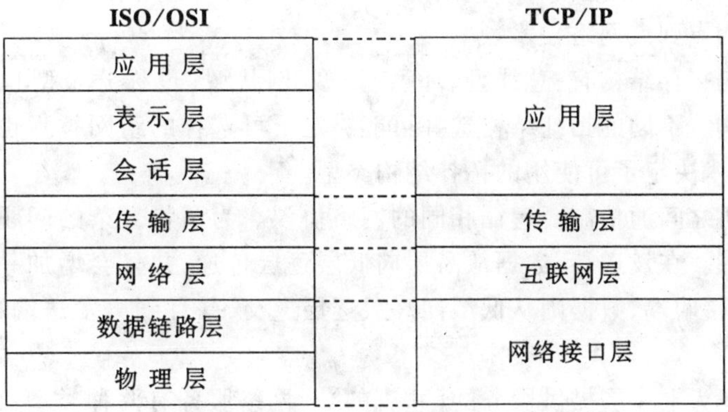

ISO/OSI	TCP/IP
应 用 层	应 用 层
表 示 层	
会 话 层	
传 输 层	传 输 层
网 络 层	互联网层
数据链路层	网络接口层
物 理 层	

图 1.16 ISO/OSI 模型与 TCP/IP 模型的层次对应关系

实际上,对应于 OSI 的物理层和数据链路层,TCP/IP 并未给出通用的定义,而更多的是通过网络接口层使用了其他体系结构的协议,如目前局域网上使用了 IEEE 802 标准。也就是说,TCP/IP 网络的实际情况是,高层使用 TCP/IP 协议族,而低层(物理层和数据链路层)广泛使用的是其他局域网或广域网协议,如图 1.17(a)所示,以 IP 协议为中心,形成了一个沙漏模型,该模型表明:TCP/IP 可以为各种各样的应用提供服务(即所谓 everything over IP),同时也可以应用到各种各样的物理网络技术上(即所谓 IP over everything)。正因为如此,Internet 才会发展到今天的这种全球规模。对目前计算机网络的这种实际情况,可以用如图 1.17(b)所示的5层体系结构模型进行描述。

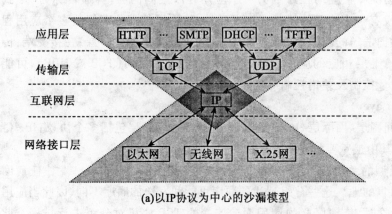

(a) 以IP协议为中心的沙漏模型　　(b) 实际的体系结构模型

图1.17　目前计算机网络的实际模型

1.5　本章小结

计算机网络是计算机技术和通信技术相结合的产物,是由具有独立功能的计算机、通信线路和实现网络协议的软硬件实体组成的系统。

依据不同的标准,计算机网络有不同的分类,按照通信技术和分布距离分类是两种重要的分类方法。按照通信技术,计算机网络分为广播式网络和点到点网络;按照分布距离,计算机网络分为局域网(LAN)、城域网(MAN)和广域网(WAN)。局域网通常采用广播式网络技术,而广域网通常采用点到点网络技术。

计算机网络的拓扑结构有:总线型、环型、星型、网状型(也称分布型)、树型,以及上述拓扑结构的混合结构。不同的拓扑结构选择可能决定了可选择的组网技术也不同,或者反过来说,不同的网络技术决定了可使用的拓扑结构类型。

网络上的主机之间通信需要遵循相同的网络协议。为了将复杂的问题分解,计算机网络协议是分层实现的。在发送端,数据从高层向低层逐层传递,并且会增加一些额外的信息,如源和目的地址;在接收端,数据则从低层向高层逐层递交,并且剥离发送端在对等层上附加的信息。

网络的低层是为上一层提供服务的(垂直的)。网络服务有两种类型:面向连接的服务和无连接的服务。学习每一种协议,都应了解它提供的服务类型是哪一种。

ISO/OSI、IEEE 802系列标准和TCP/IP是计算机网络的三种重要的体系结构。ISO/OSI庞大而复杂,导致其未达到实用,但对计算机网络的发展起到了很好的指导作用,其概念一直沿用至今;IEEE 802系列标准定义了局域网和城域网的技术标准,但只定义了物理层和数据链路层;目前,计算机网络的高层协议主要使用TCP/IP协议族。因此,实际的计算机网络协议体系是一个5层结构,从下向上依次为:物理层、数据链路层、网络层、传输层和应用层。ISO、IEEE和IETF网站上提供了许多有关三个组织的有用信息及一些技术文档。学习TCP/IP最好的原始资料就是RFC文档。

思考与练习

1.1 计算机网络最重要的基本特征是什么？完整的计算机网络系统应由哪些部分组成？
1.2 什么是计算机网络的协议？其作用是什么？请举几个网络协议实例。
1.3 广播式通信和点到点通信的特点分别是什么？
1.4 按照分布距离，计算机网络分为几种？每一种使用的通信技术又是哪一种？
1.5 计算机网络拓扑结构有哪些？分别适用于哪种网络？请举例说明。
1.6 计算机网络采用分层的体系结构有什么优点？解释"封装"与"解封"的概念。
1.7 简述和比较 ISO/OSI、IEEE 802 和 TCP/IP 的分层体系结构模型。这三种体系结构对计算机网络的发展分别有什么作用？实际的网络体系结构模型有哪几层？
1.8 联系实际，简述计算机网络中面向连接服务与无连接服务的特点。

第2章 低层网络技术

本章阐述物理层与数据链路层的相关概念、网络技术及其基本原理,对于希望深入学习计算机网络知识,并在实践中能够灵活应用所学知识进行组网的读者,本章所有内容均为重点;对于一般 Internet 用户,可着重掌握"传输介质"、"以太网技术"和"无线局域网"这三节的内容,并忽略其中的一些原理性内容。

学完本章,应对物理层和数据链路层的相关技术及其发展有一个全面的了解,并掌握相关基本原理和基本概念。具体学习要点如下:

(1) 通过对数据通信基础知识的学习,掌握"带宽"的概念;
(2) 掌握各类传输介质的特性和使用范围;
(3) 掌握各种以太网技术的性能特点;通过对以太网的学习,进一步理解广播式网络技术的工作原理,掌握交换与共享技术的不同;
(4) 了解虚拟局域网的概念和用途;
(5) 了解无线局域网的标准和应用特点,掌握无线局域网的两种组网模式及需要的关键硬件;
(6) 了解各种广域网技术的特点及发展状况,掌握互联网上通信子网所使用协议与TCP/IP 协议的层次关系,以及相对于 ISO/OSI 模型的层次。

2.1 数据通信的基础知识

信息是借助于电压或电流等物理量的变化而实现在介质上传输的,即通过把电压或电流表示成时间的单值函数,就可以用它来表示信号的变化,并对其进行数学分析。

2.1.1 数据、信号与信道

一般认为,数据(Data)是表达信息的实体;信号(Signal)是数据的电、磁或光的表现形式,用以传送数据;信道(Channel)是传输信号的通道。在数据通信中,数据、信号和信道都有模拟和数字之分。

模拟数据的强度是连续变化的,如语音和视频。数字数据为不连续的离散值,现代计算机的 CPU 所处理的数据都是数字数据。

模拟信号指幅度随时间连续变化的信号,如电话语音信号、广播电视信号等;数字信号指幅度值离散的信号,如只取高低两个电平的一系列电脉冲。两种信号的波形如图 2.1 所示。

在通信系统中,数据是以信号的形式从一端传送到另一端的。一般地,模拟数据用模拟信号表示,数字数据用数字信号表示。但是,数字数据经过调制也能用模拟信号表示,而模拟数据经过编码也能用数字信号表示。

模拟信号与数字信号可以实现相互转换。将模拟信号转换为数字信号的过程称为模数转

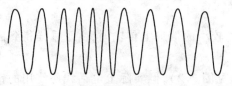 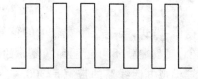

(a)模拟信号波形　　　　　　　　(b)数字信号波形

图 2.1　模拟信号与数字信号的波形示意图

换(A/D 转换),反之,将数字信号转换为模拟信号的过程称为数模转换(D/A 转换)。

相应地,传送数据的信道也分为传送模拟信号的模拟信道和传送数字信号的数字信道。需要指出的是,模拟信号经过模数转换后可以在数字信道上传输,而数字信号经过数模转换后也可以在模拟信道上传输。

在通信网发展的早期,所有的通信信道都是模拟信道,如传统的电话传输系统。但由于数字信道可提供更高的通信服务质量,因此过去建造的模拟信道正在逐渐被数字信道所代替。现在计算机通信所使用的通信信道,其主干线路已基本是数字信道,但仍有一部分用户线是传统的模拟信道,当然这一局面正在迅速地发生着变化,全数字化的通信网指日可待。在计算机网络技术的发展过程中,模拟信道与数字信道并存的局面使得物理层与数据链路层的内容较为复杂。

用户线部分即指连接用户终端的最后一段物理线路,常被称为"最后一公里"线路。目前,相当一部分家庭用户甚至小型办事机构仍然在通过传统的电话线路连接 Internet,而这种电话用户线就是模拟信道。因此,数字数据在这种信道上传输之前需要进行调制,而计算机从这种信道上接收信息时需要对信号进行解调。

2.1.2　信号与信道的带宽

19 世纪初,法国数学家吉·傅立叶(Jean-Baptiste Fourier)证明:任何正常的周期为 T 的函数 $g(t)$,都可以由(无限个)正弦和余弦函数合成:

$$g(t) = \frac{1}{2}c + \sum_{n=1}^{\infty} a_n \sin(2\pi nft) + \sum_{n=1}^{\infty} b_n \cos(2\pi nft) \tag{2-1}$$

其中,c 为常数,$f=1/T$ 是基频,a_n 和 b_n 是正弦和余弦函数的 n 次谐波的振幅。这种分解就叫做傅立叶级数(Fourier Series)分解。通过傅立叶级数可以合成原始函数,即已知周期 T 和振幅,通过(2-1)式求和就可以得到时间函数 $g(t)$。

一个信号所包含的谐波的频率范围,我们称之为该信号的带宽。可听懂的话音的频率范围是 300～3 000Hz(见图 2.2),因此可认为话音的带宽是 300～3 000Hz。数字信号往往具有较大的带宽。

所有的传输信道在传输信号的过程中都要损失一些能量。如果所有傅立叶分量被等量衰减,那么结果信号虽然在振幅上有所衰减,但没有畸变。然而实际情况是,所有的传输信道对不同的傅立叶分量的衰减程度不同,因而使得输出信号可能发生畸变。通常,频率 0 到 f_c(以 Hz 为单位)范围内的谐波在传输过程中无衰减,而频率大于 f_c 的谐波在传输过程中衰减极大。称 f_c 为信道的截止频率,$0 \sim f_c$ Hz 即为该类信道的带宽。也就是说,信道的带宽指信道允许通过的信号频率范围。

根据(2-1)式,当一个带宽较大的信号在带宽较小的信道上传输时,由于采样得到的谐波次数较少,接收端就不可能正确恢复原始信号。

传统模拟电话线路的带宽是 300~3 400Hz(见图 2.2),但实际上电话线所使用的铜线本身的带宽远远大于此(详见"2.2 传输介质"一节),这是由于电话网络是为传输话音带宽内的模拟信号而设计和优化的,从而人为在传输系统中增加了滤波器的原因。也就是说,传输话音只用了物理介质本身带宽的一小部分,正因为如此,才使得目前可以在电话线路上使用 ADSL 技术(参见 6.4 节)。

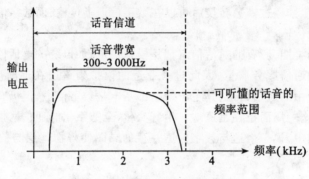

图 2.2 话音和电话信道的带宽

2.1.3 信道的最大数据传输速率

任何信道都具有带宽的限制(物理特性本身或人为限制),不同的信道具有不同的带宽特性。早在 1924 年,尼奎斯特(H. Nyquist)就认识到了信道的这一根本性限制,并推导出一个有限带宽无噪音信道的最大数据传输速率的表达式。1948 年,香农(Claude Shanon)进一步把尼奎斯特的结论扩展到随机有噪声信道。

通常,信道上传输的周期信号的波形称为码元。码元传输速率即信号的波形速率,单位为 Baud(波特),1 波特为每秒传送 1 个码元。

尼奎斯特证明,一个带宽为 H 的无噪声低通信道的最大码元传输速率为:

$$\text{无噪声低通信道的最大码元传输速率(Baud)} = 2H \qquad (2\text{-}2)$$

通过适当的编码方法(或称调制方法),一个码元可以携带多个信息单位。设每个码元携带的信息量是 Vbits(比特),则尼奎斯特定理为:

$$\text{无噪声低通信道的最大数据传输速率(bps)} = 2HV \qquad (2\text{-}3)$$

例如,一个无噪声的 3 000Hz 低通信道的最高码元传输速率为 6 000Baud。如果一个码元携带 3bits 的信息量,则该信道的最大数据传输速率为 18 000bps(比特/秒)。

尼奎斯特定理表明:要提高给定信道上的数据传输速率,必须设法使每一个码元能携带更多的信息量。例如,在普通电话线上传输数据使用的调制解调器,其传输速率提高的过程主要就是改进调制技术的过程(当然还包括提高传输数据的压缩比)。

实际信道都是有噪声存在的。通常,热噪声以信号功率与噪声功率之比来度量,称为信噪比(Signal-to-noise Ratio)。如果用 S 表示信号功率,N 表示噪声功率,则信噪比为 S/N。香农

关于有噪声信道的结论是:任何带宽为 HHz,信噪比为 S/N 的信道,其最大数据传输速率为:

$$\text{信道的最大数据传输速率(bps)} = H\log_2(1 + S/N) \tag{2-4}$$

(2-4)式就是著名的香农公式,该公式表明:信道的带宽或信道的信噪比越大,信道的极限传输速率就越高。无论采用何种编码技术,信道的数据传输速率都不可能超过由(2-4)式算出的极限数值。

例如,对于 3 100Hz(3 400 − 300 = 3 100Hz)带宽的标准电话信道,如果信噪比 $S/N = 2\ 500$(模拟电话系统的典型参数),那么无论采用何种先进的调制技术,其数据传输速率一定不可能超过极限数值 35Kbps($3\ 100\log_2(1 + 2\ 500) \approx 35$Kbps)。若想超过这个数值,只能设法提高信道的信噪比,或者增加信道的传输带宽。

综上所述,码元传输速率受尼奎斯特定理的制约;采用多元制调制方法,以设法使每一个码元能携带更多个比特的信息量,可提高信息的传输速率。但无论如何调制,都不可能超过香农极限。

由于信道的数据传输速率与信道的带宽有直接的关系,因此,目前人们常用"带宽"作为数字信道所能传送的"最高数据速率"的同意语,单位是"比特/秒",或"bps"(bit per second)。

带通信道的尼奎斯特定理为:无噪声带通信道的最大码元传输速率(Baud) = H。

"低通信道"指信号的所有低频分量,只要其频率不超过某个上限值,都能够不失真地通过此信道,而频率超过该上限值的高频分量则不能通过此信道。

"带通信道"指频率在 $f_1 \sim f_2$ 之间的频率分量能够不失真地通过此信道,而低于 f_1 和高于 f_2 的所有频率分量都不能通过该信道。

2.1.4 单工、半双工、全双工通信

在数据通信系统中,按照信息传送的方向与时间的关系,通信方式可分为:单工通信、半双工通信和全双工通信。

1. 单工通信

只能有一个方向的通信,而没有反方向的交互。有线电视系统就是典型的单工通信系统。

2. 半双工通信

通信的双方都可以发送信息,也可以接收信息,但不能在同一时间发送,即在某一时刻,只能一方发送,另一方接收。如 A 和 B 通信,A 发送时 B 只能接收而不能发送,但等 A 发送完毕,B 就可以发送了。

3. 全双工通信

通信的双方可以同时发送和接收信息。如 A 和 B 通信,A 在发送的同时可以接收 B 发来的信息,B 在接收的同时也可以向 A 发送信息,而不必等待 A 发送完毕。

全双工通信需要有两条独立的信道。

2.2 传输介质

传输介质是网络中信息传输的媒体,是网络通信的物质基础之一。目前,在计算机网络中使用的传输介质有双绞线、同轴电缆、光纤以及无线通信。传输介质的特性对数据传输速率、

通信距离和数据传输的可靠性等均有很大的影响。因此,必须根据不同的通信需求,合理地选择传输介质。

2.2.1 双绞线

双绞线(Twisted Pair)是目前为止最常用和最廉价的传输介质,它由两根有绝缘保护层的铜导线相互绞合而成,并因此而得名。把两根绝缘的铜导线按一定密度互相绞在一起,可降低信号干扰的程度。通常把一对或多对(2对或4对)双绞线放在一个绝缘套管中构成双绞线电缆,一对线可以作为一条通信线路。目前用于网络通信的双绞线由4对组成,如图2.3所示。在双绞线电缆内,不同线对具有不同的扭绞长度。双绞线电缆的抗干扰性取决于一束线中相邻线对的扭绞长度及适当的屏蔽。与其他传输介质相比,双绞线在传输距离、信道带宽和数据传输速度等方面均受到一定限制,但价格较为低廉。

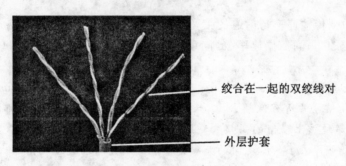

图2.3 非屏蔽双绞线实物图

1. 屏蔽双绞线与非屏蔽双绞线

双绞线分为屏蔽双绞线(Shielded Twisted Pair,STP)和非屏蔽双绞线(Unshielded Twisted Pair,UTP)。图2.3所示为非屏蔽双绞线。

屏蔽双绞线由铝箔或铜丝编织层包裹形成屏蔽层,可以屏蔽外界电磁波对传输信号的干扰,也可以防止信号传送时产生电磁波泄漏。但是,相对于非屏蔽双绞线,屏蔽双绞线的价格较贵,安装也比较复杂,必须配有支持屏蔽功能的特殊连接器和相应的安装技术,因此一般用于电磁干扰比较严重和信息保密级别要求高的场合。

非屏蔽双绞线没有金属屏蔽层,对电磁干扰的敏感性较大,电气特性较差,绝缘性能不好,分布电容参数较大,信号衰减比较严重,因而传输速率不高,传输距离也有限。但是,此类双绞线价格便宜,易于安装,因此应用更为广泛。

2. 双绞线的规格

双绞线发展到现在,共有六种规格的双绞线:1类线(Category 1 或 CAT1)到6类线(Category 6 或 CAT6),其中,5类线又分为普通5类线(CAT5)和超5类线(Enhanced CAT5,CAT5E)。不同规格的双绞线有着不同的传输特性,具体如下所示:

- 1类线主要用于20世纪80年代初之前的电话线缆,不用于数据传输。
- 2类线的传输频率为1MHz,用于语音传输和最高传输速率4Mbps的数据传输,曾用于使用4Mbps规范令牌传递协议的旧的令牌网。
- 3类线的传输频率为16MHz,用于语音传输及最高传输速率为10Mbps的数据传输,主要用于10Base-T。

- 4 类线的传输频率为 20MHz,用于语音传输和最高传输速率 16Mbps 的数据传输,主要用于基于令牌的局域网和 10Base-T/100Base-T。
- 5 类线增加了绕线密度,外套一种高质量的绝缘材料,传输频率为 100MHz,用于语音传输和最高传输速率为 100Mbps 的数据传输,主要用于 100Base-T 和 10Base-T 网络,是最常用的以太网电缆。超 5 类线是一种非屏蔽双绞线标准,比普通 5 类 UTP 有着更好的性能。
- 6 类线用于语音传输和传输速率为 1Gbps 及以上的数据传输,且干扰减少 85%。

目前使用最为广泛的是 5 类和超 5 类非屏蔽双绞线(UTP-5),遵循的标准是由 EIA(Electronic Industries Association,美国电子工业协会)和 TIA(Telecommunication Industries Association,电信工业协会)联合发布的"商用建筑物电信布线标准"EIA/TIA-568-A。在本书的其他地方,如无特别说明,均指这种规格的双绞线。6 类线由于是一种新的标准,目前价格还较高,尚未普及,仅用于需要传输 1Gbps 的场合。

有关双绞线的具体应用参见 4.3 节。

2.2.2 同轴电缆

同轴电缆(Coaxial Cable)是早期局域网中最常用的传输介质,共有四层,最内层是中心导体,从里往外,依次为绝缘层、导体网和保护套,如图 2.4 所示。由于各层构成一个同心圆,故而得名。与双绞线相比,同轴电缆的这种结构使它较双绞线有更好的屏蔽特性和传输距离,但价格比双绞线高。

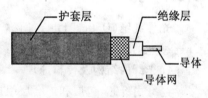

图 2.4 同轴电缆的结构

1. 基带同轴电缆与宽带同轴电缆

按用途来划分,同轴电缆可以分为基带(Baseband)同轴电缆和宽带(Broadband)同轴电缆。

基带同轴电缆用于传输数字信号,在传输过程中,信号将占用整个信道,数字信号包括由 0 到该基带同轴电缆所能传输的最高频率。因此,在同一时间内,基带同轴电缆仅能传送一种信号。

宽带同轴电缆传送的是不同频率的信号,这些信号需要通过调制技术调制到各自不同的正弦载波频率上。传送时应用频分多路复用技术分成多个频道传送,使数据、声音和图像等信号同一时间内在不同的频道中被传送。宽带同轴电缆也可以只用于一条通信信道的高速数字通信,此时称之为单信道宽带。宽带同轴电缆的性能比基带同轴电缆好,但需要附加信号处理设备,安装比较困难,主要用于有线电视系统。

计算机网络中主要使用基带同轴电缆。

2. 粗缆与细缆

基带同轴电缆又分为粗缆和细缆。粗缆较细缆的传输距离远,但由于粗缆的安装难度大,总体成本高,没有细缆应用广泛。

细缆的安装比较简单,但安装时需要切断电缆,电缆两端要装上 BNC 连接头,然后连接在 T 形连接器两端,如图 2.5 所示,T 形连接器的 T 形头再连接到网卡上。每一个细缆网的终端需要一个端接器。

细缆局域网是一种天生的总线型网络,不需要集线器即可连接多台计算机,但当总线上某一触点发生故障时,会影响到整条电缆连接的网段,且故障诊断困难,这是同轴电缆被双绞线和光缆取代的主要原因。

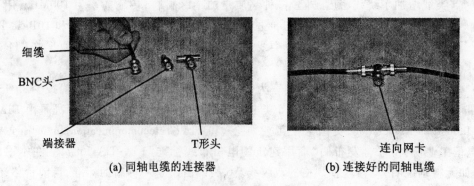

图 2.5 同轴电缆的连接

2.2.3 光纤

光导纤维(Optical Fiber)简称光纤,是目前发展最为迅速、前景最好的一种传输介质。光纤通过光的传播来传输信息,具有抗电磁干扰能力强、传送速率高、传输距离远的特点。

1. 光纤的结构及传输原理

光纤由纤芯、包层和护套层组成,如图2.6(a)所示。纤芯通常是由石英玻璃拉成的细丝,根据光纤种类的不同,直径在 8~100μm 之间。纤芯外面包围着一层折射率比纤芯低的玻璃包层,以使光束保持在芯内。纤芯和包层构成双层同心圆柱体,外面是一层薄的塑料护套。多根光纤(4芯、8芯、12芯甚至更多)扎在一起,外面用坚韧的外壳保护起来就是光缆。

光纤传输利用了如下的物理原理:当光通过一种介质转入另一种介质时,光线会发生折射,折射量取决于两种介质的特性(它们的折射率)。如果入射角大于一个临界值,光线将完全反射,从而被限制在纤芯中(如图2.6(b)所示),近似于无损耗地传输。

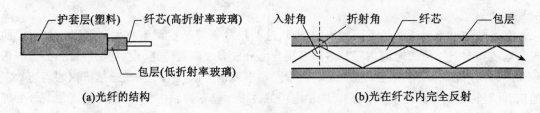

图 2.6 光纤的结构及光线在纤芯内的传输

2. 光纤传输系统

光纤传输系统由三个部分组成:发送端的光源、用于传输光脉冲的光纤和接收端的光检测器。光源采用 LED(发光二极管)或半导体激光器,用于将需要传送的电信号转换成光信号。两种光源有着不同的特性,见表2.1。光检测器通常由光电二极管做成,用于将检测到的光信号还原成电信号。

由于可见光的频率非常高(约为 10^8 MHz 的量级),光纤的信道带宽远远大于目前的其他传输介质,可获得的带宽完全可以超过 50 000Gbps(50Tbps),而且还在不断地寻找更好的材料,目前达到的实际传输速率只是受了光电转换速度的限制。

表 2.1 两种光源的比较

项　　目	LED	半导体激光
数据速率	低	高
模式	多模	多模或单模
距离	短	长
生命期	长	短
温度敏感性	较小	较敏感
造价	低造价	昂贵

3. 多模光纤与单模光纤

在光纤传输中,只要射入纤芯的光线的入射角大于某一临界值,就可以产生全反射。因此,对于直径较大的光纤,可以允许从许多不同角度入射的光线在一条光纤中传输,具备这种特性的光纤就称为多模光纤(Milti-mode Fiber),每一束光线可以认为是一个不同的模式。但若光纤的直径减小到只有一个光波的波长,则光纤就像一个波导一样,使光线沿直线传播,而不会产生多次反射。这时,纤芯内就只能传输一种模式的光线,这种光纤就称为单模光纤(Single-mode Fiber)。

多模光纤的纤芯直径有 50μm、62.5μm 和 100μm 三种。光脉冲在多模光纤中传输时会逐渐展宽,造成失真,因此多模光纤只适合于近距离传输。根据传输速率和光源的不同,多模光纤的传输距离通常是 300m~4km。

单模光纤的纤芯直径为 8~10μm。由于纤芯很细,制造成本较高,且光源也需要使用昂贵的半导体激光器,因此单模光纤及其设备的价格都较多模光纤高。但单模光纤的传输损耗低,同样的速率下可以传输更远的距离,目前在 1Gbps 的速率下可传输几十公里,而在 100Mbps 的速率下可超过 100km。

4. 光纤的连接

光纤的连接方法主要有三种:光纤连接器、机械连接和熔接。

光纤连接器包括连接头(如 ST、SC、LC 等连接头),图 2.7 为 ST 和 SC 光纤连接头的实物图。通常事先将光纤连接头熔接在光纤末端,需要时只需要将连接头插到要连接的插座上即可。连接头要损耗 10%~20% 的光,但是它使重新配置系统很容易,因此多用于室内光纤的连接,特别是光纤设备的连接。

应急情况下,还可以将光纤用机械的方法连

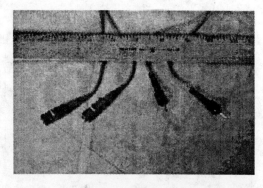

图 2.7 ST(左)和 SC(右)光纤连接头

接起来。做法是将两根小心切割好的光纤放在一个套管中并钳起来,调整光纤的结合处以使信号达到最大。机械结合处光的损耗大约为10%,连接点长期使用会不稳定,因此一般用于应急连接。机械结合需要训练过的人员花大约5分钟时间完成。

熔接用于永久性光纤连接,这种连接需要使用专用熔接机放电将光纤的连接点熔化并连接在一起(光纤熔接机价格较贵,因此光纤熔接通常交由专业公司的专业人员来做)。熔接形成的光纤和单根光纤差不多,但也有少量衰减。

关于传输距离的进一步说明:各种介质的传输距离受传输速率的影响。总体来说,传输距离与传输速率呈反比趋势,即在同一种介质上,数据传输速率越高,传输的距离就越短,反之,速率越低,则距离越远。上述三种介质中,同样传输速率下,双绞线的传输距离最近,光纤的传输距离最远。

2.2.4 无线传输

前面三种传输介质属于有线传输,而在许多场合,如线缆铺设不方便、临时通信或移动通信的需要,则只能用无线传输的方式。

1. 电磁波谱与通信类型

1865年,英国著名物理学家麦克斯韦(James Clark Maxwell)预言,电子运动时产生可以自由传播(甚至在真空中)的电磁波,并断言光波就是一种电磁波,光现象就是一种电磁现象。1887年,德国物理学家赫兹(Heinrich Hertz)利用实验方法产生了电磁波,证明了麦克斯韦的预言。在电路上加入适当大小的天线,电磁波便可在自由空间中有效地广播,并被一定距离内的接收器收到,这就是无线通信实现的基本原理。

麦克斯韦与赫兹的研究表明,变化的电场激发变化的磁场,变化的电场与变化的磁场不是彼此孤立的,而是相互联系、相互激发的。他们将表面上看来互不相关的现象统一起来,揭示了电磁波谱的秘密,以及无线通信与有线通信存在的内在联系。电磁波的频谱及其在通信中的作用如图2.8所示。

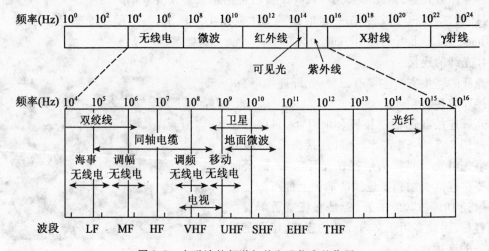

图2.8 电磁波的频谱与其在通信中的作用

电磁波每秒振动的次数称为频率,记为 f,单位为赫兹(Hz,以纪念物理学家赫兹)。两个相邻的波峰(或波谷)间的距离称为波长,记为 λ。在真空中,所有的电磁波以相同的速度传播,而与其频率无关,该速度通常称为光速,记为 C($C \approx 3 \times 10^8$ m/s)。f、λ 与 C 在真空中的关系为:

$$\lambda f = C \tag{2-5}$$

在铜线或光纤中,电磁波的传播速度降低到光速的 2/3,并且变得和频率稍有关系。

注意:电磁波的传播速度与数据传输速率不同。前者指电磁波在单位时间内传播的距离,单位通常是 m/s(米/秒),而后者指发送装置在单位时间内发送的二进制比特数,单位通常是 bps(比特/秒)。

国际电信联盟 ITU 根据不同的频率(或波长),将不同的波段进行了划分与命名,如表 2.2 所示。

表 2.2　　　　　　　　　　　　无线电频率与带宽的对应关系

频段划分	频率范围
低频(LF)	30~300KHz
中频(MF)	300KHz~3MHz
高频(HF)	3~30MHz
甚高频(VHF)	30~300MHz
特高频(UHF)	300MHz~3GHz
超高频(SHF)	3~30GHz
极高频(EHF)	>30GHz

不同的传输介质可以传输不同的频率信号:双绞线可以传输低频与中频信号,同轴电缆可以传输低频到特高频信号,光纤可以传输可见光信号。香农公式告诉我们,电磁波可运载的信息量与其带宽有关,从图 2.8 可以明显看出为什么光纤能够达到较高的数据传输速率。

在无线通信中,同样是使用的频带越宽,或频率越高,数据传输率也越高。

目前用于无线通信的主要有无线电波、微波、红外线与可见光。紫外线、X 射线和 γ 射线虽然频率高,但是很难调制,穿过建筑物传播的性能也不好。其中,无线电波主要用于无线电广播通信,红外线主要用于室内短距离通信(如各种电器的遥控装置),计算机网络通信使用的主要是微波通信。因此,下面只介绍微波通信的特点。

2. 微波通信

微波通信被广泛用于长途电话通信、蜂窝电话、电视传播和计算机网络通信,在数据通信中占有重要地位。

微波的频率范围为 300MHz~300GHz,但主要使用 2~40GHz 的频率范围。微波传输具有如下特点：
- 100MHz以上沿直线传播，因此可以集中于一点，但发射天线和接收天线必须精确对准，这种方向性使成排的多个发射设备可以和成排的多个接收设备通信而不会发生串绕。
- 微波不易穿过建筑物，因而发射与接收设备之间不能有阻挡。
- 微波能穿透电离层进入宇宙空间，使得卫星通信成为可能。

由于微波传输的以上特点，使用微波通信的方式主要有两种：地面微波通信和卫星通信。

(1) 地面微波通信

在可视距离内，如果没有障碍物，微波可以直接用做计算机网络通信。

由于微波在空间是直线传播的，而地球表面是个曲面，因此其传播距离受到限制，一般只有50km左右。不过该传播距离与微波的发射天线高度有关，天线越高传播距离就越远，如采用100m高的天线塔，传播距离可增大到100km。为实现远距离通信，必须在一条微波信道的两个端点之间建立若干个中继站，中继站把前一站送来的信号经过放大后再发送到下一站。中继站之间的距离大致与塔高的平方成正比。这种通信方式又叫地面微波接力通信。

(2) 卫星通信

卫星通信实际上是使用人造地球卫星作为中继站的微波接力通信。通信卫星是位于36 000km高空的人造同步地球卫星，其发射出的电磁波能辐射到地球上的通信覆盖区的跨度达18 000km。因此，只要在地球赤道上空的同步轨道上等距离地放置3颗相距120°的卫星，就能基本上实现全球的通信。

卫星通信的优点是通信距离远，且通信费用与通信距离无关，最大缺点是传播延时较大。

不管是地面微波通信还是卫星通信，其共同的缺点是：有时会受到恶劣气候的影响，导致通信中断或通信质量下降；隐蔽性和保密性较差。

2.3 局域网技术——以太网

在计算机网络发展的早期，局域网和广域网使用两类截然不同的技术：局域网使用共享式信道和广播式技术，广域网使用点到点信道和点到点技术。随着计算机网络技术的发展，局域网技术和广域网技术正在互相渗透，未来应用于局域网和广域网的技术界限可能也越来越模糊，使得"局域网"与"广域网"仅仅代表了网络覆盖的地理范围。因此，本节用"局域网技术"而不是"局域网"来标识内容，代表起源于局域网应用的广播式网络通信技术。那么，"广域网技术"即代表了起源于广域网应用的点到点网络通信技术。

2.3.1 局域网技术概述

1. 局域网技术的发展

局域网技术产生于20世纪70年代，微型计算机的发明和迅速流行、计算机应用的普及与提高、计算机网络应用的不断深入与扩大，以及人们对信息交流、资源共享和高带宽的迫切需求，都直接推动着局域网的发展。

20世纪90年代以后，快速局域网技术和交换式局域网技术的发展，使局域网的应用进入一个崭新的阶段，而20世纪末千兆位以太网和21世纪初万兆位以太网的出现，进一步推动了局域网技术的应用范围，使其从小型局域网扩展到大型园区网，甚至城域网和广域网的范围。

迄今为止,计算机网络发展中出现过的主要局域网技术有:以太网、令牌环网和光纤分布式数据接口 FDDI,异步传输模式 ATM 也曾应用于局域网络。目前,以太网占据了全部局域网市场,而其他局域网技术均退了出去,其中,令牌环网和 FDDI 技术已被淘汰,ATM 则被应用于广域网中。此外近年来,无线局域网技术发展迅速,应用也越来越广泛。也就是说,目前应用于局域网的技术实际上就是两种技术:以太网和无线局域网。

2. 以太网的种类

根据传输技术的不同,以太网(Ethernet)分为:
- 共享式以太网;
- 交换式以太网。

根据最大传输速率,分为:
- 10M 以太网(10Mbps);
- 快速以太网(100Mbps);
- 千兆位以太网(1000Mbps 或 1Gbps);
- 万兆位以太网(10000Mbps 或 10Gbps)。

通常,早期的 10M 共享式以太网被称为传统以太网。

2.3.2 传统以太网

本小节通过传统以太网技术,讲解局域网技术的基本原理和基本概念。

1. 传统以太网的起源及两个标准

1975 年,以太网由美国施乐(Xerox)公司研制成功,并以过去人们认为传播电磁波的"以太"(Ether)来命名,当时的数据率为 2.94Mbps。1980 年 9 月,DEC 公司、英特尔(Intel)公司和施乐公司联合提出了 10Mbps 以太网规约的第一个版本 DIX V1(DIX 是这三个公司名称的缩写),1982 年又修改为第二版规约(实际上也就是最后的版本),即 DIX Ethernet V2,成为世界上第一个局域网产品的规约。

---

19 世纪,英国物理学家麦克斯韦(James Clerk Maxwell)发现,可以用波动方程来描述电磁波辐射,于是科学家们认为空间中一定充满了某种以太介质使辐射能够在上面传播。直到 1887 年著名的迈克耳逊·莫雷(Michelson-Morley)实验后,物理学家们才发现电磁波在真空中也能传播。

在 DIX Ethernet V2 的基础上,美国电气和电子工程师学会 IEEE(Institute of Electrical and Electronic Engineers)802 委员会的 802 工作组于 1983 年制定了第一个 IEEE 的以太网标准,编号为 802.3,数据率为 10Mbps。这个标准被称为标准以太网。IEEE 802.3 对 DIX Ethernet V2 中的帧格式作了很小的改动(参见下一小节),但允许基于这两种标准的硬件实现在同一个局域网上互相操作。由于以太网的这两个标准只有很小的差别,因此很多人将"以太网"作为使用 CSMA/CD 介质访问控制协议的总称(本书也经常不严格区分),虽然严格说来,"以太网"应当是指符合 DIX Ethernet V2 标准的局域网,它仅仅是 IEEE 802.3 的一种实现。

由于厂商们在商业上的激烈竞争,IEEE 的 802 委员会未能形成一个统一的、最佳的局域网标准,而是被迫制定了几个不同的局域网标准,如 802.4 令牌总线网、802.5 令牌环网等。为了使数据链路层能更好地适应多种局域网标准,802 委员会就将局域网的数据链路层拆成两个子层,即逻辑链路控制 LLC(Logical Link Control)子层和介质访问控制 MAC(Medium Access Control)子层。与接入到传输介质有关的内容都放在 MAC 子层,而 LLC 子层则与传输介质无关,不管采用何种协议的局域网对 LLC 子层来说都是透明的。IEEE 802 标准的参考模型参见 1.4.4 节。

20 世纪 90 年代后,以太网在局域网市场中已取得了垄断地位,并且几乎成为了局域网的代名词。在这种情况下,逻辑链路控制子层 LLC 的作用已不大,因此很多厂商生产的网卡上就仅装有 MAC 协议而没有 LLC 协议。

本章介绍的以太网都是假定数据链路层只有一个 MAC 子层,而不考虑 LLC 子层,这样做对以太网工作原理的讨论会更加简明。这时,如图 1.13 所示的封装模型就变为图 2.9。

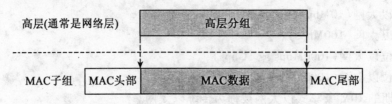

图 2.9 以太网对网络层分组的封装

2. 传统以太网的传输介质

传统以太网可以使用四种传输介质:粗同轴电缆、细同轴电缆、双绞线和光纤,对应于四种不同的物理层标准:10BASE5(粗同轴电缆)、10BASE2(细同轴电缆)、10BASE-T(双绞线)和 10BASE-F(光纤),如图 2.10 所示。这里,"BASE"表示基带信号,BASE 前面的数字"10"表示数据率为 10Mbps,而 BASE 后面的数字或符号则代表了电缆类型:"5"代表粗缆(意指粗缆的单段电缆最大长度为 500m)、"2"代表细缆(意指细缆的单段电缆最大长度为 200m)、"T"代表双绞线、"F"代表光纤。

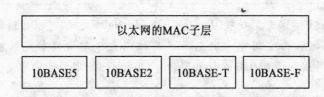

图 2.10 传统以太网的四种不同的物理层

传统以太网的四种物理层出现于不同的时间,对应的标准号和具体时间如下所示:
- 10BASE5:IEEE 802.3,1983 年提出;
- 10BASE2:IEEE 802.3a,1985 年提出;
- 10BASE-T:IEEE 802.3i,1990 年提出;
- 10BASE-F:IEEE 802.3j,1993 年提出。

可见,最早的是 10BASE5,其次是 10BASE2,10BASE-T 直到 20 世纪 90 年代才被提出。

3. 传统以太网的介质访问控制

粗缆和细缆连接的以太网物理拓扑结构为典型的总线(Bus)型,如图 2.11 所示。由于同轴电缆以太网已经淘汰,因此,我们不去关心用同轴电缆连接以太网的具体方法,而是将注意力放在其信道特点上,目的是由此理解共享信道的有关概念。

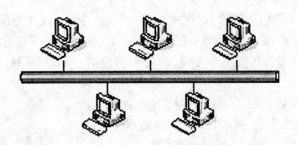

图 2.11　同轴电缆以太网的物理拓扑结构

总线型网络的一个重要特点是:连接在网上的所有计算机都共享同一个公共信道。也就是说,在同一时间,总线型网络上只有一台计算机能够使用信道(否则,电磁波沿着导线传播会出现叠加,从而造成信号失真)。那么,存在的问题是:当多个计算机需要使用信道,即争用信道时,网络协议怎样分配信道? 这就是介质访问控制所要解决的问题。

以太网使用了称做"带有冲突检测的载波侦听多路访问(Carrier Sense Multiple Access/Collision Detect,CSMA/CD)"协议来解决信道的争用问题。CSMA/CD 包含两个方面的内容,即"载波侦听多路访问(CSMA)"和"冲突检测(CD)",其基本思想是:当某一个节点要发送数据时,它首先要侦听信道有无其他节点正在发送数据,若没有则立即抢占信道发送数据;如果侦听到信道正忙,则需要等待一段时间,直至信道空闲时再发送数据。由于电磁波在电缆上传播会有一定延时,往往同时可能有多个节点侦听到信道空闲并发送数据,这就可能发生冲突。那么,冲突以后如何处理呢? CSMA/CD 采取了一种巧妙的解决方法,就是在发送数据的同时,进行冲突检测,一旦发现冲突则立刻停止发送,并等待冲突平息以后,再执行 CSMA/CD 协议,直至将数据成功地发送出去为止。

这里所提到的"载波"并非传统意义上的高频正弦信号,而是一种术语上的借用。我们把查看信道上有无数字信号传输称为"载波侦听",而把同时有多个节点在侦听信道是否空闲和发送数据称为"多路访问"。载波侦听的功能是由分布在各个节点的控制器各自独立进行的,它的实现方法是通过硬件测试信道上信号的有无。当节点检测到信道忙时,通常有两种处理办法:1)继续侦听下去,一直到发现信道空闲,立即发送。这种方法称为"坚持型"的载波侦听多路访问。2)延迟一个随机时间,然后再检测,并不断重复此过程,直到发现信道空闲,发送数据。这种方法称为"非坚持型"的载波侦听多路访问。

冲突有两种情况,一种是侦听到信道某一瞬时处于空闲状态时,两个以上的节点同时向信道发送数据,在信道上就会产生两个以上的信号重叠干扰,使数据不能正确地传输和接收。另一种是节点 A 侦听到信道是空闲的,但是这种空闲状态可能是节点 B 已经发送了数据,由于在传输介质上信号传播的延时,数据信号还未到达节点 A 的缘故。如果此时节点 A 又发送数据,则也将发生冲突。因此,如何消除冲突是一个重要问题。一般来说,节点上的检测器必须具备发现冲突和处理冲突的能力。

各个节点通过其设置的冲突检测器,检测冲突发生以后,便停止发送数据,然后延迟一段时间以后再去抢占信道。为了尽量减少冲突,各节点延迟时间采用"随机数"控制的办法,延迟时间最小的那个节点先抢占信道,如果再次发生冲突则重复此办法处理,总有一次会抢占成功。这种延迟竞争法称为"冲突控制算法"或"延迟退避算法"。

4. 集线器连接的以太网

人们在使用10BASE2以太网的过程中发现,当细缆总线上某个电缆接头处发生短路或开路时,确定故障点非常麻烦,特别是当总线上的站点数很多时,要排除这种故障,必须使整个网络停止工作。此外,细缆布线仍不够方便,价格也仍偏高。于是,导致了10BASE-T以太网的提出。

10BASE-T以太网的思想是:将所有站点都通过双绞线连接到一个可靠性非常高的中心集线器(HUB)上,如图2.12所示,形成星型物理拓扑结构。这样,布线、增加和减少站点都很方便,且单个站点或线缆故障不会影响网上的其他站点。

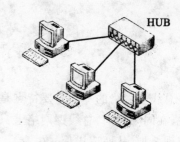

从表面上看,使用集线器的以太网在物理上是星型结构,但由于集线器是使用电子器件来模拟实际电缆线工作的一种设备,因此整个系统仍然像一个同轴电缆以太网那样运行。也就是说,使用集线器的以太

图2.12 集线器连接的以太网的物理结构

网在逻辑上仍是一个总线网,各站点仍然需要使用CSMA/CD协议争用共享的信道。因此,这种10BASE-T以太网又称为星型总线(Star-shaped Bus)或盒中总线(Bus in a Box)。

集线器连接的10BASE-F以太网与10BASE-T以太网类似,不再赘述。

综上所述,传统以太网使用共享式信道进行通信,所有站点使用CSMA/CD协议争用信道。因此,当网络上的站点数增多时,网络的性能会急剧下降。

使用共享介质的网络的另一个特点是,一个站点发送的信号,可以被网上的其他所有站点收到,因此传统以太网是天生的广播式通信网络,这种网络上的信息很容易被窃听。

2.3.3 以太网的MAC帧及相关概念

数据链路层的数据分组通常称为"帧(Frame)"。"以太网的MAC帧"即指以太网MAC子层的数据分组。

前面已指出,以太网有两个标准:DIX Ethernet V2 和 IEEE 802.3,二者的MAC帧格式有微小的差别。目前使用的是 DIX Ethernet V2 的MAC帧格式,如图2.13所示,各字段的含义如下所述。

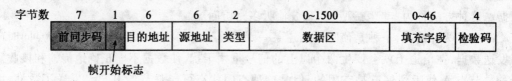

图2.13 以太网的MAC帧格式

(1)前同步码和帧开始标志

当一个站在刚开始接收MAC帧时,由于尚未与到达的比特流达成同步,因此MAC帧的最前面的若干个比特就无法接收,结果使整个的MAC帧成为无用的帧。为了达到比特同步,从MAC子层向下传到物理层时要在帧的前面插入8个字节(由硬件生成),它由两个字段构成:

第一个字段共 7 个字节,每个字节的内容都是 10101010,称为前同步码,其作用就是使接收端在接收 MAC 帧时能够迅速实现比特同步;第二个字段是 1 字节的帧开始标志,定义为 10101011,表示在这后面的信息就是 MAC 帧了。MAC 子层的检验码的检验范围不包括前同步码和帧开始标志字段,有些资料上在讲述以太网的 MAC 帧格式时也常未包括这两个字段。

(2) 目的地址和源地址

这两个字段分别为 6 字节(48 位)长的目的站点地址和源站点地址,用于 MAC 层寻址,该地址通常称为"MAC 地址"或"二层地址"。由于标识一个网络接口的 MAC 地址是固化在以太网接口硬件(如网卡)上的,因此也称为硬件地址或物理地址。

一个以太网 MAC 帧的目的地址字段可以是如下三种之一:

- 一个网络接口(目的站点)的物理地址,即单播地址(Unicast Address);
- 广播地址(Broadcast Address);
- 组播地址(Multicast Address)。

含有上列目的 MAC 地址的帧分别称为单播帧、广播帧和组播帧。

单播地址的前 3 个字节由 IEEE 分配给以太网硬件的制造商,后 3 个字节则由制造商自行分配,由于 MAC 地址的地址空间足够大,因此全世界没有任何两个以太网硬件接口具有相同的地址。

广播地址是一个 48 位全为 1 的地址,用于向同一个数据链路层广播域上的所有站点广播信息。通常情况下,一个物理网络就是一个数据链路层广播域。比如,一条同轴电缆连接的局域网、一台或多台集线器或未划分虚拟局域网(参见下一节)的二层交换机连接的局域网都是一个广播域。但是,路由器的不同接口连接的站点则不是一个数据链路层广播域。关于这一点,读者需要结合后续内容理解。

组播地址的第一个字节的最低位为 1,用于向局域网上的一组计算机发送信息。由此推知,单播地址的第一个字节的最低位应为 0。

MAC 地址通常表示为如下的十六进制形式:AC-DE-48-00-00-80。

(3) 类型

该字段用来标识上一层使用的是什么协议,以便接收端把接收到的 MAC 帧的数据上交给相应的协议。例如,当类型字段的值是 0x0800 时,就表示上层使用的是 TCP/IP 协议。若类型字段的值为 0x8137 时,则表示上层使用的是 Novell Netware 系统的 IPX/SPX 协议。

(4) 数据区和填充字段

数据区字段是 MAC 客户数据字段,用于封装上层协议分组,其长度在 0～1 500 字节之间。

传统以太网规定,一个以太网帧的最短有效长度为 64 字节(不包括前同步码和帧开始标志)。而在以太网帧中,除数据区和填充字段外的其他字段已有 18 字节,因此,当数据区的长度不足 46 字节时,必须由填充字段补足。

那么,为什么要进行这样的规定呢? CSMA/CD 协议的一个要点就是当发送站正在发送时,若检测到冲突则立即停止发送,然后推后一段时间再发送。如果所发送的帧太短,还没有来得及检测到冲突就已经发送完了,那么就无法进行冲突检测,从而就会使得 CSMA/CD 协议失去意义。因此,所发送的帧的最短长度应当要保证在发送完毕之前,必须能够检测到可能最晚来到的冲突信号。这段时间就是以太网的两倍端到端时延。在 802.3 标准中,这段时间取为 51.2μs。对于 10Mbps 速率的以太网,这段时间可以发送 512bits。这样就得出了 MAC 帧的帧的最短长度为512bits,即64字节。在接收端,凡长度不够64字节的帧都被认为是无效帧而丢弃。

(5)检验码

这是一个4字节的帧检验码,也称为帧检验序列(Frame Check Sequence,FCS),用于对以太网帧进行差错检测。以太网使用的是循环冗余检验(Cyclic Redundancy Check,CRC)。

2.3.4 交换式以太网

传统局域网(传统以太网、FDDI和令牌环网等)是一种共享式网络技术,网中所有节点共享一条公共传输信道。这样,当网络节点数增大、网络通信负荷加重时,冲突和重发将大量发生,网络效率急剧下降,从而使网络服务质量下降。为了克服网络规模与网络性能之间的矛盾,20世纪90年代初,出现了交换式局域网技术。

已有的交换式局域网技术主要有ATM和交换式以太网。前已指出,ATM目前已经退出了局域网市场,因此,我们仍以交换式以太网为例讲解。

交换式以太网的核心设备是以太网交换机(Ethernet switch),早期也称交换式集线器。根据交换机实现的协议层次,以太网交换机有两种:第二层交换机(Layer 2 switch)和第三层交换机(Layer 3 switch),在没有特别指明的情况下,通常指第二层交换机。

1. 以太网交换机的结构与工作原理

从外观上看,交换机和共享式集线器没有什么区别,但内部工作原理却大不相同:交换机可以同时在多个端口之间建立多个并发连接,如图2.14(b)所示,而集线器却只能在一对端口之间建立连接,如图2.14(a)所示。

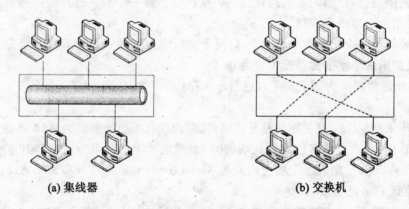

图2.14 集线器与交换机的工作原理示意图

以太网交换机是在多端口网桥(bridge)的基础上发展起来的,实现物理层和数据链路层协议,故也称为"第二层"交换机。

以太网交换机的基本工作原理和网桥几乎相似,实际上,以太网交换机就是一个连接以太网和以太网的多端口网桥。所不同的是,早期的网桥可以用来连接不同的物理网络,如以太网和令牌环网、某种局域网和广域网,而以太网交换机只用于连接以太网和以太网。因此,交换式以太网技术并不是一种新的标准,而是已有技术的新的应用,是一种改进的局域网网桥。与传统的网桥相比,交换机能提供更多的端口、更好的性能、更强的管理功能,以及便宜的价格。

典型的以太网交换机使用了存储转发机制,交换机结构如图2.15所示。交换机内部维护着一张转发表,记录着局域网上站点的 MAC 地址和所连接的端口号。当交换机收到一个 MAC 帧后,首先暂存在缓冲区中,检查无错后,交换机将进行以下两方面的处理:(1)检查源 MAC 地址,若转发表中无对应项,则记录此源 MAC 地址和进入的端口号,如果表中已有对应项则忽略;(2)根据其目的 MAC 地址查找转发表,若转发表中有匹配的项,则将其从对应的端口转发出去,若没有,则向所有端口转发。

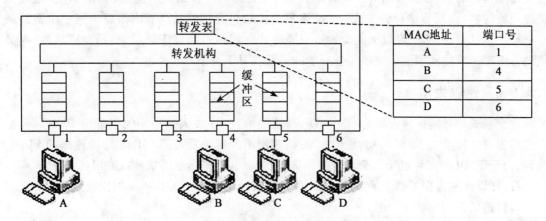

图 2.15　交换机的结构及转发表的内容

可见,转发表的建立使用了一种自学习机制(自动记录源 MAC 地址和进入的端口号),并不需要管理员人工配置,因此,常称这种以太网交换机是一类透明网桥。交换机使用超时机制使转发表适应网络上站点的变化,即在记录 MAC 地址和端口号的同时登记进入的时间,然后由端口管理软件周期性地扫描转发表中的项目,超过一定时间(几分钟)的内容就要被删除。

2. 交换式局域网的特点

交换式局域网具有如下优点:

(1)独占端口带宽,网络总带宽随着端口数的增加而增加。只要交换机的处理性能足够高(足以尽快处理来自各端口的数据),每一个端口的带宽就是"独占"的,不会因为站点数的增加而降低网络性能。相反,交换机端口数增加时,相应地也增加了网络的总带宽。比如,一个有 4 个 100Mbps 端口的交换机的总带宽为 400Mb/s,而一个 8 口 100Mbps 交换机的总带宽为 800Mbps。但对于共享式集线器来说,不管端口数为多少,100Mbps 的快速以太网集线器的总带宽始终是 100Mbps,这样当站点数增加时,平均到每一个站点的可用带宽就随着变小。此外,对于全双工交换式网络,不仅端口与端口之间没有冲突,同一端口也不存在冲突问题,因此不再需要执行 CSMA/CD 协议。

(2)可灵活配置接口速率。在共享式网络中,不能在同一个局域网中连接不同速率的站点(如 10Base5 仅能连接 10Mbps 的站点)。而在交换网络中,由于站点独享介质,独占带宽,用户可以按需配置端口速率。如在同一台交换机上可以配置 10Mbps、100Mbps、1 000Mbps 或者 10/100Mbps、10/100/1 000Mbps 自适应的端口,用于连接不同速率的站点,接口速度有很大的灵活性。

(3)可扩充性和网络延展性好。大容量交换机有很高的网络扩展能力,而独占带宽的特性使扩展网络没有带宽下降的后顾之忧。因此,交换式网络可以构建一个大规模的网络,如大的企业网、校园网或城域网。

（4）易于管理，便于调整网络负载的分布，有效地利用网络带宽。如通过网络管理功能或管理软件，交换式网络可以构造虚拟局域网（Virtual LAN，简称 VLAN，参见下一节）、控制端口流量、过滤 MAC 地址等。

（5）可以和相同协议的共享式网络兼容。如交换式以太网与共享式以太网完全兼容，它们能够实现无缝连接。

需要指出的是，在没有划分 VLAN 的情况下，交换机将收到的广播帧（目的 MAC 地址为广播地址的帧）向所有端口转发，因此，交换机各个端口连接的站点或网络属于同一个链路层广播域。也就是说，第二层以太网交换机只隔离冲突域而不隔离广播域，要隔离广播域，则必须划分 VLAN 或使用第三层交换。进一步的讲解参见下一节。

2.3.5　高速以太网

在交换式局域网技术发展的同一时期，高速网络技术（最大数据率大于等于100Mbps）也在向前推进。20 世纪 90 年代初，最"热"的高速网络技术是拥有 100Mbps 传输速率的 FDDI。然而，由于 FDDI 的芯片过于复杂而价格昂贵，很快就被后来出现的快速以太网代替了。

目前，以太网占据了整个局域网市场，可以实现从 10Mbps 到 10Gbps 的传输速率。

1. 快速以太网

快速以太网（Fast Ethernet）的传输速率是传统以太网的 10 倍，数据传输速率达到了 100Mbps。快速以太网保留着传统以太网的所有特征（帧格式、介质访问控制方式及应用程序接口），只是将传统以太网每个比特的发送时间由 100ns 减少到了 10ns。

快速以太网的思想于 1992 年被提出，1993 年产品问世，1995 年 9 月被 IEEE 定为正式国际标准，标准代号为 IEEE 802.3u，是对已有 IEEE 802.3 标准的补充。

IEEE 802.3u 标准定义了多种传输介质，主要有以下三种：

（1）100Base-T4：支持 4 对 3 类非屏蔽双绞线（UTP），其中 3 对用于数据传输，1 对用于冲突检测。这是为已使用 UTP 3 类线的大量用户而设计的。由于没有专用的发送或接收线路，100Base-T4 只能工作在半双工方式，最大传输距离为 100m（使用 UTP 3 的实际传输距离可能小于此规定值）。

（2）100Base-TX：支持 2 对 5 类非屏蔽双绞线（UTP）或 2 对 1 类屏蔽双绞线（STP），1 对 5 类 UTP 或 1 对 1 类 STP 用于发送，而另 1 对双绞线用于接收。100Base-TX 是一个全双工系统，每个节点可以同时以 100Mbps 的速率发送与接收数据，最大传输距离为 100m。

（3）100Base-FX：支持 2 芯多模光纤，其中 1 芯用于发送，另外 1 芯用于接收，是一种全双工系统，传输距离可以达到 2km。

其中，应用广泛的是 100Base-TX 和 100Base-FX。

可见，快速以太网不再使用同轴电缆作为传输介质，因此，快速以太网组网需要使用集线器，物理拓扑为星型结构。同 10Base-T 以太网一样，快速以太网既可以实现为共享式的集线器，也可以实现为交换式的交换机。

2. 千兆位以太网

千兆位以太网在有些文献上也称为"吉位以太网"（Gigabit Ethernet），是提供 1 000Mbps（1Gbps）数据传输速率的以太网。千兆位以太网是对 10Mbps 和 100Mbps 以太网的成功扩展，它和传统以太网使用相同的介质访问控制协议 CSMA/CD、相同的帧格式和相同的帧大小，因此千兆位以太网与传统以太网应用完全兼容，而仅仅是在物理层作了一些调整，使得传输速率提高到了 1Gbps。

与千兆位以太网有关的物理层标准有两个：IEEE 802.3z 和 IEEE 802.3ab。1995 年 11 月，IEEE 802 委员会成立了高速网研究组；1996 年 8 月，成立了 802.3z 工作组，主要研究使用多模光纤与屏蔽双绞线（STP）的千兆位以太网物理层标准；1997 年初成立了 802.3ab 工作组，主要研究使用单模光纤与非屏蔽双绞线（UTP）的千兆位以太网物理层标准；1998 年 2 月，IEEE 802 委员会正式批准了 IEEE 802.3z 标准。

千兆位以太网标准可以使用多种传输介质，目前主要有以下四种：

（1）1000Base-SX：SX 表示短波长（波长为 850nm），只支持多模光纤。使用纤芯直径为 62.5μm 和 50μm 的多模光纤，传送距离分别为 275m 和 550m。

（2）1000Base-LX：LX 表示长波长（波长为 1 300nm），既支持多模光纤也支持单模光纤。使用多模光纤的传送距离是 550m，使用单模光纤的传送距离可以达到 3km。

（3）1000Base-CX：CX 表示铜线，使用 2 对屏蔽双绞线，最大传送距离为 25m。

（4）1000Base-T：使用 4 对超 5 类非屏蔽双绞线，最大传送距离为 100m。1000Base-T 的目的是保护用户的现有布线（UTP 5）。实际上，使用超 5 类双绞线的实际有效距离很难达到 100m，因此，为了达到可靠的通信效果，最好使用 UTP 6 类线缆。

千兆位以太网不再使用共享式集线器。

就像快速以太网的出现使得 FDDI 退出了局域网市场一样，千兆位以太网的出现使得技术复杂且价格昂贵的 ATM 退出了局域网市场。从此，局域网市场被以太网一统天下。

3. 万兆位以太网

随着信息技术的快速发展，特别是 Internet 和多媒体技术的发展和应用，网络数据流量的迅速增加，使原有速率的局域网已难以满足要求。IEEE 组织了一个由 3Com、Cisco、Intel 和 Lucent 等著名 IT 企业组成的联盟进行万兆位（10Gbps）以太网技术的开发，并于 2000 年初，发布了 10Gbps 以太网的 IEEE 802.3ae 规范，2002 年 6 月定为正式国际标准。万兆位以太网也称为"10G 比特以太网"。

万兆位以太网只使用光纤作为传输介质，并且只在全双工方式下工作，因此不再需要运行 CSMA/CD 协议。

万兆位以太网并不只是简单地将千兆位以太网的带宽扩展 10 倍，它的目标在于扩展以太网，使其能够超越 LAN，以进入 MAN 和 WAN。因此，IEEE 正为万兆位以太网制定两个分离的物理层标准：一个是为 LAN 而设计，另一个是为 WAN 制定的。

（1）局域网物理层 LAN PHY：提供了恰好 10Gbps 的数据率，实际上是千兆位以太网的一个更快的版本。千兆位以太网与万兆位以太网的差异，要比 100Mbps 以太网与千兆位以太网的差异小得多，两者最重要的差异是 10Gbps 以太网不支持半双工方式。万兆位以太网局域网的网络范围最大可达到 40km。

（2）可选的广域网物理层 WAN PHY：与 LAN PHY 有较大的差别。为了和所谓的"Gbps"的 SONET/SDH（即 OC-192/STM-64）相连，WAN PHY 使用了 9.58464Gbps 的速率，同时，将以太网帧映射为 SONET/SDH 帧格式在线路上传输。当传输介质采用单模光纤时，传输距离可达 300km，采用多模光纤也可达 40km。

万兆位以太网的出现，使以太网的应用范围从局域网（校园网、企业网）扩展到了城域网和广域网，从而使得实现端到端的以太网传输成为可能。

4. 10/100Mbps 或 10/100/1 000Mbps 自适应以太网

前面已指出,以太网交换机可以混合处理不同速率(如 10Mbps、100Mbps 和 1 000Mbps)的信号,它包含了两方面的含义:一是一台交换机上可以配置不同速率的端口;二是同一端口可以工作在不同传送速率下,称为"自适应端口"。比如,一台交换机上往往既有 10Mbps 的端口,也有 10/100Mbps 甚至 10/100/1 000Mbps 自适应的端口。目前生产的网卡也通常是 10/100Mbps 自适应或 10/100/1 000Mbps 自适应的,这使得网络配置非常灵活。

自适应端口可以工作在自动协商模式,也允许人工选择可能的模式。自动协商模式能使交换机或网卡知道线路另一端支持的速率,并把速度自动调节到线路两端能达到的最高速率。人工选择时必须保证线路两端的设备使用相同的速率设置。正常情况下,使用缺省的自动协商模式较好,而人工选择通常只用于调试情况下。

例如,考虑一台配有 10/100Mbps 网卡并工作在自动协商模式的计算机,如果该计算机连接到一个 10Base-T 的集线器上,网卡硬件会自动检测速度并以 10Mbps 进行通信。然后,如果把该计算机从 10Base-T 集线器拔下而连接到一个 100Base-T 集线器上,则硬件会自动检测新速度并开始以 100Mbps 传输数据。速度上的转换完全是自动的,既不需要更换硬件,也不需要重新配置软件。

需要指出的是,自适应端口目前只用于连接双绞线的 RJ-45 端口,而不用于光纤端口。这是因为自动检测另一端的速率需要在线缆上插入额外的信号,而双绞线正好可以做到这一点(双绞线线缆的 4 对线芯中有空闲的线对)。

回顾局域网技术发展的历史,可以看到,10Mbps 的以太网淘汰了速率为 16Mbps 的令牌环网,100Mbps 的快速以太网和交换式以太网使得曾经是最快的局域网技术的 FDDI 变成历史,千兆位以太网使以太网的市场占有率进一步得到提高,迫使 ATM 退出了局域网和城域网应用,而万兆位以太网的问世,使得 ATM 在广域网中的地位也受到了严峻的挑战。以太网以其价格便宜、易于安装、灵活性好、可扩展性强等优点,在计算机局域网应用中独占鳌头。

2.4 虚拟局域网(VLAN)

虚拟局域网(Virtual Local Area Network,VLAN)又称虚拟网,是建立在交换式局域网技术的基础之上、采用软件方式构建的可跨越不同物理网段的一种逻辑网络。它是对交换式局域网技术的一种功能扩展,是局域网为用户提供的一种服务,而不是一种新型的局域网。

是否具有 VLAN 功能是衡量局域网交换机的一项重要指标,VLAN 管理是现代网络管理的重要内容。作为一种新的网络技术,VLAN 的出现为解决网络站点的灵活配置和网络安全性等问题提供了良好的手段。目前,VLAN 技术在网络建设中已得到广泛的应用。

2.4.1 VLAN 技术简介

VLAN 技术的出现,使得不必考虑具体的物理网段及地理位置,而可以根据部门、功能以及应用等因素将网络上的节点划分为若干相对独立的"逻辑工作组",一个逻辑工作组就是一个虚拟局域网。

在传统局域网中,属于一个逻辑工作组的节点必须位于同一个物理网段上,不同逻辑工作组中的节点之间的通信通过连接两个网段的路由器来交换数据。这样,当节点改变其所属工作组时,就必须将该节点从原物理网段移出,连接到新的物理网段,有时还需要重新进行布线。

逻辑工作组的划分受到物理位置的制约。

VLAN 技术使用软件方式来实现逻辑工作组的划分和管理,并使得组成员不再受到物理位置的限制。位于同一个物理位置的多个节点可以分属于不同的逻辑工作组;而位于不同位置的节点也可以属于同一个逻辑工作组,只要它们各自所连接的交换机支持 VLAN 功能并且是互连的;当节点改变其所属工作组时,只需要通过交换机上的软件进行设定,而不需要改变它在网络中的物理位置。

图 2.16 给出了由分布在三层楼的三个交换机上的站点构成的三个 VLAN(VLAN$_1$、VLAN$_2$ 和 VLAN$_3$)的示意图。

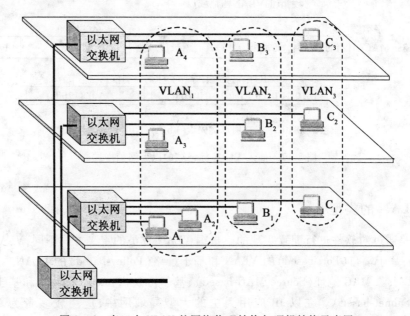

图 2.16　有三个 VLAN 的网络物理结构与逻辑结构示意图

VLAN 可以有效地隔离广播,将广播数据报限制在同一个 VLAN 内,从而提高了网络整体的有效带宽。例如在如图 2.16 所示的网络中,如果图中的交换机都是第二层交换机的话,不划分 VLAN 时,则三层楼内的所有站点都处在同一个链路层广播域内。也就是说,当其中任一个站点发送链路层广播报文时,其他所有站点都能收到。而划分 VLAN 后,则链路层广播报文只能传递到同一 VLAN 内的站点。这也意味着不同 VLAN 内的站点在链路层是不能互通的,而必须通过网络层互连。具体来说,在 IP 网络中,需要由 IP 路由实现互连。

可见,VLAN 之间具有逻辑独立性,因此,可按实际情况分别对各 VLAN 定义不同级别的安全策略,以提高网络的安全性。VLAN 技术的引入使得网络管理更加灵活。

2.4.2　VLAN 的标准与 MAC 帧格式

VLAN 最初是作为所有 IEEE 802 局域网的一般功能,于 1999 年在 IEEE 802.1Q 标准中被定义的,有关 IEEE 802.3 网络的修改标准定义在 IEEE 802.3ac 文档中。IEEE 802.1Q 的基本思想是在 802 帧中插入一个 4 字节的 VLAN 标记域(Tag Field),以携带 VLAN 信息。

图 2.17 给出了 IEEE 802.3ac 定义的插入 VLAN 标记域的以太网帧的格式,其中:

- "802.1Q 标记类型(802.1Q tagType)"为一个全局赋予的保留以太网类型域,其值为

0x8100；
- "标记控制信息(TAG CONTROL INFORMATION)"包括三个子域:3 位的用户优先级、1 位的规范格式指示器(CFI 位,802.3 设备不使用这一位)和 12 位的 VLAN 标识(VID)。

VLAN 关联就是靠插入的 VLAN 标记域中所携带的信息在多个交换机之间保持的,其中起关键作用的是 VID。

由上可见,IEEE 802.1Q VLAN 定义于第二层而不是第三层。

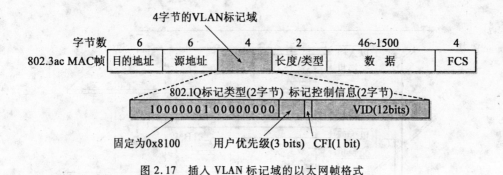

图 2.17 插入 VLAN 标记域的以太网帧格式

2.4.3 VLAN 的类型

VLAN 是通过对软件进行配置实现的。根据 VLAN 成员的定义方式不同,VLAN 通常可实现为两大类:基于端口(Port-based)的 VLAN 和基于策略(Policy-based)的 VLAN。后者又分为三种情况:基于源 MAC 地址(Source MAC-based)、基于协议(Protocol-based)和基于源 IP 子网(Source IP Subnet-based)。在以 IP 应用为主的大型局域网中,应用较多者为基于端口的 VLAN 和基于 IP 子网的 VLAN。

1. 基于端口的 VLAN

基于端口的 VLAN 即按照端口配置的 VLAN。创建一个 VLAN 时,首先为其分配一个 VID,然后指定属于该 VLAN 的交换机端口。这种类型的 VLAN 由于和上层协议无关,既可实现于三层交换机,也可实现于二层交换机。

2. 基于策略的 VLAN

基于策略的 VLAN 为按照某种策略配置的 VLAN,其包含的端口是动态加入的,即交换机端口是根据对流入的数据信息进行判断后,动态加入到 VLAN 中去的。在这种情况下,交换机的端口分为三类:永久成员(Always A Member)、非成员(Never A Member)和潜在成员(A Potential Member)。对于 VLAN 的潜在成员端口,交换机监视端口流量,一旦发现流入数据与所定义的策略匹配,即将该端口动态加入 VLAN 中,而当没有与策略匹配的流量并且过时(Aged Out)后,则从 VLAN 中删除这类端口。由于交换机只监视潜在成员端口的流入量,因此连接服务器的端口应设置为永久成员,这是因为服务器较少发出请求,否则,如果所连接的端口仅仅是潜在成员,当在 VLAN 中过时后,服务器将不能被客户机访问。

(1)基于源 MAC 地址的 VLAN

基于源 MAC 地址的 VLAN 通过网卡的 MAC 地址来决定其所隶属的 VLAN 子网。在这种方式中,一个 VLAN 的成员是事先定义好的 MAC 地址列表,这种方式实现了与物理位置无关的VLAN配置。当节点从一个物理网段移动到另一个物理网段时,由于它的MAC地址不变,所以该节点将自动保持原来的VLAN成员身份。

这种方式的不足之处在于初始设置时,所有网卡地址必须明确所隶属的VLAN子网,需要获取每一台主机上网络接口的MAC地址,并对交换机进行繁杂的手工配置,然后才能实现成员的自动跟踪。此外,VLAN中节点的增删操作也非常不方便。在节点数目庞大的网络中,这种配置方式显然是不适宜的。

(2)基于源IP子网和基于协议的VLAN

它们是第三层交换技术所提供的全新的VLAN划分方式,分别根据IP子网地址或网络协议的不同来划分VLAN。例如,可以定义某一个IP子网地址为一个VLAN,所有源IP地址属于该IP子网的流量的端口都将被动态加入到这个VLAN中来;也可以定义一个使用IPX协议的VLAN,则所有具有IPX协议流量的端口都将被动态加入进来。

这两种VLAN划分方式比前面两种方式更加灵活,在节点入网时无需进行太多配置,交换机根据各节点的IP地址或网络协议自动将其划分成不同的VLAN,从而使得网络管理和应用变得更加方便。

基于源IP子网和基于协议的VLAN只能实现于第三层交换机,而不能实现于第二层交换机。当VLAN跨越第二层和第三层交换机配置时,只能配置为基于端口的VLAN。

2.5 无线局域网

无线局域网(Wireless LAN,WLAN)是近年发展起来的一种局域网技术,它使得用户摆脱了传输线缆的束缚,不仅省去了布线的麻烦,而且可以实现移动办公。随着无线局域网技术传输速率的提高和设备价格的下降,必将得到更广泛的应用。可以预测,未来计算机网络的传输介质很可能就是"光纤+无线"。

2.5.1 无线局域网的种类

按照所采用的传输技术,无线局域网可以分为红外线局域网、扩频无线局域网和窄带微波无线局域网三类。

1. 红外线局域网

红外线是按视距方式传播的,即发送点要能直接看到接收点,中间不能有阻挡。红外线相对于微波传输方案来说有一些明显的优点。首先,红外线频谱非常宽,从而有可能提供极高的数据传输速率。由于红外线与可见光有一部分特性是一致的,因此可以被浅色的物体漫反射,这样就可以用天花板反射来覆盖整个房间。

2. 扩频无线局域网

目前,最普遍的无线局域网技术是扩展频谱(简称扩频)技术。扩频技术开始是为了军事和情报部门的需求而开发的,其主要想法是将信号散布到更宽的带宽上,以使发生拥塞和干扰的概率减小。扩频的第一种方法是跳频(Frequency Hopping),第二种方法是直接序列(Direct Sequence)扩频,这两种方法都被无线局域网所采用。扩频无线局域网使用的标准是IEEE 802.11系列标准。

3. 窄带微波无线局域网

窄带微波(Narrowband Microwave)是指使用微波无线电频带来进行数据传输,其带宽刚好能容纳信号。以前所有的窄带微波无线网产品都使用申请执照的微波频带,后来才有了在工业、科学和医药频带内的窄带微波无线网产品。

由于扩频无线局域网技术发展迅速并正在得到广泛的应用,本节主要讲解这方面的内容。

2.5.2 IEEE 802.11 系列标准及发展

1. IEEE 802.11 系列无线局域网标准

20世纪90年代初无线局域网设备就已经出现,但是由于价格、性能、通用性等种种原因,没有得到广泛应用。1997年,IEEE制定了第一个无线局域网标准 IEEE 802.11,主要用于解决办公室局域网和校园网中设备的无线接入,速率最高只能达到2Mbps。由于 IEEE 802.11 标准在速率和传输距离上都不能满足人们的需要,1999年 IEEE 小组又相继推出了 IEEE 802.11b 和 IEEE 802.11a 两个新标准。由于 802.11b 和 802.11a 互不兼容,由 802.11b 升级到 802.11a 成本非常高,IEEE 于2001年年底又批准了 802.11g。目前,802.11b、802.11a 和 802.11g 三个标准都在使用。

(1) IEEE 802.11b:工作于2.4GHz(工业、科技、医疗用)频段,采用直接序列扩频(DSSS)和补偿编码键控(CCK)调制方式,最大数据传输速率为11Mbps,无需直线传播。802.11b 可以实现动态速率转换,当射频情况变差时,可将数据传输速率降低为5.5Mbps、2Mbps 和 1Mbps,且在2Mbps 和 1Mbps 速率时与 802.11 DSSS 系统兼容。在室外的最大通信距离为300m,在办公环境中为100m。目前的无线局域网设备基本都支持 802.11b 标准。

(2) IEEE 802.11a:工作于5GHz频段,采用正交频分复用(OFDM)的独特扩频技术和 QFSK 调制方式。802.11a 支持的数据速率最高可达54Mbps。然而,802.11a 与 802.11b 不兼容,并且成本也比较高,因此没有 802.11b 应用广泛。

(3) IEEE 802.11g:是一种混合标准,采用了在 802.11b 中采用的 CCK 调制方式和 802.11a 中的 OFDM 扩频技术。因此,802.11g 既可以在2.4GHz 频段提供11Mbps 的数据传输速率,也可以在5GHz 频段提供54Mbps 的数据传输速率。802.11g 与已经得到广泛应用的 802.11b 兼容,这是其优势所在。

在实际应用中,互相通信的无线设备必须支持相同的标准或兼容的标准。比如,只支持 802.11a 的设备不能和支持 802.11b/g 的设备通信,但只支持 802.11b 的设备可以和支持 802.11b/g 的设备通信(因为 802.11g 兼容 802.11b)。目前,很多厂商能够制造同时支持上述三种标准的无线设备,但使用时只能工作在其中的一种模式下。

此外,为了满足在安全性、QoS 等方面的进一步要求,IEEE 相继提出了 802.11e、802.11f、802.11i 等标准。

802.11e 增强了 802.11 的 MAC 层,为 WLAN 应用提供了 QoS 支持能力。802.11e 对 MAC 层的增强与 802.11a、802.11b 中对物理层的改进结合起来,就增强了整个系统的性能,扩大了 802.11 系统的应用范围,使得 WLAN 也能够传送语音、视频等。

802.11f 标准定义了一套称之为 IAPP(Inter-Access Point Protocol)的协议,以实现不同供应商的接入点(AP)之间的互操作性。

802.11i 是对 802.11 MAC 层在安全性方面的增强,它与 802.1X 一起,为 WLAN 提供认证和安全机制。802.1X 标准完成于2001年,它是所有 IEEE 802 系列 LAN(包括无线 LAN)的整体安全体系架构,包括认证(EAP 和 Radius)和密钥管理功能。IEEE 802.11i 定义了严格的加密格式和鉴权机制,主要包括两项内容:Wi-Fi 保护访问(WPA)和强健安全网络(RSN),并于

2004年初开始实行。

2. 无线局域网的发展趋势

在无线局域网技术的进一步发展上,目前的研究呈现出这样的特点:一是向更高数据速率(大于100Mbps)、更高频带发展,二是积极研究无线局域网与3G乃至4G蜂窝移动通信网络的互通与融合。

IEEE于2002年1月启动了WLAN WNG(无线局域网下一代研究组),目标是研究峰值速率超过100Mbps的WLAN。日本的多媒体移动接入通信促进委员会正在研究工作于60GHz频段的超高速无线局域网(Ultra High Speed Wireless LAN),其速率达156Mbps。

为推动3G、WLAN两种技术的协调发展,目前在3GPP(The 3rd Generation Partnership Project)等国际标准化组织中正在进行3G与WLAN互通的研究工作,制定了工作计划和目标,并取得了一定进展。目前工作的重点是研究如何利用3G网络的能力,来向WLAN系统提供用户接入认证和计费业务。

2.5.3 无线局域网的介质访问特点

无线局域网是通过电磁波在空气中传播而实现信息传输的,其特点是:①一个无线用户发出的电磁波会向各个方向扩散;②一定范围内的所有无线用户共享传输信道。因此,无线局域网必须解决共享介质的访问控制问题,同时还必须考虑到无线电波传播的特点(非导向传输)。

在无线局域网的MAC(介质访问控制)层,802.11、802.11b、802.11a、802.11g四种标准均采用了CSMA/CA(CA:Collision Avoidance,冲突避免)协议,与传统以太网的CSMA/CD有相同之处(CSMA部分),也有不同之处(CA部分)。CSMA/CA协议定义在802.11标准中,802.11b、802.11a和802.11g直接沿用。

CSMA(载波侦听多路访问)与在传统以太网中的含义相同;CA(冲突避免)的基本思想是在发送数据之前先对信道进行预约以避免冲突,而不是发送后再检测有无冲突。有关CSMA/CA的详细讲解不在本书的讨论范围内,有兴趣的读者请查阅其他文献。

2.5.4 无线局域网的两种组织模式

无线局域网有两种不同的组网模式:有固定基础设施模式和无固定基础设施模式。

1. 有固定基础设施的无线局域网

所谓"固定基础设施"是指预先建立起来的、能够覆盖一定地理范围的一批固定基站。人们使用的蜂窝移动电话就是利用电信公司预先建立的、覆盖全国的大量固定基站来接通用户手机拨打的电话。

有固定基础设施的无线局域网构成如图2.18所示。

802.11标准规定无线局域网的最小构件是基本服务集BSS(Basic Service Set)。一个基本服务集BSS包括一个基站和若干个移动站,所有的移动站在本BSS以内都可以直接通信,但在和本BSS以外的站通信时都必须通过本BSS的基站。一个基本服务集BSS所覆盖的地理范围叫做一个基本服务区BSA(Basic Service Area)。基本服务区BSA和无线移动通信的蜂窝小区相似。在无线局域网中,一个基本服务区BSA的直径范围可以有几十米到几百米。

基本服务集里的基站叫做接入点AP(Access Point),其作用和网桥相似。一个基本服务集可以是孤立的,也可以通过接入点AP连接到一个主干分配系统DS(Distribution System),然

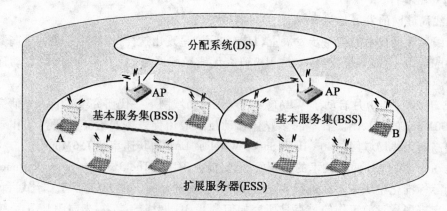

图 2.18 有固定基础设施无线局域网的构成

后再接入到另一个基本服务集,这样就构成了一个扩展服务集 ESS(Extended Service Set)。分配系统的作用就是使扩展的服务集 ESS 对上层的表现就像一个基本服务集 BSS 一样。分配系统可以使用以太网(这是目前应用最多的)、点对点链路或其他无线网络。分配系统使用有线网络时,还可为无线用户提供到有线网络的接入,甚至访问 Internet。

在一个扩展服务集内的几个不同的基本服务集也可能有相交的部分。在图 2.18 中示意了移动站 A 可以从某一个基本服务集漫游到另一个基本服务集,而仍然可保持与另一个移动站 B 进行通信。当然 A 在不同的基本服务集所使用的接入点 AP 并不相同。基本服务集的服务范围是由移动设备所发射的电磁波的辐射范围确定的,在图 2.18 中用一个椭圆来表示基本服务集的服务范围,实际上的服务范围可能是很不规则的几何形状。

一个移动站若要加入到一个基本服务集 BSS,就必须先选择一个接入点 AP,并与此 AP 建立关联(Association)。此后,这个移动站就可以通过该接入点发送和接收数据。若移动站使用重建关联(Reassociation)服务,就可将这种关联转移到另一个接入点。当使用分离(Dissociation)服务时,就可终止这种关联。移动站与 AP 建立关联的方法有两种:一种是被动扫描,即移动站等待接收 AP 周期性发出的信标帧(Beacon Frame);另一种是主动扫描,即移动站主动发出探测请求帧(Probe Request Frame),然后等待从 AP 发回的探测响应帧(Probe Response Frame)。

2. 无固定基础设施的无线局域网

无固定基础设施的无线局域网又叫做"自组网络"或"独立网络"、"特定网络"(Ad Hoc Network)。这种自组网络没有上述的接入点 AP,而是由一些处于平等状态的移动站之间相互通信组成的临时网络,见图 2.19。图中示意了当移动站 A 和 E 通信时,可能需要经过 A→B、B→C、C→D 和 D→E 的一连串存储转发过程,即从源站点 A 到目的站点 E 的路径中的移动站 B、C 和 D 都充当了转发节点。

由于自组网络没有预先建好的网络固定基础设施(基站),因此自组网络的服务范围通常是受限的,而且自组网络一般也不和外界的其他网络相连接。

移动自组网络在军用和民用领域都有很好的应用前景。在军事领域中,由于战场上往往没有预先建好的固定接入点,但携带了移动站的战士就可以利用临时建立的移动自组网络进行通信。这种组网方式也能够应用到作战的地面车辆群和坦克群,以及海上的舰艇群、空中的

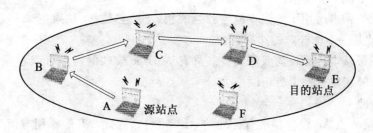

图 2.19 自组网络结构示意图

飞机群。由于每一个移动设备都具有转发分组的功能,因此分布式的移动自组网络的生存性非常好。在民用领域,开会时持有笔记本电脑的人可以利用这种移动自组网络方便地交换信息,而不受会议室是否有事先布置的 AP 的限制。当出现自然灾害时,在抢险救灾时利用移动自组网络进行及时的通信往往也是很有效的,因为这时事先已建好的基站可能已经都被破坏了。

拉丁语 ad hoc 的本意是"仅为此目的(for this purpose only)",通常还有"临时的"含义,译成中文就是"特定的"。直译 ad hoc network 就是"特定网络",但由于这种网络的组成不需要使用固定的基础设施,因此通常意译为"自组网络",表明仅依靠移动站自身就能组成网络。

2.5.5 无线局域网硬件

目前,无线局域网硬件产品主要有:无线网卡、无线接入点、无线网桥及无线宽带路由器。

1. 无线网卡

无线网卡(Wireless LAN Card)的作用类似于以太网中的网卡,作为无线局域网的接口,实现与无线局域网的连接。无线网卡根据接口类型的不同,主要分为三种类型:PCMCIA 无线网卡、PCI 无线网卡和 USB 接口无线网卡,见图 2.20。

(a) PCMCIA无线网卡

(b) PCI无线网卡

(c) USB接口无线网卡

图 2.20 无线网卡实物图

PCMCIA 无线网卡仅适用于笔记本电脑,支持热插拔,可以非常方便地实现移动无线接入。

PCI 无线网卡适用于普通台式计算机。其实 PCI 无线网卡只是在 PCI 转接卡上插入一块普通的 PCMCIA 卡。

USB 接口无线网卡适用于笔记本电脑和台式机,支持热插拔,如果网卡外置有无线天线,那么 USB 接口就是一个比较好的选择。

无线网卡是最基本的无线局域网设备。具有 Ad Hoc 模式的网卡可以不需要其他额外设备就能将多台计算机组成一个自组网络。

2. 无线接入点

目前,无线接入点 AP 设备都带有标准的 RJ-45 接口,因此,AP 的作用有两个方面:一是将多个无线用户(装有无线网卡的计算机)互连起来组成一个无线局域网,二是将无线用户接入有线局域网。前者就像一个以太网集线器,而后者则起到无线局域网和有线局域网的桥接作用。AP 的典型应用如图 2.21 所示。

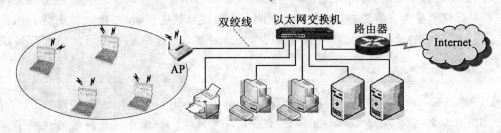

图 2.21 无线接入点 AP 的典型应用

通常,一个 AP 能够在几十米至上百米的范围内连接多个无线用户。在大型配置中,多个 AP 可以提供新型的蜂窝式漫游功能,使用户能够通过这些设备在自由移动的同时,仍能够无缝隙、无中断地接入到网络中。

由于无线局域网是一种共享介质网络,在无线局域网中,AP 的数量直接决定着用户数据的吞吐量甚至用户的数量。例如,应用 802.11b 的无线局域网每个接入点的最大数据吞吐量为 11Mbps,接入的用户数量根据不同厂家的产品有所不同,但有一点是共同的,每个接入用户的带宽是共享的,也就是说,如果有 10 个用户同时连接到一个接入点,那么 11M 的带宽就由这 10 个用户共享,当数据量大时,每个用户的可用带宽就很有限。要解决这个问题,就要增加接入点的数量,并且合理安排接入点的位置,使用户在移动中没有盲区,接入速度尽可能快。

目前的 AP 都具有 10/100Mbps RJ-45 接口,以实现和以太网的连接,任何一台装有无线网卡的 PC 均可通过 AP 去分享有线局域网甚至互联网的资源。

3. 无线网桥

无线网桥(Wireless Bridge)是在链路层实现互连的存储转发设备,其设计的目的是连接距离较远的两个或多个网络(位于不同的建筑物中),通常用于连接各种难以布线的场所、不相邻的楼栋、分支机构、校园或者企业园区网络和临时性网络。为了提供灵活的功能,无线网桥也常可以配置为一个接入点。

无线网桥可以有点对点和点对多点两种连接方式,如图 2.22 所示。根据工作速率和天线类型的不同,目前无线网桥的作用距离在几百米到四十千米之间。

4. 无线宽带路由器

无线宽带路由器是为家庭和小型办公室用户设计的一类无线产品,通常集成了无线 AP、以太网交换机和 IP 路由器功能,使得无线工作站和有线工作站可以共用一条 Internet 连接。

(a) 点对点连接　　　　　　　　(b) 点对多点连接

图 2.22　无线网桥的应用方案

这里的"宽带"没有技术上的含义,而是根据用途来的,意指用于共享宽带 Internet 连接。

一个典型的无线宽带路由器通常有 1 个 Internet 接口(10Mbps 或 10/100Mbps),可以直接与以太网交换机或路由器的以太网口连接,也可以连接 ADSL Modem 的 RJ-45 端口;4 个内部交换端口(通常为 10/100Mbps),用于连接以太网工作站。无线宽带路由器的典型应用如图 2.23 所示。

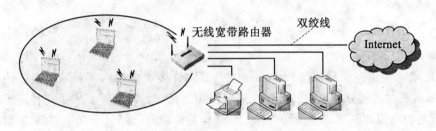

图 2.23　无线宽带路由器的典型应用

实际上,无线宽带路由器只是在普通宽带路由器的功能之上增加了无线 AP 功能,因此,也具备有线宽带路由器的所有功能(如网络地址转换 NAT、动态主机配置 DHCP 等,关于 NAT 和 DHCP,请参见第 3 章和第 4 章相关内容)。

2.6　广域网技术

当局域网技术不能满足远距离通信的需要时,就需要用到广域网技术。

虽然前边曾指出,局域网技术正在向广域网应用扩展,未来有可能不再区分这两种技术,但到目前为止,传统的各种广域网技术仍然被不同程度地使用着,因此,仍有必要对广域网技术有所了解。

本节讲解构造计算机广域网需要用到的公用数据通信服务网络及其技术特点。

主要的被用来实现远程通信的公用通信服务网有:公用交换电话网(PSTN)、数字数据网(DDN)、分组交换数据网(X.25)、帧中继网(Frame Relay,FR)、综合业务数字网(ISDN)等。在讲解这些技术的特点之前,相关基本概念需要予以澄清。

2.6.1　基本概念

1. 广域网的构成

广域网也称远程网,其概念并没有一个严格的定义,且在不同的发展时期有着不同的含义。

20 世纪 90 年代前,广域网代表了一类使用点到点通信技术、覆盖范围较大(一个省或一个国家)的网络,那时广域网的结构如图 2.24 所示。节点交换机通常是由电信部门维护的、提供数据通信服务的电信级交换机,技术上完全不同于前面讲过的以太网交换机,用户计算机直接连接在节点交换机上。由节点交换机和通信链路构成的部分常称为通信子网。

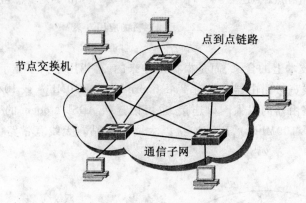

图 2.24 传统意义上的广域网

随着局域网应用越来越广泛和 Internet 的发展,许多组织将内部局域网通过通信子网连接到 Internet,或与远程分支机构的另一个局域网相连,这时,广域网变成了一种纯地理范围上的概念,网络的构成如图 2.25 所示。实际上,这样的广域网已经属于互联网络的范畴。

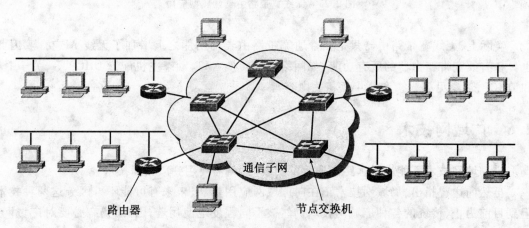

图 2.25 现代意义上的广域网——互联网

在很多时候,人们并不严格区分以上广域网的概念。在大多数计算机网络文献上,当讨论广域网技术时,其实是指图 2.24 和图 2.25 中的通信子网部分所使用的技术,以及为用户接入通信子网提供的接口技术。因此,为了不引起混淆,本节用"广域网技术"而不是"广域网"。

对于一般计算机网络用户,并不需要了解通信子网内部的技术细节,但是需要了解通信子网能够提供的服务、服务的特点和相应的接入技术。本节内容即是以此为宗旨来展开的。

2. 公用数据通信网络

一般广域网的通信子网都是由公用数据通信网担任的。通常,公用数据通信网是指由电信部门建立和管理的、提供通信服务的通信网络(不是计算机网络)。许多国家的电信部门都建立了自己的公用分组交换数据网、数字数据网、综合业务数字网和帧中继网等,以此为基础提供电路交换数据传输业务、分组交换数据传输业务、租用电路数据传输业务、帧中继数据传输业务和公用电话网数据传输业务。

近年来,我国电信部门的公用数据通信网也有了长足的发展,继公用电话交换网(PSTN)、中国公用分组交换网(CHINAPAC)及中国数字数据网(CHINADDN)之后,又建立了公用帧中继宽带业务网(CHINAFRN),逐步完成了全国范围光纤网络的建设和大量卫星地面站的建设,为我国的高速信息网发展打下了坚实的基础。

公用数据通信网提供的数据通信服务一般是有偿性的,任何单位或个人都可以向数据通信服务商提出申请,长期或临时租用一定带宽的数据信道,并根据信道带宽或数据流量交付一定费用。

3. 通信子网的链路类型

通信子网为用户提供的链路类型主要有:点对点链路、电路交换和分组交换。

(1)点对点链路

点对点链路是一条预先建立的从客户端经过运营商网络到达远端目标网络的广域网通信路径。一条点对点链路就是一条租用的专线,可以在数据收发双方之间建立起永久性的固定连接。常用于为某些较大的企业、学校等提供核心或者骨干远程连接。

(2)电路交换

电路交换是广域网所使用的一种交换方式,可以通过运营商网络为每一次会话过程建立、维持和终止一条专用的物理电路。电路交换在电信运营商的网络中被广泛使用,典型的电路交换实例就是普通的电话拨叫过程,窄带 ISDN 采用的也是电路交换技术。

(3)分组交换

分组交换是数据通信网络使用的主要交换技术。帧中继、X.25 都是采用分组交换技术的广域网技术。通过分组交换,网络设备可以共享一条点对点链路,通过运营商网络在设备之间进行数据分组的传递。分组交换主要采用统计复用技术在多台设备之间实现电路共享。

此外,固定长度的、较小的分组通常被称为"信元(Cell)",因此,有些文献将以信元为基础的交换网称为"信元交换",ATM 技术是信元交换的范例。实际上,信元交换可以认为是分组交换的一种。

4. 分组交换网提供的两种服务

分组交换网为用户提供的服务又可以分为两大类:数据报服务和虚电路服务。

(1)数据报服务

数据报服务是一种无连接的服务,随时可以接受主机发送的分组(即数据报)并为每个分组独立地选择路由,如图 2.26 所示。网络只是尽最大努力将分组交付给目的主机,但对源主机没有任何承诺。数据报服务是不可靠的,它不能保证服务质量。

(2)虚电路服务

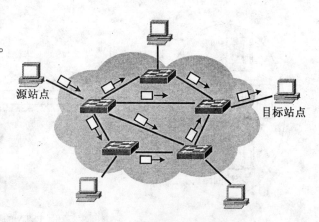

图 2.26 数据报服务示意图

虚电路(Virtual Circuit,VC)是通过网络内部的控制机制在源和目的之间建立的逻辑连接。一旦虚电路建立起来,后续的所有分组都沿着相同的路径传向目的地并按序到达,如图2.27所示。虚电路有两种不同形式,分别是交换式虚电路(Switched Virtual Circuit,SVC)和永久性虚电路(Permanent Virtual Circuit,PVC)。

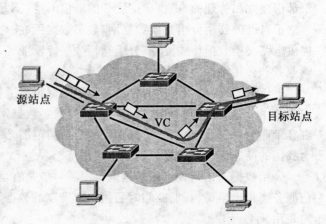

图2.27 虚电路服务示意图

SVC是一种按照需求动态建立的虚拟电路,当数据传送结束时,电路将会被自动终止。SVC上的通信过程包括三个阶段:电路创建、数据传输和电路终止。电路创建阶段主要是在通信双方设备之间建立起虚拟电路;数据传输阶段通过虚拟电路在设备之间传送数据;电路终止阶段则是撤销在通信设备之间已经建立起来的虚拟电路。SVC主要适用于非经常性的数据传送网络,这是因为,在电路创建和终止阶段,SVC需要占用更多的网络带宽。不过,相对于永久性虚拟电路来说,SVC的成本较低。

PVC是一种在网络初始化时建立的虚拟电路,并且该虚电路一直保持,因此可以认为是虚拟的专线。与物理专线不同的是,同一条物理链路上可以建立多条PVC。PVC可以应用于数据传送频繁的网络环境,这是因为PVC不需要为创建或终止电路而使用额外的带宽,所以对带宽的利用率更高。不过永久性虚拟电路的成本较高。

2.6.2 公用交换电话网(PSTN)

公用交换电话网(Public Switched Telephone Network,PSTN)是以电路交换技术为基础的、主要用于传输模拟话音的网络。

从系统构成的角度看,PSTN概括起来主要由三个部分组成:本地回路、干线和交换机,如图2.28所示。其中干线和交换机一般采用数字传输和交换技术,而本地回路(也称用户环路)基本上采用模拟线路。

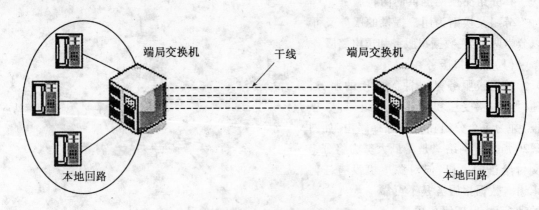

图2.28 PSTN的组成

由于 PSTN 的本地回路是模拟的,因此当两台计算机想通过 PSTN 传输数据时,中间必须经双方调制解调器(Modem)实现计算机数字信号与模拟信号的相互转换(如图 2.29 所示)。前已指出,模拟电话线路是针对话音频率(300~3 000Hz)优化设计的,使得通过模拟线路传输数据的速率被限制在 35Kbps 以内。而且模拟电话线路的质量有好有坏,许多地方的模拟电话线路的通信质量无法得到保证,线路噪声的存在使得实际数据传输速率可能还低于 35Kbps。

图 2.29　两台计算机通过 PSTN 传输数据

模拟拨号服务是基于标准电话线路的电路交换服务,这是一种最普遍的传输服务,常被用来连接远程用户。比较典型的应用方式有:远程站点和企业本部局域网互连、个人用户接入 Internet,以及用做专用线路的备份线路。在这种应用方式下,提供模拟拨号服务的网络中心一侧往往需要连接多条电话线路,以允许多个电话用户同时拨入,这时,网络中心通常用集成的调制解调器池(Modem Pool,一种提供多个电话线接口的设备,与多个调制解调器的作用相同)代替多个单独的调制解调器,如图 2.30 所示。有些生产厂家也把 Modem Pool 和访问服务器集成在一起统称为拨号访问服务器(Dial-in Remote Access Server),甚至实现为路由器的一个模块。

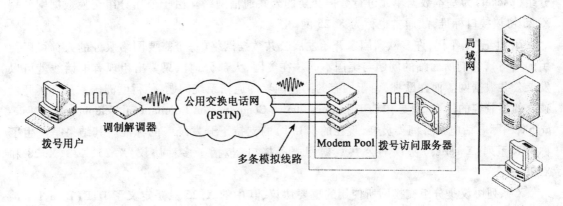

图 2.30　模拟拨号服务网络结构

对于提供拨号服务的大型网络,如果端局交换机可以提供数字接口,ISP(服务提供商)一侧还可以使用数字传输(如 E1 线路),如图 2.31 所示。这样,一方面可以减少电话线的布设数量(一条 E1 线路可以提供 30 个话路),另一方面减少了一次模数转换,降低了整个传输信道的量化噪声,使用户的通信传输速率有可能接近 56Kbps。在这种应用中,拨号访问服务器需要支持所用数字线路的接口(如 E1 接口),而不是 Modem Pool。

终端用户可以使用普通电话线或租用一条电话专线进行数据传输。使用 PSTN 实现计算机之间的数据通信是最廉价的,但由于 PSTN 线路的传输质量较差,而且带宽有限,再加上

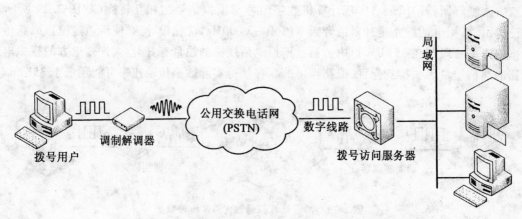

图 2.31 ISP 使用数字传输提供拨号访问服务的网络结构

PSTN 交换机没有存储功能,因此 PSTN 只能用于对通信质量要求不高的场合。

PSTN 是一种电路交换网络,可以看做是物理层的一个延伸,在 PSTN 内部并没有差错控制机制。在通信双方建立连接后,电路交换方式独占一条信道,当通信双方无信息时,该信道也不能被其他用户所利用,除非释放连接。

2.6.3 公用分组交换网(X.25)

公用分组交换网即公用分组交换数据网(Packet Switched Data Network,PSDN),是一种以分组(packet)为基本数据单元进行数据交换的公共通信网络。由于公用分组交换数据网使用 X.25 协议接口标准,故通常也称为 X.25 网。

20 世纪 70 年代,许多欧洲国家开始发展公共数据网络(每个需要网络服务的人都可以使用的网络),它们所面临的问题与美国不同。在美国,大部分地区只要出租现有电话线就可以发展公共数据网。而在欧洲,由于固有的跨越国界的通信系统问题,使得欧洲国家放弃了开发独立的不兼容的标准,而是在 CCITT(Consultative Committee on International Telephone and Telegraph,国际电话电报咨询委员会,现在的 ITU-T)的支持下开发统一的标准。其结果是产生了称为 X 系列(X series)协议的公共数据网服务接口,包括了多种协议:X.25、X.3、X.28 和 X.29 等。

X 系列协议是分组交换网所使用的重要协议,其中的 X.25 只是定义了 DTE(Data Terminal Equipment,数据终端设备)与公共数据网相连的 DCE(Data Circuit terminating Equipment,数据电路终接设备)间的接口标准,如图 2.32 所示。

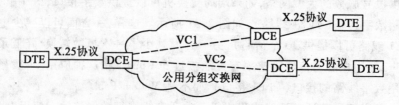

图 2.32 X.25 规定了用户 DTE 和公用分组交换网 DCE 之间的接口

X.25 定义了类似于 OSI 低三层的同步传输如图 2.33 所示。网络层接收用户数据并将其放入 X.25 分组中。X.25 分组被送往数据链路层,在那里被嵌入到 LAPB(平衡型链路接入规程,HDLC 的一个子集)帧中。然后,物理层使用 X.21 协议来传输 LAPB 帧。X.25 也可能使用 X.21bis,它是一种连接 V 系列 Modem 到分组交换网的过渡协议。在有些情况下,X.25 甚至使用 EIA-232 协议。

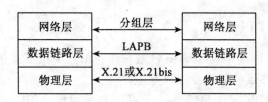

图 2.33 X.25 网的协议层次

公用分组交换数据网类似于公用电话交换网,可以向用户提供通信子网服务。X.25 是面向连接的协议,DTE 之间端到端的通信是通过双向的"虚电路"来完成的。虚电路利用复用技术可使任意两点间相互通信,而不管中间经过多少节点,也不需要独占任何物理线路。X.25 网中的虚电路有交换式虚电路(SVC)和永久式虚电路(PVC)两种。SVC 需要在每次传输数据前建立虚电路,数据传输后释放虚电路。而 PVC 类似于租用的专用线路,是由用户和长途电信公司经过商讨而预先建立的,用户通信时不需要请求建立链路连接而可直接使用。

X.25 网的用户接入设备主要是用户终端和路由器。用户终端是一种面向个体的接入设备,用于计算机网络发展的早期。路由器是一种面向团体的接入设备,用于将局域网接入 X.25 网。需要指出的是,当利用 X.25 网来支持 TCP/IP 协议时,X.25 网就表现为数据链路层的链路,如图 2.34 所示,尽管 X.25 网有自己的网络层协议。在许多计算机网络文献中,常把支持 TCP/IP 网络的广域网(包括 X.25 网、帧中继网和 ATM 网等)都看成是 IP 层下面的数据链路层,但实际上,这些协议本身都有自己的网络层。

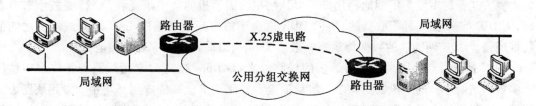

图 2.34 X.25 虚电路相当于 IP 层下面的数据链路层

X.25 协议是在物理链路传输质量很差的情况下开发出来的。为了保障数据传输的可靠性,它在每一段链路上都要执行差错校验和出错重传。这种复杂的差错校验机制使它的传输速率受到了限制,速率一般小于或等于 64Kbps。我国在 1995 年之前,大量 CHINAPAC(中国的公用分组交换数据网)用户还在使用 9.6Kbps 的速率。

X.25 是使用最早的广域网协议标准,多年来一直作为用户网和分组交换网络之间的接口标准。分组交换网络动态地对用户传输的信息流分配带宽,有效地解决了突发性、大信息流的传输问题,同时还可以对传输的信息进行加密和进行差错控制。虽然各种错误检测和相互之间的确认应答浪费了一些带宽,增加了报文传输延迟,但对早期可靠性较差的物理传输线路来说,不失为一种提高报文传输可靠性的有效手段。但随着光纤作为传输媒体越来越普遍,通信线路传输出错的概率越来越小,在这种情况下,重复地在通信子网的链路层和网络层实施差错控制,不仅显得多余,而且浪费带宽,增加报文传输延迟。因此,X.25目前一般只用于要求传输费用少且线路质量较差而远程传输速率要求又不高的广域网使用环境,或作为远程访问的备份线路。

2.6.4 数字数据网(DDN)

数字数据网(Digital Data Network,DDN)是一种利用数字信道提供数据通信的传输网,它主要提供点到点及点到多点的数字专线或专网。

DDN 由数字通道、DDN 节点、网管系统和用户环路组成。DDN 的传输介质主要有光纤、数字微波、卫星信道等。DDN 采用了计算机管理的数字交叉连接(Data Cross Connection,DXC)技术,为用户提供永久性和半永久性连接的数字数据传输信道,既可用于计算机之间的通信,也可用于传送数字化传真、数字话音、数字图像信号或其他数字化信号。一旦用户提出申请,网络管理员便可以通过软件命令改变用户专线的路由或专网结构,而无需经过物理线路的改造扩建工程,因此 DDN 极易根据用户的需要在约定的时间内接通所需带宽的线路。

DDN 为用户提供的基本业务是点到点的专线。从用户角度来看,租用一条点到点的专线就是租用了一条高质量、高带宽的数字信道。用户在 DDN 上租用一条点到点数字专线与租用一条电话专线十分类似。DDN 专线与电话专线的区别在于:电话专线是固定的物理连接,而且电话专线是模拟信道,带宽窄、质量差、数据传输率低;而 DDN 专线是半固定连接,其数据传输率和路由可随时根据需要申请改变。另外,DDN 专线是数字信道,其质量高、带宽大,并且采用热冗余技术,具有路由故障自动迂回功能。

DDN 与 X.25 网的区别在于:X.25 是一个分组交换网,X.25 网本身具有三层协议,可以用呼叫建立临时虚电路。X.25 具有协议转换、速度匹配等功能,适合于不同通信规程、不同速率的用户设备之间的相互通信。而 DDN 是一个全透明的网络,它不具备交换功能,利用 DDN 的主要方式是定期或不定期地租用专线。从用户所需承担的费用角度看,X.25 是按字节收费的,而 DDN 是按固定月租收费的,所以 DDN 适合于需要频繁通信的 LAN 之间或主机之间的数据通信。DDN 网提供的数据传输率一般为 2Mbps,最高可达 45Mbps,甚至更高。

DDN 是点对点专用线路使用最多的线路。N×64Kbps 带宽的专用线路曾是许多单位用于实现广域网连接的手段,尤其在对速度、安全和控制要求较高的应用环境中。专用线路为远程端点之间提供点对点固定带宽的数字传输通路,其通信费用由专用线路的带宽和两端之间距离决定。

对于要求持续、稳定信息流传输速率的应用环境,专用线路不失为一种好的选择。但对于突发性信息流传输,专用线路可能或者处于过载状态,或者带宽利用率不够。

在国内,用户租用专用线路的带宽一般为全部或部分 E1 线路带宽,因此用 N×64Kbps 来表示,一旦租用完整的 E1 线路,实际带宽可达到 2Mbps。

2.6.5 帧中继网络(FR)

帧中继(Frame Relay,FR)网络是 20 世纪 90 年代初出现的一种公用数据交换网,它是由 X.25 网发展起来的快速分组交换技术。

帧中继与 X.25 有许多相同之处，最基本的相同之处是都用分组交换技术，都是点对点通信。此外，帧中继向上提供的也是面向连接的虚电路服务，但帧中继通常提供的是永久虚电路（PVC）服务。

帧中继与 X.25 的主要差别是：X.25 协议包括三层协议，帧中继仅包含物理层和数据链路层协议。从设计思想上看，X.25 强调高可靠性，在每跳上都提供差错检测和出错处理机制，而帧中继注重快速传输，省略了每一跳的差错恢复和流量控制功能（差错检测仍然在每跳上实现）。此外，帧中继网提供了一套完备的带宽管理和拥塞控制机制，在带宽动态分配上比 X.25 网更具优势。

帧中继的发展是由于 20 世纪 80 年代后期通信技术的改变。X.25 网发展的早期，人们使用慢速、模拟和不可靠的电话线路进行通信，当时计算机的处理速度很慢且价格比较昂贵，因此在网络内部使用很复杂的协议来处理传输差错，以避免用户计算机处理差错恢复工作。随着通信技术的不断发展，特别是光纤通信的广泛使用，通信线路的传输速率越来越高，而误码率却越来越低。为了提高网络的传输速率，帧中继技术省去了 X.25 分组交换网中的差错控制和流量控制功能。当帧中继交换机接收到一个损坏帧时只是将其丢弃，这就意味着帧中继网在传送数据时可以使用更简单的通信协议，而把某些工作留给用户端去完成。这样使得帧中继网的性能优于 X.25 网——一方面，帧中继交换机处理数据帧所需的时间大大缩短，端到端用户信息传输时延低于 X.25 网；另一方面，帧中继网的数据传输率也高于 X.25 网，可以提供更高的数据传输率（帧中继网提供从 64Kbps ~2.048Mbps 速率范围的接入速率）。

帧中继的虚电路可以看做一条虚拟专线。用户可以在两节点之间租用一条永久虚电路并通过该虚电路发送数据帧，用户也可以在多个节点之间通过租用多条永久虚电路进行通信。

实际租用物理专线与虚拟租用专线的区别在于：对于实际租用专线，用户可以每天以线路的最高数据传输率不停地发送数据；而对于虚拟租用专线，用户可以在某一个时间段内按线路峰值速率发送数据，但用户的平均数据传输速率必须低于预先约定的水平。长途电信公司对虚拟专线的收费要少于物理专线。

由于帧中继技术不提供差错恢复和流量控制功能，因此只适用于线路质量比较好的应用环境。和 X.25 网一样，目前一般用于主干网的备份线路。局域网接入帧中继网与接入 X.25 网类似，通常使用多协议路由器实现。

2.6.6 综合业务数字网（ISDN）

传统的电话业务和电报业务使用电路交换技术，而像 X.25 和帧中继等新型数据业务则使用分组交换技术。对于电信公司来说，要分别管理这些不同的网络是一件头痛的事。此外，除了电话网和数据通信网外，还有一种电信公司无法控制的网络，即有线电视（CATV）网。

解决上述问题的最好方法是开发一种单一的新型网络，该网络可以替代整个电话网、数据网及 CATV 网，通过该网络可以传送各种类型的信息。这种新型网络与现存的网络相比，所支持的数据传输率更大，能提供的业务范围也更广。这种新型网络称为"综合业务数字网（Integreted Service Digital Network，ISDN）"。也就是说，ISDN 的本来含义，就是指在一个统一的网络系统内传送和处理各种类型的数据，向用户提供多种业务服务，如电话、传真、视频及数据通信业务等。最早有关"综合业务数字网"的概念和标准，是在 1984 年由 CCIIT 定义和发布的。

虽然 ISDN 未如最初期望的那样获得广泛的应用，但其技术却已经历了两代。第一代 ISDN 称为窄带 ISDN（N-ISDN），利用 64Kbps 的信道作为基本交换单位，采用电路交换技术。第二代 ISDN 称为宽带 ISDN(B-ISDN),支持更高的数据传输速率,发展趋势是采用分组交换技术。

1. 窄带 ISDN(N-ISDN)

N-ISDN 是以公用电话交换网为基础发展而成的。通常人们所说的"ISDN"就是指 N-ISDN,许多文献也将 N-ISDN 简称为 ISDN。

N-ISDN 定义了两类用户访问速率接口标准:基本访问速率接口(Basic access Rate Interface,BRI)和主访问速率接口(Primary access Rate Interface,PRI)。

- BRI 由 2 个速率为 64Kbps 的 B 信道和 1 个速率为 16Kbps 的 D 信道组成(2B+D)。B 信道用于传送用户数据;D 信道用于传送控制信息;加上分帧、同步等其他开销,总速率为 192Kbps。
- PRI 可由多种信道混合组成。在北美和日本使用(23B+D)的结构,总速率为 1.544Mbps,和 T1 线路的传输速率相对应;而在欧洲则使用(30B+D)的结构,总速率为 2.048Mbps,和 E1 线路的传输速率相对应。PRI 的 B、D 信道均为 64Kbps。我国电话局所提供的 ISDN PRI 为(30B+D)。

BRI 可利用现有用户电话线支持,提供电话、传真等常规业务。PRI 则是针对专用小型电话交换机或 LAN 等业务量大的单位用户而设计的。

虽然模拟拨号服务和 ISDN 服务都属于电路交换服务,但两者存在很大差别。由于 ISDN 直接在端与端之间提供数字通道,不但传输速率高,而且可以通过数字通道同时传输语音、数据和图像信息,如使用 ISDN 传输数据的同时还可以拨打电话(故俗称"一线通")。此外,由于传输的是数字信号,信号整形和再生不会引入噪声,这使得 ISDN 线路的传输质量远远高于普通模拟电话线路。

N-ISDN 仅仅是将传统的电话网改造成为端到端的数字传输网络,只适用于个人和小型用户联网,不能满足大型网络的远程连接,也没有解决多个网络并存的现状。因此,当更高速率的用户接入技术 ASDL 出现后,N-ISDN 很快退出了历史舞台。

2. 宽带 ISDN(B-ISDN)与 ATM

随着用户信息传送量和传送速率的不断提高,N-ISDN 已无法满足用户要求。于是,人们提出了建设宽带 ISDN。所谓宽带,是指要求传送信道能够支持大于 N-ISDN 主访问速率的服务。

B-ISDN 的想法是可以提供视频点播(VOD)、电视会议、高速局域网互连及高速数据传输等业务。采用 B-ISDN 的名称旨在强调 ISDN 的宽带特性,而实际上,它应该支持宽带和其他 ISDN 业务。B-ISDN 提出后,为区别起见,人们将原来的 ISDN 称为 N-ISDN。

B-ISDN 要支持如此高的速率,并且要处理很广范围内各种不同速率和传输质量的需求,需要面临两大技术挑战:一是高速传输,二是高速交换。光纤通信技术已经给前者提供了良好的支持;而异步传输模式(Asynchronous Transfer Mode,ATM)为实现高速交换展示了诱人的前景,使得 B-ISDN 网络的实现成为可能。近年来,虽然电路交换设备的功能日益增强,且越来越多地采用光纤干线,但利用电路交换技术难以圆满解决 B-ISDN 对不同速率和不同传输质量控制的需求。理论分析和模拟表明,ATM 技术可以满足 B-ISDN 的要求。正因为这样,ATM 和 SONET 技术与 B-ISDN 结下了不解之缘,利用 ATM 构造 B-ISDN 是一件非常有意义的事情。

ATM 技术的基本思想是让所有的信息都以一种长度较小且大小固定的信元(Cell)进行传输。信元的长度为 53 字节,其中信元头是 5 字节,用户数据部分占 48 字节,如图 2.35 所示。

ATM 既是一种技术(对用户是透明的),又是一种潜在的业务(对用户是可见的)。有时候我们将这种业务也称做信元中继(Cell Relay),类似于前面提到的帧中继。

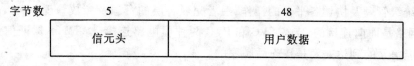

图 2.35 ATM 信元的构成

使用信元交换技术相对于 100 年前出现的电话系统中所使用的传统电路交换技术是一个巨大的飞跃。信元交换技术具有如下优点:信元交换既适合处理固定速率的业务(如电话、电视),又适合处理可变速率业务(如数据传输);在数据传输率极高的情况下,信元交换比传统的多路复用技术更易于实现;信元交换提供广播机制,使得它能够支持需要广播的业务,而电路交换做不到。

ITU-T 已定义了一系列有关 B-ISDN 的标准,主要分为三个部分:(1)综述(General)部分描述了 B-ISDN 的一般概念;(2)服务(Service)部分对服务类型、信息类型进行了说明和举例;(3)网络(Network)部分主要对网管、信令进行了说明,并规定了 B-ISDN/ATM 网络参考模型如图 2.36 所示。

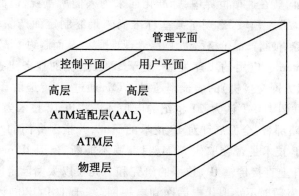

图 2.36 B-ISDN/ATM 参考模型

B-ISDN/ATM 参考模型各层的功能如下:
- 物理层负责处理涉及物理介质的问题。ATM 标准并没有规定物理层采用的协议,即 ATM 的信元可以通过电缆、光缆或其他任何传输系统进行传输。换句话说,ATM 技术独立于传输介质。
- ATM 层规定信元及信元传输的相关标准。它规定了信元的组成及信元头中每个字段的含义,同时还规定了如何建立和释放虚电路及拥塞控制的标准。
- ATM 高层用户信息呈现多种形式,如帧、报文分组等,其中许多信息格式与 ATM 网络所传输的信元格式不兼容。ATM 适配层(ATM Adaptation Layer, AAL)的功能是把用户信息映像到 ATM 信元中的用户数据字段,接收方则将信元用户数据字段的数据重新组合为原来的信息格式提交给用户。
- 与先前的 OSI 参考模型不同的是,ATM 参考模型是三维的。在 ATM 参考模型中,平面是高层按功能的抽象,有三种不同的平面:用户平面(User Plane)用于用户信息传送,同时完成相关的控制,如流量控制和差错控制等;控制平面(Control Plane)完成呼叫控制及连接控制;管理平面(Management Plane)分为平面管理和层管理,前者完成系统级管理及协调各平面的操作,后者完成各层的资源及参数管理。

ATM 网络是面向连接的,支持 SVC 和 PVC 两种虚电路连接。ATM 不保证信元一定到达目的节点,但信元的到达一定是按先后顺序的。

ATM 网络的结构与传统的广域网一样,由传输介质和交换机构成。ATM 网络支持的数据传输率主要是 155Mbps 和 622Mbps 两种。

选择 155Mbps 的速率是考虑到对高清晰度电视(HDTV)的支持及与 AT&T 公司的同步光纤网(SONET)相兼容。

ATM 已被国际电信联盟 ITU 确定为 B-ISDN 的基本交换方式,同时 B-ISDN 也正在迅速发展之中,支持各种新型业务的协议标准不断推出,ATM 交换技术也面临着许多新的问题。

需要指出的是,不同的组织对 ATM 有不同的兴趣。长途电信公司和邮电部门更乐于使用 ATM 网络来升级电话系统,以便在传送电视图像方面能与有线电视(Cable TV)展开竞争。而计算机制造商则看到 ATM 在建造校园网及其他大型局域网时能够带来巨大的利润(20 世纪 90 年代中期,ATM 一度被广泛用在大型园区网的建造中)。所有这些使得 ATM 的标准化进程并不那么顺利。同时,在 ATM 标准化组织 ATM 论坛(ATM Forum)中,各种政治和经济因素也影响着 ATM 的未来走向。在通信世界中,标准化向来为人们所重视,但面对迅速变化的技术和激烈竞争的市场,在 ATM 领域,出现了某些标准尚未最终制定而产品已充斥市场的局面。此外,ATM 技术非常复杂,使得产品价格昂贵,网络管理难度大,从而制约了 ATM 的进一步发展。

近几年来,随着 Internet 应用的飞速发展,基于 IP 数据流的业务迅速增长,IP 交换设备(如千兆位和万兆位以太网交换机)的增长率超过 ATM,通过 IP 传送话音(IP 电话)也得到了成功实践。国际电信联盟 ITU-T 认为,21 世纪的电信环境将以 IP 技术为主导,为此,ITU-T 在 1998 年已经调整其战略部署,全面展开对 IP 技术的研究,并指定专门的小组负责,已将 IP 研究列为最高优先级。IP 技术是否会取代 ATM,目前尚不能断言,但 IP over SONET/SDH 的应用、IP over optical(光纤上直接传输 IP)技术的研究和万兆位以太网已走向广域网领域已是不争的事实。即使 IP 网络暂时不会取代电话网和电视网,基于 TCP/IP 的计算机广域网络也可能不再需要借助传统的广域网技术,而是只需要租用光纤信道即可,通信子网将有可能变成真正的物理层传输信道。可以预言,随着光纤通信技术和基于 IP 的业务 QoS(服务质量)技术的发展,将电话、电视业务统一到 IP 网络的一天必定会到来。

2.6.7 广域网技术小结

前面我们讨论了各种互不兼容且有些重叠的广域网技术,这里我们对这些不同种类的公用通信服务网络进行一个简单总结:

- PSTN 是采用电路交换技术的模拟电话网,当 PSTN 用于计算机之间的数据通信时,其最高速率不会超过 56Kbps。
- X.25 是一种较老的面向连接的网络技术,它允许用户以小于或等于 64Kbps 的速率发送可变长的短报文分组。
- DDN 是一种采用数字交叉连接的全透明传输网,它不具备交换功能。
- 帧中继是一种可提供小于等于 2Mbps 数据传输率的虚拟专线网络。

- N-ISDN 是在 PSTN 的基础上改造而成的,仍然使用电路交换技术,严格地说不是一个独立的网络。
- B-ISDN 的目的是代替上述各种通信网络。B-ISDN 的核心技术是 ATM,它使用信元交换技术,可以处理数字和模拟信号。

2.7 本章小结

任何信道都具有带宽的限制(物理特性本身或人为限制),这就是尼奎斯特(H. Nyquist)极限和香农(Claude Shanon)极限。尼奎斯特极限是关于无噪声信道的,香农极限是关于有噪声信道的。

传输介质可以是有线的和无线的。基本的有线介质是双绞线、同轴电缆和光纤,目前被广泛应用的是双绞线和光纤。双绞线用于建筑物内近距离(不超过 100 米)连接,光纤用于远距离连接。无线介质包括无线电、微波、红外线及空中激光,计算机网络通信主要使用微波通信。微波通信分为地面微波通信和卫星通信。

局域网技术主要有以太网、令牌环网和光纤分布式数据接口 FDDI,异步传输模式 ATM 也曾应用于局域网络。目前,以太网占据了全部局域网市场,而令牌环网和 FDDI 技术已被淘汰,ATM 则被应用于广域网中。局域网技术通常使用广播式通信方式(ATM 为点到点通信)。

以太网从出现至今,一直在发展之中。目前以太网的传输速率覆盖 10Mbps ~ 10Gbps。各种以太网均使用了相同的 MAC 帧格式和介质访问控制方法 CSMA/CD,使得以太网应用完全兼容。从使用信道的方式上,分为共享式以太网和交换式以太网。交换式以太网具有独占端口带宽、可配置多种接口速率及可以构造虚拟局域网等优点。万兆位以太网的发展可能将以太网推向广域网应用。

虚拟局域网(VLAN)是建立在交换式局域网技术的基础之上、采用软件方式构建的、可跨越不同物理网段的一种逻辑网络;是局域网为用户提供的一种服务,而不是一种新型的局域网。

无线局域网(WLAN)是近年发展起来的一种局域网技术,它使得用户摆脱了传输线缆的束缚,不仅省去了布线的麻烦,而且可以在一定范围内实现移动办公。无线局域网使用的主要标准是 IEEE 802.11 系列标准。

可以说,目前应用于局域网的技术实际上就是两种技术:以太网和无线局域网。

当局域网技术不能满足远距离通信的需要时,就需要用到广域网技术。被用来实现广域网的公用通信服务网有:公用交换电话网(PSTN)、数字数据网(DDN)、分组交换数据网(X.25)、帧中继网(Frame Relay,FR)、综合业务数字网(ISDN)等。广域网技术通常使用点到点通信方式。

此外,在点到点通信网络中,PPP(Point to Point Protocol)是一个应用广泛的数据链路层协议,限于篇幅,本书没有讨论,感兴趣的读者请参阅其他文献。

思考与练习

2.1 请解释"信号的带宽"和"信道的带宽"两个概念。

2.2 在有噪声信道上,信道的极限传输速率受_____和_____的限制。

2.3 请解释单工、半双工、全双工通信的特点。思考以下问题:双绞线是如何实现全双工通信的?用单芯光纤连接能否实现全双工通信?

2.4 UTP CAT5E 代表的是哪种线缆？主要用于什么网络？

2.5 同轴电缆比双绞线的传输距离_____，比光纤的传输距离_____。

2.6 单模光纤比多模光纤的传输距离_____，但价格_____。

2.7 了解以太网的发展历史和协议标准,简述各种以太网的主要技术特点。

2.8 了解 CSMA/CD 的工作原理。在全双工千兆位以太网上,是否还需要执行 CSMA/CD？为什么？

2.9 以太网共享式集线器和交换机的主要差别在哪里？

2.10 什么是 MAC 地址？MAC 地址有几种类型？分别用在什么情况下？它们都可能出现在 MAC 帧的"源地址"字段吗？网卡上的 MAC 地址属于哪种类型？

2.11 虚拟局域网技术为用户提供了哪些优势？VLAN 有哪几类？在第二层交换机上能否定义基于源 IP 子网的 VLAN？

2.12 目前无线局域网的标准主要有哪些(至少给出 3 种)？简述它们的性能特点和相互间的兼容关系。

2.13 无线局域网有哪几种组网模式？分别用在什么情况下？

2.14 简述分组交换与电路交换的特点并作比较。通信子网提供的虚电路服务是否就是电路交换？

2.15 查找资料,看看 ADSL 的技术实现和 ISDN 有什么异同。

第3章 网络互连与TCP/IP协议

本章阐述网络层的有关概念和 TCP/IP 协议族的主要内容。

由于 Internet 的发展,TCP/IP 已经成为事实上的工业标准,因此不管是哪类读者,理解和掌握本章内容都十分重要,它们将能帮助读者理解和处理在应用中遇到的主要问题。本章学习的要点如下:

(1) 了解网络互连需要解决的主要问题;

(2) 掌握 IP 地址的三种编址方案:分类 IP 地址、子网编址和无类型编址;了解 IP 地址的管理和为专用网络保留的 IP 地址块;

(3) 了解 IP 数据报的格式及主要字段的含义和作用;掌握 IP 数据报的封装方法,以及以太网上 IP 地址与 MAC 地址的映射方法;

(4) 了解 IP 数据报在互联网上的选路算法、路由表的构成与建立方法,以及路由器的连接方式;

(5) 了解 TCP 和 UDP 协议的数据报格式和主要字段的含义;掌握两种协议所提供的服务类型及特点;掌握协议端口的概念和熟知端口的作用;

(6) 掌握 Internet 域名系统的有关概念和工作机制。

3.1 网络互连问题

我们已经知道,计算机网络系统是分层次实现的,在实际的网络体系结构模型(参见图 1.17(b))中,物理层、数据链路层和网络层协议的功能主要是为数据报的传送提供物理通道;应用层协议负责在用户间实现信息(文件、邮件、查询结果)交换;传输层为应用程序的编写提供了一个与具体网络细节无关的接口。一个网络总是由低层和高层协议共同构成的。两个网络只要有一层协议不相同,我们就称之为"异构"网络。要在异构网络之间进行通信,就必须实现异构网络的互连。原理上,异构网络的互连可以在网络体系结构的任一层次上实现。

早期的异构网络互连是通过应用级程序提供统一性的。这种方法造成通信的烦顼而且受到限制,系统如果想增加更多的功能就意味着要为每台计算机建立一个新程序,有过组网经验的人都明白,一旦要互连成百上千的网络,没有人能写出所需要的全部应用程序。而且,网络通信要求路径上执行的所有程序都必须正确,若中间程序出现故障,源站和目的站都无法检测或控制这些问题,即使用中间应用程序的系统无法保证可靠的通信。

在互联网实践中,人们发现,解决网络与网络互连的问题,最好是上层采用相同的协议,这样,既允许不同的机构使用不同的下层硬件技术,同时,相同的上层协议将下层协议的异质性屏蔽了起来,使整个网络就像一个统一的大网。

那么,采用什么样的上层协议合适呢?既然是为了实现网络与网络之间的互连,这种协议就必须适合于大规模网络的需要,具体来说,其网络地址空间必须足够大,以满足互联网上大量主机的需求;地址结构必须适合各种网络规模的需要;必须便于源到目的地的路径选择。TCP/IP 协议正是为了满足这种网间互连的需要而设计的(参见1.1节)。

TCP/IP 的协议模型参见1.4.5节。TCP/IP 网络实现了网络层互连,其基本思想是任何一个能够传送分组(Packet)的网络,大到一个 WAN,小到一个 LAN,甚至两台主机之间的点到点的链路都可以作为一个物理子网而连入到网络中,在网络层采用统一的 IP 协议,从而屏蔽掉低层物理网络的细节,当物理硬件发生改变时,不需要修改应用程序。

目前,TCP/IP 协议已经在各种计算机系统上得到应用,从 PC 机到高性能计算机,从 Microsoft Windows 操作系统到各种 UNIX 操作系统,均提供对 TCP/IP 协议的支持。

3.2 IP 地址

3.2.1 IP 地址及其结构

1. IP 地址及其表示

就像日常生活中的邮政通信需要地址一样,网络上的两台计算机之间通信也需要用地址来标识。计算机网络体系结构的大多层次都有该层使用的地址,IP 地址就是 TCP/IP 协议模型的网络层地址。IP 地址的编址方式是 IP(Internet Protocal)协议的一部分。

我们知道,不同的物理(低层)网络技术有不同的编址方式(如以太网不同于令牌环网),因此,不同物理网络中的主机有不同的物理网络地址。TCP/IP 是将不同物理网络技术统一起来的高层协议,在统一的过程中,首先要解决的就是地址的统一问题。TCP/IP 采用一种全局通用的地址格式,为全网的每一台主机都分配一个统一格式和含义的、惟一的 IP 地址,以此屏蔽物理网络地址的差异,从而为保证互联网以一个一致性实体的形象出现奠定了基础。

TCP/IP 协议规定,IP 地址由 32 位二进制数组成。由于二进制数字的形式不适用于阅读,因此,为了便于用户阅读和理解,IP 地址通常采用一种"点分十进制"的表示方法,即在面向用户的文档中,IP 地址被直观地表示为四个以小数点隔开的十进制整数,其中,每一个整数对应于一个字节(8 位二进制数为一个字节),称为一段。例如,IP 地址 11001010 00100110 10111001 01000000 表示为 202.38.185.64。当需要直接书写 IP 地址的二进制形式时,则在每一个字节之间插入一个空格以提高可读性,如图 3.1 所示。

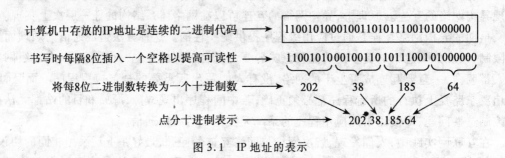

图 3.1 IP 地址的表示

2. IP 地址的结构

IP 地址采用了结构编址方式,即一个 IP 地址的 32 位二进制数被分为两个部分:网络号和主机号,如图 3.2 所示。网络号标识互联网上的某个网络,给出了对象的位置信息,类似于电话号码的区号;主机号则标识该网络上的某台主机。

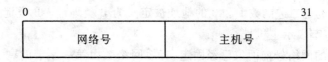

图 3.2 IP 地址的概念结构

现在的问题是,32 位二进制数中,哪些位用作网络号部分,哪些位用作主机号部分呢？如何将这 32 比特的信息合理地分配给网络和主机作为编号,看似简单,意义却很大。因为各部分比特位数一旦确定,就等于确定了整个互联网中所能包含的网络数量以及各个网络所能容纳的主机数量。

3.2.2 IP 地址的分类

在互联网中,网络数是一个难以确定的因素,但是每个网络的规模却是比较容易确定的。众所周知,从局域网到广域网,不同种类的网络规模差别很大,必须加以区别。因此,在最早的编址方案中,按照网络规模大小,TCP/IP 协议将 IP 地址分为五种类型,如图 3.3 所示。其中,A、B、C 是三种主要类型的地址,D 类是专供多点播送用的组播地址,E 类是扩展备用地址。本书主要介绍 A、B 和 C 三种主类地址。

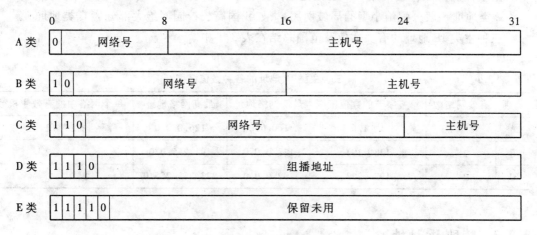

图 3.3 IP 地址的分类

1. A 类地址

TCP/IP 协议将第一字节首位是二进制数字 0 的地址定义为 A 类地址,并规定 A 类地址用第一个字节表示网络号,后 3 个字节表示主机号。

A 类地址的有效网络数由第一字节的后 7 位二进制数确定,但由于全为 0 和全为 1 的情况有特殊用途(参见下一小节"特殊 IP 地址"),A 类地址的有效网络数为 $2^7-2=126$ 个,第一字节(网络号)的有效数值范围是十进制数 1~126。第二、三、四字节共计 24 位二进制数用于主机编号,每个网络号所包含的有效主机数为 $2^{24}-2$ 个(除去主机号全为 0 和全为 1 的情况,这两种情况同样具有特殊含义)。

A 类地址一般分配给具有大量主机的网络用户。

2. B 类地址

第一字节前二位是二进制数 1 和 0 的地址被定义为 B 类地址。B 类地址用前 2 个字节表示网络号,后两个字节表示主机号。

由于 B 类地址的网络号前两位已经固定,有效网络数由第一字节的剩下 6 位和第二字节的 8 位共 14 位二进制数确定,因此,B 类地址的有效网络数为 2^{14} = 16 384 个。第三、四字节共 16 位二进制数用于表示主机编号,因此,每个网络号所包含的有效主机数为 2^{16} – 2 = 65 534 个(除去主机号全为 0 和全为 1 的情况)。

实际上,识别是否 B 类地址,只要看第一字节的数值是否属于 128 ~ 191 即可。

B 类地址一般分配给具有中等规模主机数的网络用户。一些规模较大的大学一般拥有 B 类地址,例如,美国伊利诺斯大学的网络号第一段为 128;澳大利亚国立大学的网络号第一段为 150;中国清华大学的网络号第一段为 166。

3. C 类地址

第一字节前三位是二进制数 1、1、0 的地址被定义为 C 类地址。C 类地址用前 3 个字节表示网络号,后 1 个字节表示主机号。

由于 C 类地址的网络号前 3 位已经固定,有效网络数由第一字节剩下的 5 位和第二、三字节确定,共 21 位二进制数,因此,C 类地址有效网络数为 2^{21} = 2 097 152 个。第四字节的 8 位二进制数用于表示主机编号,每个网络号所包含的有效主机数为 2^8 – 2 = 254 个。

用于标识 C 类地址的第一字节数值范围为 192 ~ 223。

C 类地址一般分配给小型的局域网用户,如我国高校校园网绝大部分为 C 类地址。

三种主类 IP 地址的有关数值及范围总结在表 3.1 中。

表 3.1 三种主类 IP 地址的各种数值范围

类别	有效网络数	第一字节的数值范围	最低网络地址	最高网络地址	每个网络中的有效主机数
A	2^7 – 2	1 ~ 126	1.0.0.0	126.0.0.0	2^{24} – 2
B	2^{14}	128 ~ 191	128.0.0.0	191.255.0.0	2^{16} – 2
C	2^{21}	192 ~ 223	192.0.0.0	223.255.255.0	2^8 – 2

3.2.3 特殊 IP 地址

从上一小节已经知道,某些 IP 地址具有特殊的用途或不能使用,本小节对这些特殊地址的意义进行说明。

TCP/IP 对 IP 地址的网络编号和主机编号具有以下规定:

(1)网络编号必须惟一。

(2)网络编号不能以十进制数 127 开头,A 类地址 127 是一个保留地址,用于网络软件测试以及本地机进程间通信,叫做"回送地址"(Loopback Address)。无论什么程序,一旦使用回送地址发送数据,例如"127.0.0.1",协议软件立即将分组返回本机,不进行任何网络传输。

(3)网络编号的第一字节(8 个二进制位)不能都设置为 1,此数字留做广播地址使用。第一字节也不能都设置为 0,全为 0 表示"本网络"。

(4) 对于每一个网络号来说,主机编号必须是惟一的。

(5) 主机编号各个二进制位不能都设置为1。全为1的编号作为广播使用,称为"广播地址"。所谓广播是指同时向同一IP网络内的所有主机发送数据报。需要指出的是,这里的广播指网络层广播,不同于第2章中的数据链路层广播。

(6) 主机编号各位也不能都设置为0。和上列特殊IP地址不同的是,主机编号各位都为0的地址没有特定的用途,既不用做源地址也不会用做目的地址,即永远都不会出现在任何IP分组中。在文档中,通常用主机号部分全为0的地址表示网络地址。

以上规定见表3.2。对于一般读者,最重要的就是要记住:网络号或主机号部分全为0和全为1、第一字节为127的IP地址不能被分配给网络上的任何主机。

表3.2　　　　　　　　　　　　特殊IP地址及其用途

网络号	主机号	意义	说明
全0	全0	本网络上的本主机	仅在系统启动时临时用做源地址,并且永远不是有效目的地址
全0	host-id	本网络上的主机host-id	仅在系统启动时临时用做源地址,并且永远不是有效目的地址
全1	全1	有限广播地址	在本网络上进行广播,只用于目的地址,永远不是有效源地址
net-id	全1	定向广播地址	在net-id网络上广播,只用于目的地址,永远不是有效源地址
127	任何数	回送地址 (通常使用127.0.0.1)	用做本机软件回送测试之用,永远不会出现在网络上

3.2.4　IP地址的管理

TCP/IP互联网中使用的每个IP地址必须是惟一的。使用TCP/IP技术建立完全专用的互联网的单位(例如,不需要连接到Internet),可以自己分配地址,不必考虑其他单位的分配方式,也不必向任何机构申请。但是,要连接到Internet的单位则不能使用分配给其他单位的网络地址。为了确保地址的网络部分在全球互联网上是惟一的,所有的Internet地址都由一个中央管理机构进行分配。最初,Internet编号分配管理机构IANA(Internet Assigned Number Authority)控制着所分配的编号,并制定政策,直到1998年秋天。

1998年底,产生了一个新组织来处理地址分配问题,这个组织名为Internet名字和编号分配协会(Internet Corporation for Assigned Names and Numbers, ICANN),该组织负责制定政策,并为协议中使用的名字和其他常量分配值,也为地址分配值。

在最初的分类方法中,Internet管理机构通常选择一个适应网络规模的地址分配给用户。C类地址分配给所连计算机数目较少(少于255)的网络;B类地址保留用于更大型的网络。最后,超过65 535台主机的网络就能够获得A类地址。这样划分地址空间是因为大多数网络是小型的,中等规模的更少,而只有很少的几个网络是巨型的。

为了将网络连接到Internet,大多数单位从不会直接和中央管理机构联络,而通常是和本地的Internet服务提供商(Internet Service Provider, ISP)联络。除了为该单位提供与Internet的连接,ISP还要为客户提供有效的网络地址。实际上,许多本地ISP是更大型ISP的客户,当一个客户请求得到网络地址时,本地ISP只是从更大型的ISP那里获得一个地址块。因此,只有最大型的ISP需要和ICANN联络。

注意,中央管理机构只分配地址的网络部分;一旦单位获得了一个网络地址块,该单位就可以选择如何给该网络上的每台主机分配惟一的网络地址,而不必与中央管理机构联络。而且,中央管理机构只需为已经或将要连到 Internet 的网络分配 IP 地址。

3.2.5 保留的 IP 地址

我们说过,只要不连接到 Internet,每个单位就可以为自己的 TCP/IP 网络任意地分配网络地址,只要保证网络内部的地址不重复就行了。事实上,许多使用 TCP/IP 协议的机构都自己分配互联网地址。例如,虽然 Internet 管理机构已经将网络地址 9.0.0.0 分配给了 IBM 公司,地址 12.0.0.0 分配给了 AT&T 公司,但如果另一个公司决定在没有连到 Internet 的两个网络上使用 TCP/IP 协议,也可以把地址 9.0.0.0 和 12.0.0.0 分配给自己的本地网络。

但是,经验表明,使用与 Internet 相同的网络地址来创建一个专用网络是不明智的,因为大多数网点最终要连接到 Internet。为了避免专用网络上使用的地址和 Internet 上使用的地址之间产生冲突,IETF 保留了几个 IP 地址块,并建议在专用网络上使用这些地址。

被保留的 IP 地址的全体称为专用地址(Private Address),具体见表 3.3(关于表中网络前缀的含义,参见下一节"无类型编址")。其中最后一个地址块 169.254.0.0/16 称为自动专用地址,用于没有 DHCP 服务器(关于 DHCP 服务参见 4.7 节)的情况下系统自动配置 IP 地址时使用。也就是说,当一个单位要建立内部专用网络时,可使用表 3.3 中列出的前三个地址块中的地址。

表 3.3　　　　　　　　　　为专用网络保留的 IP 地址块

网络前缀	最低地址	最高地址
10.0.0.0/8	10.0.0.0	10.255.255.255
172.16.0.0/12	172.16.0.0	172.31.255.255
192.168.0.0/16	192.168.0.0	192.168.255.255
169.254.0.0/16	169.254.0.0	169.254.255.255

需要进一步指出的是,使用保留的 IP 地址不需要向任何组织申请,但这些地址不能传播到 Internet 上,只能在组织内部网上使用(因为 ICANN 永远不会把专用地址空间内的地址分配给一个连接到 Internet 的组织,所以 Internet 路由器中也永远不会包含指向专用地址的路由);当使用上述地址的网络需要连接到 Internet 时,与 Internet 之间必须使用具有有效公用地址的应用层网关(例如一个代理服务器,参见 4.8 节。)或具有网络地址转换(Network Address Transfer,NAT)功能的路由器连接。

目前,在一台运行 Windows Server 2003 或 Windows XP 操作系统的计算机上,当将一个接口配置为"自动获得 IP 地址"时,如果计算机没有联系到 DHCP(动态主机配置协议)服务器,则计算机会使用其备用配置,备用配置可以通过"Internet 协议(TCP/IP)"组件的属性对话框中的"备用配置"选项卡来指定。

选中了"备用配置"选项卡上的"自动专用 IP 地址"选项时,如果找不到 DHCP 服务器,则

Windows 的 TCP/IP 组件就会使用自动专用 IP 地址。TCP/IP 组件从地址前缀 169.254.0.0/16 中随机选择一个地址,并分配一个子网掩码 255.255.0.0。ICANN 保留了此地址前缀,因而此地址前缀在 Internet 上是不可访问的。利用自动专用 IP 地址,单子网小型办公室/家庭网络在使用 TCP/IP 时不需要管理员去配置和更新静态地址或管理 DHCP 服务器。自动专用 IP 地址不配置默认网关。因此,只能和子网内的其他站点交换信息。

3.3 IP 编址的扩展

从上一节中已经知道,在互联网中标识主机的每一个 IP 地址都包含网络号和主机号两个部分,当两台主机的 IP 地址网络号不同时,TCP/IP 认为这两台主机属于两个不同的 IP 网络,反之则认为属于同一 IP 网络。为了与物理网络区别,我们称之为"逻辑网络"。在互联网发展的早期,通常一个物理网络就能获得一个 IP 网络地址。然而,随着 Internet 的发展,一方面,小规模的网络越来越多,另一方面,A 类和 B 类地址迅速耗尽,在 IP 地址的分配中,出现了两种需求:一是有些小规模网络需要和其他物理网络共享同一个 IP 网络地址以避免浪费,二是需要为较大规模的网络分配多个 IP 网络地址以满足需要(如我国绝大多数校园网都是使用的多个 C 类 IP 地址)。上述需求导致了"子网编址"和"无类型编址"技术的发展。

3.3.1 子网编址

1. 划分子网

Internet 管理机构分配给网络用户使用的 IP 地址均属三个主类,我们已经知道,每一类 IP 地址所能容纳的主机数是一定的,然而,世界上成千上万的网络用户,其规模不可能大致相同而简单地划分为三类,这样,势必造成 IP 地址的浪费。随着 Internet 的发展,IP 地址成为一项非常宝贵的资源。为了解决这一问题,TCP/IP 提供了一种机制,允许将一个 IP 网络地址进一步划分为若干个子网(Subnet)地址,分别分配给不同的物理网络。这就是 1985 年通过的"子网编址"标准,它是对基本编址方法的改进,这种编址方案使得多个物理网络可以共用一个相同的 IP 网络地址。

划分子网的方法是从网络的主机号部分借用若干比特作为子网号,而主机号也就相应减少了若干比特。与未划分子网的 IP 网络地址相比,划分子网后 IP 地址的概念结构如图 3.4 所示。这时,网络号和子网号共同构成标识网络位置的网络地址。

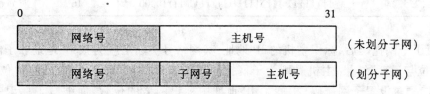

图 3.4 划分子网和未划分子网 IP 地址的概念结构

2. 子网掩码

那么,怎样标识一个 IP 地址的主机号部分由哪些位作为子网号、哪些位作为主机号呢?

这是通过在协议软件中设置子网掩码(Subnet Mask,又叫子网屏蔽码)来实现的。子网掩码的形式与 IP 地址相同,是一个 32 位的二进制数,取值方法为:对应 IP 地址的网络号和子网号部分的二进制位均取为"1",而对应主机号部分的二进制位则均取为"0"。图 3.5 给出了将一个 B 类 IP 地址划分子网的子网掩码取值方法,该例表示将主机号部分的 6 位二进制数用做子网编号。

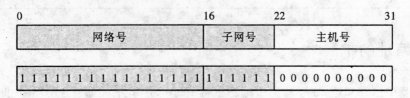

图 3.5 子网掩码的取值方法

3. 子网掩码的表示

就如二进制的 IP 地址不便阅读和记忆一样,子网掩码也存在同样的问题。因此,TCP/IP 允许使用另外的表示方法,最常用的就是"点分十进制"表示。

"点分十进制"表示与 IP 地址类似,每 8 位二进制数转换为一个十进制数,十进制数之间用小数点隔开。例如,图 3.5 中的子网掩码可表示为"255.255.252.0"。

4. 子网掩码的取值与子网个数

子网掩码的取值不同时,同一 IP 网络被划分成的子网个数及子网内所能容纳的主机数量不同。以 C 类 IP 网络为例,表 3.4 给出了子网掩码的常用取值及其作用。

为了统一协议软件,当不划分子网时,也使用子网掩码来标识。A、B 和 C 三类 IP 地址不划分子网时的子网掩码分别为:255.0.0.0、255.255.0.0 和 255.255.255.0,称为默认子网掩码(如表 3.4 中第一行)。

表 3.4　　　　　　　　　　C 类 IP 网络子网掩码取值及其作用

子 网 掩 码		子网个数	子网内主机个数
点分十进制	二进制		
255.255.255.0	11111111 11111111 11111111 00000000	1	254
255.255.255.192	11111111 11111111 11111111 11000000	4	62
255.255.255.224	11111111 11111111 11111111 11100000	8	30
255.255.255.240	11111111 11111111 11111111 11110000	16	14

当设置了子网掩码后,标识主机的 IP 地址,其网络号实际上应为该 IP 地址和子网掩码的二进制按"位与运算"结果,主机号则为子网掩码按位求反后和 IP 地址的二进制"位与运算"结果。这样,通过设置子网掩码,扩展了 IP 地址中标识网络的位数,而缩减了标识主机的位数。不需要划分子网时,只要将子网掩码中对应原主机号部分的二进制位全部设置为 0 即可。

3.3.2 无类型编址

划分子网在一定程度上改善了 IP 地址资源的利用率,缓解了 IP 地址紧缺的问题。但是,随之却出现了另外两个方面的问题：
- B 类地址在 1992 年已分配了近一半，眼看就要在 1994 年全部分配完毕，使得许多较大的网络不得不使用多个 C 类地址；
- 随着 IP 网络数的增加，Internet 主干网路由器的路由表项目数急剧增长，使得路由器执行路由选择算法和查找路由表的负担增加。

因此，IETF 提出采用"无类型编址（Classless Addressing）"的方法来解决上述问题。采用无类型编址方案后，骨干网路由器可以采用"无类型域间路由选择（Classless Inter-Domain Routing，CIDR）"技术来压缩路由表。CIDR 的正式文档 RFC 1517～1520 于 1993 年形成。

无类型编址和 CIDR 的基本思想是：
- 使用各种长度的"网络前缀（Network-prefix）"来代替分类地址中的网络号和子网号，从而可以更加有效地分配 IP 地址；
- 允许将网络前缀都相同的连续的 IP 地址组成地址块，称为"CIDR 地址块"，在路由器中作为整体进行选路，从而减少路由表的项目数。

CIDR 地址使用"斜线记法"（也称 CIDR 记法）表示网络前缀的位数，即在 IP 地址后面加上一个斜线"/"，再写上网络前缀所占的二进制比特数。例如，128.14.46.34/20 表示地址 128.14.46.34 的前 20 比特为网络前缀，而后 12 比特为主机号。

一个 CIDR 地址块是由地址块的起始地址（即地址块中地址数值最小的一个）和地址块中的地址数来定义的。地址块也可用斜线记法来表示。例如，128.14.32.0/20 表示的地址块有 2^{12} 个地址（因为主机号的比特数是 $32-20=12$），起始地址为 128.14.32.0。

CIDR 地址块也可以使用类似于子网掩码的"掩码表示法"。CIDR 记法斜线后的数值对应子网掩码中比特"1"的个数。例如，10.0.0.0/16 也可用起始地址 10.0.0.0 和掩码 255.255.0.0 表示。

3.4 IP 数据报

IP 协议是 TCP/IP 协议模型的网络层，是整个协议族中最重要的一个协议。了解 IP 数据报的有关内容，对进一步理解网络分层体系结构的思想和工作原理，以及学习 TCP/IP 的其他内容和解释网络应用中的各种问题具有重要的意义。

3.4.1 IP 数据报的结构及其封装

IP 数据报也称为 IP 分组（Packet）。与以太网的帧类似，IP 数据报由首部和数据区两个部分组成，如图 3.6 所示，首部包含了源地址和目的地址以及其他一些控制信息，数据区用于封装上一层协议（如 TCP 或 UDP 协议）传来的数据报。需要指出的是，以太网帧的首部包含的是 MAC 地址，而 IP 数据报首部包含的是 IP 地址（参见下一小节"IP 数据报的格式"）。

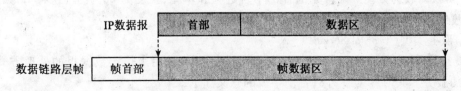

图 3.6　IP 数据报的结构与封装

图 3.6 还给出了 IP 数据报与数据链路层帧的关系,即 IP 数据报是被封装在数据链路层帧的数据区在网络上传输的。例如,如果下层物理网络使用的是以太网,则 IP 数据报被封装在以太网帧中在物理网络上传输。

3.4.2 IP 数据报的格式

IP 协议规定数据报首部的格式,而不规定数据区的格式,即数据区可以用来传输任意数据,因此,讨论 IP 数据报的格式实际上就是讨论 IP 数据报首部的格式,其内容能够说明 IP 协议具有什么功能。在 TCP/IP 的标准中,各种协议数据单元的格式常常以 32 位(即 4 字节)为单位来描述。图 3.7 是 IP 数据报的完整格式。

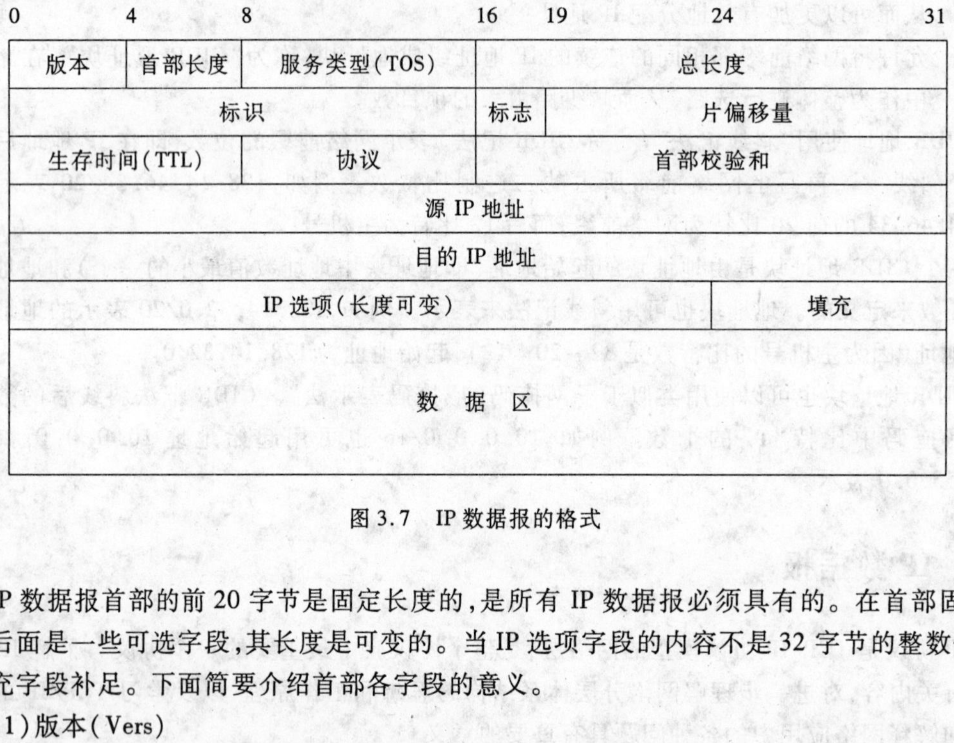

0	4	8	16	19	24	31
版本	首部长度	服务类型(TOS)		总长度		
标识				标志	片偏移量	
生存时间(TTL)		协议		首部校验和		
源 IP 地址						
目的 IP 地址						
IP 选项(长度可变)					填充	
数 据 区						

图 3.7 IP 数据报的格式

IP 数据报首部的前 20 字节是固定长度的,是所有 IP 数据报必须具有的。在首部固定部分的后面是一些可选字段,其长度是可变的。当 IP 选项字段的内容不是 32 字节的整数倍时,用填充字段补足。下面简要介绍首部各字段的意义。

(1) 版本(Vers)

"版本"字段占 4bits,指明了创建该数据报的 IP 协议的版本信息。通信双方使用的 IP 协议的版本必须一致。目前广泛使用的 IP 协议版本号为 4(即 IPv4)。

(2) 首部长度(Header Length)

"首部长度"字段占 4bits,可表示的最大数值是 15 个单位,1 个单位为 4 字节,因此 IP 数据报的首部长度的最大值不能超过 60 字节。当 IP 分组的首部长度不是 4 字节的整数倍时,必须利用最后的"填充"字段加以填充。因此数据部分永远在 4 字节的整数倍时开始,这样在实现 IP 协议时较为方便。最常见的首部不含选项和填充,长度为 20 字节,这种 IP 数据报的首部长度字段的值为 5。

(3) 服务类型(Type of Service)

"服务类型"字段又称为 TOS 字段或 TOS 域,占 8bits,用来规定数据报的处理方式,以获得更好的服务。其内容见图 3.8,各子字段的意义如下:

- 前三个比特用于指明数据报的优先级,它可使 IP 数据报具有 8 个优先级中的一个;

- 第 4 个比特指明对数据传输延时的要求。当值设为 1 时,表示要求低延时(Delay);
- 第 5 个比特的值设为 1 时,表示要求有高的吞吐量(Throughput);
- 第 6 个比特的值设为 1 时,表示要求有高的可靠性(即在数据报传送的过程中,被路由器丢弃的概率要更小些);
- 第 7 个比特是新增加的,当值设为 1 时,表示要求选择代价更小的路由;
- 最后一个比特目前尚未使用。

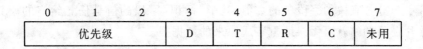

图 3.8 服务类型字段的内容(6 个子字段)

实际上,在相当长一段时期内,服务类型字段并没有得到应用,直到最近,当需要将实时多媒体信息在 Internet 上传送时,服务类型字段才重新引起重视。

(4) 总长度(Total Length)

给出了包括首部和数据区在内的 IP 数据报的总长度,单位为字节。总长度字段占 16bits,因此数据报的最大长度可为 65 535 字节(即 64KB)。数据区的长度可以从总长度中减去首部长度获得。

(5) 标识(Identification)、标志(Flags)、片偏移(Fragment Offset)

这三个字段是用来控制数据报的分片与重组的。在 IP 层下面的每一种数据链路层协议都对可以传输的数据字段的最大长度规定了一个上限,例如以太网帧的数据字段规定不能超过 1 500 字节(参见 2.3.3 小节),而有的点对点链路层协议甚至将数据报长度限制在 576 字节,这称为最大传送单元 MTU(Maximum Transfer Unit)。当一个 IP 数据报封装成链路层的帧时,此数据报的总长度(即首部加上数据部分)一定不能超过其下数据链路层的 MTU 值。如果数据报长度超过网络所容许的最大传送单元 MTU,就必须将过长的 IP 数据报进行分片后才能在网络上传送,而当数据报到达目的站点后,就需要对数据报片进行重组。

"标识"字段就是为了在重组时识别数据报的,占 16bits。IP 软件用一个计数器来产生数据报的标识。当 IP 协议发送数据报时,它就将这个计数器的当前值复制到标识字段中。当数据报由于长度超过网络的 MTU 而必须分片时,这个标识字段的值就被复制到所有的数据报片的标识字段中。相同的标识字段的值使分片后的各数据报片最后能正确地重装成原来的数据报。需要说明的是,这里的"标识"并没有序号的意思,因为 IP 是无连接服务,数据报不存在按序接收的问题。

"标志"字段占 3bits,目前只有前两个比特有意义:

- 标志字段中的最低位记为 MF(More Fragment)。MF=1 即表示后面"还有分片"的数据报片,MF=0 表示最后一个数据报片。
- 标志字段中间的一位记为 DF(Do not Fragment),意思是"不能分片"。只有当 DF=0 时才允许分片。

"片偏移"字段指出数据报片在原数据中的相对位置。也就是说,相对于用户数据字段的起点,该片从何处开始。片偏移以 8 个字节为偏移单位,因此,每个分片的长度一定是 8 字节(64bits)的整数倍。

需要指出的是,分片后,IP数据报首部中的"总长度"字段不是指未分片前的数据报长度,而是指分片后每片的首部长度与数据长度的总和。

下面举例说明数据报的分片与重组。

【例】 一数据报的数据部分为3 800字节长(使用固定首部),需要分片为长度不超过1 420字节的数据报片。因固定首部长度为20字节,因此每个数据报片的数据部分长度不能超过1 400字节。于是分为三个数据报片,其数据部分的长度分别为1 400,1 400和1 000字节。原始数据报首部被复制为各数据报片的首部,但必须修改有关字段的值。表3.5是各数据报的首部中与分片有关的字段中的数值,其中"标识"字段的值是任意给定的。具有相同标识的数据报片在目的站就可无误地重装成原来的数据报。

表3.5　　　　　　　　IP数据报首部中与分片有关的字段中的数值举例

	总长度	标识	MF	DF	片偏移
原始数据报	4 000	12345	0	0	0
数据报片1	1 420	12345	1	0	0
数据报片2	1 420	12345	1	0	175
数据报片3	1 020	12345	0	0	350

(6)生存时间(Time to Live)

"生存时间"字段记为TTL,是一个计数值,用来限制数据报在网络中的寿命。当数据报每经过一个路由器时,路由器就将该字段的值减1,一旦发现TTL=0,就将该数据报丢弃,并向源站点发回一个出错信息。可见,TTL设定了数据报在互联网上可以经过的最大路由器数。这样,就避免了数据报由于找不到目的站点(路由表不正确或目的站点不存在时都可能出现这种情况)而无休止地在网络上传播。

(7)协议(Protocol)

"协议"字段占8bits,指出此数据报携带的数据是使用何种高层协议,以便目的主机的IP层知道应将数据部分上交给哪个处理过程。比如,如果IP数据报携带的是TCP报文,则该字段的值为6,若携带的是UDP报文,则该字段的值为17。常用的一些协议和相应的协议字段值见表3.6。

表3.6　　　　　　　　常用的一些协议和相应的协议字段值

协议名	ICMP	IGMP	TCP	EGP	IGP	UDP	OSPF
协议字段值	1	2	6	8	9	17	89

(8)首部校验和(Header Checksum)

这个字段用于保证首部数据的完整性。校验和的计算是把首部看成一个16bits的整数序列,对每个整数分别计算其二进制反码,然后相加,再对结果计算一次二进制反码而求得。为了计算校验和,首先假定首部校验和字段为零。

IP软件只检验数据报的首部,而不包括数据部分。这是因为数据报每经过一个路由器,路由器都要重新计算一下首部校验和(一些字段,如生存时间、标志、片偏移等都可能发生变化),如将数据部分一起检验,计算工作量太大会增加路由器的处理时间。这样做的缺点是,如果数据区发生错误,在 IP 层不能被发现,因此,使用 IP 协议的上层协议必须增加对数据部分的校验机制(如 TCP 协议就是如此),否则就要冒未能发现已遭破坏的数据的风险。

(9) 源 IP 地址(Source IP Address)、目的 IP 地址(Destination IP Address)

这两个字段各占 4 字节,分别包含了数据报的(最初)发送方和(最终)接收方的 IP 地址。数据报可能经过许多中间路由器,但这两个字段的值始终不变。

(10) IP 选项(IP Options)

"IP 选项"字段是数据报首部的可变部分,用来支持排错、测量以及安全等措施,内容很丰富。此字段的长度可变,从 1 个字节到 40 个字节不等,取决于所选择的项目。某些选项项目只包括 1 个字节的选项代码,但有些选项需要多个字节,这些选项一个个拼接起来,中间不需要有分隔符,最后用全 0 的"填充(Padding)"字段补齐成为 4 字节的整数倍。

增加首部的可变部分是为了增加 IP 数据报的功能,但这同时也使得 IP 数据报的首部长度成为可变的,从而增加了每一个路由器处理数据报的开销。实际上这些选项很少被使用。新的 IP 版本 IPv6 就将 IP 数据报的首部定义成了固定长度。因此这里不再继续讨论这些选项的细节,有兴趣的读者可参阅[RFC791]。

3.5 IP 地址到 MAC 地址的映射

3.5.1 地址映射问题

从前面的学习已经知道,IP 数据报使用 IP 地址进行寻址,但 IP 数据报是需要封装到数据链路层帧中传输的,而在数据链路层使用的却是网络的物理地址,下层使用以太网时就是以太网的 MAC 地址。IP 地址可以从上层应用程序获得。现在的问题是,在数据链路层封装 MAC 帧时,目的 MAC 地址从哪里获知呢?TCP/IP 是使用地址解析协议 ARP(Address Resolution Protocol)来解决这一问题的。

ARP 协议设计的目标,是把物理地址隐藏起来,并且让高层程序只使用 IP 地址。但是,通信最终还是要由物理网络使用底层网络硬件提供的物理编址方案执行,因此,ARP 协议用来在广播式网络上实现从 IP 地址到 MAC 地址的映射。

3.5.2 ARP 的工作原理

1. ARP 的基本原理

考虑连接到同一物理网络的两台主机 A 和 B(参见图 3.9),物理地址分别为 MAC_A 和 MAC_B,给它们分配的 IP 地址分别是 IP_A 和 IP_B。假设主机 A 要把分组发送给主机 B,但是 A 只有 B 的网络地址 IP_B,那么,ARP 是怎样把 IP_B 映射到 B 的物理地址 MAC_B 上的呢?

ARP 是通过动态绑定进行映射的,工作原理如图 3.9 所示,其基本思想是:当主机 A 要映射 IP 地址 IP_B 时,就广播一个特殊的分组,称为 ARP 请求报文,以请求 IP 地址为 IP_B 的主机用物理地址 MAC_B 做出响应。同一个链路层广播域上的所有主机(包括 B 在内)都会接收到这个请求分组,但只有主机 B 识别它的 IP 地址,并向 A 发回一个包含其物理地址的应答报文。当 A 收到应答后,就用该物理地址把 IP 数据报直接发送给 B。

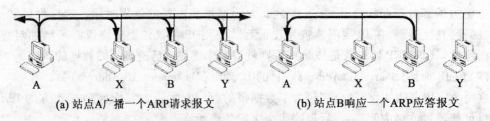

(a) 站点A广播一个ARP请求报文　　　　　(b) 站点B响应一个ARP应答报文

图 3.9　ARP 工作原理示意图

2. ARP 缓存

如果每发送一个 IP 分组就要在网络上广播一个 ARP 请求报文的话,网络将不堪重负,因此,为了降低通信费用,使用 ARP 的计算机都维护着一个高速缓存,这就是计算机上的 ARP 表,存放着最近获得的 IP 地址到物理地址的绑定。也就是说,当一台计算机发送一个 ARP 请求并接收到一个 ARP 应答时,就在高速缓存中保存 IP 地址及对应的物理地址,便于以后查询。当发送分组时,计算机在发送 ARP 请求之前总是先在缓存中寻找所需的绑定。如果计算机在 ARP 缓存中找到了所要的绑定,就不需要在网上广播。这样,当一个网络上的两台计算机进行通信时,先以 ARP 请求和应答开始,然后就会反复传送分组,后续分组的传送则不再需要为任何一方使用 ARP。由于大多数网络通信发送的分组不止一个,即使是小的缓存也能有效地减少 ARP 请求。

3. ARP 缓冲的超时机制

现在考虑如下的情况:假设有两台计算机 A 和 B 都连接到一个以太网上。A 已经发送了一个 ARP 请求,B 做出了应答。再假设应答后 B 出现故障,计算机 A 不会接到任何关于该故障的通告。问题是,由于在 A 的 ARP 缓存中已经有了 B 的地址绑定信息,A 将继续把分组发送给 B。也就是说,因为以太网并不为发送成功提供保证,从而以太网硬件没有提供 B 不在线的指示,这样,A 没有办法知道自己的 ARP 缓存中的信息什么时候变成错误的了。

为了适应网络状态的变化,ARP 使用了计时器机制,当计时器超时后则删除 ARP 缓冲中的记录。即当地址绑定信息放入 ARP 缓存时,协议需要设置一个计时器(典型的超时时间是 20 分钟),当计时器超时后,必须把信息删除。删除后有两种可能性:如果没有其他分组要发送到目的站,则计算机不用做任何事;如果有分组必须发送到目的站,并且在缓存中不存在绑定,计算机则遵循通常的过程广播一个 ARP 请求,如果目的站仍可达,将获得目的站的 MAC 信息,并再次把绑定放入 ARP 缓存,如果目的站不可达,发送方就会发现目的主机下线了。

4. ARP 的其他改进

ARP 协议还有如下几方面改进:

(1)当主机 A 向 B 发送 ARP 请求报文时,报文中也包含了 A 的 IP 地址和物理地址信息。这样,B 可以从请求报文中提取出 A 的信息,并保存在自己的 ARP 缓存中,然后再向 A 发送应答。这样,当 B 要向 A 发送数据时,就不需要用 ARP 请求 A 的物理地址了。

(2)当 A 广播它的首次请求时,网上所有主机都能接收到该请求,并且可以从中提取出 A 的 IP 地址到物理地址的绑定来更新自己的 ARP 缓存中的相应绑定内容。

(3)当一台计算机替换了自己的主机接口时(例如由于硬件故障更换了网卡),物理地址也就变了。此时,需要通知网络上的在 ARP 中存有该主机绑定的其他所有计算机,以便于它们修改相应的表项。因此,系统在启动时会发送一个 ARP 广播把新地址通知给其他主机。

使用 Windows 系统的主机,可以用命令 arp -a 来查看 ARP 缓冲中的当前内容。如果该计算机连接在一个局域网上,在系统刚启动和使用网络一段时间后运行这一命令,会发现看到的内容是不一样的(想一想这是为什么)。

3.5.3 ARP 报文及其封装

1. ARP 的报文格式

与大多数协议不同,ARP 报文没有固定格式的首部。为使 ARP 适用于多种网络技术,其地址字段的长度取决于网络类型。由于目前主要在以太网上使用 ARP,为了简化说明和便于理解,图 3.10 中示出了在以太网硬件(其物理地址为 6 字节长)上转换 IP 协议地址(4 字节长)时所用的 28 字节长的 ARP 报文。了解 ARP 的报文格式可以帮助进一步理解 ARP 的工作原理。

0	8	16	24	31
硬件类型		协议类型		
硬件地址长度	协议地址长度	操作		
发送方硬件地址(第 0~3 字节)				
发送方硬件地址(第 4~5 字节)		发送方 IP 地址(第 0~1 字节)		
发送方 IP 地址(第 2~3 字节)		目标硬件地址(第 0~1 字节)		
目标硬件地址(第 2~5 字节)				
目标 IP 地址(第 0~3 字节)				

图 3.10 以太网上 ARP 报文的格式

图 3.10 中 ARP 报文各字段的用途如下所示:

(1)"硬件类型(Hardware Type)"字段指明了发送方想知道的硬件接口类型。对于以太网,该类型的值为"1"。

(2)"协议类型(Protocol Type)"字段指明了发送方提供的高层协议地址类型。对于 IP 地址,这个值为 0x0806。

(3)"操作(Operation)"字段指明了报文的类型。比如,是 ARP 请求报文(值为 1)还是 ARP 响应报文(值为 2)。

(4)"硬件地址长度(Hardware Address Length)"字段和"协议地址长度(Protocol Address Length)"字段允许 ARP 用在任意网络中,因为它们指明了硬件地址和高层协议地址的长度。

(5)当发出 ARP 请求时,发送方会在"发送方硬件地址(Sender Hardware Address)"和"发送方 IP 地址(Sender IP)"字段中给出它的硬件地址和 IP 地址,而用"目标 IP 地址(Target IP)"字段指明要映射的目标 IP 地址。在目标主机响应之前,填入所缺的地址(目标硬件地址),交换目标和发送方地址对中数据的位置,并把"操作"字段改成应答类型值 2,由于这时已经知道请求方的 MAC 地址,因此,ARP 应答报文可以直接发给请求的主机(用单播,而不是广播)。一个应答报文携带了最初请求方的 IP 地址和硬件地址,以及所寻找主机的绑定 IP 地址和硬件地址。

2. ARP 的封装

当 ARP 报文从一台主机传输到另一台时,必须放入物理帧中传输,如图 3.11 所示,这和 IP 数据报类似。所谓"广播一个 ARP 请求",实际上就是在物理帧的目的地址字段使用广播地址,由此也可看出,ARP 只能工作在同一个链路层广播域上。

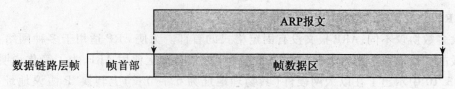

图 3.11　ARP 报文被封装在数据链路层帧中

3.5.4　ARP 在互联网上

ARP 是解决同一个链路层广播域上的主机或路由器的 IP 地址和硬件地址的映射问题的。如果目标主机和源主机不在同一个广播域上,那么就要通过 ARP 找到一个位于本局域网上的某个路由器接口的硬件地址,然后把分组发送给这个路由器,让这个路由器把分组转发给下一个网络。剩下的工作就交由下一个网络来完成。

观察如图 3.12 所示的互联网络。当站点 A 要发送数据给站点 C 时,在从源站到最终目的站的路径上,每一步都要执行地址映射。有两种情况:第一,在发送分组的最后一步,分组必须通过一个物理网络发送到它的最终目的站,转发分组的路由器(图中的 R3)必须把最终目的站 C 的 IP 地址映射到它的物理地址;第二,沿着从源站到目的站的路径,除了最后一步,在每一点都必须把分组发送到一个中间路由器,因此,发送方必须把中间路由器的 IP 地址映射到一个物理地址。例如,设网络 1 是以太网,站点 A 封装 MAC 帧时,首先需要使用 ARP 根据 A 上设置的"默认网关(Default Gateway)"地址找到路由器 R1 与网络 1 相连的接口 1 的物理地址,也就是说,A 发出的 MAC 帧的"目的地址"字段放的是 R1 上接口 1 的 MAC 地址,而不是主机 C 的 MAC 地址。但如果 A 要发送数据给 B,则 A 直接用 ARP 找到 B 的 MAC 地址并放在 MAC 帧的"目的地址"字段。

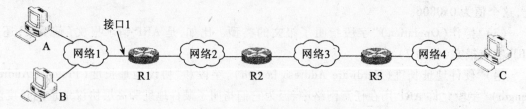

图 3.12　一个互联网络示意图

由以上可以知道,为什么我们使用互联网时,必须设置主机的"默认网关",且"默认网关"通常就是指本网络上负责向互联网转发分组的路由器(或充当路由器的其他设备或主机)接口的 IP 地址。

在网络管理中,经常需要在路由器或防火墙上使用 IP 地址与 MAC 地址绑定技术来限制 IP 地址的盗用。这里要说明的是,这种绑定只能在同一个链路层广播域上的路由器接口上实现。如在图 3.12 中,要将主机 A 的 IP 和 MAC 地址绑定,只能在路由器 R1 的接口 1 上进行设置,否则就会是无效的。

3.6 IP 路由

我们已经看到,所有互联网服务都使用网络层的无连接分组传输系统,而在 TCP/IP 互联网上传输的基本单元是 IP 数据报;在 IP 数据报由源到目的地的传递中,路由器起到了关键的作用。因此,本节阐述路由器如何转发 IP 数据报以及如何把它们交付到最终目的站。

3.6.1 IP 路由选择问题

1. IP 层互连与路由选择

在分组交换系统中,路由选择或选路(Routing)是指选择一条用于发送分组的路径的过程,路由器(Router)则是指做出这种选择的一台专用计算机。

路由选择发生在几个层上。例如,在一个广域网内,分组交换机之间有多个物理连接,从分组进入网络直到离开,都由网络自身负责分组的选路。这种内部选路是完全自包含在广域网内部的,外部的机器无法参与决策,它们仅仅把该网络看成一个传递分组的实体。当用广域网作为通信子网传递 IP 数据报时,IP 路由选择(IP Routing)则是发生在广域网分组交换机选路之上的,从 IP 层上看,就像路由器直接连在一起一样。如图 3.13(a)所示的互联网,在 IP 层看,其结构就好像图 3.13(b)一样(路由器之间的连线只是一种示意,实际连线要看路由器的具体配置),形成一个由路由器组成的虚拟网络。

IP 协议的目的就是要提供一个可包含多个物理网络的虚拟网络,并提供无连接的数据报交付服务。因此,我们将重点关注 IP 路由选择(IP Routing)(或 IP 选路),简称 IP 路由,也称 IP 转发(IP Forwarding)。用于决策选路的信息称为"IP 路由信息(IP Routing Information)"。与单个物理网络中的选路(如第 2 章中以太网交换机的转发机制)类似,IP 选路也是用于选择发送 IP 数据报的路径,但与之不同的是,IP 路由算法必须选择如何通过多个物理网络发送数据报。

为了完全理解 IP 的选路,我们必须回顾 TCP/IP 互联网的结构。首先,互联网由多个物理网络组成,这些物理网络通过称为路由器的若干个专用计算机相互连接起来。每个路由器与两个或更多的物理网络有直接的连接。与此相对比的是,主机通常只连接到一个物理网络(但也有直接与多个网络相连的多地址主机)。

主机和路由器都参与 IP 数据报的选路。当一个位于主机上的应用程序需要通信时,TCP/IP 协议将产生一个或多个 IP 数据报。当主机选择数据报发往何处时,必须进行最初的选路决策。例如,在如图 3.14 所示的网络中,即使主机只与一个网络相连接,也需要进行选路决策,该主机必须选择将数据报发给路由器 R1 还是 R2,因为每个路由器都提供通往某些目的站的最佳路径。不过,在大多数应用中,与主机连在同一个物理网络上的路由器通常只有一台。

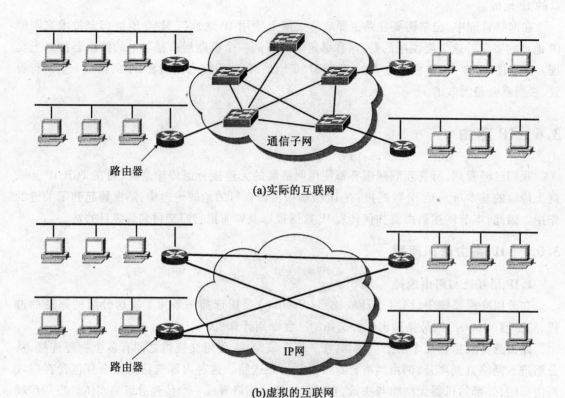

图 3.13 在 IP 层上看就像路由器直接连在一起

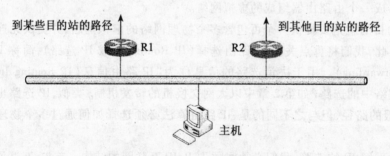

图 3.14 必须为数据报选路的单地址主机

2. 直接交付和间接交付

不严格地说,我们可以把 IP 数据报的转发分成两种形式:直接交付(Direct Delivery)和间接交付(Indirect Delivery)。直接交付是指在一个物理网络上把数据报从一台主机直接传输到另一台主机,这是所有互联网通信的基础。只有当两台主机同时连到同一底层物理传输系统时(如一个以太网),才能进行直接交付。当目的站不在一个直接连接的物理网络上时(严格地说是不在同一个数据链路层广播域时),就要进行间接交付,即强制要求发送方把数据报发给一个路由器进行交付。如图 3.15 所示,当 A 主机要发送数据报给 B 时,使用直接交付;而当 A 要发送数据报给 C 时,则需要使用间接交付,但在最后一站,由路由器 R3 交给 C 主机时是直接交付。

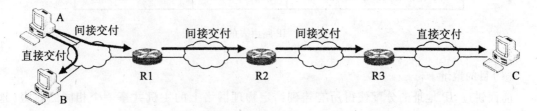

图 3.15　直接交付和间接交付

(1) 直接交付

同一物理网络上两台主机之间的 IP 数据报传输不涉及路由器。发送方把目的 IP 地址映射为一个物理硬件地址,然后把数据报封装在物理帧中,并把产生的帧直接发送到目的站。

发送方怎样知道目的站是否存在于同一个直接相连的网络上呢？测试方法很简单:我们知道 IP 地址被分成网络号和主机号两个部分,为了判断目的地是否在同一直接相连的网络上,发送方从目的 IP 地址中把网络部分抽取出来,并把它和自己 IP 地址中的网络部分进行比较,如果匹配则意味着数据报可以直接发送。

从互联网的角度来看,即使数据报要通过许多网络和中间路由器,把直接交付看成是任何数据报传输的最后一步是最简单的。在数据报从源站到目的站的路径上的最后一个路由器,将直接与目的站连接到同一物理网络上。因此,最后一个路由器将使用直接交付来交付数据报。我们可以把源站和目的站之间的直接交付看成一般意义的选路的一个特例。

(2) 间接交付

间接交付比直接交付要困难一些,因为发送方必须标识数据报要发送到的一个路由器,这个路由器必须能把数据报转发到它的目的网络。

观察图 3.15 中的主机 A 和主机 C。当主机 A 要向主机 C 发送时,它把数据报封装起来并把它发送到最近的路由器 R1 上。我们知道它肯定可以到达一个路由器,因为所有物理网络都是互连的,因此肯定有一台路由器连到每个网络上。这样,发送方主机可以用一个物理网络到达某个路由器。一旦帧到达该路由器,软件把封装的数据报提取出来,同时 IP 软件在通往目的地的路径上选择下一个路由器。数据报又被放在一个帧中并通过下一个物理网络传输到下一个路由器,依此类推,直到它能够被直接交付。

路由器如何知道把每个数据报发往何处呢？主机如何知道对于给定目的地究竟使用哪一个路由器呢？这就是 IP 路由软件要解决的问题,涉及三个方面:路由表、路由表的生成和如何依据路由表转发 IP 数据报。

3.6.2　IP 路由表

通常的 IP 路由选择算法使用每台机器中的一个 Internet 路由表(Internet Routing Table,也叫 IP 路由表),该表存储有关可能的目的站及怎样到达目的站的信息。因为主机和路由器都要路由数据报,所以它们都有 IP 路由表。主机或路由器中的 IP 路由软件需要传输数据报时,就查询路由表来决定把数据报发往何处。

1. 路由表的内容

IP 路由表包含的信息通常如图 3.16 所示。

目的地址(network destination)	掩码(netmask)	下一跳(next hop)

图 3.16 IP 路由表的内容

(1)目的地址

前面讲过,IP 地址的分配使得所有连到给定物理网络上的主机共享一个相同的前缀(地址的网络部分),因此,路由表中的目的地址仅需要包含网络前缀的信息而并不需要整个 IP 地址。使用目的地址的网络部分而不用完整的主机地址,使选路效率很高,同时也可以保持较小的路由表。更重要的是,它帮助隐藏了信息,把特定主机的信息限制到这些主机运行的本地环境内。

(2)下一跳

"下一跳"是到目的网络的路径上的下一跳路由器的 IP 地址。因此,路由器 R 中的路由表仅仅指定了从 R 到目的网络路径上的第一步,而路由器并不知道到目的地的完整路径。

路由表中每个表项指向一个可通过单个网络到达的路由器,理解这一点很重要。机器 M 的路由表中列出的所有路由器必须存在于 M 直接连接的网络上。当数据报准备好离开 M 时,IP 软件找到目的 IP 地址,并提取出网络部分。然后 M 使用网络部分进行路由决策;选择一个可直达的路由器。

(3)掩码

"掩码"的形式类似于子网掩码,指明了该表项要路由的数据报中目的 IP 地址应该与"目的地址"所指定地址中相同的二进制比特位数。在查找路由表时,路由软件提取要转发的 IP 数据报首部的目的 IP 地址,与此掩码进行二进制按位"与"运算,然后将结果与"目的地址"指定的地址比较,如果相同,则转发给"下一跳"指定的路由器。

【例】 图 3.17 示出了一个有助于解释路由表的具体例子。示例的互联网由 4 个网络组成,以 3 个路由器相互连接起来。图中给出了路由器 R2 所使用的路由表。因为 R2 直接连接到网络 20.0.0.0 和 30.0.0.0,所以它可以用直接交付发送到这两个网络中的任一台主机(可能使用 ARP 查找物理地址)。假定有一个数据报,其目的主机在网络 40.0.0.0 上,R2 则把它

路由器R2的路由表

目的地	掩码	下一跳
20.0.0.0	255.0.0.0	直接交付
30.0.0.0	255.0.0.0	直接交付
10.0.0.0	255.0.0.0	20.0.0.1
40.0.0.0	255.0.0.0	30.0.0.2

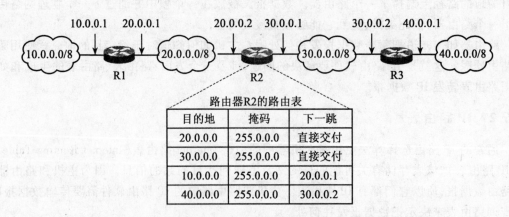

图 3.17 有 4 个网络和 3 个路由器的互联网中路由器 R2 的路由表

转发到地址为 30.0.0.2 的路由器 R3，R3 再直接交付数据报。R2 可以到达地址 30.0.0.2 是因为 R2 和 R3 都直接连到网络 30.0.0.0 上。

从图 3.17 中可以看出，路由表的大小取决于互联网中网络的数量，它仅在添加新网络时才增大。表的大小和内容与连到网络上的主机数量无关。也就是说，为了隐藏信息、保持路由表较小，并使路由决策效率高，IP 路由软件仅仅维护有关目的网络地址的信息，而与单个主机的地址信息无关。

2. 默认路由

用来隐藏信息、保持路由表较小的另一种技术是把多个表项统一到默认情况。其思路是：让 IP 路由软件首先在路由表中查找目的网络，如果表中没有匹配的表项，则路由进程把数据报发给一个默认路由器。使用默认路由时，上例中 R1 和 R3 的路由表如图 3.18 所示。

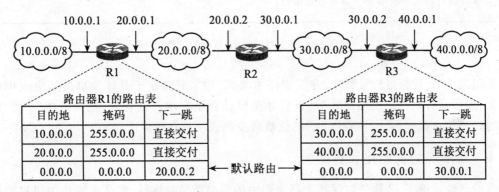

图 3.18 使用默认路由的路由表

当一个网点的本地地址集很小，并且只有一个到互联网的连接时，默认路由尤其有用。例如，对于连到单一物理网络并只通过惟一路由器连到互联网的主机，默认路由就能很好地发挥作用（我们在主机上设置的默认网关就是默认路由）。

3. 特定于具体主机的路由

尽管我们说所有的选路是基于网络而不是基于单个主机的，但是多数 IP 路由软件允许作为特例指定某个主机的路由。指定主机的路由使本地网络管理员对网络的使用有更多的控制，允许对它进行测试，并且也可以用于安全访问的控制。在调试网络连接或路由表时，为单个主机指定一个特殊路由的能力尤其有用。

指定单个主机的路由时，"目的地址"用主机的 IP 地址，"掩码"用"255.255.255.255"（注意不是用主机所在 IP 网络的掩码）。

在 Windows 系统上，可以用命令 route print 来查看主机上的路由表。与其他参数配合，route 命令还可以增加、删除和修改主机的路由表。具体参见操作系统的帮助系统。

3.6.3 IP 数据报转发算法

把前面所述的各种情况都考虑在内，路由软件转发 IP 数据报的算法如图 3.19 所示。

```
从数据报中提取出目的 IP 地址 $IP_D$；
if $IP_D$ 的前缀匹配某直接相连的网络的地址
    then 通过该网络把该数据报发送到目的站(包括把 $IP_D$ 转换成物理地址、封装数据报及发送该
    帧。)
    else
        for 路由表中的每一项 do
            N = $IP_D$ 逐比特与掩码相"与"
            If N 等于表项中的目的地址字段
                then 将本数据报发往表项中下一跳地址所指定的路由器
            end for
if 没有找到匹配的表项 then 宣布选路出错；
```

图 3.19 路由器转发 IP 数据报的算法

鉴于以上 IP 数据报转发算法,在配置路由表时,通常将特定于具体主机的路由表项放在最前面,然后是针对网络的路由表项,最后才是默认路由表项。或者说,把掩码中"1"的位数最多的表项放在最前面,而掩码中"1"的位数最少的表项放在最后面。

3.6.4 路由表的初始化和更新

我们已经讨论了 IP 软件如何基于路由表中的内容转发数据报,那么系统是如何初始化路由表或当网络改变时如何更新路由表的呢?

建立和修改路由表有如下两种方法:
- 一是手工配置,这样建立的路由表是静态的,当网络结构发生改变时,必须重新配置路由表;
- 另一种就是通过路由选择协议自动生成路由表,这样生成的路由表是随网络结构动态变化的,即当网络结构发生变化时,路由表经过一定收敛时间会自动更新。

用于自动生成路由表的路由选择协议常用的有 RIP、OSPF、BGP 等,本书对此将不展开讨论,有兴趣的读者请参阅参考文献[2]。

3.6.5 IP 层互连设备及其地址分配

1. IP 层互连设备

目前,实现 IP 层互连有三种方式:路由器、第三层交换机和多接口主机(软件路由)。可见,前面讲到的路由器只是其中的一种。

路由器就是传统的多协议路由器,是一种工作在第三层(网络层)的专用计算机,可以根据网络层地址转发数据报,并且支持动态路由选择协议。这种设备除了可以支持 IP 数据报转发外,还可以支持其他一些网络层协议,并可以实现不同物理网络(如局域网和广域网)之间的互连。到目前为止,路由器仍然是 Internet 上实现网间互连的关键设备。

第三层交换机是近年发展起来的可以实现 IP 数据报转发的以太网交换机,支持基本的 IP 路由协议。与路由器不同的是,第三层交换机只能连接以太网和以太网,而不能用于以太网和广域网通信子网的连接,并且只支持 IP 协议。路由器追求的是功能强大,而第三层交换机追

求的是转发速率高,因此,路由器多用于局域网和广域网的互连及大型网络的骨干网,而第三层交换机多用于大型局域网。

此外,任何有多个网络连接的计算机都可以作为路由器,正如我们看到的,运行 TCP/IP 的多地址主机具有路由选择所需的所有软件。因此,没有独立路由器的网点,使用一般用途的计算机也可以实现 IP 路由功能。但是,TCP/IP 标准明确规定了主机与路由器的功能之间的区别,因此,没有明确指出时,我们将把主机和路由器区别开来,并假定主机并不完成路由器把分组从一个网络传输到另一个网络的功能。这种软路由的功能比较单一,通常用于小型网络的出口连接上。

2. 给接口而不是主机分配 IP 地址

不管用哪种方式实现 IP 层互连,通常都有两个或两个以上网络接口,分别连接到不同的 IP 网络(或子网)上。需要进一步明确的是,路由器的每一个接口都必须被分配给一个独立的 IP 地址,且该地址必须属于所连接的 IP 网络(子网)。可见,在 TCP/IP 网络中,IP 地址并不是分配给主机的,而是分配给连接的。

3.7 TCP/IP 的传输层

前几节讲解了 TCP/IP 模型中 IP 层的主要内容,说明了 IP 层能够提供在主机之间传输数据报的能力,每个数据报根据其目的主机的 IP 地址来进行互联网中的选路。在 IP 层中,目的地址等同于一个主机,而没有对接收这个数据报的应用程序进行更细致的标识;此外,IP 层也没有对数据区的内容进行差错检验(IP 数据报只对首部求校验和)。在 TCP/IP 模型中,这些问题都是由传输层协议来完成的。

传输层(Transport Layer)是整个网络体系结构中的重要层次之一。TCP/IP 模型的传输层包括了两个协议:UDP(User Datagram Protocol,用户数据报协议)和 TCP(Transmission Control Protocol,传输控制协议)。这两个协议向应用层提供了两种不同的服务:UDP 提供无连接的数据报交付服务,而 TCP 提供面向连接的可靠的数据流服务。这样,不同的应用程序可以根据需要选择传输层使用的协议。

本节讲解传输层的主要内容,特别是传输层中增加的协议端口机制。在计算机网络应用中,协议端口的概念极为重要。

3.7.1 确定最终目的地——协议端口

TCP/IP 传输层要解决的一个重要问题是:将接收的数据正确地交付到目的进程。这是通过在传输层增加协议端口机制实现的。协议端口使得在给定的主机上能识别多个目的进程,允许多个应用程序运行于同一台主机上并独立地进行数据报的收发。

目前的计算机操作系统都是多任务操作系统,即允许多个应用程序同时执行,每个正在运行的程序都会产生一个或更多进程(Process)。因此,两个主机通信实际上是主机中的应用进程之间互相通信。这就产生了一个问题:主机如何将接收的数据正确地交付到目的进程?

回顾一下前几节讲解的 TCP/IP 模型中 IP 层的内容,可以知道 IP 协议只能把分组送到目的主机,但无法交付给主机中的某应用进程,因为 IP 地址只能标识一个主机,不标识应用进程,而 IP 数据报中又没有其他标识目的进程的机制。

很自然地,人们会想到,每个进程可以看做一条报文的最终目的地。但是,把一个特定主机上运行的特定进程当做某个数据报的最终目的地技术上较为困难:首先,进程的生成和销毁都是动态的,发送者难以了解其他主机上进程的具体情况;其次,我们希望能够在不通知所有发送者的前提下改换接收数据报的进程(例如重新启动计算机之后,所有的进程都改变了,而发送方对新进程并不知道);还有,我们需要从接收方所实现的功能来识别目的地,而不需要知道实现这个功能的进程(例如,允许发送者与一个文件服务器通信而不必知道这个目的机上到底由哪个进程来实现文件服务功能)。最重要的是,在那些允许由一个进程完成多个功能的系统中,我们一定要让进程能够知道发送方到底要求何种功能服务。

因此,TCP/IP没有把进程看做通信的最终目的地,而是把每台主机上的进程看做是一系列抽象的目的点,称为协议端口(Protocol Port)。每个协议端口由一个正整数标识。本地的操作系统提供了一个接口机制,进程通过它来指定并接入到协议端口。

在讲解计算机网络体系结构时我们曾说过,数据链路层及以上各层都有该层协议使用的地址。简单地理解,就像IP协议使用IP地址寻址一样,UDP和TCP协议是通过协议端口来寻址的,或者说,协议端口可以认为是传输层的地址,就像IP地址是网络层的地址一样。

多数操作系统提供对端口的同步接入能力。从特定进程的角度来看,同步接入意味着在端口接入操作期间会停止计算的运行。例如,如果一个进程试图在数据到达某端口前从该端口提取数据,则操作系统会暂时停止(阻塞)进程,直到数据到达。一旦数据到来,操作系统就把数据传给这个进程并激活它。通常各端口都有缓冲区,在进程做好接收准备以前到来的数据,就会进入缓冲区而不会丢失。为了实现缓冲,操作系统中的协议软件将对应于某个特定端口的分组放入一个(有限)队列,进程需要数据时就从这个队列中提取。

为了能够与外部端口通信,发送方不仅要知道目的主机的IP地址,还要知道该主机内的协议端口号。每个报文必须带有目的主机上的目的端口(Destination Port)号,同时还要带有源主机自身的源端口(Source Port)号,应答将会发到这个地址。这样,接收到报文的进程就可以应答发送方。

3.7.2 UDP协议

UDP提供和IP一样的不可靠、无连接数据报交付服务。UDP的主要功能是增加了对给定主机上的多个目的进程进行区别和对数据区内容进行校验的能力。

1. UDP的报文格式

我们说过,一种协议的功能如何,与其报文包含的内容直接相关,因此,让我们首先看一下UDP的报文格式。

每个UDP报文称为一个用户数据报(User Datagram)。从概念上讲,用户数据报分为两个部分:UDP首部和UDP数据区,如图3.20所示。首部包含四个16比特的字段,分别说明了报文是从哪个端口来、到哪个端口去、报文的长度以及UDP校验和。

"源端口(Source Port)"字段和"目的端口(Destination Port)"字段包含了16比特的UDP协议端口号,以便在各个等待接收报文的进程之间对数据报进行传递。其中"源端口"字段是可选的,若选用,则指定应答报文应该发往的目的端口;若不选用,其值应该为零。

"长度(Length)"字段记录了该UDP数据报的字节数,这个长度包括了UDP首部和用户数据区。因此,长度字段的最小值是8(即首部的长度)。

UDP的"校验和(Checksum)"字段是可选的,如果该字段值为零就说明不进行校验。设计者把这个字段作为可选项的目的,是为了在那些高可靠性的局域网上使用UDP的实现者能够

0	16	31
源端口	目的端口	
报文长度	校验和	
数据区		

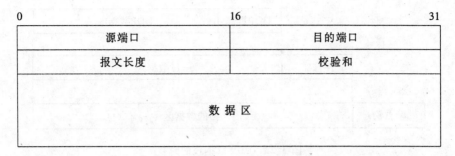

图 3.20 UDP 数据报的格式

尽量减少开销。但是,前面讲过,IP 协议对 IP 数据报中的数据部分并不计算校验和,所以 UDP 的校验和字段提供了惟一的途径来保证数据的正确性,因此使用这个字段是很有必要的。实际上,UDP 校验和覆盖的内容超出了 UDP 数据报本身的范围,计算校验和时还包括了一个伪首部,对此本书不再展开讲解。

从 UDP 的报文格式可以看出,UDP 是一个非常简单的协议,它没有使用确认来确保报文到达,没有对传入的报文排序,也不提供反馈信息来控制主机之间信息流动的速度,即 UDP 没有流量控制机制。因此,UDP 报文可能会出现丢失、重复或乱序到达的现象,而且,分组到达的速率可能大于接收进程能够处理的速率。使用 UDP 的应用程序要承担可靠性方面的全部工作,包括处理报文的丢失、重复、延时、乱序以及连接失效等问题。遗憾的是,应用程序员在编制程序时常常忽略了这些问题。此外,由于程序员常常在可靠性好、传输时延小的局域网上进行网络软件的测试,所以潜在的故障问题难以暴露出来。因而许多基于 UDP 的应用程序在局域网上工作得很好,而在大型的 TCP/IP 互联网上运行时却会出现各种错误。正因为如此,目前互联网上使用 UDP 协议的应用并不多。

2. UDP 的封装

在 TCP/IP 层次结构模型中,UDP 位于 IP 层之上。从概念上讲,应用程序访问 UDP 层,然后使用 IP 层来收发数据报,如图 3.21 所示。

应用
用户数据报协议(UDP)
Internet 协议(IP)
物理网络

图 3.21 UDP 的概念性层次

将 UDP 层放到 IP 层之上意味着一个包括 UDP 首部和数据的完整 UDP 报文,在互联网中传输时要封装到 IP 数据报中,图 3.22 给出了示意图。即为了在互联网中传输,需要把 UDP 数据报封装到 IP 数据报中,而 IP 数据报在具体的网络上传输时又被进一步封装成帧。

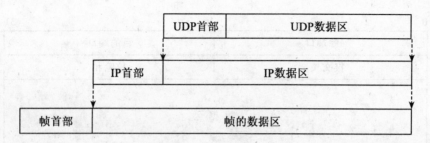

图 3.22　UDP 数据报的封装

封装意味着 UDP 给用户要发送的数据加上一个首部,然后再交给 IP 层。IP 层又给从 UDP 层接收到的数据加上一个首部。最后,网络接口层把数据报封装到一个物理网络的帧里,再进行主机之间的发送。帧的结构根据底层的网络技术来确定,通常网络帧结构包括一个附加的首部。

在接收端,最底层的网络软件接收到一个分组后把它提交给上一层模块。每一层都在向上送交数据之前剥去本层的首部,因此,当最高层的协议软件把数据送到相应的接收进程的时候,所有附加的首部都被剥去了。也就是说,最外层的首部对应的是最底层的协议,而最内层的首部对应的是最高层的协议。研究首部的生成与剥除时,可从协议的分层原则得到启发。当我们把分层原则具体地应用于 UDP 协议时,可以清楚地知道目的机上的由 IP 层送交 UDP 层的数据报就等同于发送机上的 UDP 层交给 IP 层的数据报。同样地,接收方的 UDP 层上交给用户进程的数据也就是发送方的用户进程送到 UDP 层的数据。

在多层协议之间,职责的划分是清楚而明确的:IP 层只负责在互联网上的一对主机之间进行数据传输,而 UDP 层只负责区分一台主机上的多个源端口或目的端口。因此,只有 IP 层的首部指明了源主机和目的主机的地址;只有 UDP 层指明了主机上的源端口或目的端口。

3. 基于端口的多路复用和多路分解

UDP 软件提供了多路复用和多路分解的一个例子。它接收多个应用程序送来的数据报,把它们送给 IP 层进行传输,同时它接收从 IP 层送来的 UDP 数据报,并把它们送给适当的应用程序。

从概念上来说,UDP 软件与应用程序之间所有的多路复用和多路分解都要通过端口机制来实现。实际上,每个应用程序在发送数据报之前必须与操作系统进行协商,以获得协议端口和相应的端口号。当指定了端口之后,凡是利用这个端口发送数据报的应用程序都要把端口号放入 UDP 报文的"源端口"字段中。在处理输入时,UDP 从 IP 层软件接收到传入的数据报,根据 UDP 的目的端口号进行多路分解操作,如图 3.23 所示。

理解 UDP 端口的最简单的方式是把它看成是一个队列。在大多数实现中,当应用程序与操作系统协商,试图使用某个给定端口时,操作系统就创建一个内部队列来容纳收到的报文。通常应用程序可以指定和修改这个队列的长度。当 UDP 收到数据报时,先检查当前使用的端口是否就是该数据报的目的端口。如果不能匹配,则向源站点发送一个"端口不可达(Port Unreachable)"的差错控制报文,并丢弃这个数据报。如果匹配,它就把这个数据报送到相应的队列中,等待应用程序的访问。当然,如果队列已满也会出错,UDP 也要丢弃传入的数据报。

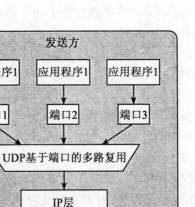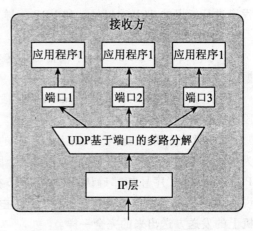

图 3.23　端口的作用——多路复用与多路分解

3.7.3　TCP 协议

TCP(传输控制协议)是 TCP/IP 模型传输层的另一个协议,也是更为重要的一个协议,它能够向应用层提供面向连接的、可靠的数据流交付服务。TCP 增加了许多有价值的功能,这使得 TCP 较 UDP 复杂得多。

1. TCP 报文段的格式

两台主机上的 TCP 软件之间传输的数据单元叫"报文段(Segment)"。TCP 报文段的格式如图 3.24 所示,其中包括一个 TCP 首部以及数据部分。和 UDP 一样,数据区用于封装应用程序交来的数据。下面将简要给出 TCP 报文段首部各字段的含义,使读者对 TCP 有一个概要的了解,要完全理解各字段的含义,还需参考其他文献。

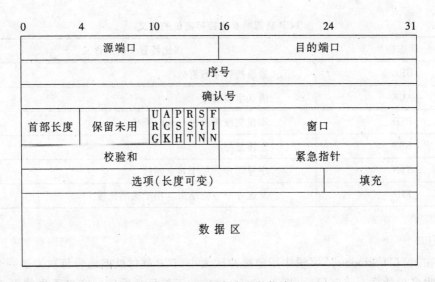

图 3.24　TCP 报文段的格式

(1) 源端口和目的端口

"源端口(Source Port)"和"目的端口(Destination Port)"字段包含了相互通信的两端对应用程序进行标识的 TCP 端口号。和 UDP 一样,各占 16 比特。

(2) 序号和确认号

"序号(Sequence Number)"字段指出了这个报文段在发送方的数据字节流中的位置,使得数据能够按序交付且不会被重复交付。

"确认号(Acknowledgement Number)"字段指出了本机希望接收的下一个字节的序号。该字段用以保障数据不会丢失。

TCP 把要传送的数据当做八位组或字节的序列,称为字节流,并对每一个字节进行编号;而为了便于传输又把这个序列划分成若干个段(Segment),加上 TCP 首部构成 TCP 报文段。TCP 报文段中的"序号"和"确认号"均指字节在流中的位置,而不是报文段的序号。因此,我们说 TCP 提供的是数据流交付服务,在目的主机上运行的 TCP 软件传给接收方的字节流与源主机上的发送方送出来的完全一样。

注意,"序号"字段的值指的是该报文段流向上的数据流,即发送序号,而"确认号"字段指的是与该报文段相反流向上的数据流。这种确认方式称为捎带确认。

(3) 首部长度

"首部长度(Hlen)"字段是一个以 32 比特为单位的首部长度值。之所以需要这个字段是因为"选项(Options)"字段的长度根据包含的内容不同而不同。也就是说,TCP 报文段的长度随着所选择的选项而变化。

(4) 保留

6 比特的"保留(Reserved)"字段是为将来的应用而保留未用的。

(5) 标志位

有些报文段是用于传输数据的,但也有某些报文段仅仅携带了确认信息,另有一些报文段携带的是建立或关闭连接的请求。TCP 软件使用 6 比特的标志位来指出报文段的目的和内容。这 6 比特给出了对首部中其他有关字段的解释,具体含义见表 3.7。

表 3.7　　　　　　　　TCP 首部的 6 比特标志位的含义

标志位	该比特置 1 时的含义
URG	紧急指针字段有效
ACK	确认字段有效
PSH	本报文段请求推(push)操作
RST	连接复位
SYN	序号同步。用于建立连接
FIN	发送方字节流结束。用于关闭连接

(6) 窗口

通过在"窗口(Window)"字段中指定缓冲区大小,TCP 软件就能通告每次发送一个报文段时希望接收多少数据。该字段给出了一个 16 比特的无符号整数值。窗口通告使得 TCP 能够实现流量控制。

(7) 校验和

"校验和(Checksum)"字段检验的范围包括首部和数据区两个部分,并且,计算校验和时还增加了一个伪首部,这和 UDP 是一样的。

(8) 紧急指针

"URG 比特"置 1 时,"紧急指针(Urgent Pointer)"指出了紧急数据在报文段中的结束位置。虽然 TCP 是一个面向数据流的协议,有时在连接的一端的应用程序却希望不必等待另一端处理完毕数据流上的八位组就能发送数据。例如,当 TCP 用于远程登录会话服务时,用户可能要从键盘上发送几个字符来中断或退出在另一端运行的程序。远程主机上的程序出现错误时就迫切需要这些信号,因此这种信号必须立即发送出去。为了适应这类信号的发送,TCP 允许发送方把数据指定为紧急的(Urgent),这意味着接收方收到这样的数据之后要尽快地通知相应的程序,而不必顾及紧急数据在数据流中的位置。协议规定,当紧急数据到达时,接收方的 TCP 软件必须通知相应的应用程序进入"紧急模式"。当所有的紧急数据消失之后,TCP 软件告诉应用程序恢复正常操作状态。

(9) 选项和填充

"选项(Options)"字段的长度是可变的。当"选项"字段的长度不是 32 比特的整数倍时,用"填充(Padding)"字段补足。

TCP 只规定了一种选项:最大报文段长度(Maximum Segment Size,MSS)。所有的报文段是以不同的长度在一个连接上传输的。因此一个连接的两端必须协商一个最大段长度值。TCP 使用选项字段来和另一端的 TCP 软件进行协商,TCP 软件使用一个选项来指定本端所能接收的报文段长度的最大值。例如,一个嵌入式系统仅仅具有几百个字节的缓冲空间,但却要与一个高性能计算机进行通信,它就可以协商一个 MSS 来限定报文段的大小,使之能放入缓冲区中。

总之,TCP 报文段首部比 UDP 要复杂得多,除了标识应用进程的"源端口"和"目的端口"字段外,还增加了其他标识和控制信息,这些信息使得 TCP 能够建立和关闭连接、按序传输、进行确认、实现流量控制以及其他一些控制。这使得 TCP 的实现也较 UDP 复杂得多。

2. TCP 连接的建立、关闭与复位

(1) 主动打开和被动打开

TCP 是一个面向连接的协议,这和 UDP 是不一样的,它需要两个端点都同意参与才能进行通信。这就是说,在 TCP 开始进行互联网通信之前,连接两端的应用程序必须先建立连接。为此,在发起连接的一端,应用程序必须使用"主动打开(Active Open)"请求来告诉操作系统要建立一个连接,这时操作系统为连接的这一端赋予一个 TCP 端口号;在连接的另一端,应用程序要通知操作系统,希望接受一个传入的连接,这就是所谓的"被动打开(Passive Open)";这两个 TCP 软件模块再进行通信来完成建立一个连接。连接建立之后,应用程序开始传输数据,连接两端的 TCP 软件模块进行报文交换,以确保可靠的交付服务。数据传输完毕,还必须关闭连接,以释放占用的系统资源。

通常,主动发起连接建立的应用进程叫做客户(Client),而被动等待连接请求传入的应用进程叫做服务器(Server)。这就是典型的"客户/服务器(Client/Server)"工作方式(参见下一节)实例。服务器进程必须事先处于运行状态,并公布监听(Listen)的 TCP 端口号,当客户进程请求建立连接时,用此 TCP 端口号作为请求建立连接的 TCP 报文段的目的端口号。

(2) 建立一个 TCP 连接

TCP 使用三次握手(Three-way Handshake)来建立连接。在最简单的情况下,握手过程如

图 3.25 所示,图中向下表示时间的进展,斜线表示网点之间传输的报文段。

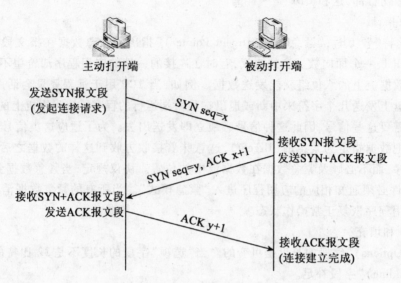

图 3.25　TCP 建立连接的三次握手过程

握手的第一个报文段可以通过 SYN 比特置 1 来识别。第二个报文段的 SYN 和 ACK 比特均置为 1,指出这是对第一个 SYN 报文段的确认并继续握手操作。SYN 报文段携带初始序号信息,图中的 x 表示从主动打开端到被动打开端流向上的初始序号,而 y 表示反方向(从被动打开端到主动打开端)流上的初始序号。最后一个握手报文仅仅是一个确认信息,通知目的主机已成功建立了双方所同意的这个连接。

通常运行在一台主机上的 TCP 软件(服务器)被动地等待握手,而另一台主机上的 TCP 软件(客户机)则发起连接。但是,握手协议被精心设计成双方同时试图建立连接时也能正常工作。因此连接可以由任一方或双方发起。一旦建立了连接,数据就可以双向对等地流动,而没有主从关系。

三次握手协议是连接的两端正确同步的充要条件。这是因为 TCP 建立在不可靠的分组交付服务(IP 服务)之上,报文可能出现丢失、延迟、重复和乱序的情况。协议通过使用超时机制,重传丢失的建立连接请求报文。由于重传的连接请求和原先的连接请求在连接正在建立时可能同时到达,或是当一个连接已经建立、使用和结束之后,某个被延迟的连接请求才到达,因此,三次握手协议还规定:在连接建立之后 TCP 就不再理睬又一次的连接请求。这样,TCP 通过三次握手过程,就很好地解决了上述问题。

(3) 关于初始序号

三次握手协议完成两个重要的功能:一方面确保连接双方做好传输数据的准备(而且它们知道双方都准备好了),另一方面使得双方统一了初始序号。在握手期间传输初始序号并获得确认。每个主机随机地选择一个初始序号,用它来分辨字节在传输流中的位置。而且,TCP 不能用 1 作为每次连接建立时的初始序号,否则就会出现麻烦(请读者想一想为什么)。所以双方要对各自的初始序号进行协商。

每个报文段包括了序号字段和确认字段,这使得两台主机仅仅使用三个握手报文就能协商好各自的数据流序号。发起握手的主机 A 把自己的初始序号 x 放到三次握手协议的第一个报文,即 SYN 报文段中,送到主机 B。主机 B 收到 SYN 后,记下这个序号值,然后把自己的初始序号值 y 放到对 A 的确认报文的序号字段里,同时表明 B 等待接收第 x+1 号字节。在最后的握手报文中,A 知道了要从第 y 号字节起接收 B 的数据流。在所有情况下,确认的含义都是希望收到下一个字节的编号。

TCP 通常通过交换包含最少量信息的报文段来实现三次握手。从协议的设计来讲,可以把数据连同初始序号放到握手所用的报文段中传输。在这种情况下,TCP 软件会保留这些数据直至握手完成。在连接建立之后,TCP 软件把保留的这些数据释放出来并迅速地递交给等待的应用程序。

(4) 关闭一个 TCP 连接

使用 TCP 通信的两个程序可以使用关闭操作来结束会话。TCP 使用改进的三次握手来关闭连接。TCP 连接是"全双工"的,可以看做两个不同方向数据流的独立传输。当一个应用程序通知 TCP 数据已发送完毕时,TCP 将单向地关闭这个连接。为了关闭自己一方的连接,发送方的 TCP 发送完剩下的数据之后等待确认,然后再发送一个将标志位 FIN 比特置 1 的报文段。接收方的 TCP 软件对 FIN 报文段进行确认,并通知本端的应用程序:整个通信已结束,后面再也没有数据了。

一旦在某一方向上的连接已关闭,TCP 就拒绝该方向上的数据。这时,在相反方向上,发送方还可以继续发送数据,直到发送方关闭连接。当然,尽管连接已经关闭,确认信息还是会反馈给发送方。当连接的两个方向都已关闭后,该连接的两个端点的 TCP 软件就会删除这个连接的记录。

图 3.26 描述了上述过程。

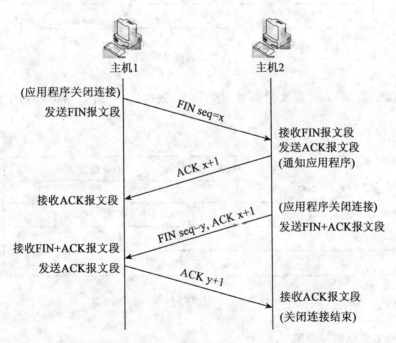

图 3.26 TCP 关闭连接的改进的三次握手操作

用于建立连接和关闭连接的三次握手操作的不同之处在于收到第一个 FIN 报文段之后的

动作。关闭连接时,TCP不是立即发送第二个FIN报文段,而是先发送一个确认,并通知相应的应用程序:对方要求关闭连接。由于通知应用程序并获得反馈信息需要一定的时间(这是因为可能涉及人机交互操作),因此,为了防止对方重传原先的FIN报文段,就先发送一个确认。最后,应用程序指示TCP软件彻底关闭这个连接,于是TCP软件发送第二个FIN报文段,而发起关闭的主机回送最后一个报文段,即确认报文段ACK。

(5) TCP连接的复位

在正常情况下,应用程序使用完连接之后才使用关闭操作来结束一个连接,因而关闭操作可以看成正常使用的一部分,类似于关闭文件操作。有时会出现异常情况使得应用程序或网络软件要中断这个连接。TCP为这种异常的中断连接操作提供了复位措施。

要将连接复位时,发起端送出一个报文段,其标志位RST比特置1。另一端对该报文段的反应是立即退出连接。TCP要通知应用程序出现了连接复位操作。复位是即时的退出,即连接两方立即停止传输,立即释放该传输所用的缓冲区之类的资源。

3. TCP的概念层次与封装

与UDP类似,TCP在协议层次的结构中位于IP层之上,图3.27示出了概念性组织结构。也就是说,TCP和UDP在概念层次结构中都高于IP层,TCP提供可靠的数据流服务,UDP提供不可靠的数据报交付服务,应用程序根据需要选择使用这两种服务之一。

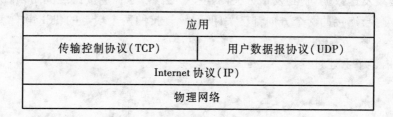

图3.27 TCP的概念性层次

同样与UDP类似,TCP报文段是被封装到IP数据报,再封装到物理帧中传输的,如图3.28所示。

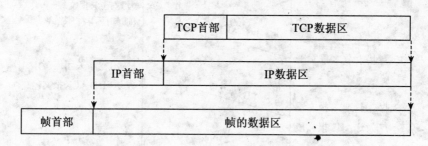

图3.28 TCP报文段的封装

4. TCP的多路复用与分解

与UDP一样,TCP使用了协议端口号来标识一台主机上的多个目的进程,允许一台主机上的多个应用程序同时进行通信,接收端能将接收到的数据针对多个应用程序进行多路分解操作,每个端口都被赋予一个小的整数以便识别。这里不再赘述。

3.7.4 协议端口的分配与熟知端口(Well-known Ports)

该如何分配协议端口号呢？这个问题非常重要,因为两台计算机之间在交互操作之前必须确认一个端口号。例如,A 机希望从 B 机那里获得一个文件,它就需要知道 B 机上的文件传输程序所使用的端口号。

端口分配有如下两种基本方式:

- 第一种是使用中央管理机构,大家都同意让一个管理机构根据需要分配端口号,并发布分配的所有端口号的列表。所有的软件在设计时都要遵从这个列表。这种方式又称为"统一分配(Universal Assignment)"。
- 第二种端口分配方式是"动态绑定(Dynamic Binding)"。在使用动态绑定时,端口并非为所有的主机知晓。当一个应用程序需要使用端口时,网络软件就指定一个端口。为了知道另一台主机上的当前端口号,就必须送出一个请求报文,提出类似于"当前的文件传输服务所使用的端口号是什么?"的问题,然后目的主机进行回答,把正确的端口号送回来。

TCP/IP 的设计者们采纳了一种混合方式对端口号进行管理:统一分配了某些端口号,但为本地网点和应用程序留下了很大的端口取值范围。已分配的端口号从较低的值开始向上扩展,较高的值留待进行动态分配。

被管理机构指定的端口称为熟知端口(Well-known Ports),数值一般在 0～1 023 之间,用于常用的服务器应用程序。大于 1 023 的端口号称为一般端口,用来随时分配给请求通信的客户程序。表 3.8 示出了分配给一些常用应用程序的熟知端口号及各应用程序使用的传输层协议。

表3.8 常用应用程序的熟知端口号

应用程序	熟知端口	传输层协议	服务功能描述
FTP	21	TCP	文件传输服务
TELNET	23	TCP	远程登录服务
SMTP	25	TCP	简单邮件传输服务
DNS	53	TCP/UDP	域名服务
TFTP	69	UDP	简单文件传输服务
HTTP	80	TCP	超文本传输服务
POP3	110	TCP	邮局协议
SNMP	161	UDP	简单网络管理协议

需要指出的是,TCP 和 UDP 的端口号是独立的,使用 TCP 协议的应用程序和使用 UDP 协议的应用程序可以使用相同的端口号而不会互相干扰。通常,设计者倾向于对 TCP 和 UDP 都能提供的服务功能指定相同的端口号,例如,域名服务在传输层既可使用 TCP 也可使用 UDP,在这两个协议中,53 号端口都被保留用于提供域名服务功能。

3.8 域名系统(DNS)

对于一般用户,IP 地址是难以记忆和理解的,因而,TCP/IP 提供了一种易于记忆的字符型主机命名机制,这就是域名(Domain Name),它是一种更高级的地址形式。本节简要阐述域名的命名和管理机制、Internet 的域名系统、域名与 IP 地址之间的映射等问题。

域名系统(Domain Name System,DNS)是 Internet 为用户提供的一种服务。Internet 提供了多种类型的应用服务,例如 E-mail、FTP、Telnet、WWW 等,尽管各种服务在功能和使用上有着明显的差别,但它们都遵循着同一种工作模式,那就是"客户机/服务器(Client/Server)"方式。因此,本节首先对这种模式的工作机制进行阐述。

3.8.1 客户机/服务器工作模式

在 Internet 中,任何提供服务的一方称为服务器(Server),而访问该项服务的另一方称为客户机或客户(Client)。例如,用户通过 Telnet 使用远程计算机上的资源,或是通过 E-mail 程序发送电子邮件,都是建立了客户机与服务器之间的通信关系。

作为客户机要运行相应的客户端软件,同样地,服务器也必须运行服务器程序。与客户端不同的是,服务器由于提供服务的需要,必须时刻准备好接收客户端发来的请求,因此,作为服务器的计算机及其上的服务器程序必须始终处于运行状态,一旦服务器崩溃或者由于检修而暂停运行,那么正在访问该服务器的客户机将收到一个错误信息,表明此次连接失败。因此服务器具有良好的性能至关重要。

3.8.2 域名的层次型命名与管理机制

TCP/IP 域名采用的是一种层次型命名机制。所谓"层次型"是指在名字中加入了层次型结构,使它与层次型名字空间管理机制的层次相对应。名字空间由 Internet 中央管理机构分成若干个部分,并授权相应的机构进行管理,该管理机构又有权对其所管辖的名字空间进一步划分,并再授权相应的机构进行管理。如此下去,名字空间的组织管理便形成一种树状的层次结构,如图 3.29 所示,各层管理机构以及最后的主机在树状结构中被表示为节点,并用相应的标识符表示。在名字空间的树状层次结构中,域名全称是从该域名向上直到根的所有标识符组成的串,标识符之间用"."分隔开。

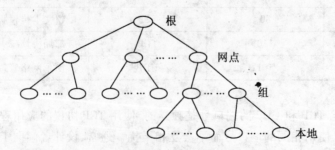

图 3.29 域名的层次型命名机制

如图 3.29 所示,在层次型命名机制管理中,最高一级名字空间的划分是基于"网点名

(Site Name)"的。一个网点作为互联网的一部分,由若干网络组成,这些网络在地理位置或组织关系上联系非常紧密。各个网点内又可以分出若干"管理组"(Administrative Group),因此,第二级名字空间的划分是基于"组名(Group Name)"的,在组名下面才是各主机的"本地名"。这样,一个完整而通用的层次型主机名由如下三部分组成:

本地名.组名.网点名

如武汉大学的电子邮件服务器的域名为"whu.edu.cn",就采用了如上的形式。

有时本地名部分可能是一个机构或网络,称为"子域"。在子域前面可进一步标有主机名,这时,层次型主机名可表示为:

主机名.本地名.组名.网点名

比如,由于"whu.edu.cn"本身代表了武汉大学这一机构,因此,除电子邮件服务器之外,武汉大学的其他服务器均采用了"主机名.本地名.组名.网点名"的形式,如 Web 服务器的域名为"www.whu.edu.cn"。

在域名中,任一后缀可称为一个"域"。在上例中最低层的域是 whu.edu.cn(武汉大学的域名),第二级域是 edu.cn(中国教育科研网的域名),顶级域是 cn(中国的域名)。如上例所示,域名书写将本地域名放在前面,而将顶级域放在最后。

为保证主机名的通用性,只要保证同层的名字不冲突就行了,不同层次的对象取相同的名字是完全可以的。这样,上层不必越级关心下层的命名问题,下层名字的变化也不会反过来影响上层的正常状态。

3.8.3 Internet 域名系统

Internet 所实现的层次型名字管理机制被称为"域名系统(Domain Name System,DNS)"。Internet 域名系统的层次结构树如图 3.30 所示。

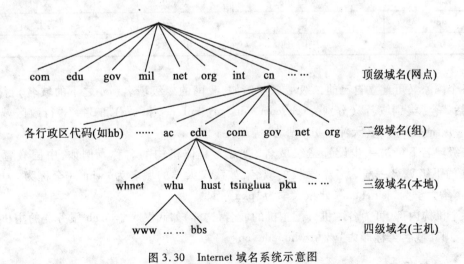

图 3.30 Internet 域名系统示意图

Internet 域名系统的根是未命名的。为了保证域名系统具有通用性,Internet 制定了一组正式的通用标准代码作为顶级(第一级)域名。

顶级域名的设计有两种模式:组织模式和地理模式。组织模式是按组织管理的层次结构划分所产生的组织性域名(见表 3.9);而地理模式则是按国别地理区域划分所产生的地理性域名(见表3.10),这类域名是世界各国和地区的名称,并且规定由二个字母组成,域名中大小写字母等价。

表3.9　　　　　　　　　　　Internet 的组织性顶级域名

域名代码	意　义
com	商业组织
edu	教育机构
gov	政府机构
mil	军事机构
net	主要网络支持中心
org	与上面不同的其他组织
arpa	临时的 ARPANET 域(已过时不用)
int	国际组织

表3.10　　　　　　　　　Internet 的地理性顶级域名(部分)

域名代码	国家或地区	域名代码	国家或地区
cn	中国	us	美国
hk	中国香港	au	澳大利亚
tw	中国台湾	ca	加拿大
jp	日本	il	以色列
sg	新加坡	be	比利时
uk	英国	it	意大利
de	德国	ch	瑞士
fr	法国	in	印度

各个国家又可建立自己的二级域名。例如,我国的二级域名(cn 之下的域名)目前共41个,包括7个"类别域名"(分别为:ac、com、edu、gov、mil、net 和 org)和34个"行政区域名",如 bj(北京)、sh(上海)、tj(天津)、hb(湖北)等。

二级域名下可进一步设置三级域名,通常为具体机构的名称。例如,中国教育科研网 edu.cn 的下级域名一般为各个学校的域名,如武汉大学的域名为"whu"(全称为"whu.edu.cn"),清华大学为"tsinghua",北京大学为"pku"等。

各个机构内部,可为各主机分配主机的域名,这样,如武汉大学 Web 服务器的主机名字为"www",则其域名全称即为"www.whu.edu.cn"。

3.8.4　域名服务

域名系统是为了方便用户而引入的,但 TCP/IP 在进行信息传输时,并不是直接根据域名来寻找目的主机的,而仍然需要通过 IP 地址来寻找信宿机(回顾前面学习过的内容,就可以理解这一点)。那么,当用户在应用程序中给出的是目的主机的域名而不是 IP 地址时,源主机如何获知目的主机的 IP 地址呢?

解决这一问题,TCP/IP 是通过一组既独立又协作的域名服务器(DNS 服务器)来实现的。具体地说,当源主机发出通信请求时,首先是向域名服务器提出查询目的主机 IP 地址的请求;域名服务器在收到请求后,通过查找域名数据库,把查到的 IP 地址回送给源主机,然后源主机才能将数据报发出。TCP/IP 称这一过程为域名解析。域名解析的过程是完全自动的,计算机只要知道本地域名服务器的地址,查找远程计算机 IP 地址的工作就会由域名服务器自动完成。因此,当我们要在应用程序中使用域名地址时,必须保证计算机至少知道一台域名服务器的 IP 地址(注意不是域名地址,想一想为什么)。

与域名的命名机制一致,Internet 的域名服务器组成一种层次型树状结构,如图 3.31 所示。树的根是一组识别顶级域的服务器,它们知道解析每个域的服务器地址。给定一个要解析的名字后,根可为该名字选择一个正确的服务器。下一级的一组服务器都可为顶级域(如 cn)提供回答结果。这一级的服务器知道哪个服务器可解析其所在域下的某个子域。在树的第三级,域名服务器为子域(如 cn 下的 edu)提供回答结果。为保证一个域名服务器能与其他服务器联系,域名系统要求每个服务器知道至少一个根服务器的 IP 地址,和它上一层域服务器(父服务器)的 IP 地址,也必须知道处理每个子域(如果存在)的服务器地址。

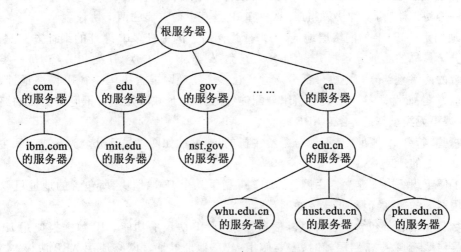

图 3.31 对应命名等级树中域名服务器的概念布局

如图 3.31 所示的概念树中,每一级的每一个子域通常都维护着至少一台域名服务器,称为本地服务器。用户在配置自己的计算机时,通常都指向离自己最近的本地服务器,但这只是为了获得最快的服务,实际上,也可以指向互联网上的任意域名服务器。

需要指出的是,概念树中的链接不表示物理网络连接,而是表示一个给定服务器与它知道和与之联系的其他服务器间的关系。服务器本身可位于互联网上任意位置。因此,服务器树是使用互联网通信的一个抽象。此外,一台主机的命名与其所在的物理网络也可以完全无关,而只与负责解析其地址的服务器有关,比如,武汉大学校园网上有一台主机,尽管其使用了中国教育科研网分配的 IP 地址,但同样可以在顶级域名 com 下申请要用的域名,只要在负责 com 域的域名服务器上注册即可(在域名服务器的数据库中添加有关该主机域名和 IP 地址的信息)。

域名服务器使用一个熟知协议端口(53 号端口)通信,一旦客户知道了服务器所在主机的

IP地址,就知道了如何与服务器通信。实现域名解析的通信协议称为DNS协议,是TCP/IP的应用层协议。

最后需要指出的是,一个IP地址可以对应多个域名,但一个域名只能对应一个IP地址。当一台主机同时提供多种服务时,如既提供Web服务,又提供FTP服务,还提供E-mail服务时,为了便于用户访问,往往为其授权多个域名。

在Windows系统上,可通过"网络连接"的"Internet协议(TCP/IP)"的"属性"设置为本机提供域名解析的DNS服务器的IP地址。通常可以指定1~2台DNS服务器,也可以在"高级"功能中指定多台,这样,当排在前面的DNS服务器失效时,主机会自动查询其他服务器。

3.9 本章小结

为了简化各种低层网络技术的互连问题,Internet采用了统一的高层协议TCP/IP。TCP/IP屏蔽了底层物理网络的细节,使得当物理硬件发生改变时不需要修改应用程序。TCP/IP实际上是一个协议族,由多种协议组成,TCP和IP是其中最重要的两个协议。

IP地址是TCP/IP的网络层地址,用来标识网络上的主机。IP地址的编址方式是IP协议的一部分。最早的编址方案将IP地址分为五类:A类、B类、C类、D类和E类,每一类地址有固定位数的网络号部分和主机号部分。为了让多个物理网络能共享一个IP网络地址,发展了子网编址方案;而为了给一个大型组织分配连续的IP地址块和压缩骨干网路由器的路由表项目数,发展了无类型编址方案(CIDR)。

有一些"特殊IP地址"是不能分配给主机的,典型的如网络号部分全为0或1和主机号部分全为0或1的地址。

为了便于组织内部建立专用网络,IETF保留了几个IP地址块,所包含的地址可以分配给内部专用网上的主机,但不能被传递到互联网上。

IP数据报的首部包含了各种额外信息,决定了IP协议的功能。IP数据报使用IP地址进行寻址,当封装到数据链路层帧时,需要使用MAC地址寻址。网络使用ARP协议,实现由IP地址到MAC地址的映射。

互联网使用路由器将IP数据报转发到目的地。路由器根据路由表中指定的"下一跳"转发IP数据报。路由表可以手工建立(静态路由表),也可以由路由选择算法动态建立。除了路由器外,目前能够实现IP路由转发的设备还有第三层交换机,也可以用一台通用计算机实现软路由。

TCP/IP的传输层为应用层提供了两类不同的服务:面向连接的服务和无连接的服务,分别由TCP和UDP协议实现。TCP和UDP使用端口号来识别不同的应用进程。为了便于用户访问公开服务,0~1 023之间的数值被指定为特定应用的熟知端口。

由于IP地址难以记忆,TCP/IP加入了用域名表示主机的机制。在通信之前,需要先将域名转换为对应的IP地址才能构造IP数据报,这一工作是由分布在互联网上的、互相协作的域名服务器系统自动完成的。

本章只是TCP/IP协议族的部分内容,但包括了主要的和基本的内容。对TCP/IP进一步的学习,可参阅参考文献[2]和相应的RFC文档。

思考与练习

3.1 网络互连需要解决哪些方面的共同问题?路由器实现的是哪一层互连?

3.2 IP 地址分为哪几类?分别是如何定义的?如何识别一个 IP 地址是属于哪一类?

3.3 Internet 上是否可能出现用下列 IP 地址标识的主机?为什么?
(1)127.10.5.1 (2)200.10.6.0 (3)192.168.3.7 (4)225.10.20.3

3.4 设在一台以太网交换机上设置了两个虚拟局域网 VLAN1 和 VLAN2,VLAN1 中的主机 A 能否查到 VLAN2 中主机 B 的 MAC 地址?为什么?想一想,如果 A 要向 B 发送数据,怎样才能实现?

3.5 TCP 和 UDP 向应用层提供的服务有何差别?互联网上的应用绝大部分使用哪一个协议?为什么?

3.6 在路由器上是否运行 TCP 或 UDP 协议软件?按照你的理解,解释"传输层实现端到端的通信"的含义。

3.7 传输层是如何确定最终目的进程的?为什么要定义熟知端口?

3.8 一个 IP 地址能对应多个域名吗?反过来呢(即一个域名能否对应多个 IP 地址)?为什么?

3.9 在设置计算机的网络参数时,能否用域名服务器的名字而不用 IP 地址设置 DNS 服务器?

3.10 设有三个用 HUB 连接的以太网,现在希望用以太网交换机将它们互连起来,以使三个 LAN 中的任意主机间可互相通信。要求 LAN1 和 LAN2 构成同一个链路层广播域,并共用同一个 IP 子网地址,而 LAN3 仍保持单独的广播域,使用不同于 LAN1 和 LAN2 的 IP 子网地址。

(1)如果按图 3.32 方式互连,交换机 1 和交换机 2 分别应该为第几层交换机?为什么?

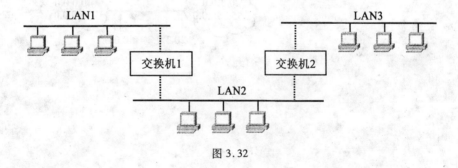

图 3.32

(2)如果按图 3.33 方式互连,交换机应该为第几层交换机?如何实现 LAN1 和 LAN2 共用同一个 IP 子网地址(提示:考虑虚拟局域网)?

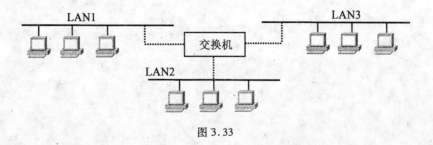

图 3.33

3.11 在一个园区网中,设有 A,B 两台主机,其 IP 地址及子网掩码分别如表 3.11 所示。问:A 和 B 通信时,是否需要 IP 路由转发?

表 3.11

A 主机	B 主机	子网掩码	IP 路由转发
10.2.1.1	10.3.1.200	255.0.0.0	
10.2.1.1	10.3.1.200	255.255.255.0	
10.3.1.200	10.3.1.230	255.255.255.0	
130.113.64.16	130.113.64.200	255.255.0.0	
201.222.5.64	201.222.5.200	255.255.255.192	

3.12 设有一个如图 3.34 所示的大型局域网络,各网段的网络地址及子网掩码已标在图中。试写出路由器 R1 和 R2 的路由表,要求路由表中应包含以下内容:目的网络地址、子网掩码、下一站路由,并尽量使用默认路由简化路由表。默认路由在"目的网络地址"一项中用"*"代替,直接交付在下一站路由表项中用"-"表示。

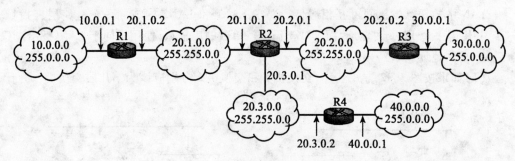

图 3.34

第4章 局域网组网

局域网(Local Area Network,LAN)产生于20世纪70年代,指分布在建筑物或园区内的计算机和通信设备互连所构成的计算机网络。局域网广泛应用于校园、企业以及机关的计算机连接,实现数据通信和资源共享。

前面三章阐述了计算机网络的基本原理,本章从实际应用的角度,对组建局域网用到的实用技术进行讲解,主要包括:以太网硬件设备、双绞线组网方法与结构化布线技术、网络操作系统与局域网连接的建立,并从应用的角度介绍 DHCP 与代理服务的配置,最后给出一个局域网组网实例。

4.1 概述

4.1.1 局域网的主要技术特点

局域网是将小区域内的各种通信设备互连在一起的通信网络。局域网的主要技术特点如下:

(1) 短距离。局域网覆盖有限的地理范围,通常是几百米至几公里,无线局域网技术的发展使得局域网的覆盖范围可扩大到十几公里或者几十公里。局域网适用于校园、企业、机关以及工厂等有限范围内的计算机及各类信息终端的连网。通常属于某个单位或部门所有,易于建立、维护和扩展。

(2) 高数据传输率和低误码率。目前局域网的数据传输率为 10~1 000Mbps。早期局域网的数据传输率为 10Mbps;现在局域网主干网的数据传输率一般为 1 000M,接入点的入网速率为 10M 或 100M,也可能是 1 000M 接入。局域网的误码率范围在 $10^{-8} \sim 10^{-11}$ 之间。

(3) 传输技术与介质访问控制。局域网在传输技术上以广播式网络为主。从介质访问控制方法的角度可以分为共享介质局域网和交换式局域网两类。

(4) 拓扑结构简单。局域网基本拓扑结构主要有总线型、环型、星型和树型。

此外,局域网还具有协议简单、标准化、易于管理等特点。美国电气及电子工程师协会IEEE(Institute of Electrical and Electronics Engineers)所属的 IEEE 802 委员会专门针对局域网制定了一系列通信协议标准,它们统称为 IEEE 802 标准。

决定局域网特性的三个主要方面是:用以传输数据的传输介质,用以连接网络设备的拓扑结构,以及用以共享资源的介质访问控制方法。这三个方面对局域网的传输数据类型、网络响应时间、吞吐量以及网络利用率等网络特性起了决定性的作用。

局域网采用的主要硬件技术有以太网、令牌网、FDDI 和 ATM 等,其中以太网是使用最广泛、最具继承性的局域网技术,它包括传统的以太网技术、快速以太网技术、交换式以太网技术、千兆位以太网技术以及现在的万兆位以太网技术。

4.1.2 局域网的拓扑结构

局域网与广域网的一个重要区别在于局域网覆盖的是"有限的地理范围",因此,它选择的基本通信机制与广域网完全不同,即从广域网的点到点通信方式改变为广播通信方式,这种不同体现在其所采用的网络拓扑结构、介质访问控制方法以及传输介质上。网络拓扑结构设计是局域网建设的第一步,也是实现各种网络协议的基础。

局域网按网络拓扑可以分为星型、环型、总线型和树型。其中,每种拓扑结构都各有其优缺点,没有一种拓扑结构在所有情况下都是最好的。

星型网是集中控制的,所有的节点间的通信都通过中心节点进行。在实际应用中,中心节点通常是一个集线器或交换机。近年来由于交换机和双绞线大量用于局域网中,星型拓扑以及多级星型结构获得了非常广泛的应用。

这里需要特别提到的是逻辑拓扑结构和物理拓扑结构的关系问题。逻辑结构指局域网的节点之间的相互关系与介质访问控制方法,而物理结构是指局域网的外部连接形式。一个逻辑结构属于总线型的局域网,在物理结构上可能是星型的,最典型的例子如共享式以太网,所有的节点都通过双绞线连接到一个集线器上,从物理结构上看是星型网络,而逻辑上却是总线型的。在交换式局域网(Switched LAN)技术出现之后,才真正实现了逻辑结构和物理结构统一的星型拓扑。

环型网中所有节点依次连接形成一个封闭的环路,典型的环型网如 IBM 令牌环网和 FDDI。环型网是共享介质型网络,因此需要介质访问控制来协调节点间的信号发送,如令牌环网采用令牌环(Token Ring)访问控制。

总线型网中有一条称为总线(Bus)的公共传输介质,所有的节点都通过硬件接口直接连接到总线上,属于共享介质型网络。总线型网可以使用两种介质访问控制协议,一种是以太网使用的 CSMA/CD,另一种是令牌传递总线协议。后一种协议综合了令牌环访问控制和 CSMA/CD 两者的优点,即对物理上的总线网建立一个逻辑环,在逻辑上以令牌环方式实现访问。基于 CSMA/CD 的总线型网如早期的 10Base5 和 10Base2 以太网等,基于令牌传递总线协议的总线型网如 ARCnet。

树型网是总线型网的变型,主要用于频分复用的宽带局域网。

需要指出的是,以上是从局域网基本技术的角度讨论局域网的基本拓扑结构,在实际应用中,任何局域网系统都可能是一种或几种基本拓扑结构的扩展与组合。

4.1.3 局域网的传输介质

局域网常用的有线传输介质有:同轴电缆、双绞线和光纤。其中,同轴电缆主要应用于局域网建设的早期阶段,现在已不多使用。双绞线是目前局域网组网技术中普遍使用的传输介质,它可以支持 10Mbps、100Mbps 甚至更高的数据传输速率,具有良好的性价比。双绞线主要应用于局域网建设中物理距离较短的局部范围,比如学生机房、实验室以及大楼楼层内的物理建网。本章 4.3 节将专门介绍双绞线组网的有关方法。近年来随着光通信技术的迅速发展,光纤由于其高速可靠的数据传输性能,被广泛应用于局域网的骨干网络建设中。

除此之外,在建筑物之间存在物理距离限制或电缆铺设困难的局域网建设中(例如公路、湖泊等都有可能成为不可逾越的障碍),常常采用无线通信技术。通过无线桥接设备,相距数十公里的建筑物中的网络可以被集成为一个单一的局域网。

关于局域网传输介质的详细介绍参见2.2节。

4.2 以太网的物理网络设备

作为计算机网络的基本组成部分,除了通信传输介质和计算机外,还需要用网络连接设备将分离的传输介质和计算机连接起来。网卡、集线器、交换机以及路由器等都是以太网中基本的网络连接设备。本节主要讨论网卡、集线器和交换机。

4.2.1 网卡

网卡即网络接口卡(Network Interface Card,NIC)的简称,又称网络适配器(Network Interface Adapter,NIA)。网卡负责网络信号的接收和协议转换,用来实现终端计算机与传输介质之间的网络连接。具体地讲,网卡负责完成物理层和数据链路层的大部分功能,包括网卡与网络电缆的物理连接、介质访问控制、数据帧的拆装、帧的发送与接收、错误校验、数据信号的编/解码、数据的串/并行转换等功能。

在局域网连接方式中,计算机通过配置网卡实现与网络的连接。作为局域网中的最基本和最重要的连接设备之一,每台计算机至少应安装一块网卡。根据网络技术的不同,计算机应使用不同的网卡,如 ATM 网卡、令牌环网卡和以太网卡等。由于目前绝大多数局域网都采用以太网技术,所以这里主要介绍以太网卡。典型的以太网卡如图4.1所示。

图 4.1　网卡实物图　　　　图 4.2　网卡上的 RJ-45 接口和状态指示灯

每块网卡都有一个惟一的网络硬件地址,即我们在第 2 章所讲的 MAC 地址,它是网卡生产厂家在生产时直接一次性写入 ROM 中的,且保证绝对不会重复。因此,为了防止 IP 地址盗用,局域网网络管理人员有时采用将用户的 IP 地址与 MAC 地址进行绑定的方法。

按照网卡与计算机的接口类型,网卡可分为 PCI 网卡、ISA 网卡和 EISA 网卡以及近期出现的 USB 总线式外置网卡。其中 PCI 网卡和 ISA 网卡较为常用,分别插在主板的 PCI 插槽和 ISA 插槽中。ISA 网卡的速度为 10Mbps;PCI 网卡的速度为 10~1 000Mbps,是目前市场上的主流网卡。

按照适用的计算机类型,网卡可分为服务器专用网卡、PC 机兼容网卡和便携式计算机专用的 PCMCIA 网卡。服务器专用网卡是专门针对服务器设计的,价格比较昂贵,普通用户很少使用,其内部采用了专用的控制芯片,可以缓解网络通信对服务器 CPU 的负载。PC 机兼容网卡是我们平时最常见的一种网卡,它的价格相对低廉,用于各种台式计算机与网络的连接。PCMCIA 网卡仅有一张名片大小,是为了方便便携式计算机连入局域网或互联网而专门设计的。另外,随着无线局域网技术的发展,还出现了方便移动用户联网使用的无线网卡。

早期网卡的数据传输速率一般为 10Mbps,现在一般使用 100M 网卡或者是 10/100M 自适应网卡。10/100M 自适应网卡支持 10Mbps 和 100Mbps 两种数据传输速率,并能够自动检测网络的传输速率。随着高速局域网技术的发展,1 000Mbps(或 10/100/1 000M)网卡已经在市场上出现。

各种网卡提供了不同类型的接口来连接不同的传输介质。双绞线以太网采用 RJ-45 接口,如图 4.2 所示,这也是局域网中使用最多的网卡接口类型。此外,粗缆以太网对应 AUI 接口,细缆以太网对应 BNC 接口,而连接光纤的网卡应提供 F/O 接口。通常以太网网卡可能只提供一个接口,也有一些网卡则同时集成了多种不同类型的接口,这种网卡的优点是具有灵活性,即可以在不替换网卡的情况下改变成不同的布线方案。但在同一时刻网卡只能使用其中的一个接口。

市场上的网卡品牌很多,价格都比较便宜,用户可根据需要选择合适的产品。

4.2.2 集线器(HUB)

集线器又称 HUB,是一种特殊的多端口中继器,如图 4.3 所示。集线器采用广播方式转发数据包,所有连接端口共享网络带宽。集线器在组网时常常用于将多个网络节点连接起来,形成一个中心连接点,构成物理星型拓扑结构的网络。集线器的一个优点是网络的扩充非常方便,增加或减少主机只需要将网线接头插到 RJ-45 端口上或者拔掉就可以了。作为一种最经济的局域网组网方案,早期人们常常使用集线器来组建自己的家庭局域网或办公室局域网。

图 4.3 集线器实物图

图 4.4 集线器的端口

集线器通常有两类端口:用来连接各个网络节点的 RJ-45 端口和用来连接上一级网络设备的向上连接(UP-LINK)端口。向上连接端口可以是连接双绞线的 RJ-45 端口,也可以是光纤连接端口,早期的集线器上连端口还可能是连接粗缆的 AUI 端口或连接细缆的 BNC 端口,如图 4.4 所示。

常用的集线器 RJ-45 端口数目有 8 口、16 口以及 24 口等多种不同规格,可根据所需接入的节点数量进行选用。当需接入的节点数量超过单一集线器端口数目时,可以将多个集线器进行级连,或者是采用可堆叠式集线器来扩充端口(普通集线器不具有堆叠功能)。可堆叠式集线器由一个基础集线器和多个扩展集线器构成,它通过在基础集线器上堆叠相应数目的扩展集线器,来满足大量集中网络节点接入的需要。

早期的集线器支持的数据传输速率为 10Mbps,现在一般采用 100Mbps 集线器。

集线器一般可分为无源(Passive)集线器、有源(Active)集线器和智能(Intelligent)集线器。无源集线器是早期使用的一种集线器,它只负责将多个节点连在一起,不对信号进行任何处理。有源集线器是在无源集线器基础上增加了信号放大功能,可以将传输介质的最大传输距离扩大一倍以上。智能集线器除具有有源集线器全部功能外,还将网络的很多功能集成到集线器中,如网络管理功能、智能路径选择功能等。智能集线器可以通过网管软件进行远程集中管理。

4.2.3 交换机(Switch)

交换机又称交换式集线器,它与上节的共享式集线器在工作方式上有本质的区别。为了避免混淆,本书用"交换机"而不用"交换式集线器"指称,并与集线器分开讨论。近年来,随着交换机性能的提高和价格的降低,人们常常使用交换机替代共享式的集线器来增加网络带宽,提高网络的通信效率。集线器将逐渐淡出网络设备市场。

交换机是交换式局域网的核心网络设备,外形类似于集线器(故也称为交换式集线器)。它与集线器的区别在于:集线器采用"共享介质"的工作方式,所有端口"共享"网络带宽;而交换机内部采用交换技术,具有自动寻址能力,支持多个端口之间的并发连接,各个端口"独占"网络带宽。也就是说,同样是8个端口的100M集线器和交换机,都连接了5个主机节点,集线器5个端口共享100M带宽,每个端口的平均速率是20Mbps,而交换机则每个端口的速率都是100Mbps。

交换机的种类繁多,不同的交换机的性能差别很大。交换机的关键技术指标是背板速率和数据包转发率,以及是否支持第三层交换技术。

根据支持的速率,交换机可分为10Mbps交换机、100Mbps交换机、10/100Mbps自适应式交换机和千兆位交换机等。

根据应用的规模,交换机可分为企业级交换机、部门级交换机和工作组交换机。这种划分方式并没有明确的界限,各厂商划分的尺度也不完全一致。一般来讲,支持500个信息点以上大型网络应用的交换机称为企业级交换机,其体积通常比较庞大,采用机架式模块化结构设计,一般用来作为企业骨干网的核心交换机,用户可以根据网络需要,灵活地配置和扩充相应的模块插槽。支持300个信息点以下中等规模应用的交换机称为部门级交换机,其结构可以是机架式(插槽数较少),也可以是固定配置式。支持100个信息点以内的交换机称为工作组级交换机,功能相对简单且结构为固定配置式。

根据交换层次的不同,交换机又可分为第二层交换机、第三层交换机等。传统的交换机工作在OSI参考模型的第二层——数据链路层上,主要功能包括物理编址、错误校验、帧序列以及流控,属于第二层交换机。由于第二层交换机不能很好地解决子网划分和广播限制问题,第三层交换机应运而生,它是将第二层交换机和第三层路由器两者的优势相结合而形成的一个灵活的解决方案,可在各个层次提供线速性能。现在的大型骨干网交换机通常提供对第三层交换的支持。

目前,市场比较知名的局域网交换机产品主要有:Cisco公司的Catalyst系列交换机、Nortel Networks公司的Passport系列和BayStack系列交换机、3Com公司的CoreBuilder系列和SuperStackII系列交换机等。如图4.5所示为Cisco公司的Catalyst 6500系列交换机。

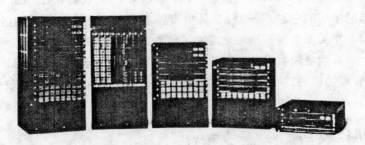

图 4.5　Cisco 公司的 Catalyst 6500 系列交换机

4.3　双绞线组网

使用双绞线组建小型局域网是目前主流的组网方法,这种局域网主要局限在一栋建筑物内,如实验室、办公室、学生机房以及学生宿舍的组网。在大型局域网中,通常使用双绞线实现到桌面站点的连接。

4.3.1　双绞线的接口与制作

在实际应用中,桌面计算机与交换机(或集线器)、交换机和交换机之间的短的连线称为"跳线"。本节给出制作双绞线跳线所需的材料、工具、接口标准和制作步骤。

1. 材料

(1) 相应长度的双绞线。通常使用最多的是非屏蔽双绞线(UTP),布此类线时应注意使网线尽量避开电磁干扰,并且规定双绞线的最大长度不超过 100 米。

(2) RJ-45 接头:俗称水晶头,顶端有 8 个金属刀口。双绞线两端必须先压制 RJ-45 接头,然后才能与集线器或者计算机网卡上的 RJ-45 接口相连。

有时,当网线长度不够时,还可以利用 RJ-45 延长插座来串接另一条网线。

2. 工具

(1) RJ-45 压线/剥线钳:具有压线与剥线双重功能,用它来将双绞线压接在 RJ-45 接头上。市场上也有专用的剥线钳。

(2) 斜口钳:用来剪切双绞线。也可直接用压线/剥线钳剪切双绞线,或用任何能剪断双绞线的工具代替。

(3) 网线测试仪(Link Tester):测试网线的通断。

如图 4.6 所示从左到右依次为 RJ-45 剥线/压线钳、双绞线、RJ-45 接头(浅白色)、网线测试仪。

图 4.6　网线制作工具及材料

图 4.7　测试网线

3. 接口标准

为了方便网络连接,对于双绞线的制作,国际上规定了 EIA/TIA 568A 和 568B 两种接口标准,这两个标准是当前公认的双绞线的接口制作标准。相应的接口线序排列如表 4.1 所示。

表 4.1　　　　　　　　　　　EIA/TIA 568A 和 568B 接口标准

接口标准 \ 线号	1	2	3	4	5	6	7	8
568B	白橙	橙	白绿	蓝	白蓝	绿	白棕	棕
568A	白绿	绿	白橙	蓝	白蓝	橙	白棕	棕

事实上,568A 标准就是将 568B 标准的 1 号线和 3 号线对调,2 号线和 6 号线对调。

我们日常用到的跳线有两种类型:平行线(又称直通线)和交叉线(又称级连线)。它们的制作方法如下:

(1)平行线:将双绞线的两端都按照 568B 标准(或都按照 568A 标准)整理线序,压入 RJ-45 连接头内。

(2)交叉线:双绞线一端接头制作时采用 568B 标准,另一端则采用 568A 标准。

事实上,平行线也可以不按照上述标准制作,只要两端芯线顺序一致即可,但这样制作出来的平行线不符合国际压线标准,使用时对网络速度会有一些影响,当用较高的速率传输数据时可能会失效。

4. 制作步骤

双绞线制作需要使用专用压线钳来完成,制作的主要步骤如下:

(1)用斜口钳剪裁适当长度的双绞线。

(2)用剥线钳将双绞线一端的外层保护壳剥下约 1.5 厘米(太长接头容易松动,太短接头的金属刀口不能与芯线完全接触),注意不要伤到里面的芯线,将 4 对芯线成扇形分开,按照相应的接口标准从左至右整理线序并拢直,使 8 根芯线平行排列,整理完毕用斜口钳将芯线顶端剪齐。

(3)将水晶头有弹片的一侧向下放置,然后将排好线序的双绞线水平插入水晶头的线槽中,注意导线顶端应插到底,以免压线时水晶头上的金属刀口与导线接触不良。

(4)确认导线的线序正确且到位后,将水晶头放入压线钳的 RJ-45 夹槽中,再用力压紧,使水晶头紧夹在双绞线上。至此,网线一端的水晶头就压制好了。

(5)同理,制作双绞线的另一端接头。此处注意,如果制作的是交叉线,两端接头的线序应不同。

(6)使用网线测试仪来测试制作的网线是否连通,如图 4.7 所示。也可以使用万用电表测试网线是否存在断路或短路,断路会导致无法通信,短路有可能损坏网卡或集线器。

4.3.2 网线的连接

1. 连接计算机与交换机(或集线器)

对于小型工作组范围的网络环境,其内部组成主要包括终端个人计算机、单个交换机(或 HUB)以及连接线,该网络一般通过交换机或集线器的向上连接端口连接到上一级的网络中。

用户只需要用平行线把个人的计算机与交换机连接起来。这时将网线的一端插在计算机主机箱后部网卡的 RJ-45 接口上,另一端插入交换机的任意一个 RJ-45 端口即可。

注意有时网络管理员也可能限定终端计算机对应的交换机端口号,这时需要将网线按限定的端口号进行连接。

网线连接后,(在计算机开机的情况下)观察计算机网卡的指示灯和交换机对应端口的指示灯是否闪亮,网络通信正常时指示灯的颜色一般为绿色。

2. 交换机(或集线器)级连

当网络中的计算机数目较多时,有时需要用多个交换机(或集线器)进行级连来扩充网络端口。通常使用交叉线来级连交换机(集线器),交叉线的两端分别插入两个要进行级连的集线器的普通 RJ-45 端口上。

有时也可以使用平行线来级连交换机(集线器),这是因为有些交换机(集线器)本身提供了一个 RJ-45 级连端口,级连端口通过旁边的转换开关可在级连功能和普通连接功能之间转换,当转换开关指向级连功能时,级连端口内部线序已经对调,这时将平行线一端 RJ-45 接头插入交换机(集线器)级连口,另一端插入上一级集线器的普通 RJ-45 端口就可以了。

近年来,也有一些交换机提供了自动翻转端口,即端口的转换不是通过开关设置,而是自动识别的,这时,既可以用平行线也可以用交叉线。

3. 连接两台计算机

除了以上两种连接外,有时我们也利用交叉线来实现两台计算机之间的连接互访。将交叉线的两端分别插入两台计算机的网卡接口中,形成一个简单的双机网络。这种方式可以用来连接家中的两台电脑,或者是在两台便携式电脑之间传递资料。由于没有使用交换机或集线器等中间网络互连设备,这种双机互连方式既简单又经济。

下面简单介绍两台基于 Windows XP 操作系统平台的计算机进行互连的操作配置。

分别给两台计算机分配属于同一个 IP 子网的任意两个 IP 地址。例如将两台计算机的 IP 地址分别设为 192.168.0.1 和 192.168.0.2,子网掩码设为 255.255.255.0。IP 地址设置方法参见 4.6.2 小节。

给两台计算机设置计算机名和工作组。打开"控制面板"的"系统"窗口,点击"计算机名"选项卡中的"更改"按钮,分别给两台计算机设置不同的计算机名(如 work 和 study)和相同的工作组(如 HOME),如图 4.8 所示。

接下来添加网络的文件与打印共享服务,单击 Windows 的"开始",选择"设置"下的"网络连接",也可以到控制面板中打开"网络连接"。

在弹出的"网络连接"窗口中选中"本地连接"图标,点击鼠标右键,选择"属性"快捷菜单,在弹出的"本地连接属性"窗口中选中"Microsoft 网络的文件和打印机共享"组件,如图 4.9 所示。点击"确定"后,重新启动机器使设置生效。

这样,两台计算机之间就可以直接通过"网上邻居"进行互访,实现资源(如磁盘驱动器和打印机)的共享了。

通常在传输数据量较大而又没有局域网连接时,使用这种方式来拷贝或备份机器中的数据。当然,也可以用专用串行或并行通信线缆将两台计算机通过后面板上的串口或并口连接起来实现资源共享,这里不作介绍。

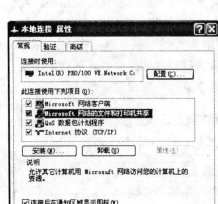

图 4.8　设置计算机名和工作组　　　图 4.9　添加网络的文件与打印共享

4.4　结构化布线

4.4.1　结构化布线的概念

随着网络规模的不断扩大,传统的非标准化连线方式不仅造成网络调试困难、管理维护不便、扩展性不强,而且成为网络系统不稳定、可靠性降低等隐患的诱因。为此,人们提出了结构化布线的思想。结构化布线最初的设计思想来源于传统的电话及供电系统的电缆布线方法,所谓结构化布线,是指建筑群内线路布置的标准化、规范化,它使用一套标准的组网器件,按照标准的连接方法来实现网络布线。

结构化布线系统(SCS,Structured Cabling Systems)又称为建筑物布线系统(PDS)、开放式布线系统(OCS)。它是指按标准的、统一的和简单的结构化方式将建筑物(或建筑群)内的若干种线路系统——数据通信系统、电话系统、报警系统、监控系统、电源系统和照明系统等合为一种布线系统,进行统一布置,并提供标准的信息插座,以连接各种不同类型的终端设备。结构化布线系统采用开放式的体系结构和灵活的模块化设计,可同时支持数据、图像、语音以及楼宇自动化的各种传感器信号等信息,是一种更合理、更可靠、更优化和更具有扩展性的布线技术。

结构化布线系统使用的组网器件包括布置在建筑物内的所有电缆线和各种配件,具体包括各类传输介质、各类介质端接设备、连接器、各类插座、插头及跳线、用于光缆连接的光电转换设备、多路复用设备等。

结构化布线系统与传统布线系统的最大区别在于:它是根据建筑物的结构将所有可能放置终端或设备的位置预先都进行布线,其结构与当前连接设备的位置无关。用户不必为接入网络或调整网络而重新布线,只要在配线间调整相应的跳线装置即可满足需求。

自从 20 世纪 80 年代结构化布线的概念引入中国以来,该系统经历了了解、试用、推荐和广泛应用等几个不同的发展阶段。目前,在新兴和改建的各种办公场所和住宅小区中,都普遍采用了符合国际标准的结构化布线系统。我们现在常常谈论的"智能大厦"、"智能小区"的设计实现,都离不开结构化布线技术。

所谓"智能大厦",就是指一栋大楼内的保安系统、防火系统、空调通风系统、电力管理系统以及声音、视频、数据传输系统等功能汇集在一起,由共同的线路完成信号传输并由统一的计算机网络来进行处理的综合系统。

4.4.2 结构化布线系统的组成

国际标准 ISO/IEC11801 将结构化布线系统分为六个组成部分,分别是用户工作区子系统、水平子系统、垂直子系统、设备间子系统、管理子系统以及建筑群子系统。

1. 用户工作区子系统

用户工作区是指工作人员利用终端设备进行工作的地方。工作区子系统是将终端设备连接到布线系统的子系统。它主要包括直接与用户终端连接的各种信息插座(如双绞线使用的 568A 标准或 568B 标准的 8 针模块化信息插座)、转换器、连接跳线以及各种终端设备与信息插座相连的硬件配件。信息插座一般固定安装在房间的侧面墙壁上,当然也可以是其他位置(如办公桌或地板上),但是一定要避开容易使插座受损的位置。

2. 水平子系统

水平子系统将垂直子系统线路延伸到用户工作区子系统。目前主要采用的传输介质是 UTP 线缆,它可以支持大多数现代数据通信需要,线缆长度应限制在 100 米以内。如果是要求较高的宽带应用,可以使用光缆。水平子系统常用的线缆铺设方法有两种:一种是暗管预埋和墙面引线,另一种是地下线槽,地面引线。具体设计时应根据建筑物的结构特点选择最佳的水平布线方案。

3. 垂直子系统

垂直子系统又称为干线子系统,它是整个布线系统的主干桥梁,其作用是将建筑物内所有的平面楼层系统连接在一起,以满足不同楼层之间通信的需要。垂直线缆通常采用大对数 UTP 电缆或 STP 电缆以及光缆,一般安装在贯穿建筑物各层的竖井之中,有时也可能是安装在通用管道中。垂直子系统在设计时要充分考虑下列关键问题:传输线缆自身的重量、线缆的抗干扰性以及强电、磁场的干扰等。

4. 设备间子系统

设备间是指集中安装大型通信设备、主配线架和进出线设备的场所,一般位于大楼的核心部位。设备间子系统所连接的设备主要是服务的提供者,包括大型通信设备、大型计算机、网络服务器以及 UPS 不间断电源等。在设计时应充分考虑它与垂直子系统、水平子系统以及建筑群子系统之间进行连接的难易,并尽量远离强电磁场干扰源、强振动源、强噪声源。同时设备间本身应具有良好的空调通风环境和完善的安全防火设施。

5. 管理子系统

管理子系统是对布线电缆提供端接以及灵活的配线管理的子系统,由各楼层配线架以及相关管理、转/跳接设备组成,主要使用跳线连接控制实现其功能。设计时应根据传输介质的具体连接状况来确定管理子系统的位置,一般来说,管理子系统常位于水平子系统和垂直子系统之间的位置。

6. 建筑群子系统

建筑群子系统又称为户外子系统,其作用是将一幢建筑物中的电缆延伸到其他建筑物群的通信设备和装置,从而形成建筑群综合布线系统。建筑群子系统主要由连接各建筑物之间的通信线缆和各种电气保护设备(如过压和过流保护)等组成。通信线缆主要是采用架空方式或者是地下管道方式进入大楼,也有的采用直埋方式(这种方式造价较低但安全性差)。有时由于地理位置的限制,户外子系统还需要考虑其他特殊的通信手段如微波、无线通信等。

一个典型的建筑物结构化布线系统如图 4.10 所示。

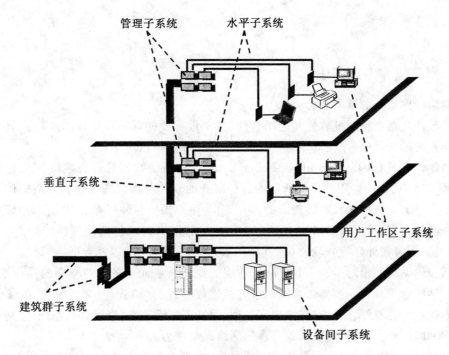

图 4.10 结构化布线系统示意图

通常,在结构化布线系统的施工和验收过程中,还需要借助必要的网络测试仪器测试系统各部分的性能参数指标,以便及时发现和纠正系统中出现的问题,保证整个系统运行的可靠性。例如美国福禄克公司(Fluke Corporation)针对综合布线工程及网络维护所提供的一系列网络测试仪器,具有丰富的测试故障诊断功能,可以帮助迅速查找电缆以及网卡、集线器、交换机、路由器等网络设备的故障。

4.4.3 著名的结构化布线系统

目前,国际上许多著名的计算机通信和网络公司均推出了自己的布线系统和布线产品,下面给出一些比较著名的结构化布线系统。

(1)朗讯科技(Lucent Technologies)公司的 Systimax SCS 结构化布线系统。朗讯科技的前身为美国 AT&T 公司的科技与系统部,是全球技术最先进的通信产品及软件制造商之一。Lucent 融合了贝尔实验室最先进的技术,加上其在电缆系统方面丰富的专业经验,使得 Systimax SCS 成为全球使用最多的布线系统。

(2)美国安普(AMP)公司的 Netconnect 开放式布线系统。AMP 是全球最大的连接器生产厂家,AMP 的产品以高质量、易安装、经济灵活著称。Netconnect 开放式布线系统完全符合所有国际布线标准(EIA/TIA 及 ISO/IEC)。它能支持全部的媒体类型,互连方案和楼宇环境,并应用于任何网络结构配置,为智能大厦的实现提供了各种类型的高品质连接器件、电缆线及安装工具。

(3)加拿大北方电信(Nordx)公司的 IBDN 集成建筑物配线系统。

(4)美国 IBM 公司的结构化布线系统。

(5)法国的阿尔卡特(Alcatel)公司的 Alcatel6800 综合布线系统。

4.5 网络操作系统

4.5.1 网络操作系统概述

1. 网络操作系统的基本概念

网络软件包括各种系统软件和应用软件,其中最重要的就是网络操作系统。只有安装了网络操作系统的计算机,才是真正意义上联网的计算机。

网络操作系统(NOS,Network Operating System)是指使联网计算机能够方便有效地访问(共享)网络资源,为网络用户提供所需的各种服务的软件与协议的集合。网络操作系统的基本任务就是屏蔽本地资源与网络资源的差异性,为用户提供各种基本的网络服务,完成网络共享系统资源的管理,并提供网络安全服务。可访问的网络资源包括硬件(传输介质、服务器、网络打印机、大容量外存等)、软件(系统程序、各种应用程序等)以及数据。

网络操作系统是相对早期不具备联网功能的操作系统而言的。与早期的操作系统相比,网络操作系统除了具有一般操作系统所应有的进程管理、存储管理、文件管理、设备管理以及作业管理等基本功能外,还具有网络用户管理、网络资源管理、网络运行状态统计、网络安全性建立等多种网络服务功能,提供高效可靠的网络通信能力。

网络操作系统具有多用户、多任务支持的特点,具有硬件无关性。为了保证网络互连,特别是异构网络之间的互连,通常网络操作系统提供了对多种通信协议、多种网络传输协议、多种网络适配器的支持,可以将具有相同或不同网卡、不同协议和不同拓扑结构的网络连接起来。

目前,典型的网络操作系统主要有以下几种:微软公司推出的 Windows 系列操作系统,其中包括 Windows NT/2000/XP/2003 等版本的网络操作系统,Novell 公司的 NetWare 操作系统,各种版本的 UNIX 操作系统和 Linux 操作系统。其中,UNIX 操作系统主要是作为高端的网络应用服务器的操作系统。本节简要介绍目前局域网中比较流行的 Windows 操作系统和基于自由软件开发平台的 Linux 操作系统。

2. 网络操作系统的基本功能

网络操作系统的基本功能如下:

(1)文件服务

文件服务是最重要、最基本的网络服务功能。文件服务器是一个提供文件存储和访问的计算机,它以集中方式管理共享文件,网络工作站可以根据所规定的权限对文件进行读写以及其他各种操作,文件服务器为网络用户的文件安全与保密提供了必需的控制方法。

(2)打印服务

打印服务也是最基本的网络服务功能之一。打印服务可以由工作站或文件服务器来担任,或者通过设置专门的打印服务器完成。通过网络打印服务功能,局域网中只需安装一台或几台网络打印机,所有用户就可以远程共享网络打印机,从而提高设备的利用率,降低维护成本。打印服务实现网络打印机的配置、用户打印请求的接收、打印格式的说明、打印队列的管理等功能。网络打印服务在接收用户打印请求后,按照先到先服务的原则,将用户需要打印的文件排队,用排队队列管理用户打印任务。

(3) 目录服务

目录服务可以将一个网络中的所有资源,包括邮件地址、计算机设备、外部设备等集合在一起,以统一的界面提供给用户进行访问。在理想情况下,目录服务将物理网络的拓扑结构和网络协议等细节掩盖起来,这样用户不必了解网络资源的具体位置和连接方式就可以进行访问。典型的目录服务如 Microsoft 的活动目录 Active Directory。

(4) 通信服务

局域网提供的通信服务主要有:工作站与工作站之间的对等通信、工作站与网络服务器之间的通信服务功能。

(5) 安全管理服务

网络操作系统提供有丰富的网络管理服务工具,可以管理用户的权限和资源的访问权限,并提供网络性能分析、网络状态监控、存储管理等多种管理服务。

(6) Internet/Intranet 服务

网络操作系统一般都支持 TCP/IP 协议,提供各种各样的 Internet 服务功能,支持 Java 应用开发工具,全面支持 Internet 与 Intranet 访问。

4.5.2 Windows 操作系统

1. Windows 的发展与演变

Microsoft 公司在 1985 年和 1987 年分别推出 Windows 1.03 版本和 Windows 2.0 版本,由于硬件和 DOS 操作系统的限制,这两个版本并没有取得成功。1990 年,Microsoft 公司推出 Windows 3.0 版本并大获成功。Windows 3.0 对内存管理和图形界面作了重大改进,使用户界面更加美观并支持虚拟内存。

1993 年 Microsoft 公司发布了 Windows NT 3.1 版本,旨在与 UNIX 和 NetWare 抗衡,但该版本由于存在诸多缺陷,并没有获得成功。1995 年 Microsoft 公司推出了 Windows 95,Windows 95 可以独立运行而无需 DOS 支持。1996 年,Microsoft 公司发布了 Windows NT 4.0 版本,Windows NT 4.0 版本可以说是整个 Windows 系统中开发最为成功的一套操作系统,以其强大的功能及稳定性赢得了广大用户的喜爱,至今,仍有不少中小型局域网把它当做标准网络操作系统。

随后,Microsoft 公司又陆续推出了 Windows 98、Windows ME、Windows 2000(曾经命名为 Windows NT 5.0)、Windows XP 等系列版本。2003 年 4 月,Microsoft 公司发布了 Windows.NET Server 2003。

2. Windows 2000 操作系统

Windows 2000 操作系统是 Microsoft 公司在 Windows NT 4.0 基础上推出的新一代网络操作系统,并得到了广泛的应用。2000 年 3 月微软推出了 Windows 2000 中文版。Windows 2000 融合了 Windows 98 和 Windows NT 两者的优点,它采用 Windows NT 内核技术,比以往的版本更加稳定,同时继承了 Windows 98 界面友好、操作方便的特征。

针对不同的网络应用,Windows 2000 操作系统分为四个版本:Windows 2000 Professional、

Windows 2000 Server、Windows 2000 Advance Server 和 Windows 2000 Datacenter Server。其中，Windows 2000 Professional 是客户端操作系统，Windows 2000 Server、Windows 2000 Advance Server、Windows 2000 Datacenter Server 都是服务器端操作系统，三种服务器端操作系统能够实现的网络功能与服务不同。服务器端操作系统除服务器本身的连网功能外，还负责局域网中共享资源的集中式管理，客户端操作系统主要为本地机访问本地资源与访问网络资源提供服务。

四种操作系统版本简单介绍如下：

（1）Windows 2000 Professional（专业版）：是针对各种 PC 机开发的新一代操作系统，其目标是代替原来的 Windows 9x/NT Workstation 成为新一代的办公桌面标准。Windows 2000 Professional 非常容易安装和配置，同时提供了更高的安全性、稳定性和系统性能，是极为可靠的桌面平台。在 Windows 2000 Professional 的基础上，微软又成功推出了更新一代的 Windows XP 操作系统版本。

（2）Windows 2000 Server：是针对服务器开发的操作系统，它包含了改进的网络、应用程序和 Web 服务，增强了可靠性和灵活性，而且提供了强大灵活的网络管理服务。其中，活动目录服务（Active Directory）是 Windows 2000 Server 最重要的新功能之一，它存储着网络上各种对象的有关信息，并使该信息易于管理员和用户查找及使用。Windows 2000 Server 同时更新了 Internet Information Server（IIS）的版本，IIS 5.0 使得它成为一个可以提供 WEB 服务、FTP 服务和电子邮件服务的功能更加强大的 Internet/Intranet 应用服务器。Windows 2000 Server 比较适于在中小型企业用户或部门的网络环境下做文件和打印服务器、Web 服务器，是性能更好、更稳定、更易于管理的服务器操作系统平台。

（3）Windows 2000 Advanced Server：在 Windows 2000 Server 的基础上，提供了专门为大型企业级服务器所设计的新特性，具有更好的可扩展性和有效性，支持群集功能、网络及组件负载均衡、对称多处理器（SMP）扩展功能等，适合于在大型企业网络和对数据库要求比较高的网络环境中应用。

（4）Windows 2000 Datacenter Server：是微软提供的功能强大的服务器操作系统版本。它支持多达 16 个对称多处理器系统以及 64GB 的物理内存。适用于大型数据仓库、经济分析、科学与工程模拟以及在线事务处理等重要应用。

4.5.3 Linux 操作系统

1. 简介

Linux 是由全世界众多软件编程人员共同研制开发的一种可运行于多种硬件平台的网络操作系统。Linux 的最大特点是源代码公开，Linux 内核和许多系统软件以及应用软件的源代码都是公开的，任何人都可以通过 Internet 免费得到。这也是 Linux 从 1991 年推出以来得以迅速发展，能够与 Windows 操作系统并驾齐驱的一个重要原因。

Linux 最初的设计者是芬兰赫尔辛基大学的一位名叫 Linus B. Torvalds 的学生，他的设计初衷是使 Linux 能够成为一个基于 Intel 硬件的、在微机上运行的类似于 UNIX 的新的操作系统，来替代 Minix 操作系统（Minix 是一个被广泛用于辅助教学的、简单的类 UNIX 操作系统）。虽然 Linux 的很多设计思想和操作类似于 UNIX，但是 Linux 内核并没有利用 UNIX 的源代码或其他专有资源，Linux 从产生到发展一直遵循着"自由软件"的思想，Linux 内核是由 Linus 和网上的其他编程人员共同进行开发和维护，其系统软件和应用软件很多来自自由软件基金会

FSF 的 GNU 组织。该组织允许任何 Internet 用户对开发者提供的程序源代码进行使用、拷贝、扩散和修改，同时规定用户有义务将修改过的源代码公开，以便他人在此基础上继续完善。为了保证不同 Linux 软件系统之间的兼容性，Linux 在开发过程中始终遵循着可移植性操作系统界面 POSIX 标准。

Linux 支持多种系统语言和脚本语言，如 C、C++、Java、Perl、Tcl/Tk 等；支持 X-Window 系统和各种图形应用程序；支持各种数据库和网络应用。Linux 支持 Internet 的所有功能，并能够与其他网络操作系统如 Windows 系统实现资源共享。

Linux 发行套件是由一些组织和厂商将 Linux 内核和 GNU 应用程序合理地组织在一起，加上安装程序和必要的说明文档而形成的一个软件包，不同发行厂商的 Linux 套件在内核版本和应用程序上有所区别。目前流行的 Linux 套件有 Red Hat Linux、SlackWare Linux、OpenLinux、LinuxPro、TurboLinux 等。

2. 常用 shell 命令

表 4.2 简单列出了在 Linux 中经常用到的一些 shell 命令。

表 4.2　　　　　　　　　　　　　Linux 中的 shell 命令

命　令	功　　能
passwd	修改账号密码
man	非常有用的联机帮助命令，如 man ls 给出关于 ls 命令的帮助信息
ls	列出当前目录下的文件和子目录，相当于 DOS 下的 dir 命令
cd	改变当前工作目录
cp	复制文件
mkdir	创建新目录
rmdir	删除目录
rm	删除文件
pwd	列出当前所在目录位置
more	分页查看文件内容
du	查看目录所占磁盘容量
chmod	改变文件或目录的读、写和执行权限
chown	改变文件或目录的所有权
ps	查看系统中的进程
kill	结束或终止进程
compress	压缩文件
su	改变用户名
who	查看系统当前的用户
mail	发送和接收电子邮件

以上命令的具体使用方法，使用时可以查阅有关 Linux 命令的书籍或者使用 man 联机帮

助命令,这里不再详述。

4.6 Windows 下建立局域网连接

4.6.1 安装网卡及网卡驱动程序

目前用户使用的网卡基本上都是即插即用(Plug-and-Play,PnP)型网卡。Windows 2000/XP 操作系统启动时能够自动检测到该类型网卡的硬件信息和加载相应的驱动程序,并分配相应的系统资源(如 IRQ 号和 I/O 端口),同时为检测到的每一个网卡自动创建一个局域网连接,从而大大简化了网卡的安装过程。

安装网卡时,首先关闭计算机电源,打开主机箱,卸下插槽对应的防尘片,将 PCI 网卡垂直插入主板上的空闲 PCI 插槽中(目前大多数网卡都是 PCI 插槽,若是 ISA 网卡,则插入 ISA 插槽中),然后用螺钉固定网卡,以防止网卡松脱。如果已经准备好网线,这时就可以连接网线,将网线一头插入网卡接口,一头插入集线器或交换机的 RJ-45 端口。

接下来打开主机电源,操作系统启动时将自动完成网卡硬件的检测和驱动程序的安装,并创建相应的局域网连接。这时,网卡的安装过程就顺利完成了。

如果使用的不是"即插即用"型网卡或者操作系统没有检测到网卡的驱动程序,则单击"控制面板"中的"添加/删除硬件",按照"添加/删除硬件向导"的提示进行安装。

如图 4.11 所示,可以让 Windows 搜索新硬件,也可以直接在列表中选择硬件类型,这里选择"从列表选择硬件",单击"下一步",在硬件类型列表中选择"网卡",再单击"下一步",弹出窗口如图 4.12 所示,给出网卡的制造商列表和型号列表。

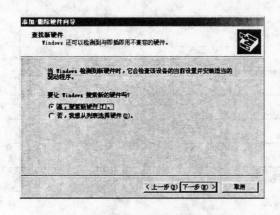

图 4.11 "添加/删除硬件向导"窗口

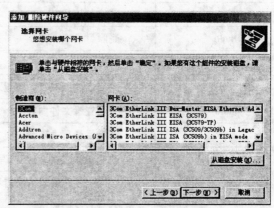

图 4.12 选择网卡

在列表中选择相应的网卡型号,单击"下一步"。或者直接单击"从磁盘安装",通过网卡的驱动程序盘进行安装,也可以事先从网上下载网卡的最新驱动程序,安装最新版本的网卡驱动程序可以使网卡的性能达到最优。

单击"下一步",安装网卡的驱动程序。

网卡安装完成以后,要检查网卡是否正确安装,单击"控制面板"的"系统"图标,打开"系统属性"窗口,选中"硬件"标签页,单击"设备管理器"按钮,弹出"设备管理器"窗口。

在"设备管理器"窗口中点击"网络适配器"小图标前面的"+"号,打开机器内已安装的网卡信息(有时可能有多个网卡)。如果网卡安装正确,则给出网卡正确的型号;如果网卡安装不正确,则网卡图标上出现一个黄色的感叹号。

也可以通过打开"附件"菜单中"系统工具"的"系统信息"子菜单,到"系统信息"窗口查看网卡安装后的状态。

最后提醒注意的是,网卡安装完毕后,最好检查一下网线是否已经正确连接到网卡上。

4.6.2 配置局域网连接

网卡安装成功后,Windows 操作系统将自动建立局域网连接,单击"开始",选择"设置"菜单下的"网络连接",打开"网络连接"窗口,这时已存在一个"本地连接"图标,如图 4.13 所示,这时用户只需要正确设置"本地连接"中的 TCP/IP 参数就可以上网了。

图 4.13 "网络连接"窗口

选中"本地连接"图标,点击鼠标右键,选择"属性"快捷菜单命令,弹出"本地连接 属性"窗口,如图 4.14 所示。该窗口给出已安装的网卡的类型和本地连接使用的各个网络组件,选中"Internet 协议(TCP/IP)"组件,点击其右下方"属性"按钮,弹出"Internet 协议(TCP/IP) 属性"窗口。

(1)若使用静态分配的 IP 地址,则首先需要从 ISP 获取本机 IP 地址、子网掩码、网关 IP 地址、域名服务器 IP 地址信息。

在"TCP/IP 属性"窗口中选中"使用下面的 IP 地址"和"使用下面的 DNS 服务器地址",分别输入对应的 IP 地址、子网掩码、默认网关地址、主域名服务器地址和备用域名服务器地址(不存在备用域名服务器则不填)信息,如图 4.15 所示。然后单击"确定"按钮就可以了。

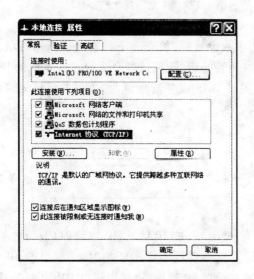

图 4.14 "本地连接 属性"窗口

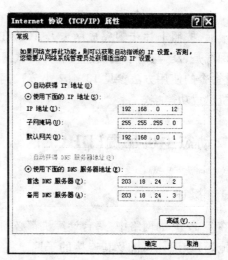

图 4.15 "TCP/IP 属性"窗口

(2)若通过 DHCP 服务器(参见下一节)动态获取 IP 地址,则不需要知道以上 TCP/IP 参数信息,在"TCP/IP 属性"窗口中选中"自动获得 IP 地址"和"自动获得 DNS 服务器地址",然后直接单击"确定"就可以了。

建立本地连接后,通常在 Windows 任务栏的右下方会显示一个本地连接的小图标,如图 4.16 所示。如果没有的话,则打开如图 4.17 所示的"本地连接 属性"窗口,选中最下方的"连接后在通知区域显示图标"单选框,再点击"确定"即可。本地连接小图标的外观根据网络连接状态的不同而变化,比如,当网络连接断开时(如拔掉网线),小图标会出现一个红色的叉号。

单击任务栏的本地连接小图标,则弹出"本地连接 状态"窗口,如图 4.17 所示,窗口给出当前网络的连接状态信息。

点击其中的"禁用"按钮,将立即禁用网卡驱动程序,断开当前的网络连接,这时小图标消失,"网络连接"窗口中的"本地连接"图标也变成灰色。

要重新启动网络连接,只需右键选中"本地连接"图标的"启用"快捷菜单。

图 4.16 本地连接的小图标

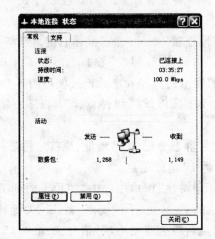
图 4.17 "本地连接状态"窗口

最后,按照上述步骤完成网卡及 TCP/IP 参数设置后,检查一下网卡上的指示灯状态,以确认网线是否已与网卡正确连接。为测试网络是否畅通,还可通过命令行 ping 本机的 IP 地址(ping 命令的使用方法参见 13.4.2 小节)、网关及 DNS 服务器地址,如果都显示畅通,则说明计算机已成功连接。

4.7 动态主机配置(DHCP)

4.7.1 概述

在 TCP/IP 的网络中,每台计算机都必须有一个惟一的 IP 地址,IP 地址(以及与之相关的子网掩码)标识计算机及其连接的子网。将计算机移动到不同的子网时,必须更改 IP 地址。网络管理员可以手工地为局域网中的每台计算机分配 IP 地址,也可以通过 DHCP 服务器为局域网上的计算机自动分配 IP 地址。具体地说,网络管理员可以通过 DHCP 服务器来集中动态地管理局域网中使用的 IP 地址和其他 TCP/IP 配置信息,以简化地址的配置管理。计算机和 DHCP 服务器之间使用的通信协议称为动态主机配置协议(Dynamic Host Configuration Protocol,DHCP),是 TCP/IP 协议族的应用层协议之一。

作为一种应用层的服务,DHCP 同样遵循着应用层的客户机/服务器工作模式。DHCP 协议是早期主机配置协议 BOOTP 协议的扩展。DHCP 服务器预先配置一段可供分配的 IP 地址范围(IP 地址池),当网络中的一台计算机启动时,就发送一个 DHCP 请求给 DHCP 服务器,DHCP 服务器通过 DHCP 协议向该客户机发送相关的 IP 地址分配信息以及缺省的 TCP/IP 参数信息。通过 DHCP 获得的 IP 地址具有租用期限,租期内服务器不会将地址租给其他客户机,但租用期结束,客户机必须更新租期或停止使用地址。当然,也可以将租用期限设置为永久(即无限期使用)。

Windows NT/2000 Server 操作系统中自带有 DHCP 服务器软件(具体安装与配置见下一小节),一些应用服务器软件如 WinRoute 代理服务器软件中也带有 DHCP 服务器软件模块。

除了 Windows 操作系统以外,在 Linux 操作系统中架设 DHCP 服务器也非常容易,例如,在 RedHat Linux 操作系统中选择安装 DHCP 服务器套件(RedHat 7.1 的 DHCP 服务器套件为 dhcp-2.0p15-4.i386.rpm),相应的 DHCP 服务器配置文档为/etc/dhcpd.conf,配置文档中具体参数设置比较简单,用户可参考文档中的注释和/usr/share /doc/dhcp-2.0 目录下的 dhcpd.conf.sample 设定文档。参数配置完成后再重新启动/etc/rc.d/ init.d/dhcpd 进程就可以了,本书不再详述。

4.7.2　Windows 上 DHCP 服务器的安装与设置

下面详细介绍 Windows 2000 Server 操作系统中 DHCP 服务器的安装和配置。这里假定 DHCP 服务器的 IP 地址为 192.168.0.1,可分配的 IP 地址范围是 192.168.0.11 ~192.168.0.100。

选择网络中的一台运行 Windows 2000 Server 的主机作为 DHCP 服务器,给该主机配置静态的 IP 地址 192.168.0.1 及相应的 TCP/IP 参数。

(1) 安装 DHCP 服务器组件(若已安装则直接进入下一步)

在控制面板中双击"添加/删除程序"图标,选择"添加/删除 Windows 组件",打开"Windows 组件向导"。在"组件"滚动列表中选中"网络服务",然后单击"详细信息",在"网络服务的子组件"中选择"动态主机配置协议(DHCP)",然后单击"确定",这时 Windows 将所需的文件复制到硬盘上。重新启动系统后,即可使用服务器软件。

(2) 使用 DHCP 控制台进行配置

DHCP 控制台是 Windows 2000 Server 用来管理 DHCP 服务器的管理工具。单击"程序"的"管理工具"中的"DHCP",打开 DHCP 控制台。可以看到 192.168.0.1 已经作为 DHCP 服务器存在列表中,如图 4.18 所示。如果列表中还没有任何服务器,则选中"DHCP",点击右键"添加服务器"菜单添加 DHCP 服务器。

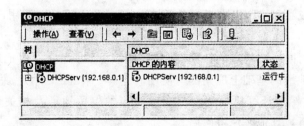

图 4.18　DHCP 控制台

首先要在 Active Directory 中授权（Authorize）DHCP 服务器，这样 DHCP 服务器才能为客户机分配 IP 地址。右键单击想要授权的服务器，在弹出菜单中，单击"授权"，即可完成对该服务器的授权。

然后在 DHCP 服务器上创建并配置作用域。选中上图的 DHCP 服务器 192.168.0.1，点击右键的"新建作用域"菜单创建作用域。首先设置作用域名。"名称"项只起提示作用，可填入任意内容。

点击"下一步"，输入可分配的 IP 地址范围。"起始 IP 地址"项输入"192.168.0.11"，"结束 IP 地址"项输入"192.168.0.100"；"子网掩码"设为"255.255.255.0"，如图 4.19 所示。

点击"下一步"，在添加排除选项中输入要排除的 IP 地址（或地址范围）；否则直接单击"下一步"。

"租约期限"限定了客户机从 DHCP 服务器获得的 IP 地址的使用有效期，对于位置相对固定的客户端，一般设置较长的租约期限，对于移动客户端则设置一个较短的时间。这里设置为60 天，如图 4.20 所示。

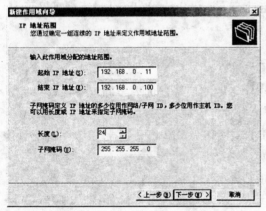

图 4.19　输入可分配的 IP 地址范围　　　　图 4.20　设置租约期限

依次点击"下一步"，分别输入默认网关地址、DNS 服务器地址和作用域的 WINS 服务器地址。这样，当客户端从 DHCP 服务器获得 IP 地址的同时，也被指定了这些相应的 TCP/IP 参数。最后，选择"是"激活该作用域，回到 DHCP 控制台主界面。这时在 DHCP 服务器下方显示出新创建的作用域，如图 4.21 所示。其中，点击"地址池"和"作用域选项"可以查看和修改作用域的配置。点击"地址租约"，可以在右面的子窗口显示当前客户端的租用信息，如 IP 地址、租约截止日期等。

到这里，已经完成了对 DHCP 服务器的基本配置。客户机可以使用 DHCP 服务器来获取IP 地址了。

此外，可以选择为网络中特定的计算机（如打印服务器）建立保留地址（永久使用地址），保留地址是在 MAC 地址的基础上应用的。使用时选择"保留"文件夹，然后单击"操作"菜单的"新建保留"，输入特定计算机的 MAC 地址、对应的保留地址及相关信息。然后点击"添加"，该 IP 地址将不再被其他客户机使用。

客户机的租约期限也可以设为无限制，即永久使用。选中作用域，点击右键"属性"菜单，在该作用域属性窗口中将 DHCP 客户的租用期设为"无限制",如图 4.22 所示。

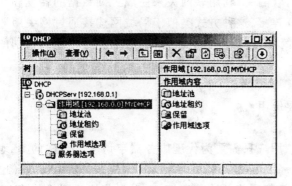

图 4.21 DHCP 作用域

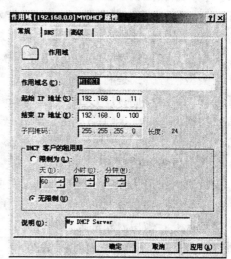

图 4.22 DHCP 作用域属性窗口

4.7.3 DHCP 客户端的设置

选择局域网中的任意一台计算机,配置其局域网连接,在"Internet 协议(TCP/IP)属性"窗口中选择"自动获得 IP 地址"和"自动获得 DNS 服务器地址","确定"后重新启动计算机或重启该"本地连接",该计算机就会从 DHCP 服务器获得分配的 IP 地址和相关网络参数。

可以使用 Windows 下的 ipconfig /all 命令来查看获得的 IP 地址和 TCP/IP 参数信息,该命令同时显示出该 IP 地址的租用起始时间和租约失效时间。

4.8 代理服务(Proxy)

4.8.1 概述

1. 代理服务的概念

随着因特网技术的迅速发展,越来越多的计算机连入因特网,随之产生了 IP 地址耗尽、网络资源争用和网络安全等诸多问题。代理(Proxy)服务是针对这些问题提出的一种有效的上网解决方案。代理服务使得局域网可以通过一台与 Internet 直接相连的代理服务器实现多机上网连接共享。目前,绝大多数 Internet 应用如 WWW、FTP、Telnet、E-mail 以及 TCP/UDP 端口映射等都可以通过代理服务器实现。

使用代理服务器连接方式,局域网只需申请一个(或几个)合法的 IP 地址,是一种比较经济实用的局域网接入方案,这种方式主要适用于局域网内上网主机数目较多且物理位置相对集中的部门,如校园网内的学生机房。

代理服务按照服务机理的不同分为应用层代理(Proxy)方式和基于软网关(Gateway)的代理方式两种不同的类型。

应用层代理方式主要是利用一台计算机建立与 Internet 的连接,同时在该计算机安装相应的 Proxy 软件作为代理服务器。网络中的其他计算机的各种连接和服务请求首先发送到代理服务器,然后由代理服务器向 Internet 转发相应的请求并接收回应,代理服务器再将回应的内容发送到相应的计算机。使用应用层代理软件的最大问题就是配置起来比较复杂,无论是服务器端还是客户端,都需要针对相应的软件进行详细的配置。

网关型代理方式是利用代理服务器作为软网关,利用软网关来完成上网数据的转发和中继任务,其他计算机通过网关间接与 Internet 连接,这种方式类似于局域网连接通过网关服务器直接访问 Internet。网关方式的设置比较简单,特别是客户端,基本上不需要作什么特别的配置。

2. 代理服务器的作用

局域网内使用代理服务器具有以下主要作用:

(1) 节约 IP 地址资源

代理服务器采用内外部地址转换方式。用户只需要为代理服务器申请一个合法的 IP 地址,局域网内其他主机则可以使用诸如 10.*.*.* 或 192.168.*.* 这样的保留 IP 地址(也称私有地址,参见 3.2.5 小节),这样不仅降低了网络的连接费用,也大大节约了网络的 IP 地址资源。

(2) 提高访问效率

通常代理服务器都设置一个较大的硬盘缓冲区(Cache),可以有效地缓存 Internet 上的资源。当局域网的一个主机访问了 Internet 上的某一站点后,代理服务器便将该站点的内容存入它的缓冲区中,当其他主机再访问相同的站点时,代理服务器直接将缓冲区中相应的内容传送给该主机,而不必再从 Internet 上获取,从而避免了传输延迟,提高了访问网站的速度和效率,同时减少了对 Internet 访问的网络传输流量,大大节省了网络费用。

(3) 提高局域网内部的安全性

对于使用代理服务器的局域网来说,只有代理服务器直接与 Internet 相连,其他局域网用户对外不可见,即外部网不能够直接访问到局域网内部主机,从而保护了内部资源不受侵犯。同时,代理服务器可以设置 IP 地址过滤,限制内部网对外部的访问权限,起到了防火墙的作用。

此外,代理服务器还具有便于管理(网络管理员可以针对每个用户或工作组设定访问 Internet 服务的类型)、可以提供详细的上网记录(包括主机名、主机 IP 地址、访问地址、计时和流量统计等,可以为内部管理和上网计费统计提供详细的依据)等优点。

3. 常用的代理服务器软件

目前代理服务器软件产品十分成熟,功能也很强大,可供选择的服务器软件很多。比较流行的应用层代理软件有 WinGate 公司的 WinGate Pro、微软公司的 MS Proxy、Ositis Software 公司的 WinProxy 等。流行的网关类软件有 Sybergen Networks 公司的 SyGate 以及 Tiny Software 公司的 WinRoute 等。

其中,WinRoute 是一个集代理服务器、DHCP 服务器、DNS 服务器、NAT(Network Address Translation,网络地址转换)、防火墙于一身的多功能代理服务器软件,同时它还是一个可以应用于局域网内部的邮件服务器软件,使用 WinRoute 不但可以实现局域网内的所有主机共享一个 Internet 连接,而且可以实现局域网内部的邮件管理,实现局域网与 Internet 之间的邮件交换。WinRoute 的安装非常简便,对系统的要求不太高,Windows 9x/NT/2000 操作系统平台都可以使用,并且不需要安装任何专门的客户端软件。

以上介绍的软件主要是针对 Windows 操作系统设计的。除此之外,许多 Linux 版本都自带有 Squid 代理服务器软件,可以很好地解决 Linux 系统下代理服务器的设置问题,Squid 是通过配置文件工作的,它的默认配置文件是/etc/squid/squid.conf,一个基本的 Squid 实现所需要的配置非常简单,用户很容易从网上查找到相关的文献。

下面将以 WinRoute 为例,详细介绍一个中小型局域网中代理服务器软件的安装和配置以及客户端的设置。

4.8.2 代理服务器软件 WinRoute 的应用

1. 安装与配置网卡

充当代理的服务器应当既能连接到 Internet,又能被局域网内的机器访问。连接 Internet 可以是通过电话拨号、ISDN、ADSL、以太网等多种方式。如果是拨号和 ISDN 接入,服务器只须安装一块网卡,并为该网卡配置一个静态的内部私有 IP 地址。

如果是以太网接入,在代理服务器中至少应安装两块网卡,其中一块网卡直接与外部 Internet 相连,称为外部网卡,外部网卡采用 ISP 服务商提供的合法的 IP 地址(该地址同时作为内部局域网的代理网关使用)。另一块网卡用于连接内部局域网,称为内部网卡。内部网卡使用局域网内部私有 IP 地址。对于外部网卡的参数配置,与单机局域网连接配置相同,可参考 4.8 节"建立局域网连接"的内容。

如果是 ADSL 接入,代理服务器上同样需要安装两块网卡,外部网卡的配置与单机使用 ADSL 接入 Internet 的方式相同,内部网卡与上述其他接入方式下的内部网卡配置相同。

局域网内部人们常用以下两类保留的 IP 地址:一类是 10.x.x.x,范围从 10.0.0.0 到 10.255.255.255。另一类是 192.168.x.x,范围从 192.168.0.0 到 192.168.255.255。其中,10.x.x.x 是一个保留的 A 类 IP 地址,它主要适用于大型的内部网络。在中小型局域网内则经常使用 192.168.*.* 格式的 IP 地址。这里假定局域网内部使用 192.168.0.0 网段的 IP 地址范围,采用的子网掩码为 255.255.255.0。其中,代理服务器内部网卡的 IP 地址为 192.168.0.1。

2. 在服务器端安装和配置 WinRoute

在服务器端安装 WinRoute Pro 4.2 的过程非常简单:双击安装文件,弹出 WinRoute Installation 对话框,点击"是",弹出 Setup 窗口,选择软件的安装路径,然后点击"Install"进行安装,安装完成后将自动重新启动机器。

机器启动后在任务栏右下角将出现 WinRoute 小图标,WinRoute 引擎缺省处于激活状态,如图 4.23 所示。如果图标上有红色标志则表明 WinRoute 引擎停止,需要在图标上点击鼠标右键,在弹出菜单项中选择"Start WinRoute Engine"重新激活。

图 4.23 任务栏上的 WinRoute 小图标

双击 WinRoute 小图标,出现一个初始登录对话框,如图 4.24 所示。用户名输入 Admin,缺省无口令,点击"OK"进入 WinRoute 管理程序主界面,如图 4.25 所示,对 WinRoute Pro 4.2 进行配置。

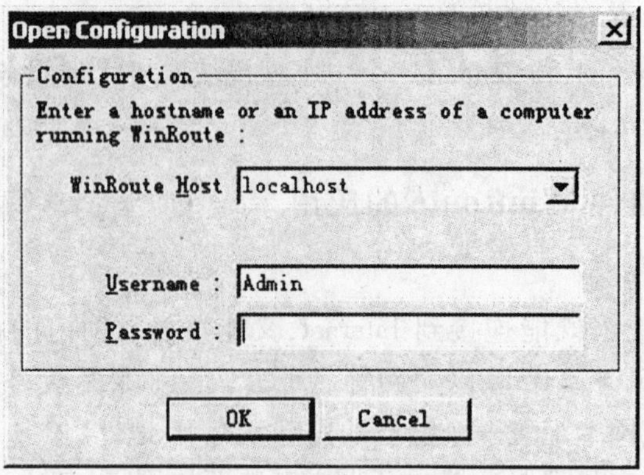

图 4.24 WinRoute 登录对话框

首先设置代理服务器的网卡接口。点击"Interface Table"图标,或打开 Setting 菜单下的 Interface Table 子菜单,弹出"Interface /NAT"对话框,如图 4.26 所示。该对话框显示代理服务器安装了两块网卡,其中,外部网卡 IP 地址为 202.103.66.18,内部网卡 IP 地址为 192.168.0.1。

选中外部网卡,然后点击"Properties..."按钮,设置外部网卡的名称为"Internet NIC",注意同时必须选中 Setings 中的 NAT(网络地址翻译)复选框。

用同样的方法设置内部网卡的名称为"LAN NIC",但不选中 NAT 复选框。

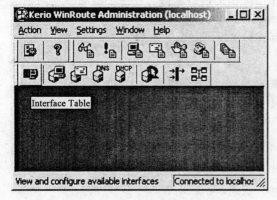

图 4.25 WinRoute 主界面

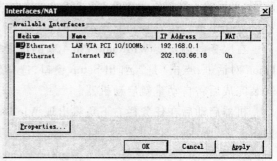

图 4.26 "Interface/NAT"对话框

设置代理服务器的具体参数。点击图 4.25 中的"Proxy Server"图标,或打开 Setting 菜单下的 Proxy Server 子菜单,弹出"Proxy Server Settings"参数设置窗口,如图 4.27 所示。该窗口总共有五个标签页,相应的设置如下所述。

(1) General 标签页:选中"Proxy Server Enable"选项,启用代理服务器功能,代理服务器缺省的侦听服务端口为 3128,从安全的角度考虑,用户可以自行修改端口号。选中"Log access to proxy server"选项,对代理访问过的 URL 进行日志记录。

(2) Cache 标签页：如图 4.28 所示，对缓冲区进行设置。

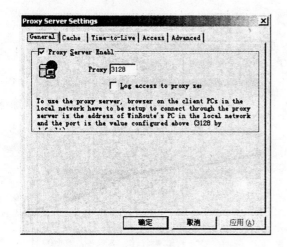

图 4.27　"Proxy Server Settings"窗口

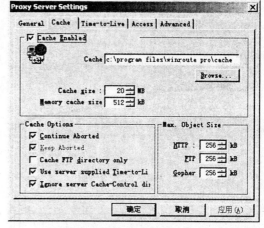

图 4.28　Cache 标签页

首先选中"Cache Enabled"选项，Cache 文本输入框显示缓冲区所在硬盘位置，默认的缓冲区目录为"C:\program files\winroute pro\cache"，单击"Browse"按钮可以重新选择缓冲区目录。

Cache size 和 Memory cache size 文本框分别用来指定硬盘缓冲区和内存缓冲区的上限值（如果缓存大小超出这个上限，则自动进行缓存修剪，把最不常用的内容抛弃，直到缓存大小为上限的 85%）。

"Cache Options"有五个选项。选中"Continue Aborted"表示客户端中断访问时由代理服务器继续读入站点内容，"Keep Aborted"则放弃读入。选中"Cache FTP directory only"选项，将只对 FTP 目录信息进行缓存。选中"Use server supplied Time-to-Live"选项，当缓冲区中的信息超过其有效生命周期（TTL）时，将自动从网上重传该信息。选择"Ignore server Cache-Control directive"表示忽略代理服务器所访问的 Web 页面的缓存控制功能（内容经常更新的 Web 页面通常附加"no-cache"缓存控制，使代理服务器每次都要到服务器下载更新后的 Web 内容）。

"Max Object Size"设置被缓存对象大小的上限，超过这个数值的信息将直接发送到客户端，而不会被放入缓冲区。

(3) Time-to-Live 标签页：如图 4.29 所示，用来设置缓冲区中信息的有效生命周期。可以针对具体的应用协议如 HTTP、FTP 和 GOPHER 来指定相应类型服务信息的生命周期，缺省为 20 天。还可以针对特定的 URL 地址进行设定（单位为小时）。缓冲区中对象的保存时间大于其有效生命周期时，内容将会被自动更新。

(4) Access 标签页：如图 4.30 所示，用来设置用户的访问限制。该设置经常和 Winroute 包过滤器结合使用，来提高内部网的安全性。其中"Access List"访问列表中显示已经存在的 URL 地址，"Insert"用来添加一个新的 URL 地址。"Access"设置栏中的"Allow To"显示可对指定 URL 进行访问的用户或用户组，通过"Add"按钮从右方用户列表添加可访问的用户，通过"Remove"按钮删除用户以拒绝对指定 URL 的访问。

(5) Advanced 标签页：主要用来设置二级代理服务器（Parent proxy）的域名或 IP 地址以及相应的端口号，设置二级代理服务器后，所有的代理请求将被转发到二级代理服务器进行处理。

其中，前三个标签页的设置是代理服务器的基本配置，基本配置完成后就可以使用代理服务器访问 Internet 了。

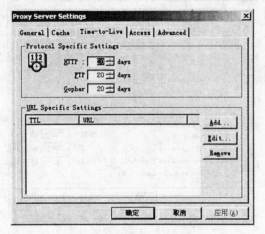
图 4.29　Time-to-Live 标签页

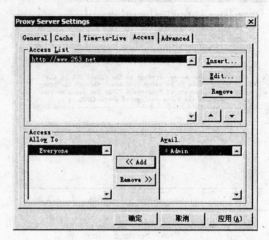
图 4.30　Access 标签页

4.8.3　客户端使用设置

WinRoute 代理服务器软件安装配置完成后，用户使用时不需要安装客户端软件，只需要将机器的 IP 地址设置成相应的内部 IP 地址（如 192.168.0.12），并将网关设置成代理服务器的内部网卡地址 192.168.0.1 即可（具体的设置方法见 4.6 节）。当前设置生效后，客户端就可以通过代理服务器进行 Internet 访问了。

WinRoute 同时还提供了 DHCP 功能，通过配置 WinRoute 的 DHCP Server，可以实现局域网内部各计算机内部网络地址及相关参数的自动分配，是灵活管理内部局域网的一种不错的选择，WinRoute DHCP Server 的配置比较容易实现，局域网管理者不妨将 WinRoute 的代理服务功能和 DHCP 服务功能结合起来使用。

4.9　组建大型局域网——园区网

园区网（Campus Network）是一类介于局域网与城域网之间的计算机网络，用于连接邻近的多栋建筑物内的多台计算机。园区网适应于学校、医院和企业等大型机构内部联网的需要。

网络的建设涉及许多技术，这些技术都有各自的特点和适用范围。用户要切合自身的应用来选取合适的网络技术。对大型局域网来说，主要的组网技术有以太网、FDDI、ATM，其中以太网技术由于其价格相对低廉且便于维护等原因而被广泛使用，千兆位以太网技术在带宽、可靠性等方面提供了更先进的技术，是目前组建大型局域网主干网的主流技术，万兆以太网在园区网上的广泛应用也指日可待。

4.9.1　网络设计的原则和步骤

1. 网络设计的基本原则

局域网设计时应遵循"整体规划、分步实施"的方针，在整体设计过程中应充分考虑以下

几个基本原则:

(1) 先进性

在经济允许的前提下,局域网设计尽量采用先进的主干网络技术、网络结构和开发工具,使用市场占有率高、标准化和技术成熟的软硬件产品。

(2) 实用性

局域网建设应考虑利用和保护现有的网络设备及资源,以保护原有的投资,充分发挥设备的效益。保证系统和应用软件功能完善、界面友好,具有较强的兼容性。

(3) 可靠性

对网络的设计、选型、安装、调试等各环节应进行统一的规划和分析,关键部件采用冗余设计和容错技术,通信子网间应留有备用信道,以确保系统运行可靠。

(4) 开放性

系统设计应采用开放技术、开放结构,采用的技术遵循国际标准,系统应支持多种介质连接,支持多种网络规程和网络协议,中心能保障不同速率网络的无缝连接。

(5) 灵活性

采用模块化组合和结构化设计,使系统配置灵活,满足逐步到位的建网原则,使网络具有强大的可增长性,方便管理和维护。

(6) 可扩展性

整个系统应符合当前多种技术发展的趋势和规范,不仅要和现有设备能够完全互连互通,而且能与未来网络技术发展相适应,充分考虑到今后网络的发展,在网络、服务器以及软件系统的设计上保证系统性能能够平滑升级扩充。

(7) 安全性

网络应在具有开放性的同时,保证其安全性。要制定合适的安全策略,建立有效的网络安全制度;对网络运行性能和资源访问控制进行实时有效的监控和日志记录;保证通信传递的安全性,采用可靠的网络通信设备。

(8) 经济性

投资合理,有良好的性能价格比。

2. 局域网建设步骤

组建大型局域网的主要步骤如下:

(1) 需求分析

组建网络的先决条件是对网络的功能需求进行全面完整的评估,并给出详细的需求分析报告。设计网络规模的大小不但要对当前系统的用户数目和上网实际需求进行理智的调研分析,还要充分考虑到未来3~5年内潜在的用户数目和业务量的增长。同时,网络规划要最大限度地利用系统现有的网络资源,避免重复投资。

(2) 系统设计

网络系统的设计遵循标准化、实用性、先进性、灵活性和可扩充性等原则,根据需求分析报告选择一种适合的组网技术,设计整个网络的拓扑结构和布线方案,给出整个网络工程预算明细,并制定相应的网络工程实施进度表。

(3) 布线

选择标准的、高质量的传输介质,根据布线方案进行结构化布线,并对各信息点进行长度(Length)、衰减(Attenuation)、延迟(Propagation Delay)等方面参数的测试。网络布线要注意采用统一且清晰的标识,以便于在以后的网络维护中方便地配线、跳线。

(4) 硬件设备选型

网络设备选型是整个网络建设中的重要环节。网络设备包括交换机、路由器、集线器等网络互连设备和服务器、工作站等。对网络设备选型首先要切合实际,从性能和价格两方面进行考虑,配置过高导致浪费,过小又满足不了性能要求。应根据用户的具体应用情况量力而行,不必盲目追求高档,因为计算机硬件技术发展日新月异,先进性是相对的,有时效性的。其次,硬件设备选型最好是选择知名厂商的网络设备,以保证设备运行的可靠性,在设备出现故障时也便于及时与厂商联系进行维护和恢复。

(5) 软件选型

软件选型也是整个网络建设中的重要环节。软件选型包括网络操作系统软件的选购,以及各种网络应用软件、网络管理软件和网络安全软件等的选购。目前较为流行的网络操作系统软件有 Windows、Unix 和 Linux。用户可以根据自身建网要求及其侧重点的不同,选择合适的软件。一套出色的网络软件不仅能充分发挥网络的性能,同时还能极大限度地加强网络管理与安全控制的有效性。

(6) 系统的安装与调试

指网络中各网络互连设备及服务器的硬件安装及参数调试、跳线连接以及各种网络软件安装与配置等具体实现。

(7) 系统测试及试运行

试运行期间对网络的各项性能指标与功能进行综合测试,并及时纠正出现的各种问题,使系统运行稳定可靠。

(8) 验收

根据各项测试指标参数进行系统验收,验收合格后系统交付用户使用。

4.9.2 园区网示例

图 4.31 给出了一个园区网的示例。

图中,园区网主干网络采用基于光纤互连的千兆交换式以太网络技术。S1 与 S2 是具有三层交换功能的核心交换机(如选用 Cisco 的 Catalyst 5000 交换机),其中,S1 为整个园区网的中心交换机,S2 为部门较多的大楼交换机。汇聚层交换机采用支持 802.1Q 的可堆叠式工作组交换机,通过多/单膜光纤连接至主干网交换机。对于重要且网络应用较多的部门采用与中心交换机的千兆冗余连接,其他部门采用百兆(或双百兆)光纤连接,将来可以根据需要进一步升级到千兆连接。

图中的 T1~T5 表示多链路干线(Multi-Link Trunking,MLT)连接。MLT 是由多个端口聚集在一起形成的连接,逻辑上就像单一端口连接一样,带宽为所连端口的总带宽。这种连接提供了介质和模块冗余及负载均衡。

拨号上网用户则通过远程访问控制服务器直接连至核心交换机,如采用 Cisco 2511 远程访问服务器。

连接到 Internet 的路由器可以选择高性能、高可靠的路由器,如 Cisco 7505。

园区网络的基本配置工作包括网络设备中 VLAN 的配置、IP 子网的划分以及路由的设置。

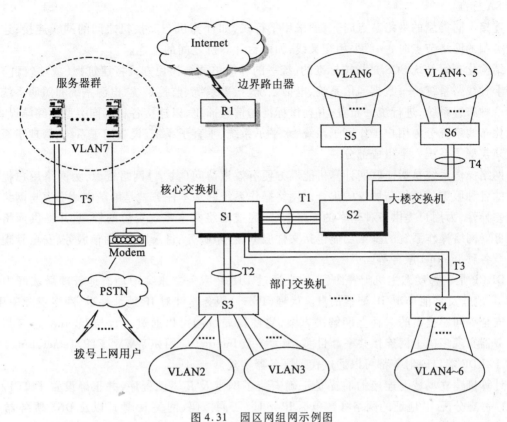

图 4.31 园区网组网示例图

4.10 本章小结

局域网技术是当前计算机网络技术研究与应用的一个重要分支。局域网是指分布在几百米到十几公里范围之内的建筑物或园区内的计算机和通信设备互连所构成的计算机网络。它具有高数据传输率、短距、拓扑结构简单、易于管理等技术特点,在传输技术上以广播式网络为主。从介质访问控制方法的角度,可以分为共享介质局域网和交换式局域网两类。

VLAN 建立在交换式局域网技术基础之上,是指采用软件方式构建的可跨越不同物理网段、不同网络的端到端的逻辑网络。VLAN 是现代网络化管理的重要内容,它具有隔离广播、易于管理、增强网络安全性能等优点。VLAN 的定义方式分为基于端口、基于源 MAC 地址、基于协议以及基于源 IP 子网几种类型。

以太网中基本的网络连接设备包括网卡、集线器、交换机以及路由器等。网卡负责网络信号的接收和协议转换,用来实现终端计算机与传输介质之间的网络连接。集线器与交换机在组网时用于将多个网络节点连接起来,构成物理星型拓扑结构的网络。交换机与集线器的区别在于:集线器采用"共享介质"的工作方式,所有端口"共享"网络带宽;而交换机内部采用交换技术,各个端口"独占"网络带宽。第三层交换机简单地讲就是具有路由功能的交换机。

双绞线的接口线序的国际标准有两种:EIA/TIA 568A 和 568B。制作平行线时,双绞线的两端都采用 568B(也可采用 568A)标准;制作交叉线时,双绞线一端采用 568B 标准,另一端采用568A标准。

连接不同类型的网络节点时,一般采用平行线,如计算机与交换机之间的网线连接;连接同种类型的网络节点时,一般采用交叉线,如两台计算机之间的互连。

结构化布线系统SCS是指按标准的、统一的和简单的结构化方式将建筑物(或建筑群)内的若干种线路系统——数据通信系统、电话系统、报警系统、监控系统、电源系统和照明系统等合为一种布线系统,进行统一布置,并提供标准的信息插座,以连接各种不同类型的终端设备。结构化布线系统分为用户工作区子系统、水平子系统、垂直子系统、设备间子系统、管理子系统以及建筑群子系统六个组成部分。

网络操作系统是指使联网计算机能够方便有效地访问(共享)网络资源,为网络用户提供所需的各种服务的软件与协议的集合。网络操作系统的基本任务就是屏蔽本地资源与网络资源的差异性,为用户提供各种基本的网络服务,完成网络共享系统资源的管理,并提供网络安全服务。网络操作系统的基本功能包括文件服务、打印服务、目录服务、通信服务、安全管理服务以及各种Internet服务等。

DHCP是一种动态主机配置协议,旨在通过DHCP服务器来集中动态地管理局域网中使用的IP地址及其他TCP/IP配置信息。代理(Proxy)服务是针对IP地址耗尽、网络资源争用、网络安全等问题提出的一种上网解决方案,它使得局域网可以通过一台与Internet直接相连的服务器实现多机上网连接共享。目前,绝大多数Internet应用如WWW、FTP、Telnet、Email以及TCP/UDP端口映射等都可以通过代理服务器实现。

计算机建立局域网连接的前提是正确安装了网卡及其驱动程序,并正确设置了TCP/IP参数。静态分配IP地址的网络参数包括IP地址、子网掩码、网关IP地址以及DNS服务器IP地址信息,使用DHCP服务器动态获取IP地址则不需要知道以上TCP/IP参数信息。

大型局域网建设主要涉及需求分析、系统设计、结构化布线、设备及软件选型、系统的安装与调试、测试试运行和验收等几个阶段。网络设计过程中要遵循先进性、实用性、可靠性、开放性、灵活性、可扩展性、安全性和经济性等基本原则。

思考与练习

4.1 局域网从介质访问控制方法的角度可以分为两类:共享介质局域网和_____局域网。

4.2 使用双绞线组网,每网段最大长度是_____米。

4.3 决定局域网特性的主要技术要素是:网络拓扑、传输介质与(   )。

    A. 数据库软件

    B. 服务器软件

    C. 体系结构

    D. 访问控制方法

4.4 总线型拓扑结构和环型拓扑结构的主要缺点是(   )。

    A. 某一个节点可能成为网络传输的瓶颈

    B. 这种网络所使用的通信线路最长

    C. 网络中任何一个节点的线路故障都有可能造成整个网络的瘫痪

    D. 网络的拓扑结构复杂

4.5 下面叙述中错误的是(   )。

    A. 网络操作系统独立于网络的拓扑结构

B. 从拓扑结构来看,网络操作系统只可运行在环型、星型、网状的网络上

C. 从操作系统的观点来看,网络操作系统大多是围绕核心调度的多用户共享资源的操作系统

D. 网络操作系统除了具有通用操作系统的功能外,还具有网络通信能力和多种网络服务能力

4.6 简述几种常用的局域网互连设备及其功能。

4.7 简述网线制作的步骤、双绞线的接口标准及线序。

4.8 什么是网络操作系统?

4.9 DHCP 服务的工作原理是什么?

4.10 阐述 Windows 下建立局域网连接的主要操作步骤。

第二篇 Internet应用

第 5 章 Internet 概述

Internet,中文译名为"因特网"或"国际互联网",是目前世界上最大、覆盖面最广的计算机互联网。Internet 并不是另外一种计算机网络,而是通过路由器和通信线路、基于统一的 TCP/IP 协议将世界各地的计算机网络互连之后形成的全球规模的计算机网络系统。通过这个全球互连的计算机网络系统,人们可以在全球范围内实现信息资源共享。

5.1 Internet 的发展历史

Internet 起源于 1969 年美国国防部高级计划研究署(DARPA)建立的一个军用计算机网络——ARPAnet,目的是为了把当时美国各种不同的网络连接起来,共享信息。ARPAnet 最初只有 4 个网络节点组成,1977 年发展到 57 个,连接了各种计算机 100 多台。1977～1979 年,DARPA 推出 TCP/IP 体系结构与协议规范,1980 年 DARPA 开始将 ARPAnet 转向 TCP/IP,1983 年 ARPAnet 已完全采用 TCP/IP 协议来传输数据。

1985 年,美国国家科学基金会 NSF(National Scientific Foundation)开始涉足 TCP/IP 的研究与开发,并于 1986 年资助建立了远程主干网 NSFnet。NSFnet 连接了全美主要的科研机构,并基于 TCP/IP 协议与 ARPAnet 相连。此外,美国宇航局(NASA)与能源部的 NSINET、ESNET 网络相继建成,欧洲、日本等也积极发展本地网络,这些网络互连后形成一个更大规模的计算机网络,这就是最初的 Internet。

经过 20 多年的发展,如今 Internet 已经成为连接世界各国的国际性网络,与之相连的网络数以万计,而且还在不断增加,网上用户多达数 10 亿。

从 Internet 的发展过程可以看到,Internet 是世界各地千万个可单独运作的网络以 TCP/IP 协议互连起来形成的,这些网络属于全球不同的组织或机构,整个 Internet 不属于任何国家、政府和机构。

5.2 Internet 的服务与资源

Internet 是世界上最大规模的计算机网络,同时也是全球范围的信息资源网。Internet 上有数以万计的信息资源,这些资源在线地分布在世界各地的数百万台服务器上。怎样获得这些资源呢? Internet 为我们提供了很多种服务,当用户需要某些资源时,通过网络访问相应的服务器就可以获得相关的信息资源。

Internet 上提供的常用服务有如下几类:

(1)基本服务:包括电子邮件(E-mail)、文件传输(FTP)和远程登录(Telenet)。这三种服务从 Internet 一开始建立就有,并且现在仍然应用非常广泛。

(2)信息浏览与查询类服务:包括 WWW 服务、搜索引擎等。

(3)电子公告类服务:包括网络新闻组(Usenet)、电子公告牌(BBS)。这两种服务的功能基本相同,都允许用户在网上发表文章,就共同感兴趣的问题进行交流。

(4)在线交流类服务:如网上聊天、网络电话、网络会议(NetMeeting)、IP电话(IP Phone)等。

随着计算机技术与网络技术的发展,Internet服务也在不断发展变化中。一些早期的服务,如超级地鼠Gopher(一种基于菜单的Internet信息查询工具)、广域信息服务WAIS(一种基于关键词的Internet信息检索工具)和文件检索服务Archie已经逐渐被WWW服务所取代,而一些新的服务和功能也不断在涌现,如电子商务(E-business)、远程医疗(Telemedicine)、远程教育(Distance Education)已经逐步在发展和应用。另一方面,未来的Internet服务将从信息服务转向知识服务,人们通过Internet服务不仅可以获取信息,更重要的是从信息中获取知识。

5.3 Internet的组织与管理

Internet发展到今天,有如此众多的用户,由成千上万的网络与之相连接,有丰富的网络资源。但实际上,并不存在一个权威的Internet管理机构。Internet是由各自独立的网络相互连接组成,其中每个网络都有自己的管理规则和体系。但这些众多的网络如果没有相互的协调,将会导致整个网络管理的混乱,所以一些人自发组成若干组织和机构来负责Internet的管理、维护、协调等工作。这些组织和机构主要有以下几个:

(1)Internet协会ISOC(Internet Society)。ISOC于1992年成立,是一个志愿性组织,其宗旨是促进Internet在技术、服务资源、利益等方面的迅速发展,从而促进全球信息交换。ISOC每两年召开一次年会,并出版季刊Internet Society News。

(2)Internet管理委员会IAB(Internet Architecture Board)。IAB是由ISCO产生的一个机构,它负责协调Internet的技术管理与发展。IAB拥有两个部门:Internet工程部IETF(Internet Engineer Task Force)和Internet研究部IRTF(Internet Research Task Force)。IAB的主要职责包括:

- 制定Internet的技术标准;
- 审定发布Internet的工作文件RFC;
- 规划Internet的长期发展战略;
- 代表Internet就技术政策等问题进行国际协调。

(3)Internet的赋值机构IANA(Internet Assignment Number Authority)。IAB把有关Internet协议参数值的协调工作交给IANA。需要协调的参数包括操作码、类型域、终端类型、系统名等。

(4)Internet域名与地址管理机构ICANN(The Internet Corporation for Assigned Names and Numbers)。ICANN成立于1998年10月,是一个集合了全球互联网商业、非商业、技术及学术领域的专家经营管理的非营利性公司,主要负责全球互联网的根域名服务器和域名体系、IP地址及互联网其他号码资源的分配管理和政策制定,现有IANA和其他一些单位与美国政府约定进行管理。

5.4 Internet 在中国

中国最早在1986年由北京计算机应用技术研究所和德国卡尔斯鲁厄大学(Kanlsmhe University)合作启动了名为 CANET(Chinese Academic Network,中国学术网)的国际联网项目,于1987年9月在北京计算机应用技术研究所内正式建成我国第一个电子邮件节点,通过 CHINAPAC 拨号 X.25 线路,连通了 Internet 的电子邮件系统,1987年9月20日22点55分,中国通过 Internet 向全世界发出了第一封来自北京的电子邮件:"跨越长城,我们相会在任何地方。"

1987~1993年,部分科研与教育机构通过拨号方式与 Internet 相连,主要是连通了 Internet 的电子邮件系统。

1989年,我国开始筹建北京中关村地区计算机网络。该网由北京大学、清华大学、中国科学院三个子网互连构成。1994年5月它作为我国第一个互联网与 Internet 连通,使中国成为加入 Internet 的第81个国家。

此后我国的网络发展极为迅速,形成了以四大网络为主干的信息高速公路。这四大网络是 CERNET(中国教育与科研计算机网)、ChinaNet(中国公用计算机网)、CSTNet(中国科技网)、ChinaGBN(中国金桥信息网)。

(1) 中国教育与科研计算机网(CERNET)

中国教育与科研计算机网(Chinese Education and Research Network,CERNET)是由教育部负责管理的全国学术性计算机互联网络,主要面向教育和科研单位。CERNET 分三级管理:国家主干网、地区网和校园网。全国网络中心设在清华大学,负责全国主干网的运行管理。地区主接点和地区网络中心分别设在清华大学、北京大学、北京邮电大学、东北大学、西安交通大学、上海交通大学、东南大学、电子科技大学、华中科技大学、华南理工大学这10所高等学府。各地区的校园网通过它们与 CERNET 相连。

(2) 中国公用计算机网(ChinaNet)

中国公用计算机网由原邮电部(现为信息产业部)投资建立,现由中国电信经营管理。ChinaNet 面向大众提供各类 Internet 商业服务,提供的主要服务有 Internet 接入服务及各种 Internet 应用服务。用户可通过电话拨号、X.25、帧中继、DDN、ISDN、ADSL 等多种方式接入。

(3) 中国科技网(CSTNet)

中国科技网由中科院主持建立,为非营利、公益性的网络,也是国家知识创新工程的基础设施,主要为科技界、科技管理部门、政府部门和高新技术企业服务。中国科技网的服务主要包括网络通信服务、域名注册服务、信息资源服务和超级计算服务等。

(4) 中国金桥信息网(ChinaGBN)

中国金桥信息网简称金桥网,由原电子工业部建立,后由吉通公司经营,至2003年6月,吉通并入网通。ChinaGBN 采取"天地合一"的网络结构,即卫星通信网与地面光纤网、无线城域网互相连通,用户可以通过有线或无线方式接入。ChinaGBN 的主要业务是面向公众提供 Internet 接入与应用商业服务。

除上述四大网络之外,目前国内规模较大的 ISP 还有中国联通互联网(UNINET)、中国网通公用互联网(CNCNET)、中国国际经济贸易互联网(CIETNET)、中国移动互联网(CMNET)等。

思考与练习

5.1 理解什么是 Internet,以及它与计算机网络的关系。

5.2 Internet 提供哪些主要的服务和资源?

5.3 仔细阅读第 3 章关于 TCP/IP 的内容,结合其中 IP 地址的管理和 Internet 域名系统的有关内容,了解 Internet 是如何管理的。

5.4 了解中国目前几大主干网络的现状。

第6章 接入Internet

要访问Internet上的资源,用户首先要将计算机连接到Internet,即接入Internet。接入Internet的方式有很多种。所谓接入方式是指用户采用什么设备、通过什么线路接入互联网。就目前技术而言,对于终端用户和小型办公室用户,主要的接入方式有拨号上网、ISDN、ADSL、Cable Modem和通过小区局域网接入。

本章将介绍终端用户和小型办公室用户(不包括大型企业级用户)接入Internet的几种主要方式及操作步骤,读者需根据实际情况选择合适的接入方式。

6.1 选择ISP和接入方式

6.1.1 Internet服务提供商

提供Internet接入服务的公司或机构,称为Internet服务提供商,简称ISP(Internet Services Provider),如中国电信、中国联通等互联网运营单位及其在各地的分支机构和下属的组建局域网的专线单位。ISP拥有与Internet连接的主干网络,任何一台计算机或局域网要接入Internet,只需以某种方式与ISP的主干网络连接即可。ISP能配置用户与Internet连接所需的设备,并建立通信连接,提供信息与接入服务。

作为ISP一般需要具备如下三个条件:
- 有专线与Internet相连;
- 有运行各种Internet服务程序的主机,可以随时提供各种服务;
- 有IP地址资源,可以给申请接入的计算机用户分配IP地址。

目前,我国只有CERNET(中国教育与科研计算机网)、ChinaNet(中国公用计算机网)、CSTNet(中国科技网)、ChinaGBN(中国金桥信息网)等少数几个ISP拥有国际专线,直接与Internet国外主干网络相连,其他ISP则是通过先接入到这几大网络,然后再向其他用户提供Internet接入服务,也称为下级ISP。

用户在选择ISP时需要考虑如下几方面的因素:

(1)费用。用户入网费用主要包括注册费、Internet使用费和通信线路使用费三个方面的费用。

(2)出口带宽。出口带宽是指ISP接入上级的线路出口带宽和它的网络上级互连单位的出口带宽。出口带宽数据越大越好,它反映出ISP本身可以多高的速率连接到Internet或上级ISP,是体现该ISP接入能力的一个关键参数。

(3)接入速率。ISP提供的接入速率指用户连接到ISP主干网络的额定数据传输速率。ISP提供的接入速率越高,用户的上网速度就越快,对查询信息就越有利。

(4)服务。服务包括ISP提供的Internet服务项目及服务质量等方面的内容。服务质量是指网络和信息服务的可靠性、可用性、高性能等。

6.1.2 接入 Internet 的方式

目前接入 Internet 的方式有拨号上网、ISDN、ADSL、Cable Modem、无线接入和通过局域网接入。用户需要根据实际情况,选择合适的接入方式。

拨号上网配置方便,只要用户家中有电话线,即可通过调制解调器拨号上网,但拨号上网的速率较低,最高速率仅 56Kbps。通过电话线也可以 ISDN 和 ADSL 方式接入 Internet,但这两种方式需要向 ISP 申请安装才能使用。ISDN 的速率可达到 128Kbps,ADSL 的速率可达到 2Mbps。随着技术的成熟,ADSL 以其使用方便、速度快而逐渐成为很多家庭用户首选的上网方式。

除了利用电话线上网以外,用户还可以通过无线接入、Cable Modem 和通过局域网接入 Internet。

现在一些城市开始兴建高速城域网,主干网速率可达几十 Gbps,并且推广宽带接入,将光纤直接铺设到居民楼栋,再从楼栋交换机通过双绞线连到用户家中,用户可以以局域网的方式接入,速率达 10Mbps 或 100Mbps。

由于铺设光纤的费用很高,对于需要宽带接入的用户,一些城市提供无线接入。用户通过高频天线和 ISP 连接,距离在 10km 左右,速率为 2～11Mbps,费用低廉,但是受地形和距离的限制,适合城市里距离 ISP 不远的用户。

目前,我国有线电视网遍布全国,很多居住小区提供 Cable Modem 接入 Internet 方式。Cable 是指有线电视网络,Modem 是调制解调器。Cable Modem 是一种可以通过有线电视网络进行高速数据接入的装置。它一般有两个接口,一个用来接室内墙上的有线电视端口,另一个与计算机相连。发送数据时,它把数字信号转换成模拟射频信号,类似电视信号,通过有线电视网传送。接收信号时,Cable Modem 把通过有线电视网接收的模拟信号转换为数字信号,以便电脑处理。Cable Modem 的传输速率一般可达 10Mbps,但是 Cable Modem 的工作方式是共享带宽的,所以当多个用户同时使用时,可能会出现速率下降的情况。在费用方面,Cable Modem 也比 ADSL 高。

局域网连接的配置方法在 4.6 节中已有介绍,本章后文主要介绍通过普通拨号、ISDN 和 ADSL 上网的连接和配置方法。

6.2 拨号上网

拨号上网是指使用调制解调器(Modem),通过电话线接入 Internet 的上网方式。它也是目前家庭用户常用的上网方式,最高速率为 56Kbps。

6.2.1 调制解调器

拨号上网时,除了 PC 机外,必须具有普通电话线路和调制解调器(Modem)。Modem 是 Modulation(调制)及 Demodulation(解调)的缩写,俗语也将 Modem 称为"猫"。

调制解调器是一种能够使计算机通过电话线同其他计算机进行通信的设备。我们使用的电话线路传输的是模拟信号,而计算机之间传输的是数字信号。为使计算机的数字信号能够通过电话线传输,必须通过 Modem 来进行调制和解调。调制是将计算机送来的二进制信号转换成模拟信号以便于在电话网上传输;解调则是将电话网传送过来的模拟信号还原成计算机能接收的二进制信号。总之,Modem是为使计算机信息能在电话网上传输而使用的信号变换器。

调制解调器有内置式、外置式、USB Modem 和 PC 卡式 Modem。

内置式调制解调器又叫 Modem 卡,插在计算机的扩展槽上,价格便宜。其安装过程比较麻烦,首先要根据说明书给出的方法设置调制解调器的异步通信口,注意不能与其他硬件设备冲突,然后将调制解调器插在计算机的扩展槽中,把电话线接在调制解调器上标有 LINE 的 RJ-11 插口上。

外置式调制解调器通过电缆线连接在计算机的串口上,拆装方便,但需要一个外接电源。安装时先把同调制解调器配套的电缆线一端接在调制解调器的插口上,另一端接在计算机的串口 COM1 或 COM2 上,然后把电话线接在调制解调器上标有 LINE 的 RJ-11 插口上。

USB Modem 使用 USB 接口与主机连接,体积小,可以热插拔;PC 卡式 Modem 专为笔记本电脑设计,直接插在笔记本电脑的标准 PCMCIA 插槽中。

6.2.2 拨号上网的安装与使用

1. 与 Internet 服务提供商联系,办理入网手续

ISP 将为用户提供以下信息:

(1) 拨号上网用户名;

(2) 拨号上网密码;

(3) 拨号电话号码。

除此之外,直接购买上网卡也是现在比较方便的一种方式。上网卡上会注明拨号上网的用户名、密码和电话号码。

2. 安装 Modem 及其驱动程序

将 Modem 硬件与计算机连接好之后,需要安装 Modem 驱动程序。操作步骤如下:

(1) 单击"开始→设置→控制面板→电话和调制解调器选项",打开"电话和调制解调器选项"对话框,如图 6.1 所示。

(2) 单击"调制解调器"标签,选择下方的"添加"按钮,出现添加硬件向导"安装新调制解调器"对话框,如图 6.2 所示。

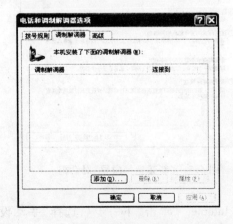

图 6.1 "电话和调制解调器选项"对话框

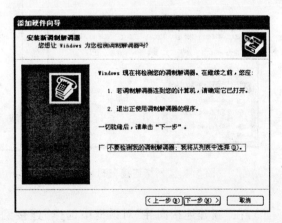

图 6.2 "添加硬件向导"对话框

(3)选中"不要检测我的调制解调器:我将从列表中选择",单击"下一步",出现如图6.3所示的对话框。

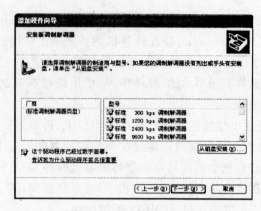

图6.3 "安装新调制解调器"对话框

(4)单击"从磁盘安装",通过软盘或光盘来安装 Modem 驱动程序。

注:部分品牌的 Modem,由于操作系统内已集成了 Modem 的驱动程序,因此 Modem 硬件安装完成之后,在安装操作系统时,Windows XP 会自动安装 Modem 驱动程序,无需用户自己安装。

3. 安装 TCP/IP 协议

一般情况下,安装操作系统时已自动安装了 TCP/IP 协议。如果未安装或者 TCP/IP 协议设置有误,可以在"控制面板"的"网络和拨号连接"中添加 TCP/IP 协议。

4. 创建拨号连接并拨号上网

(1)安装 Modem 驱动程序后,双击"开始→设置→网络连接",打开"网络连接"窗口,如图6.4 所示。

(2)单击左侧"创建一个新的连接"选项,打开"新建连接向导"对话框,如图6.5所示。

图6.4 "网络连接"窗口

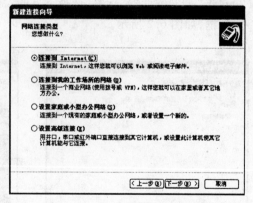

图6.5 "新建连接向导"对话框

(3)在"新建连接向导"对话框中选择"连接到 Internet",单击"下一步",选择"手动设置我的连接"。然后选择"用拨号调制解调器连接",输入 ISP 名称和拨号所用电话号码,如图

6.6所示。

（4）单击"下一步"，设置拨号账户用户名和密码，如图6.7所示。

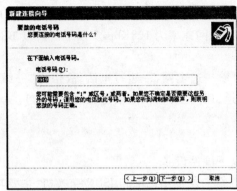
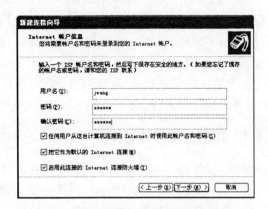

图6.6　设置拨号电话号码　　　　　图6.7　设置拨号账户用户名和密码

（5）完成拨号连接的设置。继续单击"下一步"，为新创建的连接命名，默认名称是"拨号连接"。单击"完成"，出现如图6.8所示的"连接 拨号连接"对话框。

（6）在如图6.8所示的"连接 拨号连接"对话框中，添入ISP提供的"用户名"和"密码"，拨号文本框中会自动显示已经设置过的拨号"电话号码"，用户也可直接在该对话框中更改拨号电话号码。

图6.8　"连接 拨号连接"对话框

（7）拨号上网。参数设置完成后，点击图6.8"连接 拨号连接"对话框中的"拨号"按钮，即可通过电话拨号方式接入Internet。

6.3　ISDN上网

ISDN的全称是Integrated Services Digital Network，即综合业务数字网（第2章中讲述的窄

带 ISDN),在 ADSL 出现之前,是家庭用户和网吧等小型局域网使用较多的接入方式。

ISDN 包括两种速率的接口标准:PRI 接口和 BRI 接口。

PRI 接口提供 30B(30×64Kbps)+D(16Kbps)信道,带宽可高达 2Mbps,一般用于中继接入服务,适用于像网吧这样规模的用户。家庭用户使用的一般是 BRI 接口,它提供两个 B 信道(64Kbps+64Kbps)和一个 D 信道(16Kbps),最高上网速率为 128Kbps。以下讲解以 BRI 接口接入方式为例。

由于提供两个 B 信道,所以利用 ISDN,用户可以一边上网,一边打电话,故俗称"一线通"(采用普通拨号接入时,由于只有一个模拟传输信道,用户上网时,电话是无法使用的)。

6.3.1 ISDN 设备与连接

通过 ISDN 接入 Internet,除 PC 机外,还需要以下硬件设备:
- NT1(Network Termination:网络终端):通过它来连接用户端和 ISDN 交换机,主要功能有线路运行报警、计时、物理信道协议转换、多个信道复用。
- ISDN 适配器:ISDN 适配器有内置式和外置式两种。通过它将 PC 机与 NT1 连接起来。

各硬件的物理连接如图 6.9 所示。首先,把 ISDN 适配器等数字设备接在 NT1 标有"S/T1"或"S/T2"的 RJ-45 数字口上,模拟电话机和模拟传真机接在标有"PHONE1"或"PHONE2"的 RJ-11 模拟口上,然后把电话局提供的 ISDN 数字线插入 NTI 上标有"ISDN"的端口。当各指示灯闪烁并常亮后,表明 ISDN 线路已经接通。

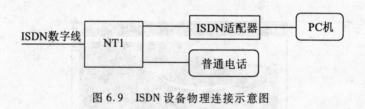

图 6.9 ISDN 设备物理连接示意图

6.3.2 ISDN 联网的软件安装

(1) 安装 ISDN 适配器驱动程序

按照图 6.9 连接好硬件后,需要在计算机上安装 ISDN 适配器的驱动程序,具体方法与调制解调器驱动程序的安装类似。

(2) 安装 TCP/IP 协议

一般安装操作系统时会自动安装 TCP/IP 协议。如果未安装或者 TCP/IP 协议设置有误,可以在"控制面板"的"网络和拨号连接"中添加 TCP/IP 协议。

(3) 建立 ISDN 拨号连接并拨号上网

上述操作完成之后,建立拨号连接。其方法是:双击"网络和拨号连接"中的"新建连接"图标,在弹出的窗口中键入拨号连接名称,如"ISDN"。接着选择上网所用的信道"ISDN Channel 0"或"ISDN Channel 1",然后单击"下一步",在弹出的窗口中选择连接速率(64K 或 128K),单击"确定"按钮后在窗口中填入 ISP 提供的服务号码,即可建立一个名为 ISDN 的拨号连接。双击"ISDN 拨号连接",填入账号及密码,拨号接入 Internet。

6.4 ADSL 上网

ADSL(Asymmetrical Digital Subscriber Loop,非对称数字用户环路)是 DSL(数字用户环路)家族中最常用、最成熟的技术,是采用高频数字压缩方式进行宽带接入的技术。它因其下行速率高、频带宽、性能优等特点,成为继拨号上网、ISDN 之后,目前国内家庭用户首选的互联网接入方式。

6.4.1 ADSL 简介

ADSL 能够在现有电话线上提供高达 8Mbps 的下载速率和 1Mbps 的上传速率,有效传输距离可达 3~5km。ADSL 能够充分利用现有电话网络,只要在电话线路两端加装 ADSL 设备即可为用户提供高速宽带服务,不用重新布线,是一种非常廉价的宽带接入方式。

ADSL 可以在普通电话线上提供 3 个通道,最低频段部分为 0~4KHz,用于普通电话业务;中间频段部分为 20~50KHz,用于传送上行数据;最高频段部分为 150~550KHz 或 140KHz~1.1MHz,用于下行数据的传送,速率为 1.5~8Mbps。也就是说,ADSL 使用了频分复用的技术,使得在现有的电话线上既可以快速接入 Internet,又可以同时打电话、发送传真,通话质量与 Internet 接入互不影响。从效果上看,ADSL 与 ISDN 非常相似,但采用了完全不同的技术,传输速率也比 ISDN 更高。

ADSL 接入 Internet 有虚拟拨号和专线接入两种方式。虚拟拨号方式类似于使用 Modem 和 ISDN 拨号上网,使用动态 IP 地址;采用专线接入的用户具有固定 IP 地址,只要开机即可接入 Internet。

ADSL 接入有很多优点,如上网速度较其他几种大大提高,且安装时只需在原有普通电话线的基础上加装设备,无需像 ISDN 一样改造原有线路。但是 ADSL 也有其先天的技术限制,ADSL 是一种非对称的传输模式,也就是说,ADSL 上传与下载的速率并不相同。对于一般用户而言,非对称传输能够有效利用带宽。但对于企业用户或架设网站而言,由于需要较大的上传数据带宽,ADSL 的非对称传输模式会对访问速度造成一定的影响。

6.4.2 ADSL 设备与连接

通过 ADSL 接入 Internet,除 PC 机外,还需要以下硬件设备:
- 语音分离器:为滤波设备,用来分离电话信号和上网信号。
- ADSL Modem:用于信号的编码、调制和解调。有外置和内置两种,外置式 ADSL Modem 又有两种接口类型:以太网接口和 USB 接口。
- 若 ADSL Modem 为 Ethernet(以太网)接口,则 PC 机内还必须配备一块以太网卡。

各硬件之间的物理连接如图 6.10 所示。

ADSL Modem 与计算机之间的连接没有使用普通串口,是因为 ADSL 调制解调器的传输速率达 1M~8M,而计算机的串口不能达到如此高的传输速率,USB 接口和以太网接口则能满足高速传输的需求。

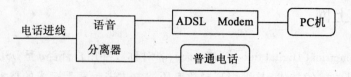

图 6.10　ADSL 设备物理连接示意图

6.4.3　ADSL 联网的软件安装

1. ADSL 虚拟拨号接入

(1) 安装拨号软件。

当硬件设备连接好后,开始安装 ADSL 拨号软件。因为 ADSL 是点对点通信,所以首先要安装 PPPoE,它是以网络协议组件的形式来工作的,依靠操作系统的拨号网络来提供 PPP 协议。这一软件在 ADSL Modem 的拨号软件光盘中可以找到,只需按提示安装即可。

(2) 安装 TCP/IP 协议。

一般安装操作系统时会自动安装 TCP/IP 协议。如果未安装或者 TCP/IP 协议设置有误,可以在"控制面板"的"网络和拨号连接"中添加 TCP/IP 协议。

(3) 建立拨号连接并拨号上网。

打开拨号软件的程序组,在此操作前请确认 ADSL Modem 电源已经打开,双击 Create New Profile,创建虚拟拨号连接(类似于拨号网络中建立新连接,因为电信给 ADSL 家庭用户均采用的是虚拟拨号、动态分配 IP 的接入方式。要获得静态 IP,需要另外申请),填写拨号连接名称,然后点击"下一步",填写 ISP 所给的接入用户名和密码,继续点击"下一步",选择拨号服务器名称(由 ISP 提供),选择用户所使用的网卡型号,然后点击"下一步"按钮,这时将在程序组中出现 ADSL 宽带网的图标。双击 ADSL 宽带网图标,出现连接界面,点击"连接"按钮,几秒钟后就可与网络连通。

2. ADSL 专线接入

使用 ADSL 时,还可采用类似专线接入方式。采用专线接入,用户参照图 6.10 连接和配置好 ADSL Modem 后,需要在个人计算机中安装 TCP/IP 协议并设置 ISP 分配的相关参数,如 IP 地址和子网掩码、网关、DNS。开机后,用户端和 ADSL 局端会自动建立起一条连接链路,无需虚拟拨号。

6.5　本章小结

目前接入 Internet 的方式有很多种,如本文中介绍的拨号上网、ISDN、ADSL、Cable Modem、无线接入和通过局域网接入。各种接入方式由于硬件及技术本身的特点,都有其优缺点。使用者需要根据实际情况,选择合适的接入方式。

本章中涉及的一些概念,如带宽、速率等,请查看本书 2.1 节。有关拨号上网、ISDN 的原理,请查看本书 2.6 节。关于局域网接入中 IP 地址、子网掩码、网关、DNS 服务器地址等内容,请仔细阅读本书第 3 章和第 4 章内容。

思考与练习

6.1 什么是ISP？ISP应具备哪些条件？

6.2 接入Internet有哪些方式？

6.3 根据目前你自己计算机的情况，你认为如果要接入Internet，应该选择哪一种方式？并说明理由。

6.4 如果你的计算机已经上网，请参考本章内容，说出计算机所采用的接入方式和这种接入方式的技术原理。

6.5 什么是ISDN？ISDN与普通拨号上网相比，有哪些不同？

6.6 什么是ADSL？考虑一下ADSL是怎样在一根电话线上，实现数字信号和模拟电话信号同时传输而互不干扰的？

6.7 任何一台计算机要上网，必须配置的参数有哪些？

6.8 结合本章内容，理解IP地址、网关、子网掩码和DNS。

第7章 WWW 服务

WWW 是 Internet 提供的一种服务。WWW 服务具有很多优点,如使用 WWW 服务时,在一个网页上可以包含文字、图像、动画、声音等多媒体信息;通过页面上的"超链接",可指引浏览者从当前页面直接访问相关页面;操作简单,易于使用。这些优点使 WWW 成为目前 Internet 上最受欢迎的信息浏览方式。

WWW 的出现被认为是 Internet 发展史上的一个重要里程碑,它对 Internet 的发展起了巨大的推动作用。

7.1 WWW 服务概述

WWW(World Wide Web)简称 Web,又称万维网或环球网,是一种非常方便、快捷的信息浏览服务。通常,我们上网浏览网页,检索信息,使用的就是 WWW 服务。

早期的 Internet 由于网络带宽小,一直都是文字的世界。直到 1989 年"欧洲高能粒子协会(CERN)"为了能让其世界各地的成员分享研究成果并互传信息,发展出能够传递多媒体资料的分散式网络,这就是他们所提出的 WWW 计划。当时的构想是通过一套跨平台的通信协议,让所有的计算机通过 WWW 都可以阅读远方主机上的同一文件。这个协议就是现在的"超文本传输协议(HyperText Transfer Protocol,HTTP)"。在 WWW 诞生后,Internet 原本生硬的文字界面被声、文、图、影的多媒体界面所替代。

WWW 服务以客户/服务器模式进行工作。

在 Internet 上的一些计算机上运行着 WWW 服务器程序,它们是信息(Web 页面)的提供者。在用户的计算机(客户机)上运行着 WWW 客户机程序,即浏览器,常用的如 Windows 操作系统下的 Internet Explore。用户通过浏览器将获取页面的请求传送给服务器。WWW 服务器程序接收到请求消息之后,将 HTML 页面通过网络传送给客户端。客户端浏览器解释执行 HTML 页面代码,成为我们看到的包含文字、图像等多媒体信息的 Web 页面。

可见,WWW 服务器是 WWW 服务的核心,是信息资源的提供者。用户所浏览的网页实际上存放在 WWW 服务器上。当用户访问信息资源时,通过在客户端浏览器中输入 WWW 服务器地址来访问各个网站的页面。

客户机与 WWW 服务器之间采用 HTTP(超文本传输协议)协议通信,所传输信息的基本单位是网页,每一个网页可以包含文字、图片、声音等多种信息。此外页面上还可加入超链接,使用户能够通过这些超链接直接访问另一个页面。

以访问武汉大学主页"http://www.whu.edu.cn/index.htm"为例,一个完整的 WWW 服务访问的基本过程如图 7.1 所示。图中各编号的操作如下:

① 浏览器分析页面请求 URL"http://www.whu.edu.cn/index.htm"。

② 浏览器向 DNS 服务器请求

解析WWW服务器"www.whu.edu.cn"的IP地址。

URL中www.whu.edu.cn表示WWW服务器的域名，但建立TCP连接时必须使用IP地址，因此需要通过域名解析获得WWW服务器的IP地址。

③ DNS服务器解析出WWW服务器的IP地址。

④ 浏览器与服务器建立TCP连接。

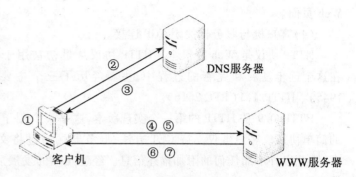

图7.1 客户机请求Web页面的过程

⑤ 浏览器发出请求消息"GET /index.htm"，获取WWW服务器上的index.htm文件。

⑥ WWW服务器接收到请求消息后，向客户机发送应答消息，将请求的文件(index.htm)作为HTTP应答消息的实体部分返回给客户机。

⑦ 关闭TCP连接。

7.2 WWW服务的基本概念

本节将介绍WWW服务的几个基本概念及其作用，他们是HomePage、HTML、HTTP、URL。

1. HomePage

HomePage，中文译为主页，一般是指一个WWW站点的首页，也泛指Web页面。Web页面是WWW服务提供信息的基本单位。用户浏览信息时，一个浏览器窗口每次显示一个Web页面。

2. HTML(HyperText Markup Language)

HTML指超文本标记语言(HyperText Markup Language)，我们看到的所有Web页面都是用它写成的。因此，Web页面文件又称为HTML文档。HTML是一种描述性语言，由各种"标记(TAG)"来控制内容的显示格式，并能把文本、图像、语音、视频等多种媒体方便地链接在一个页面上。HTML文档是由HTML命令标记和显示内容组成的描述性文本，扩展名为".html"或".htm"。

3. HTTP(HyperText Transfer Protocol)

HTTP指超文本传输协议(HyperText Transfer Protocol)，是Web服务器与客户机之间通信所使用的传输协议。

HTTP协议基于请求/应答模式。一个客户机与服务器建立连接后，发送一个请求消息给服务器；服务器接收到请求消息后，发送相应的应答信息，应答消息主要包含HTTP协议的版本号和服务器对客户机请求消息的处理结果。

HTTP协议的信息交换过程主要包括如下四个步骤：

(1)客户机与服务器建立TCP连接。

(2)客户机向服务器发送请求消息，获取Web页面文件。

(3)服务器接收到请求消息后，向客户机发送应答消息，返回服务器对客户机请求消息的处理结果。如果请求消息被正确接收，则应答消息实体部分就是客户机请求Web页面的HT-

ML代码。应答消息传输到客户端时，由客户端浏览器解释执行，成为我们看到的图文并茂的Web页面。

（4）客户机与服务器关闭TCP连接。

HTTP协议是Web的根本。HTTP协议从最初被用于Web开始，已经有十几年的历史。在这个逐步发展和完善的过程中，主要经历了三个主要版本：HTTP/0.9、HTTP/1.0（RFC 1945）、HTTP/1.1（RFC 2616）。

HTTP/0.9是HTTP的第一个实现版本，这是一个用于在Internet上传送HTML文本文件的简单协议。客户端仅支持GET方法，服务器端通过将文档返回给客户机来响应客户的请求，除此以外不加任何的附加描述信息。经过几年的发展后，HTTP/0.9由于过于简单而逐渐被淘汰。

HTTP/1.0是在1992~1996年期间开发的，并在1996年5月成为IETF（Internet Engineering Task Force）正式的官方标准（RFC 1945）。开发HTTP/1.0的主要需求是传送除简单的文本文件以外的其他格式文件，如图像、声音、应用程序等。与HTTP/0.9相比，HTTP/1.0在许多方面做了改进，包括支持MIME格式信息，其中包含了有关被传送数据的元数据以及对请求和响应语法的限定。

HTTP/1.1对HTTP/1.0作了进一步完善，包括降低HTTP协议带来的网络负载，增强客户和服务器的性能，减少最终用户的等待时间等。具体改进有缓存机制的改进、支持持久连接、增加了新的数据传送方法、增加了新的头字段。2002年，HTTP/1.1已经成为Internet草案标准（Draft Standard）。

4. URL（Uniform Resource Locator）

URL称为统一资源定位符（Uniform Resource Locator）。URL对于Internet来说，就像是路径名对于计算机一样，它完整描述了Internet上HTML文档的地址。

一个完整的URL包括服务协议、域名、路径名和文件名。典型的URL如下所示：

http://www.whu.edu.cn/xxjj/xxjj.htm

其中，"http"是WWW服务所使用的传输协议；"//"表明其后是WWW服务器的域名，如例中的www.whu.edu.cn就是武汉大学WWW服务器的域名；"/xxjj/xxjj.htm"是xxjj.htm这个html文档在计算机上的相对路径名。也就是说，该URL含义为：当前用户正在使用超文本传输协议来请求www.whu.edu.cn服务器上xxjj目录下的xxjj.htm文件。

URL中，服务协议和域名是不能省略的，路径名和文件名则在访问一站点的首页时一般可以省略。譬如武汉大学首页可以用http://www.whu.edu.cn访问。这里省略了路径名和首页面文件名，意指路径名是存放本站点html文件的根目录，页面文件是该站点的首页面文件。通常，首页面文件名为"index.htm"或"default.htm"，也可以是其他文件名，这可由服务器管理员设置修改。假设用的是"index.htm"，则武汉大学首页完整的URL应该是"http://www.whu.edu.cn/index.htm"，其中"/index.htm"表示文件"index.htm"存放在WWW服务的根目录下。

仔细观察一下，会发现我们上网使用WWW服务浏览信息时，每个页面请求都是用URL来表示的。

URL不仅仅限于描述WWW文档的地址，还可以描述其他服务的地址。如匿名FTP、Gopher、Usenet，其URL格式分别如下所示：

ftp://ftp.whu.edu.cn
gopher://gopher.pku.edu.cn
news://news.whu.edu.cn

例如,当我们在浏览器的地址栏中输入"ftp://ftp.whu.edu.cn"时,表示访问的是FTP服务而不是WWW服务。

需要指出的是,由于浏览器的设计目的是用做WWW服务的客户端,因此,当访问WWW服务时,经常可以省略传输协议"http",这时,浏览器会自动使用http请求服务器。但是,当用浏览器访问其他服务时,则不可省略传输协议,如访问FTP服务时,必须在域名前输入"ftp://"。

7.3 Internet Explorer 的使用

浏览器是用户使用WWW服务的客户端程序,而Microsoft Internet Explorer(IE)是目前使用最为广泛的浏览器。它以其友好的界面、强大的功能吸引了众多使用者,同时由于其制造商微软在所销售的Windows操作系统中捆绑了此浏览器,也使该浏览器的使用更加广泛。

7.3.1 Internet Explorer 的基本操作

1. 启动 IE 浏览器

在桌面上双击Internet Explorer图标,或单击"开始—程序"菜单下的"Internet Explorer",即可启动浏览器窗口,如图7.2所示。

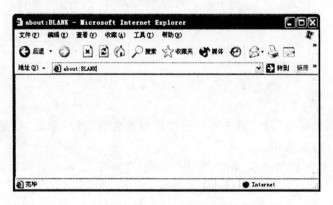

图 7.2　IE 浏览器窗口

2. 访问网页

在浏览器窗口上方的地址栏里输入欲访问网页的URL,如http://www.whu.edu.cn,然后按一下键盘上的Enter键。如果URL正确,并且网络畅通,则该主页就会显示在浏览器窗口中,如图7.3所示。

每个网页上都会有一些加了超链接的文本,当鼠标指向这些文字时,鼠标状态将会变为小手形状。通过超链接,用户可以从当前网页直接访问其他页面。

3. 使用收藏夹

在上网浏览的过程中,会看到很多对自己非常有用的站点或非常喜欢的页面,要熟记这些

图 7.3 武汉大学主页

站点或页面的 URL 以便下次访问是一件非常困难的事。利用 IE 的收藏夹就可以解决这一问题，其操作如下：

（1）当浏览器中显示的是对自己非常有用的站点页面时，单击 Internet Explorer "收藏"菜单下的"添加到收藏夹"，即打开"添加到收藏夹"对话框，如图 7.4 所示。

图 7.4 "添加到收藏夹"对话框

（2）在"添加到收藏夹"对话框中可以修改页面的名称，然后单击"确定"按钮，当前页面的 URL 就会保存在收藏夹中。

如果需要再次访问该 Web 页面时，单击"收藏"菜单下该 Web 页名称，即可打开相应 Web 页。

当保存在收藏夹中的 Web 页的 URL 较多时，可以利用收藏菜单下的"整理收藏夹"建立子目录，来分类保存不同的 URL。

4. 页面文档管理

（1）保存 Web 页面文件

单击"文件"菜单，在下拉菜单中选择"另存为"，可以将该 HTML 文件保存在用户的计算机上。

（2）保存页面中的图片

将鼠标指向要保存的图片，单击鼠标右键，在弹出的快捷菜单中选择"图片另存为"，即可将所指图片的文件保存在本地计算机上。

（3）打印 Web 页面

单击"文件"菜单,在下拉菜单中选择"打印",可在打印机上将该页面打印出来。

(4) 指定显示页面的语言编码

如果浏览器中显示的页面有乱码,则很可能是编码方式不对。解决方法如下:单击"查看"菜单下"编码"选项,选择合适的编码方式。

(5) 查看页面源码

单击"查看"菜单,在下拉菜单中选择"源文件",即可看到该 Web 页的 HTML 源代码。

5. 设置浏览器主页

每次启动浏览器 IE 时,浏览器会自动下载并显示出一个页面,这个页面称为浏览器的主页。在刚安装的浏览器里是以浏览器生产商微软的主页作为浏览器的默认主页的,用户可根据实际情况设置浏览器主页。

单击主菜单"工具"下的"Internet"选项,在"Internet 选项"对话框的"常规"标签(见图 7.5)中可看到浏览器"主页"选项,在主页下方的地址栏中输入需设置主页的 URL。设置完毕后,单击"确定"按钮退出,下次启动浏览器时自动显示用户新设置的浏览器主页。

6. 更改历史记录

"历史记录"中包含了用户近期访问过的 Web 页的地址。如果按下浏览器地址栏的下拉按钮,屏幕上会显示若干地址,这些都是 IE 中保存的历史记录,通过它可以快速地链接到这些页面。

修改"工具"、"Internet 选项"(见图 7.5)中"网页在历史记录中保存的天数"可以设置历史记录保存的时间,默认值为 20 天。如果不想让别人知道自己访问过哪些页面,还可以点击"清除历史记录"按钮将所有访问过的地址删除。

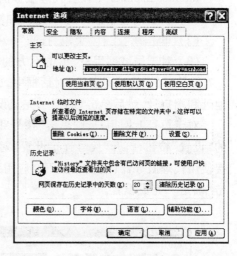

图 7.5 "Internet 选项"的"常规"标签页

7. 工具栏上常用按钮的作用

由于浏览器会将刚浏览过的页面保存到本地机器的硬盘上,所以使用"后退"、"前进"查看浏览过的页面要比重新下载该页快得多。

"后退":用于返回到前一显示页面。

"前进":用于转到下一显示页面。

"停止":停止加载当前页面。

"主页":单击浏览器工具栏中的"主页"图标,可立即连接到浏览器主页。

7.3.2 Internet Explorer 中设置代理服务

代理服务器(Proxy Server)是介于内部网和外网之间的一台主机设备,它负责转发合法的网络信息,并对转发进行控制和登记。

目前使用的因特网是一个典型的客户/服务器结构,当用户的本地机(客户机)与因特网连接时,通过本地机的客户程序,比如浏览器或者软件下载工具,发出请求,远端的服务器在接到请求之后响应请求并提供相应的服务。

代理服务器处在客户机和远程服务器之间,对于远程服务器而言,代理服务器是客户机,它向服务器提出各种服务申请;对于客户机而言,代理服务器则是服务器,它接受客户机提出的申请并提供相应的服务。也就是说,设置代理服务后,客户机访问因特网时所发出的请求不再直接发送到远程服务器,而是先发送给代理服务器,由代理服务器再向远程服务器发送请求信息。远程服务器接收到代理服务器的请求信息后,返回应答信息。代理服务器接收远程服务器提供的应答信息,并保存在自己的硬盘上,然后将数据返回给客户机。

使用代理服务可以提高网络访问速度。由于用户请求的应答信息会保存在代理服务器的硬盘中,因此下次再请求相同 Web 站点的文件时,数据将直接从代理服务器的硬盘中读取,所以代理服务器起到了缓存的作用;此外,使用代理服务后,目的站点看到的 IP 是代理服务器的 IP 地址,而用户的真实 IP 地址被隐藏起来,这对客户机的安全性有一定的保护,而且可以节省合法 IP 地址资源。

Internet Explorer 中设置代理服务的方法:

(1) 获取代理服务器的 IP 地址和端口号。

(2) 单击 IE "工具"菜单,打开"Internet 选项"对话框,单击"连接"标签,如图 7.6 所示。

(3) 对于局域网用户,单击下方的"局域网设置"按钮,打开"局域网设置"对话框,如图 7.7 所示。在"局域网设置"对话框中,选择"为 LAN 使用代理服务器",填写代理服务器的 IP 地址和端口号,然后单击"确定",完成设置。

对于拨号上网用户,则单击"拨号和虚拟专用网络设置"中的"拨号连接",然后单击右侧的"设置"按钮,打开"拨号连接设置"对话框。在"拨号连接设置"对话框中,选择"仅对此连接使用代理服务器(这些设置不会应用到其他连接)"并填写代理服务器 IP 地址及端口号,单击"确定",完成设置。

图 7.6 "Internet 选项"的"连接"标签页

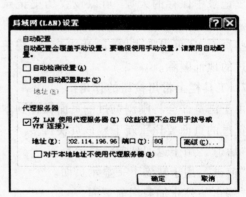

图 7.7 局域网设置对话框

7.4 本章小结

World Wide Web 是一种特殊的结构框架,它的目的是为了访问遍布在 Internet 上数以万计的计算机上的超文本文件。每个超文本文档都是用 HTML 写的一页,页中几乎都含有与其他文档的超链接。浏览器与 Web 服务器之间通过建立 TCP 连接来传送请求、应答消息,浏览器首先请求某个文档,Web 服务器接收到请求消息后,返回应答信息,浏览器关闭连接。浏览器获得每一个文档都要经过这样的基本过程。

HTTP是World Wide Web使用的传输协议,是理解WWW服务的关键。HTTP使用了TCP,但HTTP协议是无状态的。也就是说,每一次连接都是独立地进行处理。用户每次请求一个文档都要与服务器建立连接、关闭连接。每个连接都是一个独立的请求,与其他连接没有任何关联信息保存。RFC 1945是HTTP协议目前的正式文件和详细描述。

HTML语言用来编写Web网页,但HTML语言缺少与用户交互的动态网页功能,因此为了扩展网页的功能,CGI、ASP、PHP、JSP技术已成为目前制作动态网页的关键规范和技术,关于这部分内容本书第12章有详细描述。

思考与练习

7.1 试述WWW的工作原理。联系WWW服务的工作原理,进一步理解客户/服务器的工作模式。

7.2 解释下列术语:URL、HTML、HTTP。

7.3 上机熟练掌握Internet Explorer的基本使用方法。

7.4 上机练习将某个页面(如武汉大学主页)设为Internet Explorer的主页。

7.5 了解Internet Explorer中代理服务的作用和设置方法。

第8章 电子邮件(E-mail)

电子邮件是指计算机网络上的各个用户之间,通过电子信件的形式进行通信的一种现代邮政通信方式,是 Internet 上的一项基本服务。和传统邮政服务不同,电子邮件利用计算机网络来发送和接收邮件,能够使信息在几秒中内传送到世界各地。它以其方便、快捷,已经成为目前人们办公、生活中通信联络的常用手段。通过电子邮件,用户不仅可以与其他用户进行通信联络、还可以订阅电子杂志、参加各类邮件列表、传送文件等。

8.1 电子邮件系统的工作原理

电子邮件以文本内容为主,也可以采用 Web 网页形式(如带有背景图像、背景音乐或其他媒体内容),还可以附加程序、文档、电子表格,以及图像、动画、音频、视频等多媒体内容。

电子邮件的传送过程类似于实际生活中普通邮政系统信件的投递过程。当用户给远方的朋友写好一封信后,首先投入邮政信箱。信件由本地邮局接收后,通过分检和邮车运输,中途可能会经过多个邮局的层层转发,最后到达收信人所在的邮局,再由邮递员投递到收信人的信箱中。而一封电子邮件从发送端计算机发出,在网络传输的过程中,也需要经过多台计算机的存储转发,最后到达目的邮箱服务器计算机,并存放到收信人的电子邮箱中。

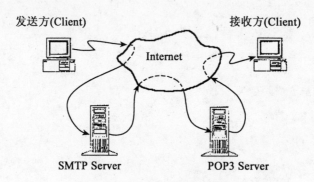

图 8.1 邮件系统工作原理图示

电子邮件系统遵循客户/服务器工作模式。一份电子邮件的发送和接收主要涉及四个环节:发送方、发送邮件服务器(SMTP Server)、接收邮件服务器(POP3 Server 或 IMAP4 Server)和接收方,如图 8.1 所示。

(1)发件人(发送方)使用个人计算机上的邮件客户程序(如 Outlook Express)编辑好一份电子邮件,按发送命令后,该邮件首先投递到发送邮件服务器(SMTP 服务器)上。这就像传统邮政服务中,需要首先将信件投递到当地邮局,再由邮局将用户的信件投送出去。

(2)SMTP 服务器按照收件人的电子邮件地址,与接收方电子邮件服务器建立连接,通过互联网将邮件发送到接收方邮件服务器,收件人所在的接收方邮件服务器接收邮件,将邮件存放在邮件服务器硬盘上收件人的文件目录下。

(3)收件人(接收方)通过个人计算机上的邮件客户程序,来查收存放在接收邮件服务器(POP3 Server 或 IMAP4 Server)上的邮件,直接阅读邮件或将邮件下载到本地个人计算机上。

电子邮件系统的运作方式与其他的网络应用有所区别。在绝大多数的网络应用中,网络协议直接负责将数据发送到目的地,而在电子邮件系统中,发送者并不等待发送工作全部完成,而是仅仅通过邮件客户程序将邮件发送出去。例如,文件传输协议(FTP)就像打电话一样,需要实时地接通通信双方,如果一方暂时没有应答,则通话就会失败。而电子邮件系统则不同,发送方将信件发给发送邮件服务器后,由发送邮件服务器负责与接收邮件服务器建立连接。如果接收方的电子邮局(接收邮件服务器)暂时繁忙,那么发送方的电子邮局(发送邮件服务器)就会暂存信件,直到可以发送。而当接收方未上网时,接收方的电子邮局就暂存信件,直到接收方去收取。可以这么说,电子邮件系统就像是在 Internet 上实现了传统邮局的功能,只是更加快捷方便。

8.2 电子邮件系统协议

和其他 Internet 服务一样,在电子邮件传输的过程中,通信双方必须遵守一些基本协议和标准。如 SMTP 协议、POP3 协议或 IMAP4 协议和 MIME 协议。

1. 简单邮件传输协议 SMTP

简单邮件传输协议 SMTP(Simple Mail Transfer Protocol)为邮件发送协议,它给出了发送电子邮件的规范。在图 8.1 中,从发送方发出邮件到发送邮件服务器(SMTP Server)、再到对方接收邮件服务器(POP3 Server)的整个通信过程中,都必须遵从 SMTP 协议来进行信息传输。SMTP 协议是基于 TCP 的,因此,其通信过程包含三个步骤:建立连接、邮件传送、释放连接。

SMTP 只支持 7 位 ASCII 编码文件的发送。如果要发送汉字、图形、音频、视频或程序等 8 位编码的二进制文件,则发送方必须进行 8 位到 7 位的编码转换,接收方收到邮件后,还需要进行逆向转换。

2. 邮局协议 POP3

POP3(Post Office Protocol Version3)即邮局协议第三版,给出了接收、存储与下载用户电子邮件的规范。它允许用户通过任何一台接入因特网的本地计算机,下载远程 POP3 服务器个人电子信箱中的电子邮件,此后用户可脱机在本地计算机上阅读和编写电子邮件。因此可以说,SMTP 协议负责电子邮件的发送,POP3 协议则用于存取存放在接收邮件服务器(POP3 Server)上的电子邮件。

3. Internet 消息访问协议 IMAP4

IMAP4(Internet Message Access Protocal Version 4)与 POP3 类似,也是一种邮件接收协议。二者区别在于:用户从接收邮件服务器上接收电子邮件时,POP3 一次性将电子邮件的所有内容下载到客户计算机,节省联机阅读时间。IMAP4 则将邮件保留在服务器上,检查邮件时只将邮件头下载到客户的计算机,直到客户阅读邮件时才下载邮件体。

4. 多用途 Internet 邮件扩展协议 MIME

由于 SMTP 只支持 7 位 ASCII 编码文件的发送,对于一些二进制数据文件则需要进行编码后才能传输,因此产生了 MIME 协议。

多用途 Internet 邮件扩展协议 MIME（Multipurpose Internet Mail Extensions）是一种编码标准，它解决了 SMTP 只能传送 ASCII 文本的限制。MIME 定义了各种类型数据，如声音、图像、表格、二进制数据等的编码格式，通过对各种类型的数据编码并将它们作为邮件中的附件（Attachment）进行处理，以保证内容完整、正确地传输。

MIME 增强了 SMTP 的传输功能，统一了编码规范，是 SMTP 协议的重要补充。

8.3 电子邮件地址

1. E-mail 地址的格式

和传统邮政服务一样，用户要给对方发送信息，必须要知道对方的具体地址，而在 Internet 世界里，收信地址不再是某省、某市、某人，而是以电子邮件服务特有的格式来表示的，也就是电子邮件地址。

电子邮件地址由一个字符串组成，中间由"@"符号分成两部分，形式如下：

username@ hostname

@ 前面的部分表示用户名，即用户在邮件服务器上的账号。@ 后面的部分表示邮件服务器的域名。中间的符号@ 读做"at"。整体上则表示名称为 username 的用户在域名为 hostname 的邮件服务器上有一个信箱。例如下面为一个具体的电子邮件地址：

jick@ whu. edu. cn

它表示了 jick 在域名为 whu. edu. cn 的邮件服务器上的邮箱地址。

2. 申请 E-mail 地址

在收发电子邮件之前，用户必须要获得一个正式的 E-mail 地址。获得 E-mail 地址的方法有以下两种：

（1）局域网用户可以直接到所属的网管中心申请。

以校园网为例，如果用户的机器已经通过本校的校园网接入了 Internet，就可以到所在大学的网络中心申请一个正式的 E-mail 地址。此类电子邮件地址一般都需交纳一定的使用费用。

（2）在提供邮件服务的公用网网站上申请 E-mail 地址。

这是一种非常方便的获得 E-mail 地址的途径。目前很多网站都提供了网上直接申请 E-mail 地址的业务，申请的邮箱有两种，一种是免费邮箱，不用付费，但容量有限制；另外一种是收费邮箱，容量较大，邮箱的安全性有较好保证。目前提供这种业务的网站有新浪网（http://www.sina.com）、263 邮局（http://www.263.net）、雅虎（http://www.yahoo.com）等。

拥有了 E-mail 地址后，用户就可以自由地收发电子邮件了。

8.4 使用 Outlook Express 收发电子邮件

Microsoft Outlook Express 是目前常用的电子邮件客户端软件。通过它，可以方便地撰写、发送、接收和回复电子邮件。Outlook Express 捆绑在 Windows 操作系统的网络组件里，因此只要安装了 Windows 操作系统，就同时安装了 Outlook Express。

8.4.1 需要事先获取的信息

在使用 Outlook Express 收发电子邮件之前，用户必须首先获得以下信息：

- E-mail 地址；
- 邮件服务器的账号、密码；
- 发送邮件服务器(SMTP 服务器)域名；
- 接收邮件服务器(POP3 服务器)域名。

由于大部分邮件系统的发送邮件服务器和接收邮件服务器是同一台机器,而且根据 E-mail 地址格式规则,E-mail 地址中@后面的部分表示邮件服务器的域名,因此发送邮件服务器域名和接收邮件服务器域名一般可从 E-mail 地址中获得。例如,假设 E-mail 地址是 jwang@263.net,那么发送邮件服务器域名和接收邮件服务器域名一般就是 263.net。对于发送邮件服务器和接收邮件服务器不是同一台机器的站点,那么对于上述 E-mail 地址,SMTP 服务器域名一般为 smtp.263.net,接收邮件服务器域名一般为 pop3.263.net,也可直接用 263.net。以上只是一般规律,具体需要查阅提供邮件服务的网站上的相关说明。

8.4.2 使用 Outlook Express

1. 启动 Outlook Express

双击桌面上像信封一样的 Outlook Express 的图标或者单击任务栏中 Outlook Express 的图标,都可以快速启动 Outlook Express。

另外在 Internet Explorer 中,单击"工具"菜单,选择"阅读邮件"、"发送邮件"等,也可以启动 Outlook Express。

Outlook Express 主窗口如图 8.2 所示。

图 8.2　Outlook Express 主窗口

2. 设置电子邮件账户

在使用 Outlook Express 发送、接收电子邮件之前,必须先设置电子邮件账户。

单击 Outlook Expres 主窗口中的"工具"菜单,选择"账户"选项,打开如图 8.3 所示的"Internet 账户"对话框。选择上方的"邮件"标签,单击右边的"添加"按钮,选择"邮件",出现如图 8.4 所示的"Internet 连接向导"对话框。

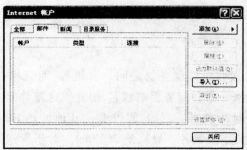

图 8.3 "Internet 账户"对话框

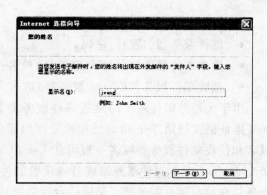

图 8.4 "Internet 连接向导"对话框

在如图 8.4 所示的"Internet 连接向导"中,按照要求一步步填写姓名、电子邮件地址、电子邮件服务器名、账号名、密码等信息,具体操作如下:

(1)填写"显示名":在图 8.4 中的"显示名"文本框中填写自己的姓名。当发信给他人时,对方收到后显示的发件人信息就是这里填写的姓名。然后单击"下一步",出现图 8.5。

(2)设置电子邮件地址:在图 8.5 中的"电子邮件地址"文本框中填写自己的电子邮件地址,然后单击"下一步",出现图 8.6。

(3)设置接收邮件服务器和发送邮件服务器名:在图 8.6 中的"接收邮件(POP3、IMAP4 或 HTTP)服务器"文本框中填写 ISP 提供的接收邮件服务器的域名或 IP 地址,通常使用邮件服务器的域名;在"发送邮件服务器(SMTP)"文本框中填写 ISP 提供的发送邮件服务器的域名或 IP 地址。然后单击"下一步",出现图 8.7。

图 8.5 设置电子邮件地址

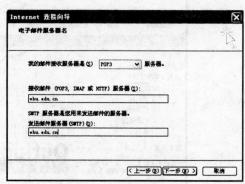

图 8.6 设置邮件服务器名

(4)设置邮件"账户名"和"密码":在图 8.7 中的相应文本框中填入自己的电子邮件账户的"账户名"和"密码"。

(5)单击"下一步",再单击"完成"按钮,完成电子邮件账户的设置。

3.撰写、发送、接收、回复和转发电子邮件

(1)撰写电子邮件

在 Outlook Express 主窗口中,单击"新邮件"按钮,显示"新邮件"窗口,即可撰写电子邮件,如图 8.8 所示。

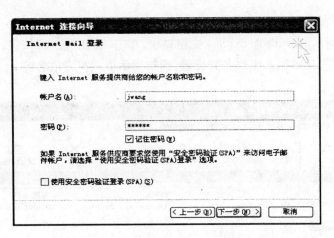

图 8.7　设置邮件"账户名"和"密码"

"新邮件"窗口中,"发件人"一栏会自动显示设置电子邮件账户中设定的 E-mail 地址;

"收件人"一栏中填写收件人的 E-mail 地址;

"抄送"一栏,填写其他收件人的 E-mail 地址,若没有则不填写,多个 E-mail 地址中间以";"为分割符,这样就可以把一封信同时发给多个收件人;

"主题"框中输入所写邮件的主题;

"正文"框中填写邮件的具体内容。

(2) 发送电子邮件

按上一步写好电子邮件后,单击图 8.8 窗口中工具栏的"发送"按钮,邮件就会立即发送出去。

(3) 通过电子邮件发送文件

如果用户需要将电脑上的某个文件发送给收件人,则单击图 8.8 窗口中"插入"菜单,选择下拉菜单中的"文件附件",在"插入附件"对话框中,选定本机中要发送的文件,然后单击"附件"按钮,如图 8.9 所示,即可将附件粘贴在"新邮件"对话框中。点击"发送",就可以将该文件通过电子邮件发送给对方。

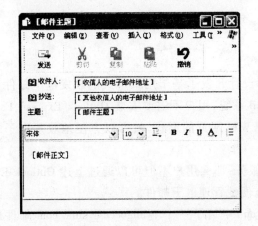

图 8.8　撰写新邮件

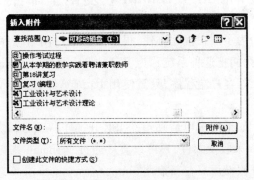

图 8.9　"插入附件"对话框

(4) 接收电子邮件

在如图 8.10 所示的 Outlook Express 主窗口中,单击"发送/接收"按钮,即可查收邮件服务器上的新邮件。如果提示输入账户名和密码,则按提示填入相应信息。

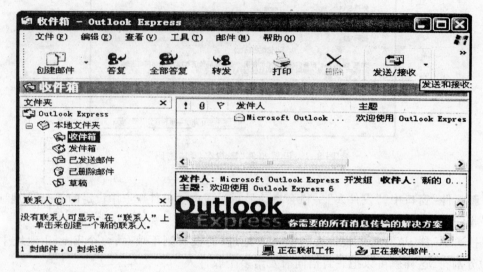

图 8.10　接收电子邮件

(5) 回复电子邮件

选中需要回复的邮件,单击 Outlook Express 主窗口中的"答复"按钮,可回复信件。

(6) 转发电子邮件

在 Outlook Express 中,选中需要转发的邮件,单击 Outlook Express 主窗口中工具栏中的"转发"按钮,即可将该信件转发给他人。

4. 利用通讯簿

在 Outlook Express 中,可以利用"工具"菜单下的"通讯簿",将朋友的电子邮件地址保存起来,这样以后发信时,可以直接从"通讯簿"中选择,而不用手工输入收信人的电子邮件地址。

8.5　使用 Webmail 收发电子邮件

为了用户使用方便,很多站点通过网络程序设计开发了基于网页形式的收发电子邮件系统,我们把这种系统称为 Webmail。通过 Webmail 系统,用户不需要安装 Outlook Express、Foxmail 等客户端程序,只需使用 IE 浏览器,通过 WWW 网页的形式,就可以方便地收发电子邮件。

如果用户申请邮箱的 ISP 开通了 Webmail 服务,那么用户不但可以通过上述 Outlook Express 来收发邮件,还可以直接通过 Webmail 来方便地管理电子邮件。

假设用户在新浪网(http://www.sina.com.cn)申请了一个 jwangcccc@sina.com 邮件地址,密码为 123456。使用 Webmail 收发电子邮件的过程如下:

(1) 打开 IE 浏览器,在浏览器的地址栏里输入新浪网站地址 http://www.sina.com.cn,回车后打开新浪首页,如图 8.11 所示。

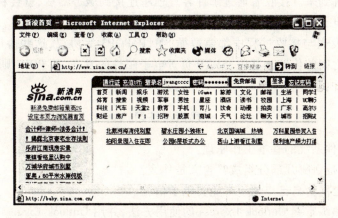

图 8.11　新浪网首页

(2) 在网页上方的的登录名和密码框中,输入申请电子邮件地址时填写的账号和密码,如本例中的"jwangcccc"和"123456"。然后单击"登录"按钮,进入邮箱页面,如图 8.12 所示。

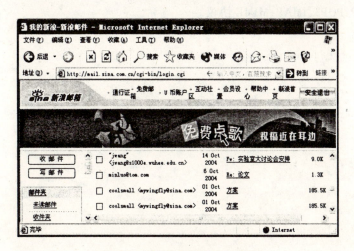

图 8.12　新浪免费邮箱主页面

(3) 点击页面中的"收邮件"、"写邮件"按钮,即可通过网页收发电子邮件。
(4) 使用完毕后,关闭浏览器页面。

不同 Webmail 服务器提供的功能会有所不同,但都比较直观,只要理解了邮件系统的相关概念,使用起来都是比较容易的。因此,本书不再赘述。

8.6　本章小结

电子邮件的工作过程遵循客户/服务器模式。每份电子邮件的发送都要涉及发送方、发送方邮件传输服务器、接收方邮件服务器和接收方。发送方通过邮件客户程序,将编辑好的电子邮件向 SMTP 服务器发送。SMTP 服务器识别接收者的地址,并向接收者所在的 POP3 服务器发送消息。POP3 服务器接收消息后,将邮件以文件的形式存放在接收者的电子信箱内,并告知接收者有新邮件到来。接收者通过邮件客户程序连接到服务器后,就会看到服务器的通知,进而打开自己的电子信箱来查收邮件。

电子邮件在发送与接收过程中都要遵循 SMTP、POP3 等协议,这些协议确保了电子邮件在各种不同系统之间的传输。其中,SMTP 负责电子邮件的发送,而 POP3 则用于接收 POP3 服务器上的电子邮件。

思考与练习

8.1 简述电子邮件系统的基本工作原理。

8.2 电子邮件地址由哪几部分组成?含义是什么?

8.3 上机练习:上网为自己申请一个免费电子信箱。

8.4 上机练习:熟练掌握 Outlook Express 的使用方法,并用 Outlook Express 写一封信,发给朋友。

8.5 利用 Outlook Express 发送邮件时,收件人、抄送有什么区别?

8.6 上机练习:使用 Webmail 收发电子邮件。

8.7 上机练习:使用 Outlook Express 发送附件。

8.8 了解 SMTP、POP3、IMAP、MIME 协议。

第9章 文件传输(FTP)

FTP 服务是目前 Internet 上最常用的服务之一。利用 FTP 服务,用户可以在网络上的两台计算机之间传输文件,在 Internet 发展的早期,用 FTP 传送文件约占整个 Internet 通信量的 1/3。

9.1 FTP 概述

FTP 是文件传输协议(File Transfer Protocol)的简称,为 TCP/IP 的应用层协议。通过 FTP 协议,用户可以连接到一台远程计算机(这些计算机上运行着 FTP 服务器程序)查看远程计算机上有哪些文件,然后把需要的文件从远程计算机上拷贝到本地计算机,或把本地计算机的文件传送到远程计算机上。

我们把将文件从远程 FTP 服务器上拷贝到本地计算机称为"下载",而把相反的过程——将本地计算机的文件传送到远程服务器上,称为"上传"。

1. FTP 的工作方式

FTP 基于 TCP 协议,和 Internet 上的其他服务一样,采用客户/服务器工作模式。如图 9.1 所示,远端提供 FTP 服务的计算机称为 FTP 服务器,该计算机运行着 FTP 服务程序。FTP 服务程序等待来自客户机的 FTP 请求,并负责处理它们。用户(客户机)通过 FTP 客户程序向远端 FTP 服务器发出建立 TCP 连接请求,FTP 服务器响应请求,建立 TCP 连接。客户机发送请求文件命令,FTP 服务器处理该请求信息,然后将用户申请的文件通过网络传输给客户机。文件传输完毕后,客户机发送关闭连接命令,服务器响应该命令,关闭 TCP 连接。

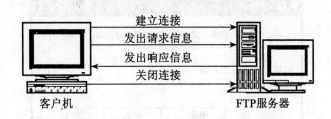

图 9.1 客户机与 FTP 服务器的通信过程

2. 匿名 FTP

由于实际需要,FTP 服务的提供者对不同用户提供的文件存取权限是不一样的。比如一个公司的 FTP 服务器,对本公司职工,允许存取 FTP 服务目录下的所有文件,包括相对保密,不允许本公司外其他人看到的文件。而对一般用户,只允许存取 FTP 服务目录下的部分文件,不能查看、下载保密文件。因此,用户在使用 FTP 服务时,FTP 服务器必须首先验证用户的用户名、密码,对于不同的用户可以给予不同的存取权限。

为了让用户能更方便的使用 FTP 服务,实现资源在 Internet 上的广泛共享,很多 FTP 服务器都提供了一个缺省的、公开的用户名和密码,供下载者使用。该用户名为:anonymous(中文翻译为:匿名),密码为空。因为该公共账户用户名为 anonymous,故将此服务称为匿名 FTP。

3. FTP 的传输方式

使用 FTP 传输文件时,有两种文件传输方式:ASCII 传输方式和二进制(Binary)传输方式。

ASCII 传输方式用于传送 ASCII 字符文件,比如扩展名为".txt"和".html"以及各类程序设计语言源程序文件。除 ASCII 字符文件外,其他类型的文件都需用二进制方式传送。

在使用 FTP 传输文件时,客户端程序一般会缺省地将文件传输方式设为自动检测,并以正确的方式传送。但是,有些文件如果传输之后不能正确显示或使用时,有可能是传输方式不对。这时用户可以手动更改 FTP 传输方式,并重新传输文件。

9.2 FTP 服务的使用方法

FTP 服务的使用可以通过以下三种方式:命令行方式、利用 FTP 客户端软件和通过 WWW 浏览器。

9.2.1 以命令行方式使用 FTP

FTP 命令用于在本地主机和远程主机间传送文件。使用之前,用户必须熟悉 FTP 服务的相关命令。

以 WINDOWS XP 操作系统为例,假设连接的 FTP 服务器为 ftp.whu.edu.cn,且使用匿名 FTP 方式,则连接步骤如下所示:

1. 连接 FTP 服务器

在 windows 命令提示符窗口或"开始→运行"窗口输入:ftp ftp.whu.edu.cn,如图 9.2 所示。

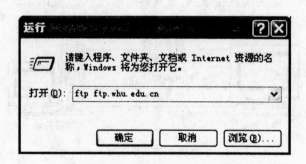

图 9.2　以命令行方式连接 FTP 服务器

2. 验证用户名和密码

发送 FTP 连接命令之后,客户端命令提示符窗口显示如下内容:
connected to ftp.whu.edu.cn　　　//本地 FTP 发出的连接成功消息
220 whu FTP server ready.　　　　//从远程服务器返回的信息,220 表示"服务就绪"
User:anonymous　　　　　　　　　//本地 FTP 提示键入用户名

331 Anonymous access allowed, send identity (e-mail name) as password.
Password: //331 表示"用户名正确",本地 FTP 提示键入密码
230 Anonymous user logged in.   //230 表示"用户已经注册完毕,已经成功登录
                              FTP 服务器"

如上在窗口中输入 FTP 账号用户名和密码。这里采用 Internet 上默认的匿名登录方式,"User"后输入的是"anonymous","Password"后输入任意的 E-mail 地址,也可以不输入字符,直接按回车。

3. 传输文件

接着窗口显示:

　　ftp >   //等待用户键入 FTP 命令

输入:get index.htm,就可以将远程主机 FTP 目录下的 index.htm 下载到本地计算机。
在"ftp >"状态下可用的命令及其语法用户可以通过"help"命令求助。

4. 关闭连接

在"ftp >"提示符下输入"quit",退出 FTP 程序,关闭当前 FTP 窗口。
常用的 FTP 字符命令见表 9.1。

表 9.1　　　　　　　　　　常用 FTP 字符命令

命　　令	功　　能
help	获取帮助
ls	列出远程服务器当前目录下的文件
dir	列出远程服务器当前目录下的文件
cd 路径名	改变远程服务器的当前目录
pwd	显示远程服务器的当前路径
binary	指定为二进制传输方式
ASCII	指定为 ASCII 传输方式
get 远程文件名	从 FTP 服务器上下载一个文件
mget 远程文件名(含通配符)	从 FTP 服务器上下载多个文件
put 本地文件名	将本地机器上的一个文件上传到 FTP 服务器
mput 本地文件名	将本地机器上的多个文件上传到 FTP 服务器
close	关闭当前连接,但不退出 FTP 程序
quit	退出 FTP 程序

9.2.2　通过图形客户程序使用 FTP

上一小节讲述了用命令行方式使用 FTP 服务,这种方式在使用的过程中需要用户自己输入命令,很不方便。对大多数 Internet 用户来说,使用专门的 FTP 图形客户程序访问 FTP 服务器更加方便。FTP 客户端软件较多,常用的如 CuteFTP、WS-FTP、AbsoluteFTP 等。本小节只介绍 CuteFTP,其他软件的使用方法与此类似。

1. 安装、启动 CuteFTP

CuteFTP 是一个常用软件,所以在很多软件下载站点都可以找到该软件。下载后按照提示一步一步安装,操作非常简单。

安装后,一般在桌面上会有 CuteFTP 的图标,双击该图标就可以启动 CuteFTP 了。或者通过"程序—GlobalSCAPE—CuteFTP"来启动。CuteFTP 主窗口如图 9.3 所示。

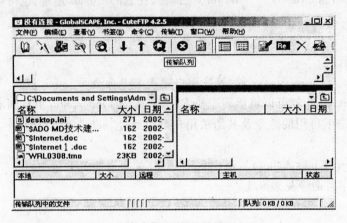

图 9.3　CuteFTP 主界面

2. 快速与 FTP 服务器建立连接

单击"文件"菜单下的"快速连接",则 CuteFTP 主窗口中会出现"主机、用户名、密码"一栏,在其中输入想要连接的 FTP 服务器的域名或 IP 地址,以及用户在该服务器上的用户名和密码,就可以和 FTP 服务器进行连接,如图 9.4 所示。

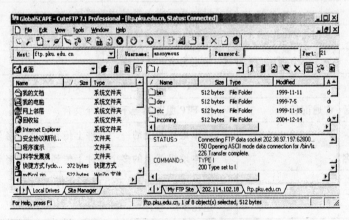

图 9.4　CuteFTP"快速连接"窗口

3. 下载和上传文件

与 FTP 服务器建立连接后,左边窗口显示的是本地计算机上的当前目录和文件,右边窗口显示的是 FTP 服务器上可下载的目录及文件。

用 CuteFTP 下载文件非常方便,选中右边窗口想要下载的文件或文件夹,拖动鼠标,将该文件或文件夹拖动到左边窗口,文件或文件夹就可以下载到本地计算机的当前目录下,如图

9.5 所示。上传的步骤一样,只需改变一下拖动的方向,将文件从左边窗口拖动到右边窗口。

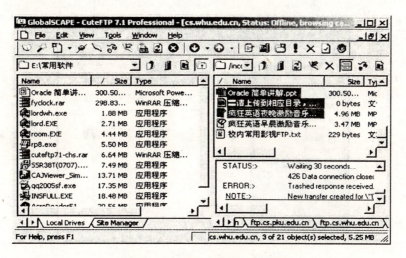

图 9.5 CuteFTP 下载和上传文件

用 CuteFTP 可以批量下载和上传文件,这是它的优势。如果用命令行方式来操作,下载和上传多个文件是非常不方便的。此外 CuteFTP 还有一些其他的操作,比如管理站点、创建目录等,操作都很简单,我们在这里不作详细的介绍。

9.2.3 通过浏览器使用 FTP 服务

除了用专用 FTP 客户程序外,还可通过浏览器使用 FTP 服务。假设连接的站点域名是 ftp.pku.edu.cn,如图 9.6(a)所示,在 IE 浏览器的地址栏中输入"ftp//ftp.pku.edu.cn"后回车,即可建立连接。

若连接的服务器不提供匿名访问,会弹出如图 9.6(b)所示的要求输入用户名和密码的"登录身份"对话框。

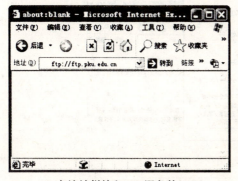

(a) 在地址栏输入FTP服务的URL　　　　(b) "登录身份"对话框

图 9.6 通过浏览器使用 FTP 服务

连接建立后的窗口形式类似 Windows 的资源管理器,如图 9.7 所示,下载和上传文件的操作就和在 Windows 的资源管理器中拷贝文件完全一样,因此不再赘述。

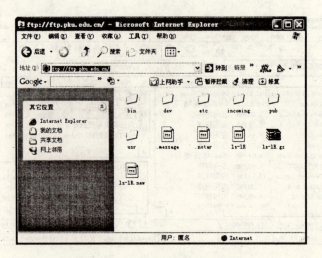

图 9.7　连接建立后的窗口界面

目前,通过浏览器来下载远程服务器上的文件,除了使用 FTP 协议外,很多站点也使用 HTTP 协议来传送文件。

为了方便用户使用,很多站点在 Web 页面中直接加入了文件下载的 URL 链接,因此用户可以直接在浏览器页面中下载文件。

通过浏览器下载文件操作非常简单,如图 9.8 所示的网页中提供了一些可以下载的编程工具,此时选中欲下载文件"BORLAND C++ 3.1",单击鼠标右键,弹出快捷菜单,在快捷菜单中选择"目标另存为",即可将远程 FTP 服务器上的文件保存在本地计算机中,完成下载操作。

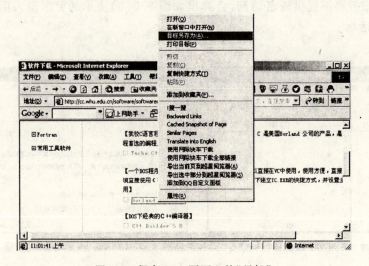

图 9.8　保存 Web 页面上的"目标"

为加快下载速度,用户还可以利用一些专门的下载软件,常用的有 DLExpert、FlashGet 等。

这些软件除了通过多进程加快下载速度外,还具有断点续传的功能。当用户与服务器连接中断后,该软件可自动与服务器进行连接,继续下载网页上的文件,是网络用户必备的工具之一。

9.3 建立 FTP 服务器

FTP 服务是一种有效的文件传输服务,当我们需要在两台计算机之间稳定可靠地传输大量数据时,将其中一台计算机配置成 FTP 服务器不失为一种有效的解决方案。

本节讲解在 Windows 系统上如何建立和配置一台 FTP 服务器。

1. 选定操作系统

一般来说,要能够让一台计算机提供 Internet 的各种服务,即作为服务器,首先必须具备两个条件:(1)需要在该计算机上安装服务器操作系统。2)该计算机具有固定的合法 IP 地址。目前在 PC 机上常用的服务器操作系统有 Windows 2000 Server、Windows Server 2003 和 Linux 操作系统。下面以 Windows 2000 Server 服务器操作系统为例,介绍 FTP 服务器配置过程。

2. 在 Windows 2000 Server 上配置 FTP 服务

计算机上安装了 Windows 2000 Server 操作系统后,会默认安装 Internet 信息服务组件 IIS,该组件中包含了 FTP 服务程序。因此,安装了 Windows 2000 Server 操作系统后,无需安装其他的 FTP 服务程序,用户只需对 IIS 组件做一些简单的配置,就可以将计算机构建为 FTP 服务器了。如果安装操作系统的过程中没有安装 IIS 组件,可在"开始—控制面板—添加删除程序—添加删除组件"里安装 Internet 信息服务组件 IIS。安装好 IIS 之后,按如下操作配置 FTP 服务器。

(1)通过"开始→程序→管理工具→Internet 服务管理器"启动 IIS,如图 9.9 所示。

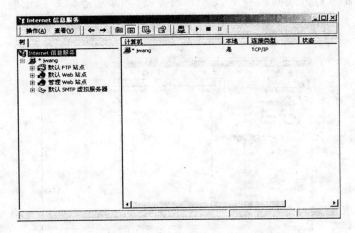

图 9.9 "Internet 信息服务"管理窗口

(2)鼠标选中"默认 FTP 站点",单击右键,选择下拉菜单中的"属性"选项。单击鼠标打开"属性"对话框,如图 9.10 所示。

(3)在"属性"对话框中有以下几个选项:

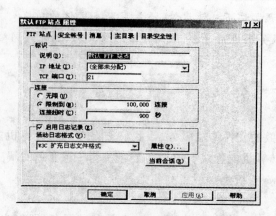

图9.10 "默认 FTP 站点"属性对话框

- "FTP 站点"选项,用来设置 FTP 服务器的"IP 地址","FTP 服务端口(默认为21)"。
- "安全账号"选项,用来限制该 FTP 服务器是否允许"匿名服务","FTP 站点的管理员"等。
- "消息"选项,用来设置用户通过命令行登录 FTP 站点时的"欢迎和退出消息"。
- "主目录"选项,用来设置 FTP 服务的"目录路径",默认为本机的"c:\inetpub\ftproot"。另外可以设置"FTP 目录的权限",是否允许用户写入和读取。
- "目录安全性"选项,可以限制能够访问该 FTP 服务器的 IP 地址。

(4) 重启 FTP 服务程序。

按照实际情况将上述属性中的选项设置好后,如第(2)步重新选中默认 FTP 站点,单击右键,选择下拉菜单中的"停止"选项,FTP 服务程序将停止运行,如图9.11所示。然后选择"启动"选项,现在 FTP 站点就以新的配置运行了。

用户可以用命令行方式测试一下该 FTP 服务器,如果所有命令都正确运行,则说明 FTP 服务器已经在正常工作了。

图9.11 重启 FTP 服务器

3.用其他 FTP 服务软件构建 FTP 服务

除了利用 Windows 服务器操作系统本身提供的 FTP 软件构建 FTP 服务器外,还可以利用一些专门的 FTP 服务软件,常用的如 Serv-U、WS-FTP Server、Crob FTP Server,来构建 FTP 服务器,其配置方法与 IIS 类似。

9.4 本章小结

　　FTP 的作用是使 Internet 用户能够将文件从一台计算机传送到另一台计算机,为实现 Internet 资源共享提供有力的保障。FTP 使用客户/服务器工作模式,既需要客户机软件,又需要服务器软件。FTP 客户机程序在本地计算机上执行,服务器程序在远程计算机上执行。用户启动 FTP 客户机程序,通过输入用户名和口令同远程主机上的 FTP 服务器建立连接,一旦成功,在本地计算机和远程计算机之间就建立起一条控制链路。接下来,用户就可以通过 FTP 命令或 FTP 软件来使用 FTP 服务。

　　在应用层还有另外一个协议也用来做文件传输,它就是 TFTP(Trivial File Transfer Protocol)。TFTP 是简单文件传送协议的简称,TFTP 也使用客户/服务器模式,但它基于 UDP 协议。TFTP 只支持文件传输,但不支持客户机与服务器交互,且没有一个庞大的命令集;TFTP 没有列目录的功能,也不能对用户进行身份鉴别。因此,TFTP 可以看做是 FTP 协议的简化版本,一般多用于局域网中,而常见的 FTP 协议则多用于互联网中。

思考与练习

9.1　什么是 FTP? FTP 有什么作用?
9.2　找一个可以匿名登录的 FTP 服务器,记下它的 IP 地址或域名,利用命令行的方式登录该服务器下载文件。
9.3　试着建立一个 FTP 服务器。
9.4　从网上下载一个 FTP 客户端软件,并学会使用它。

第10章 远程登录(Telnet)

Telnet 也是 TCP/IP 的应用层协议之一。利用 Telnet,用户可以从本地登录到远端的计算机(通常称为远程计算机),并执行命令来控制远程计算机。例如用户可以在本地(武汉)给远端(北京)计算机发送关机命令,关闭远端的计算机,实现远程控制。此外利用 Telnet,还可以通过字符界面访问远程计算机提供的资源。

10.1 Telnet 的工作原理

Telnet 基于客户/服务器工作模式。当使用 Telnet 登录进入远程计算机系统时,事实上涉及两个程序,一个是 Telnet 客户程序,运行在本地计算机上;另一个是 Telnet 服务器程序,运行在远程计算机上。此时,本地机作为终端,远程计算机作为 Telnet 服务器。

Telnet 协议(RFC 854)定义了一个通用终端数据标准——NVT(Net Virtual Terminal,网络虚拟终端)结构。NVT 使 Telnet 能够适应各种计算机和操作系统的差异。例如,对于文本中一行的结束,有的系统使用 ASCII 码的回车(CR),有的系统使用换行(LF),还有的系统使用两个字符,回车-换行(CR-LF)。定义了 NVT 以后,客户端 Telnet 软件把用户的击键和命令首先转换成统一的 NVT 格式,然后送交服务器。服务器接收到 NVT 格式的数据和命令后,将 NVT 格式转换成服务器系统本身数据格式,然后进行处理。返回数据时,服务器也首先将本机数据转换成 NVT 格式,然后发送给客户机,客户机收到后再从 NVT 格式转换成本机操作系统和硬件可以识别的数据格式。

Telnet 远程登录的主要工作过程如下:

(1)建立与 Telnet 服务器的 TCP 连接。

(2)将本地机输入的用户名和口令及以后输入的任何命令或字符以 NVT 格式传送到远程主机。

(3)远程主机执行本地机传送的命令,将输出结果通过网络以 NVT 格式传送给本地机。

(4)本地机将远程主机输出的 NVT 格式的数据转化为本地终端所接受的格式显示,包括输入命令回显和命令执行结果。

由于 Telnet 服务使用户可以通过互联网远程操作和控制异地主机,因此提供 Telnet 服务的远程主机的安全是不容忽视的,否则一旦远程主机被黑客成功登录,那么黑客就可以完全控制远程主机的资源。鉴于此,Telnet 和 FTP 一样,是一种有安全权限限制的服务,在登录时要求输入合法的用户名和密码。用户在登录前,必须先取得远程主机上合法的用户名和密码,才能通过身份验证,登录到远程主机。在互联网上,除了一些提供公共资源对外公开的 Telnet 服务器外,大部分 Telnet 服务器是不对外的,也就是说除了本网内部人员以外,不给其他人在 Telnet 服务器上开设账号和密码,只允许内部人员通过网络操作远程主机。

如果用户拥有 Telnet 服务器上合法的用户名和密码,那么通过 Telnet 客户程序成功地登录到远程 Telnet 服务器后,本地机就好像远程计算机的一个直接终端,可以像使用本地机一样输入命令,运行远程计算机中的程序,操作和控制远程计算机。

10.2 使用 Windows 下的 Telnet 程序远程登录

通过 Windows 操作系统自带的 Telnet 客户程序可以很方便地使用 Telnet 服务。以 Windows XP 为例,Windows XP 下的 Telnet 客户程序是属于 Windows 命令行程序中的一种。在安装 Microsoft TCP/IP 时,Telnet 客户程序会被自动安装到操作系统中。

利用 Windows XP 下的 Telnet 客户程序进行远程登录,步骤如下:
(1) 选择"开始"菜单中的"运行",或者是选择"程序—附件—命令提示符"。
(2) 在运行窗口中,输入"telnet"、"空格"以及要连接的 telnet 服务器域名或 IP 地址,然后按回车键。

例如,输入"telnet bbs.whu.edu.cn",然后回车(远程登录到武汉大学 BBS 服务器),如图 10.1 所示。

也可用 IP 地址登录到 Telnet 服务器,如输入"telnet 202.114.96.1",然后回车。
(3) 与 Telnet 服务器连接成功后,Telnet 窗口中提示输入用户名和密码,如图 10.2 所示。

图 10.1 在"运行"对话框中输入 telnet 命令　　图 10.2 登录时要求输入用户名和密码

按照要求输入用户在 Telnet 服务器上的合法用户名和密码,就可以成功登录远程主机,并访问远程主机的资源。如果该账号具有删除文件、关机等权限,用户就可以操作和控制远程主机。

如果是通过 Telnet 登录 BBS,但在 BBS 还没有注册新账号,可输入 guest 账号登录,或输入 new 命令来申请注册新账号。

10.3 其他 Telnet 客户程序简介

除了使用 Windows 自带的 Telnet 客户程序外,还有一些专门的 Telnet 客户端软件可以更方便地实现远程登录。常用的有 NetTerm、Cterm,它们都是共享软件,可以在提供软件下载的站点(如天空软件站 http://www.skycn.com)上免费下载。

1. NetTerm

NetTerm 是最著名的网络终端软件之一,使用方便,功能强大,可以将普通的 PC 机仿真成为一台 UNIX 系统的远程终端;能很好地支持中文,帮助用户方便地访问 Internet 上的 BBS 资源。使用 NetTerm 不但可以远程登录,还可以拨号、配置 FTP 服务器,具有多种功能。使用时在"File"菜单下的"Phone Directory"中加入远程主机的地址,然后用鼠标选中,单击"Phone Directory"对话框下方的"Connect"即可。

2. CTerm

Cterm(Clever Terminal,"聪明的终端")是一个专门用于访问中文 BBS 站点的 Telnet 软件。启动程序后,可以看到亲切的图形界面,并支持鼠标操作。通过使用菜单中的选项或工具栏中的按钮,用户可以方便地实现远程登录以及终端窗口的配置工作。要登录到远程主机,可以使用"地址簿",其中的地址列表列出了已经存在的服务器地址。选中地址并连接,当程序完成远程登录后,用户就可以像该远程主机上的一个直接终端一样工作。

10.4 本章小结

Telnet 是一个简单的远程终端协议。用户使用 Telnet 应用程序,就可在其所在地通过 TCP 连接登录到远程 Telnet 服务器。Telnet 能把用户的击键传送到远程主机,同时也能把远程主机的输出通过 TCP 连接返回到用户屏幕。这种服务是透明的,因为用户感觉到好像键盘和显示器是直接连在远程主机上。Telnet 为远程操作和控制异地主机提供了方便,但同时也成为黑客攻击的主要手段之一,因此在提供 Telnet 服务时,如何保证 Telnet 服务的安全性也是管理员必须考虑的问题。

思考与练习

10.1 简述 Telnet 的功能。

10.2 上机操作:通过 Telnet 方式登录到一台 BBS 服务器(如武汉大学 BBS 服务器:bbs.whu.edu.cn)。

10.3 网络虚拟终端 NVT 的作用是什么?

10.4 有条件的话,安装一个 Linux 操作系统,然后在 Windows 操作系统上试着使用 Linux 操作系统上的 Telnet 服务程序。

第11章 其他Internet服务

除了WWW、电子邮件、FTP、Telnet这几种最基本的服务外,Internet上还有很多其他服务和资源可以利用,如搜索引擎、BBS、网络新闻组、网络电话、网络会议、Gopher等。

11.1 搜索引擎

互联网上存在上百万个站点,信息量非常巨大。要从这数以百万计的站点中找到符合自己需要的信息就像大海捞针一样地难,为此,人们设计了搜索引擎(Search Engine)。

搜索引擎是一种用于帮助Internet用户查询信息的搜索工具,它以一定的策略在Internet中搜集、发现信息,对信息进行理解、提取、组织和处理,并为用户提供检索服务,从而起到信息导航的目的。

1. 搜索引擎的种类

搜索引擎按其工作方式主要可分为三类,分别是全文搜索引擎(Full Text Search Engine)、目录索引类搜索引擎(Search Index/Directory)和元搜索引擎(Meta Search Engine)。

全文搜索引擎是目前使用最多的,国外具有代表性的有Google、AltaVista等,国内著名的有百度(Baidu)。全文搜索引擎通过从互联网上提取的各个网站的信息(以网页文字为主)来建立数据库,再从数据库中检索与用户查询条件匹配的相关记录,然后按一定的排列顺序将结果返回给用户。

从搜索结果来源的角度,全文搜索引擎又可细分为两种,一种是拥有自己的检索程序(Indexer),俗称"蜘蛛"(Spider)程序或"机器人"(Robot)程序,并自建网页数据库,搜索结果直接从自身的数据库中调用,如上面提到的Google;另一种则是租用其他引擎的数据库,并按自定的格式排列搜索结果,如Lycos。

目录索引虽然有搜索功能,但在严格意义上算不上是真正的搜索引擎,仅仅是按目录分类的网站链接列表而已。用户完全可以不用进行关键词(Keywords)查询,仅靠分类目录也可找到需要的信息。最初的搜索引擎如国外的Yahoo、国内的搜狐、新浪、网易搜索都属于这一类,但现在这些搜索引擎也同时提供全文检索的功能。

元搜索引擎在接受用户查询请求时,同时在其他多个搜索引擎上进行搜索,并将结果返回给用户。著名的元搜索引擎有InfoSpace、Dogpile等,中文元搜索引擎的代表是搜星。

2. 搜索引擎的使用

搜索引擎的使用非常简单,全文搜索引擎使用时只需通过搜索引擎网站,输入需要查询信息的关键字,然后点击搜索按钮,就可以得到所需要信息相关的页面链接,进而找到所需内容。下面以著名的全文搜索引擎Google为例,说明全文搜索引擎的使用方法。

(1)通过浏览器打开搜索引擎网站,如图11.1所示。

(2)在查询窗口中输入需查询内容的关键词。例如用户想知道"什么是搜索引擎",可输

图 11.1　Google 搜索引擎

入"什么是搜索引擎"或只输入"搜索引擎",如图 11.2 所示。

图 11.2　通过搜索引擎查询信息

(3)点击"Google 搜索"按钮,就会在窗口中显示包含所查询信息的全部页面链接,如图 11.3 所示。

图 11.3　搜索引擎中显示信息查询结果

(4)页面中有下画线的文字,表示此处有超链接。用鼠标点击该文字,就会显示所链接的页面内容,打开如图 11.4 所示的内容。

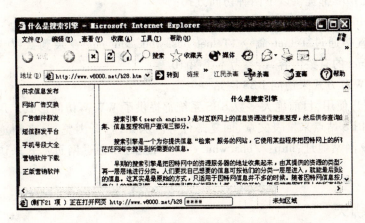

图 11.4　通过查询结果的超链接打开相应 Web 页

(5)如果此信息不能满足需要,点击浏览器上的后退按钮,可以返回到第(3)步显示的页面。继续打开其他超链接,直到查找到所需的信息。

目前国内外常用的搜索引擎见表 11.1。

表 11.1　　　　　　　　　　国内外常用搜索引擎

搜索引擎名（国外）	网址（URL）	搜索引擎名（国内）	网址（URL）
Google	http://www.google.com	百度	http://www.baidu.com.cn
Yahoo	http://www.yahoo.com	Yahoo! 中国	http://cn.yahoo.com
AltaVista	http://www.altavista.digital.com	天网	http://e.pku.edu.cn
InfoSeek	http://www2.infoseek.com	网易	http://www.163.com
Excite	http://www.excite.com	新浪	http://www.sina.com.cn
Lycos	http://www.lycos.com	搜狐	http://www.sohu.com
InfoSpace	http://www.infospace.com	搜星	http://www.soseen.com
Dogpile	http://www.dogpile.com		

11.2　BBS

BBS 是 Bulletin Board System 的缩写,翻译成中文是"电子公告栏系统"。由于它独特的形式和强大的功能,受到广大网络用户的欢迎,并成为全世界计算机用户交流信息的园地。一般各个大学都有自己的 BBS 站点,以方便学生互相交流信息。

像日常生活中的公告板一样,电子公告牌按不同的主题,将内容分成很多个栏目,使用者可以阅读他人关于某个主题的最新看法,也可以将自己对于某个问题的看法发表在公告栏中。除此以外,BBS还提供电子邮件和在线聊天功能。

目前大多数BBS都提供以下两种访问方式:

(1)通过Telnet登录BBS站点

例如,可以直接通过Telnet命令"Telnet bbs.whu.edu.cn"登录到武汉大学"珞珈山水BBS"。关于Telnet的有关内容,请参考本书第10章。

(2)通过WWW方式来访问BBS网站

为了方便用户使用,目前绝大多数BBS系统都提供了WWW访问形式。用户可以通过浏览器,直接访问BBS站点来发表文章、回复邮件等。例如,打开浏览器,在浏览器地址栏里输入武汉大学BBS网站地址:http://bbs.whu.edu.cn,就可以通过网页形式来访问武汉大学珞珈山水BBS。

11.3 网上聊天

Internet的聊天室是一个网络虚拟空间,在这里人们可以选择自己感兴趣的话题、不受现实约束地与他人交谈。随着Internet的发展,网上聊天已经逐渐为很多人所熟悉和喜爱,成为结交朋友、与他人交流的一种途径。

传统的网上聊天被称为IRC(Internet Relay Chat),即多人网上实时交谈系统。它通过IRC协议,将用户计算机连接到IRC服务器上,在用户计算机上可以看到所有的使用者,并可以互相交谈。目前这种方式还有人在使用,使用时需下载聊天软件,常用的有MIRC、MSCHAT、CHINAIRC。

现在流行的聊天方式有两种:一种是通过WWW页面访问网上聊天室,另外一种是通过网络寻呼机(ICQ)。

ICQ是I Seek You的连音缩写,中文名称为"网络寻呼机",是全球性的传送信息和聊天系统。

ICQ功能强大,不仅能随时呼叫对方、在线聊天,还可以发送短信、通过摄像头视频聊天、建立群等。

ICQ的使用非常简单。首先在网上下载ICQ软件,用户可以到ICQ网站(http://www.icq.com)下载,然后进行安装。安装完成后用户需要注册自己的ICQ号,然后通过ICQ软件登录即可使用。ICQ的服务器在美国,是一个英文的聊天系统,界面如图11.5所示,可以和世界各国的朋友聊天。

除了ICQ外,QQ(中文网络寻呼机)、微软的MSN等也是目前使用较多的实时交流系统。

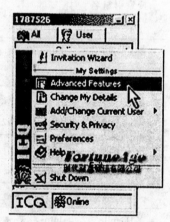

图11.5 ICQ界面

11.4 网络新闻组

网络新闻组,英文称为UseNet(User's Net的简写),又称News(新闻)或Netnews(网络新闻)。UseNet类似于BBS,为用户提供各种分类讨论区,供大家查阅、讨论和解决疑难问题。所不同的是它采用NNTP(Net News Transfer Protocol)协议,通过E-mail方式来投递新闻,使用非常方便、快捷,可以通过客户端软件在本地机上随时查收最新消息,而 BBS 需要通过远程登录或 WWW 方式连接服务器后才能使用。

网络新闻组是一个完全开放的系统,不需要账号、密码等信息,只需要新闻组 E-mail 地址就可以了。

使用网络新闻组,不需要安装其他客户端软件,直接用收发电子邮件的 Microsoft Outlook Express 即可。具体使用方法如下。

1. 连接新闻组服务器

(1)打开 Outlook Express,依次点击菜单中的"工具"→"账户"→"添加",出现"Internet 账户"窗口,点击"新闻"标签,即打开如图 11.6 所示的窗口。

(2)点击右侧的"添加"按钮,选择"新闻",出现"Interne 连接向导",填写用户在新闻组中的昵称与电子信箱,接下来输入新闻组服务器名称,如图 11.7 所示。

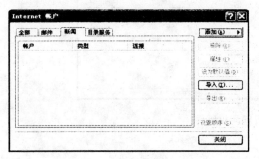

图 11.6 "Internet 账户"窗口

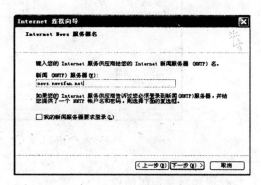

图 11.7 设置新闻组服务器名称

以微软新闻组 msnews.microsoft.com 为例,在"新闻(NNTP)服务器"中输入该新闻服务器名称"msnews.microsoft.com",点击"下一步"继续,完成之后即成功连接加入了该新闻组。

2. 订阅新闻组消息

连接新闻组服务器后,点击"关闭"退出"Internet 帐号"窗口,Outlook Express 会自动弹出询问是否下载新闻组的对话框,选择"是"。

稍等一会儿,Outlook Express 将会把新闻组目录从新闻组服务器上下载回来,并显示在如图 11.8 所示的"新闻组预订"对话框中。

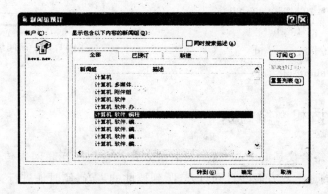

图 11.8 "新闻组预订"对话框

选择感兴趣的栏目,单击"预定"按钮,至此,"订阅"工作完成。

3. 查看新闻组

订阅完成后,Outlook Express"文件夹"窗口会显示新闻服务器图标和名称,点击该图标,就会列出已订阅的新闻组。点击需要查看的新闻组名称,Outlook Express 会自动下载该新闻组所有邮件,如图 11.9 所示。

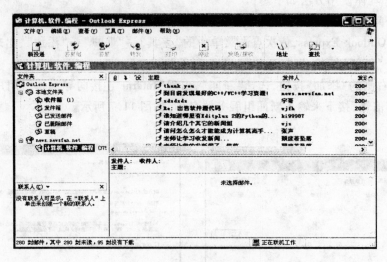

图 11.9　查看新闻组邮件

4. 投递和回复新闻邮件

如果有新邮件投递给新闻组,选择窗口上方的"新投递"即可将用户的问题投递到新闻服务器。

点击欲查看的一封新闻邮件,该邮件内容会显示在下方窗口中。如果想回复这封邮件给作者,点击窗口工具栏中的"答复"按钮,即可回复该邮件。如果希望自己的回复邮件被新闻组中所有的人看到,则点击工具栏中的"答复组"按钮,如图 11.10 所示。

下面是部分国内新闻服务器网址:

网易:news. nease. net

济南万千:news. weking. com. cn

广州168:news. gz168. net

天丽鸟:news. telek. com. cn

微软:msnews. microsoft. com

图 11.10　新闻组邮件投递和回复

11.5　网络电话和网络会议

网络电话和网络会议是 Internet 新型的通信方式。它利用互联网来传送声音、图像、文字信息,让远在千里的通话双方能够看到对方,听到彼此的声音,实时地进行远程通信。

1. 网络电话

网络电话,又称 Internet Phone、NET Phone 或 IP Phone,是将语音、视频数据通过打包压缩并且通过互联网进行传输到达目的地的一种多媒体传输技术。由于国际长途的话费很高,因此很多人利用网络电话来打国际长途。

目前使用网络电话有三种方式:PC 到 PC、PC 到 Phone 和 Phone 到 Phone。

(1) PC 到 PC

实现真正的网络实时通信,实时传送通话双方的图像、声音、文字等信息,使通话双方如同是面对面地交谈。要实现 PC 到 PC 的网络电话,通话双方计算机上必须安装网络电话客户软件,目前常用的如 NET2 Phone,另外要安装摄像头、声卡设备,双方还必须同时打开通话软件,比如 NET2 Phone,然后通过 IP 地址等信息进行连接并通话。

(2) PC 到 Phone

使用 PC 到 Phone 方式,需要将计算机连接到服务提供商指定的服务器上,然后可以用计算机打国际长途到服务商指定的一些国家的任何一部普通电话上。

(3) Phone 到 Phone

这种方式就是目前国内使用较多的 IP 电话。通信终端使用普通电话机,在通信过程中通过电话网关将语音信息转入到 Internet 上传输,到达目的地时,再通过电话网关,转入电信系统通信。目前已经有很多 IP 电话可以使用,比如中国电信的 17909 等。

2. 网络会议

网络会议(Netmeeting)和 PC 到 PC 的网络电话一样,可以实时传送通话双方的图形、声音、文字等信息,使通话双方如同是面对面地交谈。所不同的是,Netmeeting 还可以允许多人同时参加谈话。在 Netmeeting 主窗口,可以看到当前所有通话人。通过控制,可以像实际会议一样,由控制中心安排参加会议的人轮流发言。如果有人要发言,可以呼叫控制中心,得到允许后就可以发言。

使用之前必须先安装 Netmeeting 软件。由于 Netmeeting 是一个具有语音及影像通信功能的软件,因此需要较快的网速来处理声音及图形,同时声卡和摄像头也是不可或缺的设备,否则只能用文字与他人交谈。

11.6 Gopher

Gopher 是一种菜单式(Menu)的资料查询服务系统,是在 WWW 服务出现之前应用非常广泛的一种互联网服务。通过 Gopher 系统,可以轻易地查询 Internet 上其他的服务。它的基本原理是通过和 MS-DOS 目录管理方式类似的层式文件查询系统,以一种简易的选单方式让读者挑选自己所要的项目。如果此项目尚有子项目,便会产生另一个子选单并呈现在用户面前;如果没有子项目,也就是我们所说的最后一层,该项目的内容就会呈现在读者眼前。读者如果觉得此资料非常可贵,甚至可以下指令要求 Internet 的资源提供者(Server)将该文件内容下传至自己的电脑。

除了这些基本功能外,还可以经由某地的 Gopher 服务器进入世界各地的 Gopher 服务,取得不同的资料。也可以连接 Internet 的其他服务,例如 FTP、BBS、IRC 等。

使用时可通过浏览器或专用的 Gopher 客户端软件。目前国外还有很多用户在使用 Gopher 服务,在国内 Gopher 基本上已经被 WWW 所取代。

11.7 本章小结

Internet 是世界上最大的知识库、资源库,它拥有巨大的信息资源。除了本章和前几章介绍的 Internet 应用外,电子商务、电子支付、远程教育、远程医疗等应用也已逐渐成熟。Internet 的应用领域不断扩大,必将对人类生活产生深远的影响。

思考与练习

11.1 简述搜索引擎的功能。

11.2 通过本章中介绍的 Google 搜索引擎,查询"什么是 RFC",以及从哪里可以得到 RFC 文档。

11.3 通过 WWW 方式访问武汉大学 BBS(bbs.whu.edu.cn)。

11.4 选择一个新闻组服务器,按照本章中介绍的操作步骤,连接新闻组服务器,并订阅感兴趣的主题。

第12章 Web网页制作与发布

信息技术的发展使得Internet已经成为人们学习、工作和生活必不可少的一部分,与之相适应的是各种网页制作工具和网络编程技术的不断涌现。从最初直接使用HTML语言(超文本标记语言)编写静态网页,到可视化的静态网页设计工具Frontpage,Dreamweaver和Flash的出现,静态网页的设计越来越简单方便。从客户端的动态网页实现技术DHTML(Dynamic HTML,动态HTML),到服务器端动态网页编程技术的采用,所设计的网页越来越生动并更具交互性。本章介绍Web网页制作与发布的基础知识,主要内容分为四部分:第一部分主要讲述HTML语言的基本知识;第二部分主要讲述网络编程的概况、常见的网站设计与开发技术、ASP的基本概念、ASP内置对象以及ASP程序设计基础技术;第三部分详细介绍常见的网页设计工具Frontpage的使用方法,并对其他工具进行了简介;第四部分简要讲述了如何设计与发布网站,以及在两种不同平台上建立Web服务器的基本方法。

12.1 HTML语言

HTML的全称是HyperText Markup Language(超文本标记语言),它是制作Web页面的基本编程语言。虽然目前可以利用现有的很多网页制作工具软件来生成HTML代码,但这类软件通常都不是十全十美的,用户仍需要在适当的地方人工添加HTML代码来满足自身需要。因此,掌握HTML语言,是掌握制作Web页面技术的基础。

HTML是一系列标记(Tag)的集合,这些标记对Web页面中的各种元素进行了标识。HTML标记分为双边标记和单边标记两种,其中双边标记由封闭在一对尖括号内的标记名构成,可以全部用大写、全部用小写或者大小写混合。大多数HTML标记是双边标记,即成对出现。前边的称为头标(Opening Tag),后边的称为尾标(Closing Tag),尾标比头标多一个"/",在头标和尾标之间的内容,就是该标记的作用范围。

例如:<title>This is a title.</title>

这里,<title>……</title>是一对标记,其作用是标识出要在浏览器窗口标题栏内显示的文本。

另一种为单边标记,即只有头标,没有尾标。

例如:<hr>表示显示一条水平线。

除标记名以外,一个标记还可以包含一个或多个"属性",对标记的行为进行控制。例如,如果我们希望一个段落在页面内居中显示,则可使用如下标记:

<p align = center> This will be a centered paragraph. </p>

其中,<p>……</p>是一对标记,表示标记之间的内容是一个段落,而"align = center"则是p(段落)标记的一种属性。注意:当一个标记没有属性时,页面显示出来的是其缺省属性设置。

了解了 HTML 中各种标记的含义和用法，就掌握了 HTML 语言，掌握了制作 Web 页面的基本技术。在下面的各小节中，我们将一一介绍 HTML 中各种标记的含义。

12.1.1 基本标记

所有 Web 页面都必须包含一套基本的 HTML 标记集。这些标记指出当前文件属于一个 HTML 文档，并标识出文档内的主要内容。为了与 HTML 标准相符，它们是一个 Web 页面必须包含的惟一标记。表 12.1 列出了这些基本标记。

表 12.1　　　　　　　　　　基本 HTML 标记集及其属性

标记或属性	说明
\<html\> \</html\>	定义 HTML 文档，指出中间封闭的文本都是 HTML 数据。
\<head\> \</head\>	定义包含文档头部信息的 Web 页面部分。在 \<head\> 标记中，\<title\> 标记是必须的。
\<title\> \</title\>	指定要在浏览器标题栏内显示的文档标题内容。
\<body\> \</body\>	指定实际向用户显示的那一部分网页内容，并定义总体的网页属性。
\<p\> \</p\>	指定一个段落的起始和结束位置，并用 align = center、left 或 right 来指定对齐和排列方式。
\<h1\> \</h1\> ... \<h6\> \</h6\>	用六种标题样式之一指定一个标题(1-6)，并用 align = center、left 或 right 来指定对齐和排列方式。
\<br\>	强制换行。
\<hr\>	创建一个水平尺或者一条水平线。可设置这条线的对齐方式、颜色、阴影、粗细(高度)以及跨越一个页面的宽度。
background	指定背景图像。如有必要，图像会自动平铺显示，以便填满整个窗口。它是 \<body\> 标记的属性。
bgcolor	指出准备使用的背景颜色，设为颜色名或代表颜色值的一个十六进制数字。它是 \<body\> 标记的属性。
text	指定文本在页面内的显示颜色，可用颜色名或十六进制数字表示。
leftmargin	设置整个页面的左页边距。这个设置优先于其他任何默认页边距（如页边距等于 0，表示内容抵满网页的左边界）。它是 \<body\> 标记的属性。
topmargin	设置整个页面的顶部页边距。这个设置优先于其他任何默认页边距（如页边距等于 0，表示内容抵满网页的顶部）。它是 \<body\> 标记的属性。

【例 12.1】　使用基本 HTML 标记的程序
\<html\>

```
< head >
< title >这里是标题栏 </title >
</head >
< body bgcolor = "blue" text = "white" leftmargin = 0 >
< p >这里是网页文本的页面体部分 </p >
< hr >
</body >
</html >
```

12.1.2　添加超级链接和书签

利用超级链接,我们可以单击一个对象,然后由浏览器从与这个对象关联的地址处自动下载并显示出相应内容。HTML 语言是用 Anchor(锚点)标记来实现超链接的,即 < a > </a >。这对标记之间包含的文本或图像被认为是一个超级链接或者一个书签。如果标记是一个"超链接",而且选定(单击)了它的内容,页面则移至该 Web 站点的另一个位置或另一个 Web 站点;如果标记是一个"书签",页面则跳转到当前页的另一个位置。

表 12.2 是对超级链接和书签标记的总结。

【例 12.2】　使用超级链接和书签标记的程序

```
< html >
< head >
< title >这里是标题栏 </title >
</head >
< body leftmargin = 0 >
< p >这里是网页文本的页面体部分 </p >
< p >这是一个超级链"接到 < a href = http://www.whu.edu.cn title = "武汉大学" >武汉大学主页 </a > </p >
< p > < a name = "bm1" >这是 </a >书签1。 </p >
< p >该 < a href = "#bm1" >链接 </a >将到书签1。 </p >
< hr >
</body >
</html >
```

表 12.2　　　　　　　　　　　　超级链接和书签标记及其属性

标 记 或 属 性	说　　　明
< a > </a >	定义一个超链接。
href	指定目标 URL,可以是一个书签、网页或者 Web 站点。
name	指定位于这个位置的书签名字。
title	指定链接名字,当鼠标指针移至该链接上方,会显示出这个名称;否则显示链接地址。

12.1.3 添加图像

HTML 文件与传统文本文件不同,它允许在页面内加入图像、声音、视频等效果,我们称之为多媒体文件。Web 中的图像,可以是图形、图片、动画,也可以是照片;图像可以是 GIF 格式、JPEG 格式,也可以是位图(BMP)格式。

需要添加图像时,使用 Image 标记(<img >)。该标记可指定图像的路径和文件名,还可以同时设定大量属性,如尺寸、位置、边距、边框及说明文字等。例 12.3 是一个添加图像的程序。表 12.3 是对 Image 标记及其属性的总结。

【例 12.3】 Image 标记的应用示例

```
<html>
<head>
<title>这里是标题栏</title>
</head>
<body leftmargin = 0 >
<p>这里是网页文本的页面体部分</p>
<p>这是一个超级链接到 <a href = http://www.whu.edu.cn title = "武汉大学" >武汉大学主页</a></p>
<p><a name = "bm1" >这是</a>书签 1。</p>
<p><img src = "tupian1.jpg" alt = "武汉大学正校门" align = "bottom" border = 0 ><br>
    这是武汉大学的正校门。</p>
<p>该<a href = "#bm1" >链接</a>将到书签 1。</p>
<hr>
</body>
</html>
```

表 12.3 **Image 标记及其属性**

标 记 及 属 性	说　　明
<img>	该标记将图像插入到文档中,这是一个单边标记。
src	指定图像的路径和文件名,或指定其 URL。
align	将文本定位于图像的顶部(top)、中部(middle)或底部(bottom);或将图像定位于文本的左侧(left)或右侧(right)。
alt	如图像不能或不准备显示,则用该属性指出备用的文本。
border	指定是否围绕图像画一个边框。
height	指定图像的高度,以像素为单位。
width	指定图像的宽度,以像素为单位。

12.1.4 创建表格(Table)

Web 页面中,有时需要显示表格数据,或者利用表格的特性来定位页面中的各个元素。HTML 为我们提供了大量标记来定义表格、单元格、边框以及其他表格属性。例 12.4 展示了创建一个简单表格的 HTML 示例,它的显示结果如图 12.1 所示。表 12.4 总结了一些通用的表格标记及属性。

【例 12.4】 表格示例

```
< html >
< head > < title > 这里是标题栏 </title > </head >
< body leftmargin = 0 >
< p > 这里是网页文本的页面体部分 </p >
< h2 > A New Table </h2 >
< table border = 2 cellpadding = 3 cellspacing = 4 width = 100% bordercolor = "#0000FF" >
< caption align = center > 这里是表格标题 </caption >
< tr > < th align = left width = 25% > Cell 1, a header </th >
< td colspan = 2 width = 25% > cell 2,This cell spans two columns </td >
< td width = 10% > cell 3 </td >
</tr >
< tr >
< td width = 25% > cell 5,25% </td >
< td width = 25% > cell 6,25% </td >
< td width = 25% > cell 7,25% </td >
< td width = 10% > 10% </td >
</tr >
< tr >
< td rowspan = 2 width = 25% > cell 9/13,These cells were merged </td >
< td width = 25% > cell 10 </td >
< td width = 25% > cell 11 </td >
< td width = 25% > cell 12 </td >
</tr >
< tr > < td width = 25% > cell 14 </td >
< td width = 25% > cell 15 </td >
< td width = 10% > cell 16 </td > </tr >
</table >
</body >
</html >
```

图 12.1　程序【例 12.4】创建的表格

表 12.4　　　　　　　　　　表格的标记及其属性

标记或属性	说　　明
< table > < /table >	定义一个表格。
align	指定表格将沿网页的 left 和 right 对齐,以便四周的文本围绕它显示。
background	指定包含了一幅图的 URL,这幅图将作为表格的背景使用。该属性仅对 IE3.0 和 Netscape4.0 及其以上版本有效。
bgcolor	定义整个表格的背景颜色。
border	以像素为单位指定表格边框的大小(粗细)。这个边框将围绕表格内的所有单元格。
bordercolor	如存在边框,则用该属性指定一种边框颜色。适用于 IE3.0 和 Netscape4.0 及其以上版本。
bordercolorlight	如存在边框,则用该属性指定一种较浅的 3D 边框颜色。不可在 Netscape3.x 或 4.x 中使用。
bordercolordark	如存在边框,则用该属性指定一种较深的 3D 边框颜色。不可在 Netscape3.x 或 4.x 中使用。
cellspacing	指定单元格之间的空白间距,以像素为单位。如未指定,则默认为 2。
cellpadding	指定单元格分隔线与单元格内容之间的空白间距(注意四周都有空白),以像素为单位。如未指定,则缺省为 1。
cols	指定表格列数。
height	指定表格的高度——以像素为单位指定,或设为窗口高度的一个百分比。
width	指定表格的宽度——以像素为单位指定,或设为窗口高度的一个百分比。

标记或属性	说明
style	为表格指定一个样式表。
\<tr\> \</tr\>	定义表格单独一行内的单元格。其中，background、bgcolor、bordercolord、bordercolorlight、bordercolordark、height、width 以及 style 属性与前面 \<table\> 标记的属性是一样的。
align	指定这一行所有单元格的文本对齐每个单元格的左侧(left)、中部(center)或者右侧(right)。
valign	指定行内的文本可对齐单元格的顶部(top)、中部(center)、基线(baseline)或者底部(bottom)；如未指定，则文本缺省为居中对齐。该属性对 Netscape3.x 或 4.x 无效。
\<td\> \</td\>	定义表格中一个单独的数据单元格。其中，background、bgcolor、bordercolord、bordercolorlight、bordercolordark、height、width 以及 style 属性与前面 \<table\> 标记或 \<tr\> 标记的属性是一样的。
align	指定这个单元格内包含的文本对齐单元格的左侧(left)、中部(center)或者右侧(right)。
colspan	指定一个单元格占用的列数。
rowspan	指定一个单元格占用的行数。
nowrap	指定表格中的文本不可自动换行来迎合一个较小的单元格，强迫单元格放大。
\<caption\> \</caption\>	指定表格的标题(表题)。
align	指定标题对齐表格的左侧(left)、中部(center)、右侧(right)；不适用于 Netscape3.x 及以上版本。
valign	指定标题应在表格的顶部(top)或者底部(bottom)显示；不适用于 Netscape3.x 及以上版本。

12.1.5 定义表单(Form)

表单(form)的作用是让访问该 Web 站点的用户可以输入信息，然后把信息发送给服务器，将用户单纯浏览网页的冲浪方式变为用户和服务器的双向通信方式。通过表单，服务器可以收集到用户输入的各类信息。

例 12.5 是一个简单表单的例子，其显示结果如图 12.2 所示。表 12.5 列出了与表单相关的标记和属性。

【例 12.5】 一个表单的例子
\<html\>
\<head\> \<title\> 这里是标题栏 \</title\> \</head\>
\<body leftmargin = 10 \>

\<p\>这里是网页文本的页面体部分\</p\>

\<h1\>This is a Form\</h1\>

\<form action = "saveresults" method = "post"\>

\<p\>姓名：\<input type = text size = 25 maxlength = 256 name = "name"\>\</p\>

\<p\>地址：\<input type = text size = 50 maxlength = 256 name = "address"\>\</p\>

\<p\>发送数据？Yes \<input type = radio name = "send" value = "yes"\>

No \<input type = radio name = "send" value = "no"\>

\<p\>需要什么产品？\<select name = "product" multiple size = "1"\>

\<option value = "screen" selected\>显示器

\<option value = "keyboard"\>键盘

\<option value = "mouse"\>鼠标

\<option value = "modem"\>调制解调器\</select\>\</p\>

\<p\>是否会员？\<input type = checkbox name = "member" value = "true"\>\</p\>

\<p\>\<input type = submit value = 确定\> \<input type = reset value = 取消\<html\>

\</form\>

\</body\>

\</html\>

图 12.2　程序【例 12.5】创建的表单

表 12.5　　　　　　　　　　　表单的标记及属性

标 记 及 属 性	说　　明
\<form\>\</form\>	定义一个表单。
\<input\>	指定一个输入字段。
type	指定字段类型，可以是复选框（checkbox）、隐藏（hidden）、图像（image）、密码（password）、单选钮（radio）、重置（reset）、提交（submit）、文本（text）或者文本区（textarea）。

标记及属性	说 明
name	指定字段的名字。
value	指定字段的默认值。
align	如 type = image,则用这个属性将文本定于图像的顶部(top)、底部(bottom)或者中部(center)。
checked	如 type = checkbox 或 radio,则用这个属性决定复选框或单选钮缺省情况下是否已被选定(true 或 false)。
maxlength	指定可输入文本字段的最大字符数量。
size	指定一个文本字段的宽度,用字符数表示;或指定一个文本区域的宽度和高度(用字符数表示)以及行数。
src	如 type = image,则指定一幅图的 URL 地址。
< select > </select >	定义一个下拉菜单。
name	指定下拉菜单名。
multiple	指出能在一个菜单中同时选定多个项目(多重选择)。
size	指定菜单高度。
< option > </option >	定义菜单中的一个选项。
selected	指定默认时已被选定的选项。
value	如选项被选定,则用这个属性定义对应的值。
method	分为 post 与 get 两种。

12.1.6 设置帧(Frame)

HTML 的帧(frame)允许用户在一个浏览器窗口中定义单独的窗框,也称"帧"(图文框)。每个帧包含了一个单独的网页,可独立于其他帧滚动。HTML 在定义帧时采用了"帧页"(Frame Page)的概念,其中包含 Frameset 标记,后者又进一步地包含了 Frame 标记。在帧页中,Frameset 标记取代了 Body 标记,并指定了要在浏览器窗口中创建的帧结构。类似地,Frame 标记用于定义单独一个帧的结构。

图 12.3 展示了一个简单的帧页,创建它的代码如程序 12.6 所示。这段代码只定义了帧页的总体结构,其中的标题(top)、目录(content)和主帧(main)是单独定义的,它们各自是一个单独的网页,网页内容均可用我们前面学过的 HTML 语言实现。

在表 12.6 中总结了与帧相关的标记及属性。

【例 12.6】 含有 frameset 和 frame 标记的一个帧页

< html >
< head >
< title > frameset 1 </title >
</head >

```
< frameset rows = "12% , * ,12% " >
    < frame src = " frtop. htm"  name = " top"  noresize >
    < frameset cols = "35% ,65% " >
        < frame src = " frconten. htm"  name = " contents" >
        < frame src = " frmain. htm"  name = " main" >
    </ frameset >
    < frame src = " frbottom. htm"  name = " bottom"  noresize >
    < noframes >
    < body >
    < p > This web page uses frames , but your browser doesn't support </ p >
    </ body >
    </ noframes >
</ frameset >
</ html >
```

图 12.3 程序【例 12.6】创建的帧页

表 12.6 帧的标记及其属性

标 记 或 属 性	说　　明
< frameset > </ frameset >	定义一个帧页。
cols	指定帧页中垂直帧（列）的数量，以及它们的相对或绝对大小（参考表后注释）。
rows	指定帧集中水平帧（行）的数量，以及它们的相对或绝对大小（参考表后注释）。
frameborder	打开（frameborder = "Yes"或者"1"）或关闭（ = "No"或者"0"）围绕一个帧的边框。

续表

标记或属性	说明
framespacing	以像素为单位指定帧之间插入的额外空白；对 Netscape 无效。
bordercolor	指定帧边框的颜色；对 IE3.0 无效,但可在 IE4.0 中使用。
\<frame\>\</frame\>	定义单独的一个帧。
marginwidth	以像素为单位指定帧左侧和右侧边距大小。
marginheight	以像素为单位指定帧顶部和底部边距大小。
name	指定帧的名字,使其能在 target 属性中引用。
noresize	禁止帧的大小被用户改变。
scrolling	用 scrolling = "Yes"/"No"/"Auto"打开或关闭滚动条的显示；Auto 是缺省值。
src	指定帧内载入的 Web 页的 URL。
target	用于将网页载入特定的帧。
bordercolor	指定帧边框的颜色；对 IE3.0 无效,但可在 IE4.0 中使用。
\<noframes\>\</noframes\>	当浏览器不能显示帧时,用这个标记设置备用的 HTML 代码。但只要浏览器有能力显示帧,就会将这些代码忽略。

注意：

(1) 在 Body 标记内,frameset 标记中有时可能会包含另一个 frameset 标记,但第一个 frameset 标记的优先权最高。

(2) 如果在 frameset 标记中指定了 frameborder 和 framespasing,它们会自动应用于其中包含的所有 frame 标记。如果想在某个帧中改变这些设置,只需在那个帧内进行修改即可。

(3) 在 rows 和 cols 属性内,包含了一系列用逗号分隔的值,每个值都对应该帧集内的一个水平帧(行)或者垂直帧(列)。这些值可能是：

①一个行的绝对高度或者一个列的绝对宽度,以像素为单位。

例如：cols = "200,100,300",其作用为设置三个垂直帧列,它们从左到右的宽度依次为 200、100 和 300 像素。

②一列占窗口宽度的百分比,或者一行占窗口高度的百分比。

例如：rows = "15%,85%",其作用为设置两个水平帧行,分别占窗口的 15% 和 85%。

③相对于其他行或列的值。

例如：cols = "*,2*",其作用为设置两个垂直帧列,右边列占据的空间是左边列的两倍(等同于使用"33%,67%")。

④绝对值、百分比以及相对值的任意组合。

例如：rows = "100,65%,*",其作用为设置三个行：顶部行的高度为 100 像素；中间行占窗口高度的 65%；底部行占用剩余的空间。

另外,由于用户的屏幕尺寸和分辨率设置各不相同,如果在 rows 和 cols 属性中均使用绝对像素值,很可能得不到理想的效果。

12.2 动态网页开发技术

Web 网页有静态网页和动态网页两种形式,这两种网页涉及不同的 Web 开发技术。静态网页开发技术包括直接使用 HTML 语言和使用可视化的网页开发工具;动态网页开发技术包括客户端编程技术和服务器端编程技术。

静态网页的网页内容是"固定不变"的。由于 HTML 语法是为了静态信息的显示而设计的,因而它不具备动态显示的能力。但对于一个网站来说,只使用静态页面并不能满足网站功能的需要。静态页面的另一个弱点是不易维护,要求有固定人员不断更新网页内容,如果信息量不断增大,劳动量也会随之增加。

动态网页并不是指在页面上添加几个 GIF 图片或者 Flash 动画使页面有动感,而是指不需要人工修改 HTML 代码,可以根据需要,从信息数据库中自动获得并形成随数据库内容变化而变化的"动态"的 HTML 信息。它具有以下特点:

- 交互性:网页会根据用户的要求和选择动态地改变和响应,可接收用户提交的信息并作出反应,其中的数据可随实际情况而改变,无需人工对网页文件进行更新。
- 自动更新:无需手动更新 HTML 文档便可自动生成新页面,可大大减少维护工作量。
- 因时因人而变:不同的时间、不同的用户访问同一个网站时会产生不同的页面。

由于 HTML 语法本身的限制,为了使 Web 页面实现"动态",能够动态地、随数据库内容不断变化地显示数据库中的信息,人们提出了 HTML 和数据库之间的接口问题,即动态网页技术,通常分为客户端技术和服务器端技术。

客户端技术主要是 DHTML 技术。DHTML 是通过各种技术的综合发展而得以实现的一种技术。这些技术包括 JavaScript、VBScript、DOM(Document Object Model,文件目标模块)、Layers 和 CSS(Cascading Style Sheets,层叠样式表)等。使用 DHTML 技术,网页内容的更新通常由客户端的浏览器完成,因此要求浏览器本身必须包括一些能为用户提供更高级功能的程序模块及嵌入式组件。

对于建立商业网站的企业而言,仅仅使用 DHTML 还远远不够,因为只发生在客户浏览器端的动态效果无法满足商业网站大量信息查询、客户咨询、资源交互等"动态"需求,如用户需要通过浏览器查询 Web 数据库的资料,甚至输入、更新和删除 Web 服务器上的资料等,这些功能的实现必须使用服务器端的动态编程技术。

利用服务器端的动态编程技术,用户可以将一个 HTTP 请求发送到一个可执行应用程序中,而不是一个静态 HTML 文件中,服务器会立即运行这个指定的程序,对用户的输入作出反应,将处理结果返回客户端,或者对数据的记录进行更新。通过这个模型,可以在服务器和客户端之间有效地进行交互。常用的服务器端 Web 编程技术有 CGI、ISAPI、ASP、PHP、JSP 等。

下面将简要介绍常用的几种动态网页开发技术。

12.2.1 CGI 与 ISAPI

CGI 是最传统的一种动态页面设计方法,它的全称为 Common Gateway Interface(通用网关接口)。CGI 能够实现将信息从 HTML 文档发送给 Web 服务器上负责处理这些信息的应用程序,并不关心访问者使用的是何种 Web 浏览器。作为一项标准,它已被使用了很多年。

CGI 并不是一种编程语言,只是一种接口,用这一套接口,我们编写的程序可以从 HTML

文档获取访问者在表单(Form)中输入的信息,无论访问者在 Web 页面上输入了什么信息,都可通过 CGI 传递给 Web 服务器上的处理程序。HTML 语言十分适于描述 Web 页面在浏览器中的显示外观,但是实际上 HTML 语言本身并没有提供任何的信息处理功能。通过 CGI,我们就可以利用多种编程语言来编写任意的处理程序。如:C/C++,Perl,Visual Basic,Shell 语言等。

CGI 程序的执行过程如图 12.4 所示。

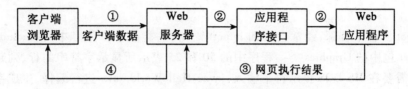

图 12.4　CGI 动态网页的访问过程

CGI 页面访问通常按以下过程来实现:
(1) 客户端将数据传递给 Web 服务器(图 12.4 中的①);
(2) Web 服务器通过应用程序接口将数据传递给 Web 应用程序(图 12.4 中的②);
(3) 应用程序对数据进行处理,并将执行结果返回 Web 服务器(图 12.4 中的③);
(4) Web 服务器再将执行结果传递给客户端(图 12.4 中的④)。

ISAPI 是微软提供的一套面向 Internet 服务的 API 接口,它能实现 CGI 的全部功能,并且还有所扩展,如提供了过滤器应用程序接口等。由于开发 ISAPI 应用要用到微软的一套 API,所以能用来开发 ISAPI 应用的语言不如 CGI 那么多,主要有 Visual C++ 4.1 以上版本、Visual Basic 5.0、Boland C++ 5.0 等。

12.2.2　Java Applet

Java 是由 Sun 公司开发的一种面向对象的程序设计语言。利用 Java 语言,能编写出两大类程序:Java Application(应用程序)和 Java Applet(小程序)。

Java 应用程序由 Java 语言编写,经过编译和解释后,可以独立运行于 MS-DOS、Windows、UNIX 等操作系统平台上。Java 应用程序一般以命令行方式运行。

Java Applet 不能独立运行,它必须嵌入到 HTML 文件中,并且需要启动浏览器才能运行。这样,指定的 Applet 会自动下载到用户的浏览器中运行,从而产生一些特殊的页面效果,如动画、声音、图表、图像等。通过在 Web 页面中嵌入 Applet,可以使 Web 页面与用户之间进行动态地交互,例如接收用户的输入,然后根据用户的需要产生不同的响应。

HTML 文件所呈现的内容大多为文字、图片、表格、声音等,这些内容一般都是静态的、二维的。但当 HTML 文件中嵌有 Applet 后,整个页面会呈现出多样性和变化性,例如交互功能、图表等。

在 Internet 上有大量免费的 Applet 源程序,这些 Applet 大都是由 Sun 等公司的 Java 开发人员设计出来的。广大用户特别是初学者,可以下载这些 Applet,并将它们嵌入到自己设计的 Web 页面中,从而获得丰富多彩、具有动态交互能力的 Web 页面。

1. Applet 程序的结构

Applet 需要首先创建源程序,经过编译后,再将生成的字节码(Bytecode)嵌入到 HTML 文件中由浏览器解释执行。下面是一个 Applet 源程序,文件名为 HelloWorld.java。

```
//程序的文件名为 HelloWorld.java
import java.awt.Graphics;
public class HelloWorld extends java.applet.Applet {
    public void paint (Graphics g) {
        g.drawstring ("您好!",50,25);
    }
}
```

在 Applet 源程序首部,经常会看到 import 语句,它类似于 C 语言中的#include,其功能是引入 java.awt 包中的 Graphics 类。程序中的 50 和 25 表示所显示字符串的行、列起始位置。

该程序需要在 MS-DOS 提示符下输入:javac HelloWorld.java 进行编译,生成字节码,其文件名为 HelloWorld.class。

2. 在 HTML 文件中嵌入 Applet

Applet 源程序在编译生成字节码后,要对其进行解释。与 Java 应用程序不同的是,在解释 Applet 之前,要先用 HTML 语言编写建立一个 HTML 文件,即 Web 页面,以便将 Applet 生成的字节码类文件嵌入到 HTML 文件中。下面是一个已嵌入了 Applet 的 HTML 文件,文件名为 Hello.html。

```
<html>
<head>
<title>欢迎访问</title>
</head>
<body>
<applet code="HelloWorld.class" width=200 height=50>
</applet>
</body>
</html>
```

在本例中,使用 <applet> </applet> 标签,将 Java Applet 的编译后的类文件嵌入到 HTML 文件中。其中的 code,width,height 均为 applet 的属性,code 用于指明 Applet 的类文件名,width 和 height 指明所显示 Applet 的大小,这里以像素为单位。此外,在 Applet 中还可以引入一些参数。在 <applet> </applet> 之间插入 <param> 标记,表明要向 Applet 中传递参数。

例如:

```
<applet code="HelloWorld.class" width=200 height=50>
<param name=font value="Times New Roman">
<param name=size value="24">
</applet>
```

<param> 标志包含了两个属性:name 和 value。name 属性定义了所传参数的名字,value 属性指明了该参数的值。在 <applet> </applet> 之间,可以使用多个 <param> 传递多个参数。

3. 解释执行 Applet

要解释执行已编写好的 Applet,只需用支持 Java 的 Web 浏览器来浏览该 HTML 文件即可。通常情况下，Microsoft Internet Explorer、Netscape Navigator 或 Hotjava 都可以，只需在浏览器的地址栏中输入要显示的文件名及路径即可。

12.2.3 脚本语言与服务器端脚本技术

1. 脚本语言

脚本语言是一种介于 HTML 和诸如 JAVA、Visual Basic 等编程语言之间的一种特殊的语言。尽管它更接近于后者，但它却不具备一般程序设计语言复杂、严谨的语法和规则，这对初学者非常有利，对有经验的程序员来说也是极为方便的。

目前常用的脚本语言有：VBScript、JavaScript、Perl 等。

（1）VBScript

VBScript 即 Microsoft Visual Basic Scripting Edition，是程序开发语言 Visual Basic 家族的最新成员，它将灵活的 Script 应用于更广泛的领域，包括 Microsoft Internet Explorer 中的 Web 客户机 Script 和 Microsoft Internet Information Server 中的 Web 服务器 Script。

对于已经了解 Visual Basic 或 Visual Basic for Applications 的读者，会很快熟悉 VBScript。开发者可以在产品中免费使用 VBScript 源实现程序。Microsoft 为 32 位 Windows API、16 位 Windows API 和 Macintosh 提供 VBscript 的二进制实现程序。

VBScript 与 WWW 浏览器集成在一起。VBScript 和 ActiveX Script 也可以在其他应用程序中作为普通 Script 语言使用。

在 HTML 页面中添加 VBScript 代码是通过 < Script > 标记实现的。VBScript 代码写在成对的 < Script > 标记之间。例如，以下代码为一个测试传递日期的过程：

```
< Script Language = "VBScript" >
< ! --
    Function CanDeliver( Dt)
        CanDeliver = ( CDate( Dt)-Now( ) ) >2
    End Function
-- >
</Script >
```

代码的开始和结束部分都有 < Script > 标记。Language 属性用于指定所使用的 Script 语言。由于浏览器能够使用多种 Script 语言，所以必须在此指定所使用的 Script 语言。注意 CanDeliver 函数被嵌入在注释标记（"< ! -"和"-- >"）中。这样能够避免不能识别 < Script > 标记的浏览器将代码显示在页面中。

因为以上示例是一个通用函数（不依赖于任何窗体控件），所以可以将其包含在页面的 head 部分：

```
< html >
< head >
< title > 订购 </ title >
< Script Language = "VBScript" >
< ! --
    Function CanDeliver( Dt)
        CanDeliver = ( CDate( Dt)-Now( ) ) >2
```

End Function
--﹥
</Script﹥
</head﹥
<body﹥...

　　Script块可以出现在HTML页面的任何地方(body或head部分之中)。然而最好将所有的一般目标Script代码放在head部分中,以使所有Script代码集中放置。这样可以确保在body部分调用代码之前所有Script代码都被读取并解码。

　　上述规则的一个值得注意的例外情况是,在窗体中提供内部代码以响应窗体中对象的事件。例如,以下示例在窗体中嵌入Script代码以响应窗体中按钮的单击事件:
<html﹥
<head﹥
<title﹥测试按钮事件</title﹥
</head﹥
<body﹥
<form name = "Form1"﹥
　　<input type = "Button" name = "Button1" Value = "单击"﹥
　　<Script FOR = "Button1" event = "onClick" Language = "VBScript"﹥
　　　　MsgBox "按钮被单击!"
　　</Script﹥
</form﹥
</body﹥
</html﹥

　　大多数Script代码在Sub或Function过程中,仅在其他代码要调用它时执行。然而,也可以将VBScript代码放在过程之外、Script块之中。这类代码仅在HTML页面加载时执行一次,这样就可以在加载Web页面时初始化数据或动态地改变页面的外观。

　　(2) JavaScript

　　JavaScript是由Netscape公司开发并随Navigator导航者一起发布的、介于Java与HTML之间、基于对象事件驱动的编程语言,正日益受到全球的关注。因它的开发环境简单,不需要Java编译器,而是直接运行在Web浏览器中,而因备受Web设计者的喜爱。

　　JavaScript是一种基于对象(Object)和事件驱动(Event Driven)并具有安全性能的脚本语言。使用它的目的是与HTML超文本标记语言、Java小程序一起实现在一个Web页面中链接多个对象,与Web客户交互作用,从而可以开发客户端的应用程序等。它是通过嵌入或调入在标准的HTML语言中实现的,它的出现弥补了HTML语言的缺陷,是Java与HTML折衷的选择。

　　例如,下面的例子说明了是如何将JavaScript的脚本嵌入到HTML文档中的。
<html﹥
<head﹥
<Script Language = "JavaScript"﹥ // JavaScript Appears here.
alert("这是第一个JavaScript例子!");

alert("欢迎你进入 JavaScript 世界!");
alert("今后我们将共同学习 JavaScript 知识!");
</Script>
</head>
</html>

如同 HTML 语言一样,JavaScript 程序代码是一些可用字处理软件浏览的文本,它在描述页面的 HTML 相关区域出现。JavaScript 代码由 < Script Language = " JavaScript" >... </Script >说明。在标记 < Script Language = " JavaScript" >... </Script > 之间就可加入 JavaScript 脚本。alert( )是 JavaScript 的窗口对象方法,其功能是弹出一个具有 OK 对话框并显示( )中的字符串。通过 <! -- ...//-- > 标识说明:若不认识 JavaScript 代码的浏览器,则所有在其中的标识均被忽略;若认识,则执行其结果。善于使用注释是一个好的编程习惯,它使其他人可以读懂你的程序。JavaScript 以 </Script > 标签结束。

(3) Perl

Perl(Practical Extraction and Report Language)是一种很古老的脚本语言,最初的 Web 应用大多是用 Perl 编写的。Perl 很像 C 语言,使用非常灵活,对于文件操作和处理具有和 C 语言一样的方便快捷。

也正是因为 Perl 的灵活性和"过度"的冗余语法,导致许多 Perl 程序的代码令人难以阅读和维护,因此使用的人在逐渐减少,并且目前有被 Python 替代的可能。

另外 Perl 对于 CPU 的消耗似乎较高,效率似乎有一些不足。

总之,Perl 在部分应用中能发挥很大优势,但其维护性差使得其普及变得很困难。

2. 服务器端脚本技术

随着 Web 的发展,服务器端脚本技术日趋成熟,ASP、PHP、JSP 等技术也被人们越来越频繁地使用在 Web 开发中。利用服务器端脚本技术进行 Web 的应用开发非常灵活方便,并且在一定程度上克服了进程的调度问题,因而在当前 Web 应用编程中处于重要地位。

(1) ASP

ASP(Active Server Pages)是微软的 Windows IIS 系统自带的服务器端脚本语言环境,利用它可以执行动态的 Web 服务应用程序。ASP 的语法非常类似 Visual BASIC,学过 VB 的人可以很快上手,但 ASP 不能很好支持跨平台的应用开发。

由于 ASP 很简单,所以单纯使用 ASP 所能完成的功能也是有限的,COM(Component Object Model)技术弥补了 ASP,微软提供了 COM/DCOM 技术,极大拓宽了 ASP 的应用范围,使得 ASP 几乎具有无限可扩充性。在 Windows 系统上,ASP + COM + SQLServer 是一种较好的搭配。

总之,ASP 简单而易于维护,是小型网站应用的最佳选择,通过 DCOM 和 MTS 技术,ASP 甚至还可以完成中等规模的企业应用。

(2) PHP

PHP(Hypertext Preprocessor)是一种嵌入 HTML 页面中的脚本语言,它大量地借用 C 和 Perl 语言的语法,并结合 PHP 自己的特性,使 Web 开发者能够快速地写出动态页面。

PHP 是完全免费的开放源代码产品,Apache 和 MYSQL 也是用样免费开源的,在国外非常流行。PHP 和 MYSQL 搭配使用,可以快速地搭建动态网站系统,因此国外大多数主机系统都配有免费的 APACHE + PHP + MYSQL。通常认为这种搭配的执行效率比 IIS + ASP + ACCESS

要高。

PHP 的语法和 Perl 很相似,但是 PHP 所包含的函数却远远多于 Perl,PHP 没有命名空间,编程时必须努力避免模块的名称冲突。一个开源的语言虽然需要简单的语法和丰富的函数,但 PHP 内部结构的天生缺陷导致了 PHP 不适合于编写大型网站系统。

(3) JSP

JSP(JavaServer Pages)是 Sun 公司推出的一种动态网页技术。JSP 技术是以 Java 语言作为脚本语言的,熟悉 JAVA 语言的人可以很快上手。

JSP 虽然也使用脚本语言,但是却和 PHP、ASP 有着本质的区别。PHP 和 ASP 都是由语言引擎解释执行程序代码,而 JSP 代码却被编译成 Servlet 并由 Java 虚拟机执行,这种编译操作仅在对 JSP 页面的第一次请求时发生,因此普遍认为 JSP 的执行效率比 PHP 和 ASP 都高。

JSP 在技术结构上有着其他脚本语言所没有的优势:JSP 可以通过 JavaBean 等技术实现内容的产生和显示相分离,并且 JSP 可以使用 JavaBeans 或者 EJB(Enterprise JavaBeans)来执行应用程序所要求的更为复杂的处理,进而完成企业级的分布式的大型应用。

因此,不少国外的大型企业系统和商务系统都使用 JSP 技术,作为采用 Java 技术家族的一部分,JSP 技术也能够支持高度复杂的基于 Web 的应用。

总之,在服务器端脚本技术中,JSP 拥有相当大的优势,虽然其配置和部署相对其他脚本语言环境要复杂一些,但对于跨平台的中大型网站系统来讲,基于 JAVA 技术的 JSP(结合 JavaBean 和 EJB)几乎成为惟一的选择。

上述几种服务器端脚本技术中,ASP 是当前国内应用最为广泛的一种,因为国内大多使用的是 Windows 和 SQLServer,因此,下节将简要阐述 ASP 的主要内容。

12.3 ASP 技术

ASP 的全称为 Active Server Pages(动态服务器页面),它的原理仍然是在 HTML 标准的基础上增加附加语法,如同脚本一样,然后由 WWW 服务程序解释成静态的 HTML 标准文件,返回给浏览器。这些工作都是由服务器完成的,所以和浏览器的版本以及生产厂商无关。

12.3.1 概述

Microsoft Active Server Pages(简称 ASP)内含于 Windows NT Server 的 Internet Information Server3.0(IIS3.0)当中,是服务器端脚本化(Server-side Scripting)环境,我们能够用它来创建和运行动态的、交互式的、高性能的 Web 服务器应用程序。

用户不必担心浏览器能否执行 ASP 程序,因为它运行在 Web 服务器端。当用户的浏览器请求一个 ASP 文件时,Web 服务器会调用该 ASP 程序,并从头到尾读取并执行其命令,将 ASP 程序代码解释为标准 HTML 格式的页面内容,再送到客户端浏览器上显示出来。在用户端只需使用常规浏览器,即可浏览 ASP 所设计的页面内容。这种做法减轻了客户端浏览器的负担,大大提高了交互速度。

ASP 是一种类似 HTML,Script 与 CGI 的结合体,它的运行效率比 CGI 高;程序的编写也较 HTML 方便,且更具灵活性;程序的安全性比一般的脚本语言(如 JavaScript)高。ASP 的应用程序很容易开发和维护。下面归纳出 ASP 所独具的一些特点:

(1)无需编译。程序容易编写,可在 Web 服务器上直接执行,它屏蔽了程序的执行细节,程序源代码在服务器上,不会传到客户端浏览器,可完全保密。这使得程序员的劳动成果能得到有效保障,避免源程序被他人剽窃,而一般脚本语言的程序是在客户端执行的,代码完全公开。

（2）可以使用 VBScript、JavaScript 等简单易懂的脚本语言,结合 HTML 代码,快速完成网站应用程序的开发。由于脚本具有较为宽松的程序调试环境,使得 ASP 程序的开发极其容易和快速。

（3）对程序的开发环境要求不高。使用任意的文本编辑器如 Windows 的记事本即可编辑 ASP 代码。

（4）与浏览器无关(Browser Independence)。由于 ASP 是将运行结果以 HTML 的格式传送到客户端浏览器的,因此客户端只要使用可执行 HTML 代码的浏览器即可浏览 ASP 网页。

（5）ASP 能与任何 ActiveX Scripting 语言兼容。除了可使用 VBScript 或 Jscript 语言来设计以外,还可通过 plug-in 的方式,使用由第三方所提供的其他脚本语言,例如 Perl、Tcl、REXX 等脚本语言。脚本引擎是处理脚本程序的 COM(Component Object Model)对象。

（6）可通过 ActiveX 服务器组件(ActiveX Server Components)来扩充功能。可以使用 Visual Basic、Java、Visual C++、Cobol 等编程语言来编写用户所需要的 ActiveX 服务器组件。

（7）与微软的其他产品无缝连接。不论对 ASP 的执行还是开发,微软都提供了极为坚实的后盾,ASP 凭借微软的强力支持,必定会更加强壮。

12.3.2 ASP 的执行环境

以下任何一种环境都可以执行 ASP：

（1）WindowsXP。

（2）Windows2000 Server。

（3）Windows NT Server 4.0 及以上版本：安装 Microsoft Internet Information Server3.0(IIS3.0)及以上版本。

（4）Windows NT Workstation 4.00 及以上版本：安装 Microsoft Peer Web Services 3.00 及以上版本。

（5）Windows 95 及以上版本：安装 Microsoft Personal Web Server 1.0a0 及以上版本。

12.3.3 编写 ASP 脚本

ASP 建立的文件以".asp"为扩展名。.asp 文件是纯文本文件,可用任何文本编辑器编辑。ASP 程序中包含以下内容：HTML 标记(tags)、VBScript 或 Jscript 脚本语言命令(Script commands)、ASP 语法。

要使脚本起作用,应将文件保存在 Web 服务器的可执行目录中。当使用浏览器查看文件的时候,ASP 处理并返回 HTML 格式的信息。

ASP 提供的脚本语言是 VBScript 和 Jscript,但服务器的解释语言默认以 VBScript 作为首选。

下面是一个简单的 ASP 程序：

```
< html >
< body >
< % Response.write "这是一个简单的例子!" % >
```

```
</body>
</html>
```
得到的页面如图12.5所示。

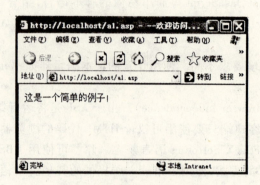

图12.5　简单的ASP程序执行结果

以上是一个非常简单的ASP程序,它是通过<%...%>作为标识符告诉服务器要执行其中的语句。服务器通过解释标识符中的程序语句,生成HTML代码,发送给客户端浏览器,显示一句话:"这是一个简单的例子!"

12.3.4　ASP语法

ASP本身不是脚本语言,而是提供了一个可以将脚本语言集成到HTML页面中的环境。要有效使用ASP,必须掌握它的语法、规则和操作。

1. 分界符号

HTML语言的标记(tag)使用"<......>"将HTML代码包含起来,以便与常规文本区分开来。这里,HTML中的分界符号仍为"<"和">"。

与此相似,ASP的脚本命令和输出表达式也通过分界符号和普通文本及HTML文件相区别。ASP的分界符号为"<%"和"%>",用它们来包含ASP中的脚本命令。例如,命令<% sport="climbing"%>,将值climbing赋给变量sport。

ASP使用分界符号"<%="和"%>"来包含输出表达式。例如:<%=sport%>,可发送变量sport的值climbing给客户端浏览器显示。

2. 单一表达式

可以在ASP分界符号中包含任何符合设置的主脚本语言的表达式。

例如:现在是:<%=now%>

这时,Web服务器将返回VBScript中的函数now的值,即当前的日期时间给浏览器显示。

3. 语句

语句是VBScript或其他脚本语言中的具备定义、动作和说明的完整的语法表达式单元。

例如,条件语句If...Then...Else的VBScript结构类似下面的形式:

```
<% If time > = #12:00:00 AM# And time < #12:00:00 PM# Then
    greeting = "Good Morning!"
Else
    greeting = "Hello!"
```

End if % >

以上的语句将值"Good Morning!"或"Hello!"存储在变量 greeting 中,不发送任何值给浏览器。下面的代码则将 greeting 的值以绿色发送给浏览器显示:

< font color = "GREEN" >
< % = greeting% >
</font >

这样,当用户在中午 12:00 查看时,会看到绿色的字样:Good Morning!
用户在中午 12:00 以后查看,则看到绿色的字样:Hello!

4. 在语句中使用 HTML

可以在语句内部使用 HTML 文本。
例如,下面的脚本中包含了 HTML 文本:

< font color = "GREEN" >
< % If time > = #12:00:00 AM# And time < #12:00:00 PM# Then % >
Good Morning!
< % Else% >
Hello!
< % End If% >
</font >

如果条件为真,Web 服务器则发送 HTML 文本"Good Morning!"给浏览器,否则,发送 HTML 文本"Hello!"给浏览器。

5. 使用脚本标记

在脚本中使用的语句、表达式、命令和过程必须符合默认的脚本语言规则。ASP 默认的是 VBScript 脚本语言,但也可以在 ASP 中使用其他脚本语言,不过必须加入脚本标记 <SCRIPT> 和 </SCRIPT> 来说明,其中有 LANGUAGE 和 RUNAT 属性。

例如,下面的 HTML 包含 Jscript 过程 MyFunction:

< html >
< body >
< % call MyFunction % >
</body >
</html >
< Script Runat = SERVER Language = JSCRIPT >
function MyFunction ( )
{
　Response.Write ("MyFunction Called")
}
</Script >

注意,不要在 <Script> 标记中加入任何非该标记规定语法的表达式。

6. 包含其他文件

ASP 提供的是 #INCLUDE 处理机制,可以使用它直接在 ASP 程序中插入另外一个 ASP 文件。语法为:

```
<! --# INCLUDE VIRTUAL|FILE = "filename"-- >
```

必须输入 VIRTUAL 或 FILE,这两个关键字说明了插入文件的类型和路径,其中,VIRTUAL 代表虚拟的文件地址,FILE 代表绝对或相对的文件地址。

包含文件不要求文件扩展名,但推荐使用.inc 来说明文件类型,也可以使用其他名称。例如:

```
<! --# INCLUDE VIRTUAL = "/myapp/test.inc" -- >
    <! --# INCLUDE FILE = "test/test.inc" -- >
```

12.3.5 ASP 的五大内置对象

ASP 提供有五个内置对象(Object),程序员可以直接调用。这些对象使程序员更容易收集客户通过浏览器发送来的信息、响应浏览器以及存储用户的信息。

1. Request 对象

HTTP 通信协议是一种请求信息与响应信息的通信协议,因此通常由客户端向 Web 服务器提出请求,Web 服务器才会响应信息。在 ASP 中,特别将"客户端提出请求"与"Web 服务器响应请求"等动作封装成 Response 对象和 Request 对象。

这里,Request 对象包括了用户端的相关信息,如浏览器的种类、表头信息、表单参数、Cookie 等。它是使用 ASP 时最常用的对象。

我们可以使用 Request 对象访问基于 HTTP 请求传递的所有信息,包括从 HTML 表单用 POST 方法或 GET 方法传递的参数、Cookies 和用户认证。Request 对象使用户能够访问客户端发送给服务器的二进制数据。表 12.7 中是 Request 对象的数据集合。

表 12.7　　　　　　　　　　　Request 对象的数据集合列表

集 合 名 称	功 能 说 明
Form	取得客户端利用表单 Form 所传递的数据
QueryString	取得客户端利用 <a> 标签所传递的数据
Cookies	取得存在于客户端浏览器的 Cookie 数据
ServerVariables	取得 Web 服务器端的环境变量信息
ClientCertificate	取得客户端的身份权限数据

下面通过一些具体的例子来说明这些数据集合的用法。

(1) Form 表单数据

无论是 CGI、JAVA,或是其他动态页面技术,都是通过嵌在 WWW 页面中的表单让用户通过浏览器输入信息,然后由表单把数据传递给服务器,服务器再把数据传给 CGI 或其他应用程序来处理。同样,ASP 也是通过表单来得到用户的信息,从而达到让页面与用户交互的目的。

通过【例 12.7】和【例 12.8】,我们来了解一下在 ASP 中怎样获得用户在表单中输入的数据,同时 ASP 怎样将结果返回 WWW 页面。

【例 12.7】　表单 1

```
<html>
```

```
< body >
< form action = "form1_check.asp" method = "post" >
请选择您的性别:
< select name = "sex" >
< option value = "男" > 男 </option >
< option value = "女" > 女 </option >
</select > < br >
请输入您的姓名:< input type = "text" name = "yourname" > < br >
请输入您的年龄:< input type = "text" name = "age" >
< input type = "submit" value = "提交" >
</form >
</body >
</html >
```

该程序在 IE 浏览器中的显示如图 12.6 所示。

图 12.6 表单提交的例子

当用户输入信息并按提交按钮后,将运行表单处理程序 form1_check.asp。其源程序如【例 12.8】所示。表单处理后的效果在浏览器中的显示如图 12.7 所示。

【例 12.8】 表单处理程序 form1_check.asp

```
< %
sex = request.form ( "sex" )
yourname = request.form ( "yourname" )
age = request.form ( "age" )
% >
< html >
< body >
您的性别是:< % = sex% > < br >
您的名字是:< % = yourname% > < br >
您的年龄是:< % = age% >
</body >
```

</html>

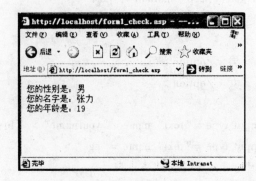

图 12.7　表单处理结果显示

（2）QueryString

QueryString 数据集合与 Form 数据集合在使用上并没有太大的区别。其最主要的不同在于 Form 是通过 HTML 表单来传递数据；而 QueryString 可以取得 HTTP 的附近参数，这些参数是通过"？"来链接的。下面的例子演示了返回 QueryString 数据的页面。

【例 12.9】　QueryString 的简单例子

＜html＞
＜body＞
＜a href＝"a.asp？string＝张三"＞我的名字＜/a＞
＜/body＞
＜/html＞

【例 12.10】　a.asp 源程序

＜html＞
＜% myname＝Request.Querystring("string")%＞
＜%＝myname%＞
＜/body＞
＜/html＞

【例 12.9】中程序的页面显示效果如图 12.8 所示，当鼠标在名字所处的位置上单击时，会运行 a.asp 程序，得到如图 12.9 所示的页面效果。

图 12.8　QueryString 简单例子页面效果

图 12.9　a.asp 程序处理效果

(3) Cookies

使用 Cookies,可让程序在客户端的硬盘上保存一些信息,譬如当来访者输入其姓名等数据时,使用 Cookies 将之存储在来访者客户端的硬盘上,下次这位来访者再度浏览此站点时,即可读取此 Cookies 直接得知来访者的身份。

一般来说,在 Windows 2000 及 Windows XP 环境下,Cookies 存储在客户端的硬盘\Documents and Settings\username\路径下;Windows 9x 环境下,Cookies 存储在客户端硬盘\windows\cookies 路径下;Win NT 环境下,则在\WINNT\cookies 路径下。

ASP 程序访问 Cookies 时使用到其两个内置对象:Request 和 Response。当用户第一次进入一个站点时,ASP 程序会先利用 Response 对象的 Cookies 数据集合将数据存储在服务器的计算机中。当用户再次进入该网站时,再利用 Request 对象的 Cookies 数据集合来获取信息。Request 对象的 Cookies 数据集合负责取得记录在客户端的 Cookies 数据。

例如:写入 Cookies:Response.Cookies("待写入的 Cookies 名称") = "待写入数据"

读取 Cookies:读取数据 = Request.Cookies("待读取的 Cookies 名称")

下面的例子说明了 Cookie 数据集合的使用。

【例 12.11】 Cookies 简单例子

< html >
< body >
< %
for each CookiesName in request.Cookies
    Response.write CookiesName&"的内容是:"&Request.Cookies(CookiesName)&" < br > "
next
% >
</body >
</html >

该程序可以读取存储在客户端硬盘\windows\cookies\路径下的此站点所建的所有 Cookies 值内容。

(4) ServerVariables

我们知道在浏览器中浏览网页的时候使用的传输协议是 HTTP 协议,在 HTTP 的标题文件中会记录一些客户端的信息,如客户的 IP 地址等。有时服务器需要根据不同的客户端信息作出不同的反应,这时就需要用 ServerVariables 数据集合获取所需信息。

其语法为:Request.ServerVariables(服务器环境变量)

【例 12.12】 显示服务器环境变量的例子

< html >
< body >
< %
Response.write" PATH_INFO:"&Request.servervariables("PATH_INFO")&" < br > "
Response.write"SERVER_NAME:"&Requesr.servervariables("SERVER_NAME")&" < br > "
Response.write" SERVER _ SOFTWARE:" &Request.servervariables("SERVER _ SOFTWARE")

```
% >
</body>
</html>
```

该例运行后,会在浏览器中显示出三个服务器环境变量 PATH_INFO、SERVER_NAME 以及 SERVER_SOFTWARE 的值。

（5）ClientCertificate

该数据集合可以让程序取得客户端的身份权限数据,这些权限信息符合 X.509 标准,通常来说服务器端必须使用符合 SSL3.0/PCT1 通信协议的浏览器与 Web 服务器建立连接,而且服务器也要设置为用户需要权限,此时浏览器才会将相关的数据传递到服务器。

语法:Request.ClientCertificate(关键字,子字段)

2. Response 对象

Response 对象提供发送信息给用户的功能,包括:① 传送字符串到浏览器;② 连接到指定的 URL 地址;③ 设定传送数据的内容形式;④ 传送并写入 Cookie 的值到客户端计算机;⑤ 暂存信息于缓冲器。

语法为:Response.方法 | 属性 | 数据集合

（1）Response 对象的方法(Methods)

Response 有下列八个方法可供调用:

① Write:它是 Response 最常用的方法之一,作用是将指定的字符串传送到浏览器输出。

语法:response.write "字符串"

② Redirect:它使浏览器立即重定向到程序指定的 URL 地址。这也是一个经常用到的方法,这样程序员就可以根据客户的不同响应,为不同的客户指定不同的页面或根据不同的情况指定不同的页面。一旦使用了 Redirect 方法,任何在页中显式设置的响应正文内容都将被忽略。

语法:response.redirect http://www.sina.com.cn

③ end:它使 Web 服务器停止处理 .asp 文件并返回当前结果,文件中剩余的内容将不被处理。如果 Response.Buffer 已被设置为 TRUE,则调用 Response.End 将缓冲区的内容输出。

语法:response.end

④ clear:可用它来清除缓冲区中的所有 HTML 输出。

语法:response.clear

⑤ Flush:该方法能将发送缓冲区中的内容输出。

语法:response.flush

⑥ BinaryWrite:服务器使用该方法可以将不经字符转换(Character-set Conversion)的二进制数据发送给浏览器。

语法:response.BinaryWrite "二进制数据"

⑦ AppendToLog:该方法允许以附加的方式,将用户信息记录到服务器的记录文件中,作为数据使用。

语法:response.AppendToLog "所要记录的信息"

⑧ AddHeader:该方法可以允许自行设置网页的 HTTP 标题。

语法:response.AddHeader "NewHeader","New Header Message"

（2）Response 对象的属性(Property)

Response 有下列八个属性可供调用：

①Expires：该属性指定了在浏览器上缓冲存储的页面过期时限。如果用户在某个页面过期之前回到此页，就会显示出缓冲区中的页面。如果设置为 response.expires = 0，则可使缓存的页面立即过期。

语法：response.expires = 要设置的分钟数

②ExpiresAbsolute：该属性与 Expires 在功能上非常相似，与其不同的是 ExpiresAbsolute 属性指定缓存于浏览器中页面的确切到期日期和时间。在未到期之前，若用户返回到该页，该缓存中的页面就显示。如果未指定日期，则该主页在脚本运行当天的指定时间为到期。

语法：response.expiresabsolute = #Oct 1,2001 20:20:01#

③Buffer：该属性指示是否输出缓冲页。当缓冲页输出时，只有当前页的所有服务器脚本处理完毕或者调用了 Flush 或 End 方法后，服务器才将响应发送给客户端浏览器，服务器将输出发送给客户端浏览器后就不能再设置 Buffer 属性，因此应该在.asp 文件的第一行调用 Response.Buffer。

语法：response.buffer = 布尔值（true 或 false）

④Charset：该属性用来设置服务器响应给用户的文件字符编码，如中国大陆地区的编码为 GB2312，台湾地区为 Big5。

语法：response.charset(charsetName)

⑤ContentType：该属性指定服务器响应的 HTTP 内容类型。如果未指定，则默认为 text/HTML。

语法：response.contenttype = contenttype

⑥CacheControl：该属性可以设置服务器是否将 ASP 的执行结果暂存于代理服务器上。如果客户端浏览器没有设置代理服务器，则此属性无效。

语法：response.cachecontrol = 属性值（public 或 private）

⑦IsClientConnected：该属性是一个只读属性，得到的是最近一次客户端是否还与服务器保持连接。如果 ASP 程序处理的时间较长，可采用这个属性来验证是否链接。

语法：布尔值 = response.IsClientConnected

⑧Status：该属性可以设置服务器响应给客户端浏览器的状态值。它的属性值必须设置在 <html> 标签之前，否则发生提示错误。

语法：response.status = "状态描述字符串"

(3) Response 对象的数据集合（Collection）

Response 对象只有一个数据集合 Cookie，它允许将数据设置在客户端的浏览器中。Cookies 集合设置 Cookie 的值，若指定的 Cookie 不存在，则创建它；若存在，则系统会自动更新数据。

语法：Response.Cookies = value

3. Server 对象

Server 对象提供对服务器上的方法和属性的访问，其中大多数方法和属性是为使用程序的功能服务的。

语法：Server.属性 | 方法

（1）Server 对象的属性

Server 对象的属性只有一个：

ScriptTimeout:该属性可以设定脚本运行的超时值。系统默认时间为 90 秒,设置时应在程序执行之前。

语法:Server. ScriptTimeout = 要设置的秒数

(2) Server 对象的方法

Server 对象共有以下四个方法可供调用:

①CreateObject:它用于创建已经注册到服务器上的 ActiveX 组件实例。

语法:Set 对象名称 = Server. CreateObject("组件名称")

②MapPath:将指定服务器上的相对路径(Relative Path)或虚拟路径(Virtual Path)转换成服务器上相应的物理路径(Physical Path)。

语法:真实路径 = Server. MapPath("虚拟路径")

③URLEncode:该方法可以根据 URL 规则对字符串进行正确编码。

语法:Server. URLEncode("要转换的字符串")

④HTMLEncode:该方法可以根据 HTML 编码法则转换字符串。

语法:Server. HTMLEncode("要转换的字符串")

4. Session 对象

在 ASP 程序中,可以使用 Session 对象存储特定的用户会话所需的信息。当用户在应用程序的页面之间跳转时,存储在 Session 对象中的变量不会清除,而用户在应用程序中访问页面时,这些变量始终存在。当用户请求来自应用程序的 Web 页时,如果该用户还没有会话,则 Web 服务器将自动创建一个 Session 对象。当会话过期或被放弃后,服务器将终止该会话。

(1) Session 对象的事件

Session 对象有两个事件:Session_OnStart 和 Session_OnEnd,可用于 Session 对象启动和释放的运行过程。

语法:< Script language = VBScript runat = Server >

  Sub Session_OnStart

    事件处理程序

  End Sub

  Sub Session_OnEnd

    事件处理程序

  End Sub

  </Script >

(2) Session 对象的方法

Session 对象只有一个方法,即 Abandon,该方法可删除所有存储在 Session 对象中的对象并释放这些对象的源。

语法:Session. Abandon

(3) Session 对象的属性

Session 对象共有以下四个属性可供调用:

①Timeout:该属性以分钟为单位为该应用程序的 Session 对象指定超时时限。如果用户在该超时时限值内不刷新或请求网页,则该会话将终止。

语法:Session. TimeOut = 分钟数

②SessionID:该属性返回用户的会话标识。在创建会话时,服务器会为每一个会话生成一

个单独的标识,会话标识以长整型数据类型返回。在很多情况下,SessionID 可以用于 Web 页面的注册统计。

语法:长整数 = Session.SessionID

③CodePage:该属性表示字符串编码及转换的依据,可以使网页适应世界各地的用户。如日文将 CodePage 属性设为 932,中文设为 950 等。

语法:Session.CodePage = 属性值

④LCID:该属性用来设置网页以哪个地区或国家的相关设置来显示。如日本使用 1041、法国使用 1036 等。这里所谓的相关设置包括货币的显示方式、日期和时间的表示方式等。

语法:Session.LCID = LCID 值

（4）Session 对象的数据集合

Session 对象有两个数据集合:

①Contents:该数据集合可以取得用户所有可以使用的 Session 变量。

②Static:该数据集合可以取得以 <Object> 标签建立的所有对象。

5. Application 对象

Application 对象是一个应用程序,即在硬盘上的一组主页以及 ASP 文件,它可以在多个主页之间保留和使用一些共同的信息。使用 Application 对象,可以允许一个应用程序的所有用户共同使用信息。对于一个应用程序,所有的文件都位于一个虚拟路径和其子目录下。

语法:Application.方法

（1）Application 对象的方法

因为 Application 对象可以使多个用户共同使用信息,因此提供了"Lock"和"Unlock"方法,来避免多个用户同时更改同一个信息。

① Lock:禁止其他用户更改存储在 Application 对象中的信息。

语法:Application.Lock

②Unlock:允许其他用户更改存储在 Application 对象中的信息。

语法:Application.Unlock

（2）Application 对象的事件

当一个 Application 开始时,会激活一个 Application_OnStart 事件,而当 Application 结束时会激活一个 Application_OnEnd 事件。注意,Application_OnStart 事件的处理过程必须写在 Global.asa 文件之中。

语法: < Script Language = VbScript Runat = Server >
　　　Sub Application_OnStart
　　　　事件处理程序代码
　　　End Sub
　　　Sub Application_OnEnd
　　　　事件处理程序代码
　　　End Sub
　　　 </Script >

（3）Application 对象的数据集合

Application 对象有两个数据集合:

①Contents:该数据集合可以允许程序取得用户所有可使用的 Application 变量。

语法:Application.Contents(Application 变量名)

②StaticObjects:该数据集合可以允许程序取得以 <Object> 标签所建立的应用程序层次的对象。

语法:Application.StaticObjects(对象变量名)

12.4 使用 FrontPage 制作网页

12.4.1 FrontPage 2000 概述

FrontPage 2000 是微软办公自动化套装软件 Office 2000 中的一个组件,其作用是在因特网和局域网上创建和发布网页。目前制作网页的工具很多,但对于初学者来说,FrontPage 2000 是适用的,因为它操作简单,使用方便。针对 Web 站点和页面的设计、组织和发表,FrontPage 都提供了自己强有力的手段。

安装好 Microsoft Office 2000 后,就可以在 Windows 的开始菜单中找到 Microsoft FrontPage。运行后,首先出现 FrontPage 2000 的操作界面,如图 12.10 所示。

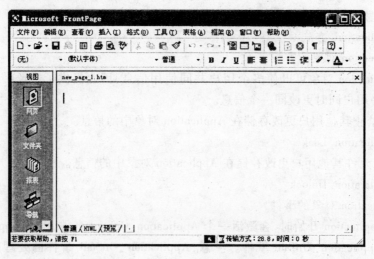

图 12.10 FrontPage 2000 的操作界面

由于 FrontPage 是 Office 套件中的一个组件,所以其操作界面和其他组件非常类似。其中的标题栏、菜单栏、按钮栏以及属性栏的组成和功能都与 Word 或 Excel 中类似,这里就不再赘述,只有个别按钮是 FrontPage 所特有的,我们在后面遇到时会详述。

Frontpage 的编辑区是用来编辑设计网页的主要区域,我们可以在上面输入文本或插入图片。在它的左下角有三个切换按钮:"普通"按钮,即出现默认的编辑区;"HTML"按钮,出现 HTML 文本的编辑区,可以编辑 HTML 代码;"预览"按钮,可观看自己设计好的网页在浏览器中的样子,若不满意可以再点击"普通"按钮回到编辑区修改。

第一次运行 FrontPage 2000 时,编辑区左边有一灰色栏,有"网页"、"文件夹"、"报表"、"导航"、"任务"五个按钮,称为"视图"栏。它可以让我们更方便地查看网页的大小、链接等。但有时用户可能觉得它使编辑区面积窄小,妨碍工作,可以点击控制窗菜单栏里的"查看→视图"按钮,使它消失,需要使用的时候再点击一次使它出现,非常方便。

12.4.2 创建 Web 站点

由于一个 Web 站点是由许许多多的网页组成的,因此在制作网页之前,我们首先应该知道如何创建一个 Web 站点。在 FrontPage 2000 中,创建一个 Web 站点的过程很简单。

首先,运行 FrontPage 2000 后,在菜单栏中选择"新建→站点",如图 12.11 所示。选择后会出现如图 12.12 所示的窗口。

图 12.11 创建站点的菜单选项

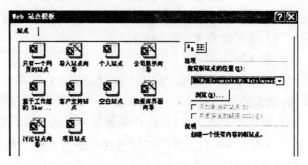
图 12.12 新建站点对话框

FrontPage 自带一些网站的模板,这些模板通常使用率很低。一般情况下,可以从左边的站点标签中选择"空站点",然后在右边的"指定新站点的位置"中,输入想保存这个网站的文件夹地址。通常第一次使用 FrontPage 2000 时会自动生成一个新站点,保存在"我的文档"的"My Webs"文件夹中。我们也可以重新建立一个新文件夹作为网站的存放点。我们称保存网站的文件夹为"网站文件夹"或"主文件夹"。

建立好新站点后,FrontPage 2000 的标题栏则变为"C:\My Documents\My Webs",这就表示已经打开了某个网站。如果我们还创建了其他网站,可以通过 FrontPage2000 的菜单栏里面的"文件→打开站点"来打开其他站点,如图 12.13 所示。

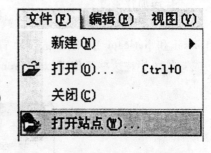

通常在运行 FrontPage 2000 的同时会自动打开最近编辑的一个站点。如果不想编辑此站点可以点击菜单栏的"文件→关闭站点"关闭该站点。

图 12.13 打开其他站点的菜单选项

12.4.3 制作网页

运行 FrontPage 2000 并且打开一个站点后,我们就可以在编辑区制作网页了。

1. 创建 Web 页面

新建一个网页,可以点击工具栏中的 □(新建)按钮来新建一个网页,或者选择菜单栏中的"新建→网页"菜单。此时,编辑区中有光标闪烁,我们就可以输入网页内容了。

2. 编辑和格式化文本

如前所述,FrontPage 的编辑区与 Word 编辑区非常类似,所以对于文本的输入、剪切、复

221

制、粘贴等基本编辑方法均与 Word 一样操作。

对于输入的文本可以使用"格式"菜单中的"字体"子菜单或者右键快捷菜单来进行格式化,完成对文本的字体、字型、大小、颜色、效果和字符间距等项目的设置。这一功能也和 Word 非常类似。

在文档中需要创建新段落时,只需按回车键〈Enter〉即可。实际上,该动作在底层的 HTML 代码中插入了新的 <P> </P> 起始和终止标记,用于定义新段落的起点和终点。新段落不仅在新的一行开始,而且有其自己的格式,例如左对齐、行间距等。

若想在不创建新段落的情况下产生一个新行,则可按〈Shift〉+〈Enter〉组合键,该操作在相应的 HTML 代码中插入了单个断行标记
。这时由于没有创建新的段落,新行的文本内容仍与前面段落属同一种格式。

3. 插入图片

网页中最主要的元素除了文字就是图片。如果一个网页中只有文字却没有图片的搭配与装饰,就会显得单调呆板。因此,任何一个网页都需要图片的润色。

在页面中插入图片时,应在编辑区内首先将光标移动到需要插入图片的位置,再选择菜单"插入→图片→来自文件";或者直接单击工具栏上的插入图片按钮,在弹出的窗口中选择希望放在网页中的图片。

Web 站点上的图片大多有三个来源:用 Adobe Photoshop 或 Fireworks 等制图软件创建的图片;从网络上共享的图片库中下载而来的图片;利用扫描仪将现成的纸张图片扫描而来的图片。

注意,无论是什么来源的图片,插入到网页中的图片通常只有两种格式:JPG 或 GIF,我们只需从图片文件的扩展名即可区分。

4. 添加背景

设计图形化 Web 页面的时候,可以先从整个页面的背景开始。在高版本的 Internet Explorer 和 Netscape 中,默认的网页背景是白色。我们可以将背景设置成自己喜欢的任何颜色或背景图片。这些工作可以在 FrontPage 的"网页属性"对话框中完成。

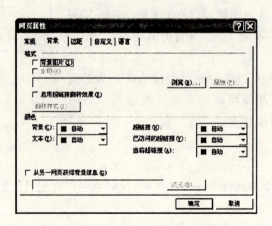

图 12.14 "网页属性"的"背景"标签页

在所设计网页的任何一个空白位置按鼠标右键,在弹出的快捷菜单中选择"网页属性"菜单,则出现如图 12.14 所示的对话框,此时,我们选择"背景"标签。

选中"背景图片"时,可在其下面的输入框中输入要使用背景图片的路径,或使用"浏览"按钮在当前的计算机中选择背景图片。这样选择的图片将平铺于整个页面。此时,我们应注意不要选择太大的图片作为背景,以免影响整个网页的载入时间。

如果不打算使用背景图片,也可以选择单纯颜色作为背景,此时可在下面的"颜色"选项中,选择想设置的背景颜色和文本颜色,同时可以设置网页文本中超链接文本的颜色、已访问过的超链接文本颜色以及当前正在访问的超链接文本颜色,这三项设置是 FrontPage 2000 较 FrontPage 98 后的新增功能。

12.4.4 添加超链接

超链接是网页的一个重要特征,它属于一种对象,以文字或图形的形式存在。如单击它,则相当于指示浏览器移至同一页内的某个书签位置或打开另一个网页。各个网页链接到一起才真正构成一个 Web 站点。用浏览器观看一个超链接的时候,它通常采用与普通文本不同的颜色显示,并且有下画线,当鼠标指针移到一个超链接上方时,指针通常变成手形。同时,与那个链接对应的全部或部分 URL 也会在窗口底部的状态栏中显示出来。

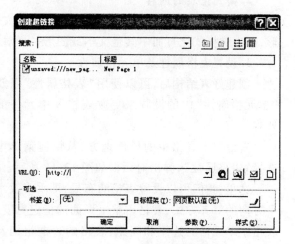

图 12.15 添加超链接对话框

网页中的任何内容上都可以添加超链接,即任何文字(一个字、词、句子或段落)或者任何图形(从小黑点到大幅图像)都可以添加一个链接。

在 FrontPage 2000 中,给文字或图像添加超链接的方法很简单。在选定的文字或图像上,单击鼠标右键,在弹出的快捷菜单中选择"超链接属性"菜单,出现如图 12.15 所示的对话框。

点击 URL 栏后的第一个按钮,可以链接到网络上的某个网页或文件;第二个按钮则可以链接到本地计算机上的某个网页或文件;第三个按钮比较特殊,可将超链接链接到某个电子邮箱;第四个按钮可以允许我们新建一个网页并做好链接。

完成后,在"预览"视图中将鼠标移至对象上,指针会变成手形,对象可点击并出现指定的网页或文件,则表示链接成功。

12.4.5 使用表格(Table)增添结构

迄今为止,我们都是使用 Web 页的全宽来放置文本和图形的,这样很难把页面上的所有元素排列整齐。FrontPage 给我们提供了两种有用的特性,可以将一个网页的部分或全部分隔成不同的区域,在其中分别包含不同的文本或图形。这两种特性就是网页设计中常用的"表格(Table)"和"帧(Frame)"。

表格(Table)已经成为了 Web 设计者工具包中一个最强大和最通用的工具,它允许设计者避开 HTML 的限制,把文本、数据和图像精确地放置在 Web 页面上。目前在 Web 上运行的任何引人入胜的站点,几乎都是由潜伏在背景中的至少几个表格构成的。

1. 创建新表

在 FrontPage 2000 中创建新表有以下三种方法：

(1) 使用工具栏中的"插入表格"按钮；

(2) 使用"表格"菜单中的"插入→表格"菜单选项；

(3) 使用"表格"菜单中的"手绘表格"菜单选项。

这三种方法都能轻松地创建表格。但要注意，在开始创建表之前，应仔细规划好页面元素以及使用表格后如何使该页面显得紧凑，应大致决定好所需的行数和列数，以及在何单元格放置何页面元素。

2. 格式化表的内容

创建好表结构后，就可以在单元格中输入文字或插入图片了。对于单元格中的文本或图形，可以像格式化页面中其他文本或图形一样对它们进行格式化。

3. 设置表格属性及单元格属性

创建好表结构后，可以使用"表格属性"以及"单元格属性"中的设置来更改表格及单元格的外观。

右键单击表格中的任何地方，从快捷菜单中选择"表格属性"，弹出对话框如图 12.16 所示。

这里，我们可以设置表格的布局，即垂直及水平方向的对齐方式、表格占整个页面的指定宽度、表格中单元格的边距和间距、表格的边框粗细及颜色、表格的背景颜色或图形等。

同样，右键单击某一单元格，从快捷菜单中选择"单元格属性"，可以更改该单元格的外观。弹出的对话框与"表格属性"对话框非常相似，其中的设置项也很类似，只是此时是针对某单元格而不是整个表格。

图 12.16 表格属性对话框

4. 查看 HTML 代码

单击编辑区窗口下的"HTML"标签，可以查看所创建表格的相应 HTML 代码。其中，<table>标记开始表的定义；<tr>标记定义表中的一个新行；<td>标记定义表中的单个单元格。

12.4.6 用帧(Frame)辅助布局

帧和表格一样，都能将一个网页分隔成不同的区域，但它们之间存在着巨大的差别，最终得到的结果也大为不同。"表格"通常是一个页中更小的部分，它们将网页划分为不同的区域；而"帧"实际上是一个单独的网页，可以用一个独立的浏览窗口来观看它。包含这些帧的网页称为帧页(Frame Page)或帧组(Frameset)，在 FrontPage 2000 中又称其为"框架网页"。当浏览器打开一个框架网页时，它显示出分配到每个帧的页面。

善于使用框架网页，不仅可以使页面更加有序，而且可以使访问者更加方便地浏览。

1. 采用模板创建帧

在 FrontPage 中，帧是使用现有的模板创建的。

点击"文件"菜单的"新建→网页",在弹出的窗口中选择"框架网页",如图 12.17 所示。

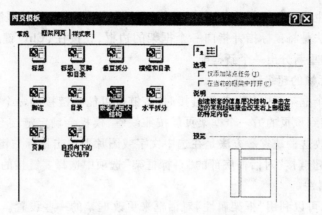

图 12.17　框架网页对话框

我们可以在左边很多框架网页模板中选择自己需要的样式,每种样式均可在右下脚的"预览"框中看到效果,选定后按"确认"按钮。例如我们选择"目录"型,则出现如图 12.18 所示的新框架网页,这是未编辑前的框架原型。

图中每个框架内都有两个按钮:"设置初始网页"按钮用于将已存在的网页作为这一帧的初始网页;而"新建网页"按钮则是将一个空白网页作为这一帧的初始网页。当我们分别点击了左边和右边的"新建网页"按钮后,窗口显示则如图 12.19 所示。

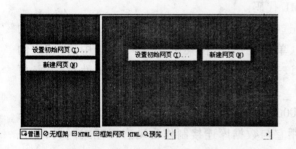

图 12.18　目录型框架网页的原型

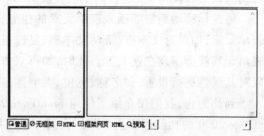

图 12.19　在两个帧页中分别采用新建网页的方式

此时,左右两边分别是两个独立的空白网页,我们可以分别进行编辑。

2. 编辑与保存框架网页

在编辑区内单击任一框架内部,在该框架周围出现颜色加亮的边框,指明当前它是活动帧,我们可以在该帧内编辑页面,与编辑独立网页一样。

保存框架网页和保存其他页面有所不同。当我们保存一个单独页面时,只需保存该页面的内容;而保存框架网页时,不仅需要保存每个帧初始页的内容,还要保存整个框架的结构以及帧结构到每个帧初始页的超级链接,因此需要保存多次。如上例中的"目录"型框架,则需要保存左边页面内容、右边页面内容以及整个框架结构,共需三次。

3. 修改框架结构及属性

(1)调整框架尺寸

创建好框架后,可能会发现帧的大小不足以有效地显示页面内容。这时我们可以将鼠标

计算机网络基础

指针移至框架的边框,当指针变成双向箭头时直接拖曳来调整框架的尺寸。

(2)拆分框架

框架模板是要生成任何框架的起点,但我们可以不受模板中结构的限制,可以在已有结构内增添新框架。方法是将鼠标指针指向一个框架的边框,在按住〈Ctrl〉键的同时拖动鼠标左键,即可在该框架内重新分出一个新框架。

(3)创建至目标帧的超级链接

当用户单击一个框架页中的某超级链接时,该链接可能会链接到一个新窗口或链接到当前窗口,也可能链接到该页的另一个框架页。按照缺省,模板会确定链接至什么位置,但我们可以通过设置来更改这一缺省。方法是在选中文字或图片上单击鼠标右键,选择"超链接"选项,在弹出的"编辑超链接"对话框底部的"目标框架"选项中选择要链接的目标框架即可。

(4)修改框架属性

创建好框架后,可以利用"框架属性"对话框来更改框架的一些设置。在选定的框架中单击鼠标右键,在快捷菜单中选择"框架属性"菜单,即会出现"框架属性"对话框。其中可以设置该框架初始网页的名称、框架的大小及边距、是否在浏览器中显示出滚动条等选项。点击其中的"框架网页"按钮,还可以对该框架初始网页的属性进行设置。

12.4.7 运用表单(Form)交互

表单(Form)可以让浏览站点的用户输入信息,然后把信息发送到服务器上,提交给服务器上的应用程序处理,从而达到与用户交互信息的目的。

在 FrontPage 中,用户可以不书写任何 HTML 代码,直接从菜单中选择需要的表单元素放置到页面中,FrontPage 会自动生成相应的 HTML 代码。

将光标移动到需要插入表单元素的位置,选择"插入→表单",在下级菜单中选择所需的表单元素,如单行文本框、滚动文本框、复选框、单选按钮、下拉菜单、按钮等。选中后,相应的表单元素就会出现在网页上。此时,如再双击该表单元素,则会弹出其对应的属性对话框,可以对其属性进行设置,如名称、宽度、类型等。

到此为止,我们仅介绍了使用 FrontPage 2000 制作网页的最基本的操作内容,事实上 FrontPage 2000 的功能远不止于此。我们可以使用它与数据库连接制作出动态交互式网页,并且运用它现有的组件及可插入式控件使 Web 站点产生动态效果。但由于篇幅原因,这里不作详述。

12.5 网页制作其他工具

除了 FrontPage 以外,还有许多其他优秀的网页制作工具,如 Macromedia 公司的 Dreamweaver、Fireworks 和 Flash,以及在制作网页图片时必不可少的 Adobe PhotoShop 等。篇幅所限,本节只对这些网页制作工具进行简要介绍。

12.5.1 Dreamweaver

Dreamweaver 是 Macromedia 公司出品的一款"所见即所得"的网页编辑工具。与 FrontPage 不同,Dreamweaver 采用的是类似 Mac 机浮动面版的设计风格,对初学者来说可能会感到不适应。但当用户习惯其操作方式后,就会发现 Dreamweaver 的直观性与高效性是 FrontPage 所无法比拟的。

Dreamweaver 对于动态网页(DHTML)的支持非常好,可以轻而易举地做出很多眩目的互动页面特效,插件式的程序设计使其功能可以无限扩展。Dreamweaver 与 Fireworks、Flash 并称为 Macromedia 的网页制作"三剑客",由于是同一公司的产品,因而在功能上有着非常紧密的结合。

目前 Dreamweaver 的最新版本为 Dreamweaver MX 2004。它的特点是伸缩性很强,可以引入很多第三方为其特别量身定做的插件,使得一些需要很强编程能力才能写出的网页特效,在 Dreamweaver 中只要轻轻点几下鼠标便可完成。

12.5.2 Fireworks

Fireworks 是 Macromedia 公司出品的一个强大的网页图形设计工具,是网页设计"三剑客"之一。使用它可以创建和编辑位图、矢量图形,还可以非常轻松地做出各种网页设计中常见的效果,比如翻转图像,下拉菜单等。

如果需要把设计好的各种效果在网页中使用,它可以输出为 HTML 文件,供 FrontPage 或 Dreamweaver 等网页制作软件再编辑,同时还能输出为不同的图片格式,供 Photoshop、Illustrator 和 Flash 等软件再编辑,使用起来非常方便。目前其最新版本为 FireworksMX 2004。

12.5.3 Flash

Flash 是 Macromedia 公司开发设计的一个多媒体网页制作工具,是网页设计"三剑客"之一,目前最新版本为 FlashMX 2004。

它可以让网页中不再只有简单的 GIF 动画或 Java 小程序,而是一个完全交互式的多媒体网站,并且具有很多优势,如矢量图形、MP3 音乐压缩等。

Flash 主要包含了"矢量图形绘制"、"动画制作"、"多媒体设计"等功能。矢量图形是使用函数来记录图形中的颜色、尺寸等属性,物体的任何放大、缩小都不会使图像失真,同时对文件大小也不会产生影响;动画制作在 Flash 中相当地简单快捷,只要设定好动画的开始与结束的状态,Flash 就可以自动完成中间的动画过程。Flash 强大的功能可以让开发者很快制作出一个多媒体网页。

12.5.4 PhotoShop

PhotoShop 是 Adobe 公司出品的一个图像编辑软件,其中包含了大量功能强大的图像处理工具,它可以使不同的图像设计元素间进行逼真的、完美无缺的融合。它通常是图像设计专业人员必不可少的工具,同时也是很多网页设计人员用来制作和处理网页图片的工具。目前最新版本为 Photoshop CS 9.01。

12.6 网站设计与发布

本章前几节介绍了网页制作的基本技术,随后这两节将给出完成一个网站的建设需要的其他知识,即如何规划和设计一个网站、如何发布网站,以及如何建立和配置一台 Web 服务器等。

12.6.1 网站规划与设计原则

前面介绍的仅仅是制作网页所需的最基本的知识,建设一个网站只有这些知识是不够的,还必须对网站的内容、结构、版面布局、美工等诸方面有一个良好的总体规划与设计,才能使最终的网站达到应有的效果。

下面是规划与设计一个网站时需要注意的问题:

(1)要有明确的目的。不同的目的,决定了不同的页面形式。

(2)要有充实的内容。内容要具体、详细、真实、正确,有明确的针对性,能够真正地解决问题。内容贫乏、空泛、似是而非、不伦不类的站点,只会引起读者的反感。

(3)网站的形象要鲜明生动且有特色。页面内容的分配要合理,关联要得当,页面风格应统一。特别是主页,一定要吸引人,使读者愿意看下去,愿意再次访问。

(4)页面制作好后,一定要经过认真地测试。页面显示出来的最终形式是由浏览器决定的,不同的浏览器,效果不一定与设计者的期望相同。因此,应该使用多种浏览器不厌其烦地检验设计效果。

(5)慎用图、声、影。虽然它们都是Web页面最精彩的部分,但是Internet通往全球,很多地方的通信线路还不尽人意。一个网站使用图、声、影的量太多太大,会极大地增加网络负担,延长读者等待的时间。因此,采用图、声、影时一定要有明确目的,只在必要时用,应少而精,宁缺勿滥。

(6)内容应经常更新。Internet本身信息的快速更新是其存在的主要理由,网站管理者应该不断在站点中加入新产品、新技术、新成就、新信息。如果信息做不到随时更新,就成为一张"过期的报纸",没有人愿意去阅读。

12.6.2 网站发布

当网站开发完成后,就需要通过某种途径向互联网发布出去,即需要将制作好的网页和程序存储在某个Web服务器上,使网络上的其他用户能够浏览到这些页面。

对于个人网站,可以使用互联网上提供的免费个人主页空间。首先需要找到一个可以存储自己网页的Web服务器,在上面申请属于自己的个人主页空间,然后按照该网站提供的方法把自己的个人网页发布上去。

对于企业网站,则可以建立自己的Web服务器并连接到互联网上,小型企业网站也可以租用一些ISP提供的服务器或服务器空间。

12.7 建立Web服务器

Web服务器是在网络中为实现信息发布、资料查询、数据处理等诸多应用搭建基本平台的服务器。在宽带网络日益普及的今天,我们可以在自己的计算机上建立Web服务器,在上面发布个人网页信息。建立Web服务器的方法很简单,只需在计算机上安装适当的Web服务器软件即可。

目前常用的Web服务器软件有:微软Windows操作系统自带的IIS(Internet信息服务)、个人Web服务器PWS,以及免费软件Apache。这些软件都有各自适应的平台,本节就目前最流行的两个操作系统平台介绍建立Web服务器的方法。

12.7.1 在 Windows 平台上建立 Web 服务器

在 Windows XP Professional 版本中,最常用的 Web 服务器软件是 IIS。但它并不是默认安装的,而是可选的 Windows 组件,因此在 Windows 平台上建立 Web 服务器时,应先选择安装 IIS。

安装 IIS 有两个方法,可以放入 XP 系统光盘,运行光盘后,在运行界面中选择添加组件;也可以在 XP 的控制面板中选择"添加或删除文件",在其中选择"添加 Windows 组件"按钮,在弹出对话框中选择"Internet 信息服务(IIS)",然后点击"确定"安装就可以了。

IIS 安装完成后,运行浏览器,在地址栏内输入"localhost",如果出现如图 12.20 所示的页面,则表示 IIS 安装成功了。

图 12.20　IIS 安装成功后访问 localhost 出现的页面

为了在 Web 服务器上运行自己的网站,我们还要对 IIS 进行适当的配置。在控制面板中打开"管理工具",选择"Internet 信息服务",即出现如图 12.21 所示的窗口。

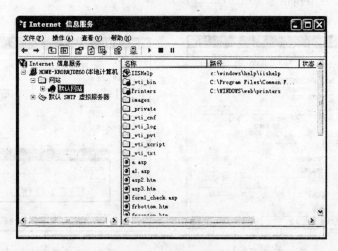

图 12.21　IIS 窗口

图中的"默认站点"选项可以使用重命名的方法更改成自己网站的名称。

配置 IIS 时,在"默认站点"或自己命名后的站点名称上,单击鼠标右键,选择"属性"选项,出现如图 12.22 所示的对话框。如图在网站选项框中,对网站的描述、指定的 IP 地址、链接超时的时间等选项都可以根据自己的实际情况设置。

强调一下日志记录。一个好的网管必须养成经常观察日志的习惯,只有这样,才能保证计算机网络的安全性。点击日志设置的属性如图 12.23 所示。设置日志属性,一般新建日志时间设置为每小时,可以更改日志文件目录,从安全的角度考虑,不建议使用默认路径。

图 12.22　网站属性对话框

图 12.23　日志属性对话框

在主目录选项框中,可以定义网页内容的来源,默认情况如图 12.24 所示,本地路径可以根据自己的需要设置,从安全性角度考虑通常不设置在系统分区,可在另外的分区重新建立一个路径。

文档选项中,应确保"启用默认文档"一项已选中,再添加需要的默认文档名并相应调整搜索顺序即可。此项作用是当在浏览器中只输入域名(或 IP 地址)后,系统会自动在"主目录"中按"次序"(由上到下)寻找列表中指定的文件名,如能找到第一个文件则调用;否则再依次寻找并调用第二个、第三个文件。如果"主目录"中没有此列表中的任何一个文件名存在,则显示找不到文件的出错信息,如图 12.25 所示。

图 12.24　主目录选项对话框

图 12.25　文档选项对话框

经过这些基本设置后,我们自己的网站就可以启动了。在站点上点击右键选择启动,然后在浏览器地址栏里输入 localhost,访问的就是自己的网站了。

以上是最基本的设置,要建立一个相对安全的网站这些设置还远远不够。除此之外,我们还可以设置虚拟目录,并进行关于性能和安全的配置,例如限制带宽、哪些用户可以访问此 Web 页等。限于篇幅,这里不再赘述。

12.7.2 在 Linux 平台上建立 Web 服务器

在 Linux 平台上可选用的 Web 服务器软件有 Netscape 的 Enterprise Server 以及免费软件 Apache。Netscape Enterprise Server 可以支持基于 IP 的虚拟主机,但却不支持基于域名的虚拟主机。基于 IP 的虚拟主机需要一个独立 IP 地址;而基于域名的虚拟主机,可以多个主机共用一个 IP 地址,利用 HTTP1.1 协议,靠不同的域名来区分,可以大大节省 IP 地址资源。Apache 完全支持以上两种虚拟主机方式,是目前互联网上使用非常广泛的 Web 服务器。

利用 Apache 在 Linux 平台上建立 Web 服务器需要一定的 Linux 使用基础,有兴趣的读者可以参考其他文献,本书不再详述。

12.8 本章小结

HTML 是制作 Web 页面的基本编程语言。它由一系列对网页各种元素进行标识的标记组成,分为双边标记和单边标记两种。它包括基本标记、添加超链接标记、添加图像标记、添加表格标记、表单标记、帧标记及各种相应的属性。仅使用 HTML 语言只能制作静态网页。

更多的时候,还需要动态网页设计技术。动态网页设计技术又分为客户端的编程技术和服务器端的编程技术。其中客户端编程技术主要指 DHTML 技术;常用的服务器端编程技术有 CGI、ISAPI、ASP、PHP、JSP 等。

ASP 内含于 IIS 中,提供了一个可以将脚本语言集成到 HTML 页面中的环境。它提供有五个内置对象(Object),程序员可以直接调用。这五个对象是:Request 对象、Response 对象、Server 对象、Session 对象、Application 对象。

FrontPage 2000 是微软办公自动化套装软件 Office 2000 中的一个组件,其作用是在 Internet 和局域网上创建和发布网页。FrontPage 操作简单方便,适合初学者来创建站点,并在网页中编辑文字、添加图像、超级链接、表格、表单以及帧页。

建立 Web 服务器的方法很简单,只需在计算机上安装适当的 Web 服务器软件即可。目前最常用的 Web 服务器软件为 IIS 和 Apache。通常我们在 Windows 平台上安装 IIS,在 Linux 平台上安装 Apache。

思考与练习

12.1 因特网(Internet)和万维网(WWW)之间的关系和区别是什么?

12.2 如何理解静态网页和动态网页这两个概念?用什么方法可以查看到静态网页的源代码?

12.3 什么是 C/S 结构?什么是 B/S 结构?请举例说明。它们的关系是什么?

12.4 简述超链接中绝对路径和相对路径的概念及其相应的优缺点。

12.5 简述网页中常见的两种图片格式:JPEG 格式和 GIF 格式各自的特点和适用场合。

12.6 HTML 标记中的表格类元素有哪些？在默认情况下，表格中单元格的宽度是由什么决定的？如何消除表格的边框线显示？

12.7 在多框架中的页面如何使浏览者自由选择宽度？

12.8 请在 Frontpage 中制作一个有效的表单，在 <input> 元素中，包含 type = checkbox; type = text; type = radio; type = hidden; type = submit 等多种类型。

12.9 模拟 QQ 号码免费申请页面，创建一个客户信息收集网页。在处理页面中，需对数据是否填入进行检查：有错则向客户报错，无错则将客户信息向客户显示以求确认。

12.10 动手练习利用 FrontPage 2000 从创建站点到发布站点的完整过程。

12.11 在条件允许的情况下，自己配置一台 Web 服务器，安装 Windows Server 2003 和 IIS。查看其初始配置，并尝试改变设置，观察由改变引起的变化。

第三篇 网络管理与网络安全

第 13 章 网络管理

网络管理是现代网络技术中的一个重要分支,也是网络设计、实现、运行与维护等各个环节中的关键问题。一个有效且实用的网络每时每刻都离不开网络管理。随着计算机和数据网络技术的迅猛发展,计算机网络的应用规模呈爆炸式增长,网络设备、硬件平台、操作系统平台、应用软件等网络系统变得越来越复杂和难以统一管理,网络管理的重要性日趋显著。

13.1 网络管理概述

13.1.1 网络管理的概念和目标

只要存在网络就必然要进行网络管理。当前计算机网络的发展特点是规模不断扩大,复杂性不断增加,异构性越来越高,网络应用日益丰富,因此,影响网络稳定运行的因素也随之增多,使得网络管理的复杂性大大增加。如何在不断变化的网络中进行有效的管理,使得网络能够稳定可靠地运行,已经成为广大网络工作者迫切需要解决的问题。

网络管理是指对网络的运行状态进行监测和控制,使其能够有效、可靠、安全、经济地提供服务。网络管理包含两个方面的任务:一是对网络的运行状态进行监测,二是对网络的运行状态进行控制。其中,监测是控制的前提,通过监测可以了解网络状态是否正常、网络资源分配是否合理。网络管理过程主要包括网络设备运行参数信息的收集,对收集到的信息进行处理和分析,根据信息处理结果或者网络管理人员的指令实施网络控制等。

网络管理的目标就是通过规划、监督、控制网络资源的使用和网络的各种活动,对网络软硬件资源进行合理的分配和管理,保证网络运行的有效性、可靠性、开放性、综合性、安全性和经济性,使网络的整体性能达到最优。

网络管理系统(Network Management System,NMS)是指用来管理网络,保证网络正常运行的各种软硬件的有机结合,是在网络管理平台的基础上实现网络配置、安全、故障、计费、性能等管理功能的集合。

网络管理系统提供的基本功能主要包括网络拓扑结构的自动发现、网络故障报告及处理、性能数据采集和可视化分析工具、计费数据采集和基本的安全管理工具。

在网络管理系统中被管理的各种软硬件资源在网管模型中都被称为"被管对象(Managed Object,MO)"。硬件资源主要包括各种网络互连设备、计算机及其外围设备,以及接口设备和物理介质。网络互连设备如中继器、网桥、交换机、路由器等,接口设备和物理介质包括网络适配器(网卡)及各种物理传输介质。软件资源是指通信软件(实现通信协议的软件)、操作系统OS 以及各种应用软件。

网络管理是一个综合性的工作。为了实现对一个网络的有效管理,往往需要网络管理者熟悉网络的结构和各种网络设备,而且对各种网络管理协议都要有较深的理解。随着网络复杂性的不断增高,网络的管理维护已经超出了网络管理人员的负担程度,因此需要有综合性的网络管理工具帮助进行管理,在这种情况下,各网络公司纷纷推出自己的网络管理软件,这些网络管理软件通常提供了一组网络管理工具,可以帮助管理者进行网络管理维护。虽然网络管理者可以手工完成网络管理的大部分功能,但使用必要的网络管理工具可大大提高网络日常管理工作的效率,使得被管理的网络运行更加稳定、高效。也使得管理人员有时间去处理更为复杂的网络问题。不过这同时要求网络管理者对网络管理软件的结构、原理、具体的网络管理平台有比较清楚的了解,有时还需要在已有的网络管理软件的基础上进行针对自身网络的二次开发。建立一个高效的网络管理系统,需要网络管理者付出很多艰苦的劳动。

13.1.2 网络管理的发展及有关标准化组织

计算机网络的管理是伴随着1969年世界上第一个计算机网络——阿帕网(ARPAnet)的产生而产生的。最早的网络管理是小型局域网内部的管理,主要是保证局域网内部的所有计算机之间能够进行正常的文件传输。随着网络规模的扩大,网络管理不再局限于计算机之间的文件传输,而着重于保障网络连接设备的正常运行以及监测网络的运行性能。早期的网络管理主要是网络生产厂商针对自己的网络系统和产品设备开发的专用网络管理体系结构和网络管理系统,这些系统很难适用于其他厂商的网络系统、通信设备及软件。

随着网络的发展,规模增大、复杂性增加,特别是20世纪80年代初期Internet的出现和发展,简单、专用的网络管理体系结构和产品已经不能适应大规模、异构的网络互连趋势,网络管理的功能也逐渐拓展到网络性能优化和网络安全性管理等诸多领域。为了支持各种异构网络的互连及其管理,迫切需要一种国际性的公共网络管理体系结构和协议标准。研究者们迅速展开了对网络管理这门技术的研究,并提出了多种网络管理方案,包括HLEMS(High Level Entity Management Systems)、SGMP(Simple Gateway Monitoring Protocol)和CMIS/CMIP(Common Management Information Service/Protocol)。

在众多的标准化组织中,公认的最权威的机构是国际标准化组织ISO、Internet工程任务组IETF和国际电信联盟的电信标准化部ITU-T。

国际标准化组织ISO(International Standardization Organization)成立于1947年,是世界上最庞大的一个国际标准化专门机构。早在20世纪70年代末,ISO就开始了对网络管理的标准化工作,它在提出开放系统互连参考模型OSI RM的同时定义了网络管理标准的基本框架。20世纪80年代,ISO和国际电报电话咨询委员会CCITT(现称为国际电信联盟电信标准化部ITU-T)共同制定了网络管理标准CMIS/CMIP(公共管理信息服务/协议)。CMIS/CMIP建立在OSI参考模型的基础之上,CMIS支持管理进程和管理代理之间的通信要求,CMIP则是提供管理信息传输服务的应用层协议。由于在最初设计CMIS/CMIP时,目的是想提供一套适用于不同类型网络设备的完整的网络管理协议簇,使得它的规范过于庞大,造成的结果是,CMIS/CMIP的实现由于其复杂性和实现代价太高遇到了困难,能轻松地运用CMIP协议的网络产品几乎没有。但尽管如此,ISO的七层模型和网络管理标准还是具有十分重要的理论参考意义。

Internet工程任务组(IETF, Internet Engineering Task Force)是Internet体系结构委员会(IAB)下属的两个重要的工作组之一,负责Internet协议的开发工作。IETF和ISO之间最大的不同在于IETF比ISO更侧重实效性,IETF并没有在讨论网络管理体系结构上花费过多的时间,而是更注重基于TCP/IP的网络管理协议的开发和实现。1988年3月,IAB在制定的Internet管理策略中提出采用简单网关监控协议SGMP作为短期的Internet管理解决方案,并在适当的时候转向 CMIS/CMIP(但实际情况的发展并非如 IAB 所计划的那样)。其中,SGMP 是 1986 年 NSF 资助的纽约证券交易所网(NYSERNET,New York Stock Exchange)上开发应用的网络管理工具。同时,IAB 下属的工作组 IETF 分别对这些方案进行适当修改和扩展,使它们更适合 Internet 的管理。1988 年和 1989 年,IETF 先后推出了 SNMP(Simple Network Management Protocol)和 CMOT(CMIP/CMIS Over TCP/IP)。SNMP 是 IETF 在原来的 SGMP 的基础上加入了对末端系统的管理,而形成一种新的基于 TCP/IP 网络的简单网络管理协议,它的制定前后仅花了一年左右的时间。由于 SNMP 标准简单、灵活和易于实现的特点,SNMP 标准自公布以后,在短短几年内得到了网络界的广泛支持。

SNMP 是按照简单和易于实现的原则设计的,而 CMIP/CMIS 出于通用性的考虑,其结构和功能与 SNMP 很不相同,其理想的目标是提供一个用于所有网络设备的完整的网络管理协议簇。

当 ISO 不断修改 CMIP/CMIS 使之趋于成熟时,SNMP 在实际应用环境中得到了检验和发展。1990 年 IETF 在 Internet 标准草案 RFC1157 中正式公布了 SNMPv1,此后,SNMP 经历了两次版本的升级,1993 年 4 月在 RFC1441 中发布了 SNMPv2,目前最新的版本是 1998 年 1 月在 RFC2271-2275 中发布的 SNMPv3。

如今,绝大多数生产厂商的网络设备均提供基本的 SNMP 功能,大多数网络管理系统和平台都是基于 SNMP 的,SNMP 已经成为 Internet 事实上的工业标准。

最初的 SNMPv1 是为了向网络运行管理人员提供基本的网络管理能力而发展起来的,并且由于其简单易实现,SNMPv1 在 TCP/IP 网络上得到了迅速地推广应用,但是功能简单、安全性差的缺点限制了它的进一步发展。SNMPv1 是基于一种主动轮询的监视机制,轮询间隔较短时对网络性能的影响很大,不适合对大规模的网络进行管理;另外,SNMPv1 不支持管理器—管理器之间的通信,这样,它不允许一个管理系统去了解由另一个管理系统管理的设备和网络的状况,无法满足大规模分布式管理的需要。因此,对 SNMPv1 进行升级变得十分必要。随后进行的升级工作主要包括两个方面:一方面是提高它的管理能力,使之管理网络的范围和效率大大增加,即简单管理协议(SMP)的提出。在此同时引入了分布式网络管理的概念,于 1991 年发布了基于 SNMP 的远程网络监控协议 RMON 规范,RMON 于 1995 年进行了修订,RMON 的增强版发布于 1997 年,称为 RMONv2。另一方面是改进 SNMPv1 的安全性,即提出安全 SNMP 协议(S-SNMP)。

S-SNMP 和 SMP 的提出为开发 SNMPv2 奠定了基础。1993 年初发布的 SNMPv2 一方面在功能上对 SNMPv1 做了很大的增强,另一方面改进了 SNMPv1 的安全性能,同时扩大了 SNMP 的适用性(能同时应用于 OSI 网络和 TCP/IP 网络)。与 SNMPv1 单纯的集中式管理模式不同,SNMPv2 支持分布式/层次化的网络管理结构,在管理模型中有些节点可以同时具有管理器和代理的功能。SNMPv2 定义了两个 MIB 库,一个相当于 SNMPv1 的 MIB-II,另一个是 Manager-to-Manager(M2M) MIB,提供对分布式管理结构的支持。

1998 年发布的 SNMPv3 为当前及以后的 SNMP 版本定义了整体的框架结构。SNMPv3 可运用于多种操作环境,可根据需要增加、替换模块和算法,具有多种安全处理模块,有极好的安全性和管理功能,既弥补了前两个版本在安全方面的不足,同时又保持了 SNMPv1 和 SNMPv2 易于理解、易于实现的特点。随着 SNMPv3 的扩充和完善,必将进一步推动网络管理技术的发展。

在电信网络方面,ITU-T 在 1986 年制定了相应的网络管理标准——电信管理网 TMN(Telecommunication Management Network)。电信管理网 TMN 是用来收集、传输、处理和存储有关电信网维护、运营和管理信息的一个综合管理网,它是一个涉及面很广的概念,几乎涵盖了目前流行的各种电信网络。

此外,国际电气电子工程师协会 IEEE 等其他一些标准化组织对网络管理的发展也作出了一定的贡献。

13.1.3 网络管理基本模型——Manager/Agent 模型

网络管理协议运行在网络的应用层,网络管理也同样遵循着应用层的客户/服务器(Client/Server)工作模式。其中,网络管理工作站上运行的应用程序为客户机程序,用来获取信息或发送命令;被管对象上运行的应用程序为服务器程序,供网管工作站的客户机程序访问。

为了避免概念称呼上的混淆,通常在网络管理系统中避免使用客户机、服务器这两个术语和 Client/Server 工作模式来进行描述,而是在技术上将网管工作站上运行的程序称为网络管理器(Manager),将被管对象上运行的程序称为网管代理(Agent),即管理器/代理(Manager/Agent)工作模型。不论是 OSI 的网络管理,还是 IETF 的网络管理,都遵循着 Manager/Agent 网络管理的基本模型。

Manager/Agent 网络管理模型主要由四个要素组成:至少一个网络管理器(Manager,或称为网管工作站)、多个被管对象(Managed Object,MO)和代理(Agent)、一个或多个管理信息库 MIB(Management Information Base)以及一种通用的网络管理协议。

Manager/Agent 网络管理模型如图 13.1 所示。

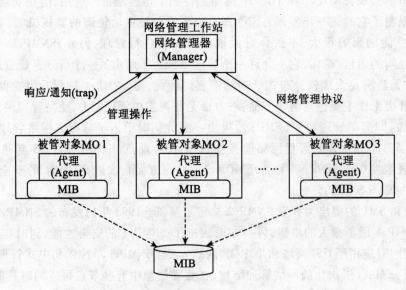

图 13.1 网络管理的基本模型——Manager/Agent 模型

网络管理工作站是用于实施网络管理的机器,它可以是一台工作站或者 PC 机,一个网络管理域中至少应有一个网管工作站。一般来说网管工作站位于网络的主干位置。网络管理器(Network Manager)是指驻留在网管工作站上的网管软件,主要是指各种网络管理平台或网络管理系统。网络管理器通过各网管代理对被管对象进行监视和控制,它负责发出查询和控制操作的指令,同时接收来自代理的响应和通知。

被管对象 MO 是指网络互连设备和用户主机等所有被管理的网络设备或软件。

代理(Agent)是指驻留在被管对象内部的协助网络管理器完成网络管理任务的一个守护进程。代理不断地收集被管对象的统计数据,并把这些数据记录到一个管理信息库 MIB 中,它实时监视和响应来自管理器的命令或信息查询请求,有时,代理也会把被管对象的异常信息主动通知到管理器。网管代理具有两个基本功能:一是从 MIB 中读取各种变量值;二是在 MIB 中修改各种变量值。

在网络管理中还有一种代理的代理(Proxy Agent),有时也被称为转换代理或外部代理。转换代理是专门为不符合管理协议标准的设备而设置的,是管理器和被管对象之间的通信翻译器。例如,在基于 SNMP 的网络管理系统中,要求所有的被管对象和管理器都必须支持 TCP/IP 协议。对于一些不支持 TCP/IP 的设备(例如某些网桥、PC 机和可编程控制器等),则管理器不能直接用 SNMP 进行管理,而是要借助于转换代理。转换代理与非 TCP/IP 设备之间通过专用的协议(第三方协议)进行通信,转换代理通过 SNMP 协议与管理器通信,然后把管理器的 SNMP 消息指令转换为不同类型设备能够理解的专用指令。一个转换代理可以同时管理多个非 TCP/IP 网络设备。

对于有些被管对象,其设备本身已经实现了自己的 agent,例如路由器、交换机、拨号服务器等网络设备,它们的操作系统内已经集成了 agent 进程。对于其他被管对象如一些 UNIX 或 Windows 操作系统的主机,其操作系统本身不提供网络管理功能,用户需要通过编程来实现主机的 agent,才能对其进行有效的网络管理。主机的 agent 实现主要包括主机的 MIB 变量组定义以及 agent 通信模块和控制管理模块的实现。

管理信息库 MIB(Management Information Base)是一个概念上的数据库。在网络管理中,每个被管对象都是通过它的许多特征变量来表示,这些变量的集合就构成了管理信息库 MIB。每个网管代理明确拥有自己的本地 MIB,一个网管代理管理的本地 MIB 不一定具有 Internet 定义的 MIB 的全部内容,而只需要包括与本地设备或设施有关的属性信息,各网管代理控制的被管对象属性信息共同构成全网的管理信息库。

管理进程通过查询 MIB 变量的值来监测被管对象,通过更改 MIB 变量的值来控制被管对象。

网络管理协议是用来规定管理器和代理之间交换信息所遵循的统一的通信规范,它精确定义了网络管理器传送给代理的请求格式和代理进行响应的格式以及每种可能的请求和响应的确切含义。例如,基于 SNMP 的 agent/manager 模型采用简单网络管理协议 SNMP。

图 13.2 给出了在一个网络管理域内的网络管理结构示意图。

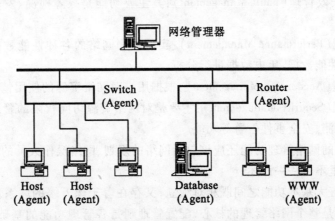

图 13.2 一个网络管理域内的网络管理结构示意图

13.1.4 集中式网络管理与分布式网络管理

网络管理的模式可分为集中式网络管理和分布式网络管理。

传统的网络管理采用集中式网络管理方式,在整个网络中只设置一个网管中心,负责网络中所有被管网络设备运行状态的监视和控制。分布于网络中的任一被管对象出现故障或异常时,都统一交由网管中心管理者进行处理。

集中式网络管理的优点主要体现在结构简单、管理统一,保证了网管系统安全性、易管理性。但由于该方式下任何管理信息都通过网管中心处理,当网络规模扩大、被管对象种类增多时,极有可能因为网络管理的通信负载急剧增加而使网管中心成为瓶颈。同时,该方式具有扩展性差、功能固定的局限性。因此,只能在中小规模网络中采用集中式网络管理。

分布式网络管理方式适用于现代大规模的园区网络,其思想是在大型网络中设置多个网管中心,将数据采集、监视及管理任务分散开来。全网的网管中心仅需监视和控制骨干网上的路由器、交换机及服务器。对分布于各地的子域则另外设置若干本地网管中心,负责管理子域中的网络设备及主机。子域中的网络设备和应用服务出现故障或异常时,首先交由本地网管中心进行处理,只有当本地网管中心无法处理或协调时,再进行事件升级,交由全网的网管中心来处理。

分布式网络管理的优点是管理的层次化,不同级别的网管中心分工合作,分别处理不同接入层次的网络互连设备、主机及应用。分布式管理思想具有很好的可扩展性,将管理任务均匀分布到各域的管理中心,使得网络管理在计算及通信负载方面的开销大大降低,提高了网络的性能,同时也分割了管理的复杂性,使网络管理更加稳固可靠。

13.2 网络管理的基本功能域

在实际网络管理过程中,网络管理涉及的功能非常广泛。ISO 对网络标准化作出了重大贡献,了解其网络管理功能模型是理解网络管理系统主要功能的重要方法。

ISO 网络管理功能模型定义了网络管理的五个基本功能域:

(1) 配置管理(Configuration management):包括发现网络的拓扑结构关系、监视和管理网络设备的配置情况、根据事先定义的条件重构网络等。

(2) 故障和失效管理(Fault Management):其主要功能是故障检测、发现、报告、诊断和处理。

(3) 性能管理(Performance Management):实时监测网络的各种性能数据,进行阈值检查,并自动地对当前性能数据、历史数据进行分析。

(4) 计费管理(Accounting Management):根据用户对网络资源的使用情况进行记账。

(5) 安全管理(Security Management):主要是对网络资源访问权限的管理。包括网络访问控制、安全漏洞检测、安全事件告警等功能。

事实上,广义的网络管理功能还应该包括网络的规划、网络操作人员的管理等多方面的内容,限于篇幅,这里不再一一详述。

网络管理的五大基本功能之间既相对独立,又存在着千丝万缕的联系。在五大网络管理功能中,故障管理是整个网络管理的核心,配置管理则是各管理功能的基础,其他各管理功能都需要使用配置管理的信息。性能管理、计费管理和安全管理相对来说具有较大的独立性。

13.2.1 配置管理

配置管理是其他网络管理功能的基础,其他各管理功能都需要使用配置管理的信息。网络配置信息包括被管对象的所有静态和动态信息,主要包括:网络节点的存在性和联接关系信息,即网络的拓扑结构和层次关系,这两种关系是网络节点之间的主要关系,也是整个网络配置情况的重要内容;用来标识一个设备的寻址信息,如网络设备的域名、IP 地址;网络设备的运行参数信息以及网络设备的备份操作信息等。配置管理将定义、收集、监视和修改这些配置信息。配置管理通过修改被管对象的状态和属性信息来控制被管对象。

这里的被管对象是一个逻辑上的概念,指网络互连设备、系统或任何需要某种形式的监视和管理的设施。它既可以是硬件,也可以是软件,硬件如路由器、交换机、主机等网络节点设备,软件如服务器上的网络服务进程。

配置管理的主要功能包括:

(1)网络拓扑结构的自动发现。拓扑发现的主要目的是获取和维护网络节点的存在性以及节点间的连接关系。通过给出表示整个网络连接状态的图示,使网络管理人员对网络的拓扑结构在整体上有更清晰的认识和了解。

(2)配置信息的定义。配置信息描述了对于网络管理有意义的被管对象的状态和属性。

(3)网络节点配置信息的自动获取。通过轮询或事件报告的方式获得动态维护网络节点的配置信息。获得的配置信息以文件或数据库表格的形式保存在网络管理器的配置信息数据库中。

(4)网络节点配置信息的设置和修改。配置管理允许网络管理器对被管对象的配置参数进行远程设置和修改,前提是必须先经过严格的安全认证检查,而且有些重要网络设备的参数不允许远程修改。

(5)管理域的定义和修改。即定义所关心的被管网络设备和资源的范围。

(6)配置一致性检查。在一个大型网络中,由于网络设备众多,设备配置可能由多个网络管理人员完成,而且即便是同一个管理人员对设备进行配置,也会由于种种原因引起配置的不一致,因此,进行配置一致性检查是十分必要的。其中,路由器端口配置和路由信息配置是一致性检查的重点。

(7)建立配置操作日志。对每一个配置操作进行记录,网络管理人员在需要时可以随时通过查看该日志得知在特定时间内进行的特定操作。

(8)网络的自动配置。自动配置是指根据整个网络运行状态的变化自动地对网络及相应节点的配置进行调整,以确保网络工作在最佳状态。自动配置是配置管理追求的目标,其研究的重点在于配置条件的判断和操作的自动选择。

13.2.2 故障和失效管理

故障和失效管理是整个网络管理的核心。网络故障因其范围的广泛性和问题的复杂性历来是网络维护和管理人员最为头痛的问题,故障和失效管理的目的就是尽可能快地发现网络中的故障,找出产生故障的原因,并提出排除故障的手段和方法。

故障管理的主要功能包括:

(1)故障的发现。发现故障是故障管理的首要功能。故障管理通过获取被管网络对象的各种网络状态信息来发现故障,一般采用两种方法来实现:一种是由网络管理器定期轮询网络上被管对象的各种网络状态信息,称为主动轮询;另一种是由发生异常的网络设备及时向网络管理器发送告警信息,称为异步告警。故障发现必须能够及时准确地捕获被管网络对象的端口故障、连接异常、服务进程异常等网络故障信息并生成相应的网络故障日志,同时以声音或邮件等形式向网络管理人员发出故障告警。另外,网络故障包括了任何网络设备或网络服务的不正常状态,而不同的网络故障对网络影响的重要程度不同,有些故障如网络的连通性故障直接影响到整个网络的正常运行,必须及时发现和进行解决,有些故障则不太重要甚至可以被故障管理系统完全忽略。因此,为不同的网络故障设置不同的优先级别是十分必要的,也直接影响到故障管理系统的效率。

(2)故障的诊断。故障诊断的目的是迅速找到网络故障发生的确切原因,为故障修复提供依据。包括查看有关的故障信息及相应的历史记录,对故障发生的可能原因进行分析,逐步隔离故障并最终定位故障点,生成相应的故障诊断报告。有时候,多个网络异常可能是由于同一个故障原因造成的,故障诊断应能够对网络异常进行准确地分析,这一点有时需要依赖网络管理人员的综合判断。

(3)故障的排除和修复。通过故障诊断报告,采取相应的修复措施来排除网络故障,使网络恢复正常稳定运行,并生成有关的修复操作日志以备参考。一个良好的智能化的网络管理系统可以实现网络故障的自动修复功能。

13.2.3　性能管理

对于一个大型的计算机网络,网络运行的性能至关重要。性能管理的最终目标是在保证网络不出现过度拥挤的前提下,以最少的网络资源和最小的网络延迟,为用户提供更好更可靠的网络通信服务,使网络性能达到最优。ISO定义的主要网络性能指标有网络吞吐量、负载率、错误率、传输延迟、平均响应时间以及服务质量(QoS)等。

性能管理的主要功能包括:

(1)网络性能数据的实时采集和监测。即定期地从被管对象中实时收集与网络性能有关的参数信息,通过可视化工具进行实时监测,并自动生成性能数据报告以备分析。

(2)参数阈值设置。根据网络性能指标对被管对象的重要性能参数设置合适的阈值,当超出阈值就意味着该被管对象运行异常,则向网络管理系统发出相应的阈值溢出告警。

(3)性能数据分析和管理。建立性能分析模型,分析、整理和统计网络性能数据,判断网络当前的性能状况并给出分析结果,根据分析结果调整相应的网络参数,改善网络的性能。

(4)网络性能预测。通过跟踪和分析历史数据,预测网络性能的长期趋势,为网络规划和网络重建提供参考。

13.2.4　计费管理

在网络通信资源和信息资源有偿使用的情况下,计费管理通过统计用户对网络资源的使用情况,对其收取合理的网络费用。此外,还可以通过计费统计信息,对不同网络通信线路和资源的利用率进行分析判断,采取必要的网络优化措施。

计费管理的主要功能包括:

(1)制定网络计费政策。根据整个网络的资源使用情况和日常的运行费用情况,确定合理的计费策略和收费标准。目前计费管理常用的三种计费策略分别是基于网络流量计费、基于网络连接时间计费和基于网络服务计费。

(2)收集和统计网络计费信息。收集用户对网络资源的使用情况,计费信息主要包括用户名、用户网络地址及访问站点地址、用户的网络连接时间(包括通信开始时间和通信终止时间)、访问的服务类型以及网络流量等计费信息。收集到的信息存放在计费数据库中进行管理。对于不同的网络计费策略,采用的信息收集方法也不相同,例如,基于网络流量的计费系统主要通过网络侦听或 IP 数据包统计的方法来收集网络流量信息。

(3)计算和生成用户账单以及统计报表。根据计费数据库中的计费信息和收费标准计算并生成相应的用户账单,作为网络收费的依据。还可以针对不同网络范围或网络服务类型生成相应的信息统计报表,来帮助网络管理人员了解整个网络的使用情况,并作为网络管理人员进行网络调整的依据。另外,计费管理通过计费数据库向用户提供计费查询和统计服务,使用户及时方便地了解自己的网络使用情况。

13.2.5 安全管理

网络安全问题随着网络开放性、复杂性的增大变得越来越重要,网络安全管理涉及的范围也越来越广,包括身份认证、访问控制、数据加密、数据完整性以及不可否认等诸多方面。安全管理的目的是通过一定的控制策略来保证网络重要信息资源、网络设备和主机不受非法访问和侵害,其中包括网络管理系统自身不被非法访问。

安全管理的主要功能包括:

(1)安全访问控制。通过设置用户的访问权限和访问级别来控制对网络资源的访问。通过在边界网络设备或外部防火墙设置必要的包过滤策略来实现对内部网络的保护,对于网络中的重要网络设备或服务采取用户身份认证、主机认证和密钥认证等多种安全访问机制来进行保护,对用户口令文件进行加密处理,同时关闭掉不必要的网络服务端口。此外对于重要的敏感信息使用加密技术进行网络传输。

(2)安全事件告警。当网络中有非法入侵或非授权访问企图时,网络管理系统分析被管对象发出的安全告警信息,并提供相关安全记录的检索和分析,帮助网络管理人员及时发现和禁止正在进行的网络攻击。

(3)安全漏洞检测。通过安全检测工具实时地监测网络状态,搜索网络可能存在的安全漏洞或安全隐患,并采取相应的补救措施。

(4)安全日志的管理和维护。通过建立网络安全日志,帮助网络管理人员进行网络安全性能分析。

关于网络安全问题及安全技术,下一章将进行专门阐述。

13.3 简单网络管理协议(SNMP)

13.3.1 SNMP 概述

SNMP(Simple Network Management Protocol,简单网络管理协议)是基于 TCP/IP 的一个应用层协议,该协议工作在无连接的 UDP 协议之上,使用 161 和 162 两个熟知端口。其中,端口 161 由 SNMP 代理(SNMP Agent)使用,端口 162 由 SNMP 管理器(SNMP Manager)使用。因此,SNMP 是一种无连接的服务,对报文的正确到达不作保证,优点是不会大量增加网络负载。

SNMP 规定 SNMP 消息采用抽象语法表示 ASN.1(Abstract Syntax Notation 1)进行编码,即将网管信息用 ASN.1 语法描述后再进行传输。之所以这样做,是因为 ASN.1 是一种不依赖于任何硬件系统的抽象性描述语言,它提供统一的网络数据表示,通常用于定义应用数据的抽象语法和应用协议数据单元的结构。

在网络管理中,无论是 OSI 的管理信息结构,还是 SNMP 的管理信息库,都采用 ASN.1 进行定义。通过 ASN.1 描述进行解释和执行,有利于实现网络不同系统之间的无缝连接和通信。

SNMP 管理器从 SNMP 代理收集数据有两种方法:一种是轮询(Polling)方法,另一种是基于中断的方法(又称为事件驱动)。前一种方法是 SNMP 管理器周期性地向被管对象的网管代理发送轮询请求(请求 MIB 中的变量信息),代理收到请求后回复响应,管理器再根据响应进行处理。后一种方法是当被管对象某状态变量超出阈值时,代理则实时发送异常事件通知(Trap)给管理器,而不必等到管理器轮询到它的时候才报告这些错误信息。通常,SNMP 是将这两种方法结合起来使用,形成了陷入制导轮询方法,如图 13.3 所示。

图 13.3 SNMP 的工作机制

13.3.2 SNMP 操作

SNMP 协议有三个主要功能:Get、Set 和 Trap,其中,Get 是由管理器去获取被管理对象的 MIB 变量的值,Set 是由管理器去设置被管对象的 MIB 变量的值,Trap 使得代理能够向网络管理器发送异常事件通告。

SNMPv1 协议定义了五种通信原语(Primitive)来实现其工作机制,分别是:

(1) Get_request:网络管理器通过向代理发送 Get_request 消息来获取被管对象指定的 MIB 变量值。

(2) Get_response:网管代理发送 Get_response 消息来响应 Get_request。

(3) Get_next_request:管理器通过发送 Get_next_request 消息来获取 MIB 变量表中指定变量的下一个变量值。通常用它来获取一个 MIB 表中的所有变量信息。

(4) Set_request:管理器利用 Set_request 来远程配置被管对象的参数值。如改变一个 MIB 变量的值。

(5) Trap:当 MIB 变量超出设置的阈值时,代理通过发送 Trap 消息向管理器通知异常事件发生。

网络管理器与网管代理之间的原语通信如图 13.4 所示。

此外,在 SNMPv2 中还增加了两种通信原语的定义:Get_Bulk_Request 和 Inform_Request,其中,由网络管理器发送 Get_Bulk_Request 消息给代理,请求得到连续的 MIB 管理变量表中的值。由一个网络管理器发送 Inform_Request 消息给另一个网络管理器,让后者提供相应的管理信息,后者收到后将发回一个 Get_response 作为确认。

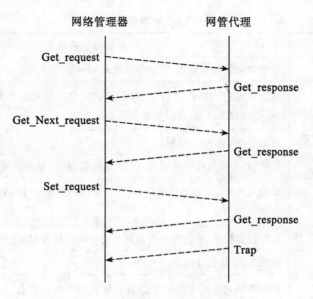

图 13.4　SNMP 原语通信示意图

13.3.3　管理信息库(MIB)

管理信息库 MIB(Management Information Base)是网络管理的重要组成部分,它定义了被管对象的属性信息,即定义了被管对象(如路由器)必须保存的数据项的名字、用于表示该名字的语法及其允许的操作。MIB 可以被看成是一个包含被管对象及其属性信息的数据库。在网络管理中,每个网管代理明确拥有自己的本地 MIB,一个网管代理管理的本地 MIB 不一定具有 Internet 定义的 MIB 的全部内容,而只需要包括与本地设备或设施有关的属性信息,各网管代理控制的被管对象属性信息共同构成全网的管理信息库。

MIB 的设计与实现对网络管理功能的实现具有重要的意义,因为网络管理协议并不是直接操作被管对象,而是通过 MIB 变量属性来映射被管对象进行间接操作。目前,MIB 有两个版本:MIB-I 和 MIB-II。其中,MIB-II 是对 MIB-I 的扩展。

MIB 通过一个通用的框架结构—管理信息结构(Structure of Management Information,SMI)(RFC1155)来进行定义。SMI 指明了一组用于定义和标识 MIB 变量的规则,SMI 的作用主要包括:限制 MIB 中允许的变量类型、定义为变量命名的规则和创建用于定义变量类型的规则。例如,SMI 中的规则描述了 MIB 如何存放表格值(如 IP 路由表)。

SMI 标准规定,必须使用 ISO 的抽象语法表示 ASN.1 定义和引用 MIB 变量。因为 ASN.1 是一种形式语言,保证了变量的格式和内容无二义性。

MIB 采用树状分层结构,在 1988 年 8 月公布的 RFC1066 中,将 MIB-I 的信息主要分为 8 个对象组,约 100 个变量。MIB-I 对象组如表 13.1 所示,其中每个对象组又分别定义了若干子信息。

表 13.1　　　　　　　　　　　　**MIB-I 主要信息分类**

MIB 对象组	包含的相关信息
system	被管对象的系统信息,如操作系统和软件版本信息。
interfaces	被管对象的网络接口信息,包括被管对象的接口数目及各个接口的类型、描述、传输数据能力、接口状态等详细信息。
addr. trans.	地址转换(如 ARP 映射)。
IP	有关 IP 实现和操作的信息,如 IP 地址信息、IP 路由表等。
icmp	有关 ICMP 实现和操作的信息,包括对各种类型的 ICMP 消息的接收和发送的统计结果。
tcp	有关流量控制、丢失段重传和网络拥塞问题的信息。
udp	有关 UDP 数据报信息。
egp	提供有关网络实体的 EGP 信息和每个 EGP 邻居信息,如本地和 EGP 邻居的自治系统号、EGP 邻居的 IP 地址等。EGP 为外部网关协议。

　　MIB-I 公布以后,很快在实际应用中得到网络厂商的支持,但是 100 多个变量的限制使得其只能表示整个网络的一小部分。

　　在随后制定的 RFC1158 和 RFC1213 中,MIB-II 对 MIB-I 进行了补充和扩展,MIB-II 除了引入 cmot、transmission 和 snmp 这 3 个新的对象组之外,还对原有的对象组引入了新的变量,例如,在原 system 组中增加了 sysContact、sysName、sysLocation 和 sysServices 等变量。

13.4　网络管理工具和软件

13.4.1　概述

　　随着网络管理技术的不断发展和完善,网络管理工具和软件的种类和数目也纷繁众多。例如,人们经常使用的 ping、tracert/traceroute、netstat 等命令就可以看成是由系统所提供的简单的 TCP/IP 网络管理工具。著名的网络管理软件既包括像 IBM Tivoli TME、HP OpenView、CA Unicenter 等开放式的网管平台软件,同时也有不同设备厂商针对自己的网络产品所提供的专用网络管理系统。例如 CiscoWorks、Nortel Optivity、3Com Transcend 等网管软件。除此之外,像美萍网管这种网上盛行的软件以及免费软件也深受不少网络管理者的青睐。

1. 网络管理软件的发展阶段

　　依据网络管理软件配置设备的方式不同,可以将其发展大致分为以下三个阶段:

　　第一阶段,就是网络配置时常用到的命令行 CLI 方式,它不仅要求管理者精通网络的原理及概念,同时还要求管理者熟悉所用的不同厂商的网络设备的配置操作命令。要做到这一点,网络管理者需要阅读大量的网络书籍以及各网络设备的产品技术手册。这种方式由于其较好的灵活性,一直深受一些资深网络工程师的喜爱。但是,由于不具备图形化和直观性,这种管理方式对使用者的要求较高,对一般用户而言,不是一种最好的选择。

第二阶段,使用具有良好的图形化界面(GUI)的网络管理软件。此类网管软件使得管理员不需要了解太多不同设备间的不同配置命令,就能图形化地同时对多台设备进行配置,在一定程度上提高了管理效率,但依然要求管理者对网络原理比较精通。换句话说,在这种方式中,仍然存在由于人为因素造成网络设备功能使用不全面或不正确的问题。

第三阶段是具有智能性的网络管理软件,这也是未来网络管理软件发展的目标之一。这个阶段的网管软件对用户而言,应该是一种真正的"自动配置"的网管软件。对网管人员来说,只要把人员情况、机器情况、以及人员与网络资源之间的分配关系告诉网管软件,网管软件就能自动地建立图形化的人员与网络的配置关系,并能够自动识别用户身份,自动接入用户所需的企业重要资源(如电子邮件、Web、电视会议、ERP 以及 CRM 应用等),还可以为那些对企业来说至关重要的应用分配优先权,同时整个网络的安全性可得以保证。

2. 网络管理软件的分类

网络管理软件并没有标准的分类方法。目前市场上流行的网络管理软件产品,可分为开放式的网络管理平台软件和专用网络管理系统软件两大类。

(1) 网络管理平台

网络管理平台是管理器的功能基础。网络管理平台提供了一个统一的基础结构,在这个结构中,可以嵌入各种各样的网络管理应用程序。网络管理平台强调标准化和开放式的设计思想,从某种程度上来说,它是一种独立于特定网络设备制造商和特定功能的管理机制。

网络管理平台主要由协议通信软件包、MIB 编译器、网络管理应用编程接口以及图形化的用户界面组成。其中,协议通信软件包提供网络管理协议标准中规定的各种通信服务,实现与代理的交互,包括各种管理数据的获取和网络异常事件的响应等。MIB 编译器主要对采用 ASN.1 语法定义的标准 MIB 信息变量以及各网络设备生产厂商自定义的 MIB 信息进行预处理,使系统能够理解 MIB 变量属性,以便进行相应的处理。另一方面,由于 MIB 库总是不断地被扩充,因此通过对 MIB 进行动态编译,可以保证网络管理平台能及时地扩充和修改 MIB 信息。应用程序编程接口提供了各种函数和 shell 命令,供用户根据自己的特定管理需求在平台的基础上开发新的应用。图形用户界面为用户提供了一个可视化的显示操作平台,用户可以利用它来方便地完成各种网络管理任务。

网络管理平台的目的是为整个网络提供基本的管理功能,从被管对象获得信息以及信息的可视化处理。基本功能主要包括网络资源状态监视、阈值监视、事件管理、配置应用、拓扑管理以及性能监视等。

用户可以通过在网络管理平台的基础上安装专用的网络管理系统软件或自行开发相应的管理功能和应用来进一步扩展网络管理的功能。一个功能强大、性能优异的网络管理系统离不开一个结构合理、具有良好可扩展性的网络管理平台。

目前应用比较广泛的网络管理平台主要有 SUN Net Manager、HP OpenView、IBM Tivoli TME、Cabletron Spectrum 及 CA Unicenter TNG 等。虽然各种网络管理平台的产品形态有不同的操作系统的版本,但它们都遵循 SNMP 协议和提供类似的网管功能。各种网络管理平台的区别在于对专用网络管理系统的支持、系统的可靠性、用户界面、操作功能、管理方式和应用程序接口,以及对数据库的支持等方面存在差别。

(2) 专用网络管理系统

专用网络管理系统是指由第三方提供的管理应用系统软件,这些软件通常是各网络公司针对自己的产品开发的管理软件,可以集成到上面介绍的网络管理平台中。

专用网络管理系统包括故障管理、配置管理、性能管理、计费管理和安全管理五大主要网络管理功能的基本实现。网络管理系统提供的基本功能通常包括：网络拓扑结构的自动发现、网络故障报告和处理、性能数据采集和可视化分析工具、计费数据采集和基本的安全管理工具。

典型的专用网络管理系统如 Cisco 公司的 Cisco Works，3Com 公司的 Transcend Enterprise Manager，Nortel Networks 公司的 Optivity 等。

3. 网络管理软件的选择原则

网络管理是计算机网络质量体系中的一个关键环节，网络管理的质量会直接影响网络的运行质量。为了有效地管理网络中的交换机、路由器、服务器等网络设备和资源，保证网络持续、高效、可靠、稳定地运行，必须配置合适的网络管理软件。

选择网络管理软件主要应注意以下几个因素：

①强大的网络管理功能，能自动发现网络的拓扑结构和网络设备，能对不同的拓扑结构网络及网络中的不同物理、逻辑部分进行监测、分析与控制。

②良好的兼容性和跨平台特性，能和其他的网管平台或软件兼容并能运行于各种开放式操作系统之上。

③具有友好的用户界面和简单的操作方法，能够提供网络的物理或逻辑视图漫游。

④较高的安全性，能够自动生成日志和记录文件，能实时检测网络的非授权操作或异常，并能及时通知网络管理员，具有移动电话自动报警能力。

⑤分布式管理能力。

⑥较好的升级和扩展能力，提供 API 接口，允许用户在此基础上进行二次开发。

选择网络管理软件首先要了解自身网络及其发展，也就是要清楚网络的规模、使用的设备类型，网络是如何组织的，以及网络将来的发展计划。其次根据自身网络管理需求选择相应的管理软件。不同的网络规模和网络应用，对网络管理软件的需求各不相同，在选择网络管理软件时，必须仔细地对各个方面进行评价，另外也要充分考虑与自己已有的系统和管理软件的兼容性，以及性能价格比等多方面的因素。

13.4.2 TCP/IP 网络管理工具

Windows 操作系统提供了一组用来测试与查看网络状态的网络管理程序，其中较常用的如 ping、tracert、netstat 和 ipconfig 等，对普通网络用户非常有用。这些命令程序可以在 Windows 的"命令提示符"状态或者在"开始"菜单的"运行"窗口中输入和运行（可在"运行"窗口先输入 cmd 命令进入"命令提示符"状态）。

下面分别介绍这些网络命令的作用和使用方法。

1. 网络连通性测试工具 ping

ping 是一种最常用的网络测试命令，使用 ping 命令可以测试端到端的连通性，即检查源端到目的端网络是否通畅。它主要是利用 ICMP 协议的回应(Echo)请求/应答报文来测试目的主机的可到达性或连通性。其中，ICMP 是 Internet Control Message Protocol(Internet 控制报文协议)的缩写，该协议工作在 IP 层，它允许主机或路由器报告差错情况和提供有关异常情况的报告。

ping 的工作原理与声纳探测原理相似。首先本地计算机向特定目的主机发送一定数量的 ICMP 回应请求，然后等待目的主机发回响应的 ICMP 回应应答。如果收到应答报文，则给出报文从发出到接收的时间间隔,即通向目的主机网络连接的时间延迟;如果在一定时间内没有收到来自目的主机的响应,则程序认为目的主机不可达,返回请求超时信息。这样如果让 ping 一次发送一定数量的请求,然后检查收到的应答的数量,则可以统计出端到端的丢包率,而丢包率是检验网络质量的重要参数。

命令的基本格式:

ping 目的主机的域名或 IP 地址[-命令参数]

缺省情况下,ping 命令向目的主机发送 4 个大小为 32 字节的 ICMP 回应请求,然后显示接收到每个回应应答报文所需要的时间。

图 13.5 显示了使用 ping 命令测试与 www.edu.cn 的连通性。结果表示与 www.edu.cn 的网络连接正常。Reply(应答)行中的"Time = xxx ms"部分给出每次的时间延迟,其中,平均时间延迟为 601 毫秒(只要不大于 800ms,一般都是可以接受的)。

图 13.6 则显示了测试与 www.sina.com 的连通性时出现了丢包现象,这可能是由于突发的网络异常造成的。有时,频繁的丢包和较大的时延则意味着网络线路不够稳定。

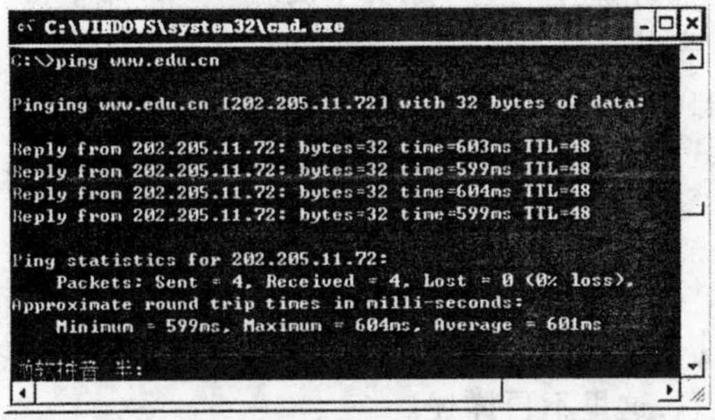

图 13.5　测试与 www.edu.cn 的连通性　　　　图 13.6　测试与 www.sina.com 的连通性

如果 ping 命令失败,则给出"Request timed out."的连接超时信息,如图 13.7 所示。

这时,首先应检查本地机网线是否正确连接、网络参数是否正确配置以及 IP 地址是否可用,可以通过 ping localhost 或 ping 127.0.0.1 命令测试本地网卡是否工作正常。

如果本地机正常,则可能是由于目的主机关闭或出现故障,或者本地机与目的主机之间的物理网络连接故障,这时可以通过 tracert 路由跟踪命令定位网络线路的故障点。

如果执行 ping 成功而网络仍无法使用,那么问题很可能出在网络系统的软件配置方面,ping 成功只能保证本机与目标主机间存在一条连通的物理路径。

另外,还可以使用 ping 的命令参数选项来设定要发送的数据报的大小、数目以及超时时间等。

下面给出一些 ping 命令参数的说明。

-t:ping 命令不断地向目的主机发送 ICMP 回应请求报文,直到用户按 Ctrl + Break 或 Ctrl + C 中断。用 Ctrl + Break 中断时,显示统计信息后将继续向目的主机发送 ICMP 回应请求报文,而用 Ctrl + C 中断时则在显示统计信息后退出 ping 程序。

-n count:由 count 指定要发送的回应请求报文的数目。默认值为 4。

-w timeout:指定超时间隔,单位为毫秒。默认值为 1 000 毫秒。

-l size:由 size 指定要发送的回应请求报文的长度。默认长度为 32 字节;最大值是 65 527

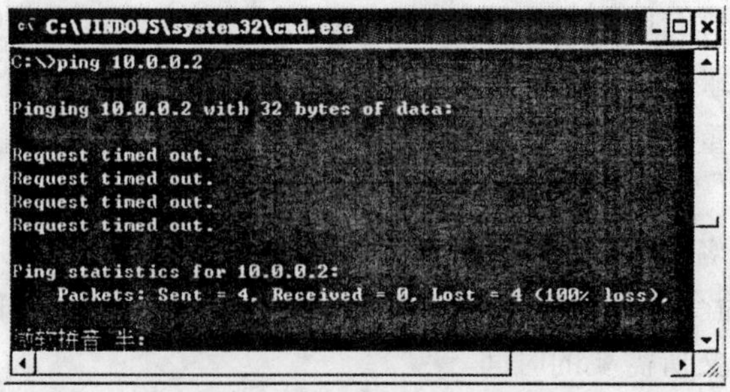

图 13.7　与目的主机连接超时

字节。

键入 ping -? 命令可以查看更多的 ping 命令参数的说明。

2. 路由跟踪命令 tracert/traceroute

路由跟踪命令在不同操作系统中的命令格式不同，在 Windows 系统中使用 tracert 命令，在 Linux 或 Unix 系统中使用 traceroute 命令，在 Cisco 路由器中使用 trace 命令。

路由跟踪命令用来测试数据包从本地机到达目的主机所经过的路径，并显示到达每个节点的时间，实现网络路由状态的实时探测。如果与一台远程主机网络连接时出现问题，使用路由跟踪命令可以帮助确定网络故障点。

tracert 命令的基本格式：

tracert 目的主机的域名或 IP 地址 [-命令参数]

键入 tracert -? 可以查看 tracert 的命令参数信息，这里不再详述。

和 ping 命令类似，tracert 的工作原理也是利用 ICMP 协议的回应请求/应答报文来进行测试，通过向目的主机发送 TTL(time-to-live,生存时间)值连续递增的 ICMP 回应请求报文来显示到达目的主机经过的所有中间路由器的 IP 地址清单以及到达时间。即首先发送 TTL 值为 1 的 ICMP 回应请求报文，并在随后的每次发送时将 TTL 值递增 1，直到目标响应或 TTL 达到最大值，从而确定路由。

与 ping 命令相比，tracert 所获得的信息要详细得多，但 tracert 命令执行的等待时间较长。图 13.8 是使用 tracert 命令测试到 www.cernet.edu.cn 的路由信息。

tracert 命令一方面可以用来检测端到端是否连通，如果 tracert 失败，还可以根据输出显示来帮助确定是哪个中间路由器转发失败或耗时太多（这时对应的显示行出现"＊"标志）。另一方面，tracert 命令可以帮助发现路由循环问题。用 tracert 跟踪目的主机时，如果发现到某一路由器之后，出现的下一个路由器正是上一个路由器，结果在两个路由器中间来回交替出现，往往是由于路由器的路由配置不当，指向了前一个路由器而导致路由循环了。

3. 协议统计命令 netstat

netstat 命令用于显示协议统计信息和当前的 TCP/IP 网络连接，这有助于用户了解网络的整体使用情况。它可以显示当前活动的网络连接信息，用户也可以选择特定的协议并查看其具体信息，还能显示相应的主机端口号和本机的路由表。

命令格式：

netstat [-命令参数]

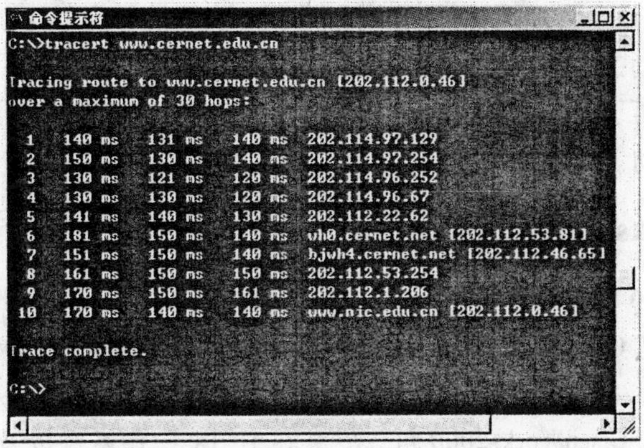

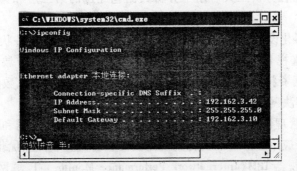

图 13.8　测试到 www.cernet.edu.cn 的路由信息

有关命令参数的说明：

-r：显示本机路由表的内容。

-a：以（主机名：端口）形式显示所有连接和监听端口。

-n：以（IP 地址：端口）形式显示所有连接状态。

-p proto：显示 proto 指定的协议的连接。proto 可以是下列协议之一：TCP、UDP、TCPv6 或 UDPv6。

-s：按协议显示统计数据。默认显示 IP、IPv6、ICMP、ICMPv6、TCP、TCPv6、UDP 和 UDPv6 协议的全部统计信息；加 -p 选项用于显示指定协议的统计数据。

interval：重新显示选定统计信息的时间间隔（以秒计）。

如果命令结果在一屏下无法完全显示，可以在命令行后面加上"|more"分屏观看。

4. 查看 IP 配置命令 ipconfig/winipcfg

ipconfig 命令用于查看机器各网络接口（网卡）的 TCP/IP 协议参数配置信息。常用的命令形式有两种：

ipconfig

ipconfig /all

执行 ipconfig 命令，显示网卡的 IP 地址、子网掩码和缺省网关地址，如图 13.9 所示。

图 13.9　ipconfig 命令执行结果

执行 ipconfig/all 命令,可以显示更为详细的配置信息,除了 IP 地址、子网掩码和缺省网关地址外,还包括网卡的硬件物理地址(MAC 地址)、主机名、节点类型、IP 路由、DHCP 服务器地址、DNS 服务器地址、动态获得 IP 地址的时间及有效期限等。

这些信息对于全面了解网络客户机的 TCP/IP 配置,特别是使用 DHCP 协议动态分配 IP 地址的情况会很有帮助。

13.4.3 CiscoWorks2000

1. CiscoWorks2000 概述

CiscoWorks2000 是 Cisco 公司针对其网络互连产品推出的基于 SNMP 协议的专用网络管理软件。它既可以独立安装,又可以集成在多个流行的网络管理平台软件上,如 Sun Net Manager、HP OpenView 等。CiscoWorks2000 可以安装在 UNIX 操作系统以及 Windows NT/2000 操作系统上,通过它网络管理人员可以方便快捷地完成网络设备的配置、管理、监控和故障分析等任务。

CiscoWorks2000 针对不同的客户提出了四种不同的网络管理解决方案,分别是:局域网管理解决方案 LMS(LAN Management Solution)、路由广域网解决方案(Routed WAN Management Solution)、服务管理解决方案(Service Management Solution)和虚拟专网/安全管理解决方案(VPN/Security management solution)。其中,局域网管理解决方案 LMS 用来管理包含路由器和交换机的局域网络;RWAN 提供强大的管理功能,用来管理基于路由的广域网络系统,对复杂的网络系统具有配置、监视、排错等功能;服务管理解决方案用来监视网络系统服务级别的企业级网络;虚拟专网/安全管理解决方案有助于安装和监控 VPN 及其安全设备。

CiscoWorks2000 提供了多种公共网络管理组件模块,各解决方案根据需要分别选择相应的功能组件。下面列出 CiscoWorks2000 提供的主要组件模块:

①CiscoWorks2000 服务器:提供应用访问安全性,确保合适级别的用户才能获得改变网络参数的工具,而不符合要求的用户只能使用只读工具。它是第三方集成工具,简化了 Web 与第三方及其他 Cisco 管理工具的集成。

②园区网管理器 CM(Campus Manager):为管理 Cisco 交换网而设计的基于 Web 的应用工具套件,能够智能化自动探测 Cisco 设备创建的网络拓扑图,配置管理和监视虚拟局域网与 ATM 服务/网络;园区网管理器用户追踪功能可发现连接到交换机端口的终端站与 IP 电话,根据用户 ID 识别用户的位置,用表格形式列出了用户的 MAC 地址、IP 地址、连接到的交换机端口、VLAN 等信息;路径分析工具可用于分析数据包经过的第二层和第三层路径,并显示出分析的结果。

③CiscoView:图形化设备管理应用程序,可以用来实时地监控设备状态、配置管理等。

④NGerius 实时监视器 RTM(Real Time Monitor):收集来自局域网设备和探测器的 RMON/RMON2 的数据资料,通过提供整个网络的可视性包括应用层、数据链路层及现有的虚拟拓扑结构,来帮助解决网络与应用问题。

⑤访问控制列表管理器(Access Control List Manager):当对路由器和 PIX 防火墙设定访问控制列表时,使用这个应用程序可以简化访问控制列表的设置、管理、优化等工作。

⑥互联网性能监视器 IPM(Internetwork Performance Monitor):广域网络中,对网络响应时间和网络的可用性进行故障排除的应用程序。

⑦资源管理器要素 RME(Resource Manager Essentials):功能强大的基于 Web 的网络管理

应用程序,能够访问到重要的网络信息,可以管理网络的配置和软件改变的信息。

⑧内容流量监视器 CFM(Content Flow Manager):监视并管理内容传输设备如 LoadDirector、Catalyst 4840G 和 Catalyst 6xxx,具有监视服务器负载平衡的功能。

⑨设备故障管理器 DFM(Device Fault Manager):具有智能化故障条件的分析能力,可在问题中断网络之前发现问题设备故障。管理器的自动故障探测功能可识别网络中的常见故障,而无需使用户定义自己的规则集、SNMP 陷阱过滤器或设备的轮询间隔。具有预先定义 100 余个 Cisco 路由器和交换机的特点,支持增添新设备的功能。

⑩服务级别管理器:构建于开放的 XML 应用程序接口的基础上,可提供用于第三方的应用集成。

2. CiscoWorks2000 局域网管理解决方案

CiscoWorks2000 LMS 是 CiscoWorks 的局域网管理解决方案套装软件,它包含如下组件内容:

①CiscoWorks2000 服务器、Cisco View 及与第三方网管软件的接口模块。

②Resource Manager Essentials(资源管理器要素):基于 Web 的管理工具,用于简化 Cisco 设备的软件及配置管理。

③Campus Manager(园区管理器):基于 Web 的管理工具,用于检查网络的拓扑结构以及用户信息。

④Device Fault Manager(设备故障管理器):用于收集和分析 Cisco 网络设备的详细故障信息。

⑤NetScout nGenius Real-Time Monitor(实时监视器):用于监控网络中的信息包、应用程序和协议。

CiscoWorks2000 LMS 在 Windows 2000 系统下安装时,首先应保证操作系统补丁 Windows 2000 SP2 事先已安装好,浏览器使用 Internet Explorer 6。另外,CiscoWorks 2000 运行需要安装 Java 运行环境(Java Runtime Environment),如安装 j2re-1_3_1-win.exe。

硬件系统需求如下:PIII 800 以上处理器,CD-ROM,512M 内存,4GB 磁盘空间。

CiscoWorks 2000 LMS 安装步骤比较繁杂,且涉及多项参数设置,用户可参考相关的软件手册进行安装,安装完毕需重启系统,这里限于篇幅不对安装作过多的介绍。下面主要介绍 CiscoWorks2000 的几个基本操作界面。

(1)登录网管系统

打开 IE 浏览器,输入网管系统网址:http://127.0.0.1:1741。其中,1741 是网管系统默认端口。如果网管系统安装正确,会出现 CiscoWorks2000 的 Web 管理界面。输入正确的用户名和密码(系统默认的用户名和密码都为 admin),点击"Connect"按钮,登录网管系统,如图 13.10 所示。退出系统时,点击窗口左上角的"Logout"按钮。

(2)使用 CiscoView 显示设备状态和修改设备的配置

CiscoView 是一个非常直观的图形化管理工具,可以显示设备的面板、指示灯,监控设备、链路的利用率,还可以对设备的配置进行更改。

进入网管系统后,点击左侧"Device Manager"菜单下的"CiscoView"命令,如图 13.11 所示,打开 CiscoView 窗口。

在 CiscoView 窗口(见图 13.12)左边的"Select Device"选择框内输入要显示的网络设备的 IP 地址,等待片刻,在右边窗口会显示该设备的图形界面。图 13.12 是使用 CiscoView 管理一台交换机的图示,从图中可以看到交换机形状以及交换机各端口的状态(up/down),在该图

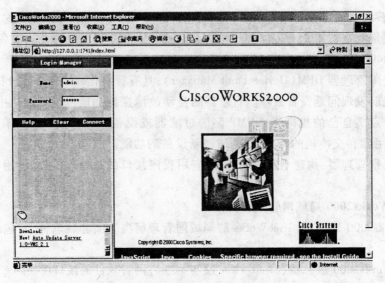

图 13.10 CiscoWorks2000 登录界面

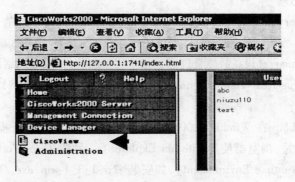

图 13.11 进入 Cisco View 示意图

中,正在使用的端口是 2、3、4、9 号端口。

对于 Cisco 路由器,完全可以按照相同的方法操作。

选中交换机图片,右击鼠标,在弹出的关联菜单(见图 13.13)中点击"Monitor"命令可以监测交换机的利用率等状况。需要注意的是,对于不同的网络设备,面板上可以进行监控和设置的对象不同。

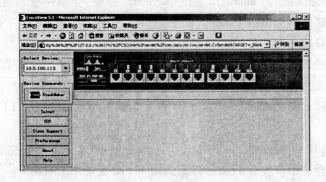 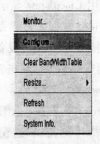

图 13.12 显示 Cisco 交换机设备状态的 CiscoView 窗口　　图 13.13 右键关联菜单

点击关联菜单中的"Configure"命令可以修改设备的配置。在设置的时候,如果选中某一端口,系统菜单显示的是对端口操作的相关命令,其他项目为灰色。不选中任何端口时,菜单显示系统(整个设备)设置命令,修改设置之后,需选择"System"菜单中的"Save Configuration"对配置进行保存。

此外,点击图 13.12 窗口左侧的"Telnet"按钮,可以远程登录到对应的网络设备上,进行相关的操作。

(3) 使用园区网管理(CM)的拓扑服务

拓扑服务通过 SNMP 协议自动收集 Cisco 网络设备上的信息,利用图形化的界面来展示网络结构。为了数据收集过程正确完成,各网络设备必须正确地配置了 SNMP 参数,允许运行 CDP(Cisco 设备发现协议,默认已运行)。

点击图 13.14 左侧"Campus Manager"菜单的"Topology Services"命令,启动拓扑服务,稍后,系统将在右边打开一个新的"Topology Services"窗口,点击打开"Network Views"(网络视图)下的"Layer 2 View"(数据链路层连接视图)命令,此时,在右方的"Summary"栏中,列出了各设备的名称、IP 地址、设备类型以及是否可达(Reachable)信息,见图 13.14。

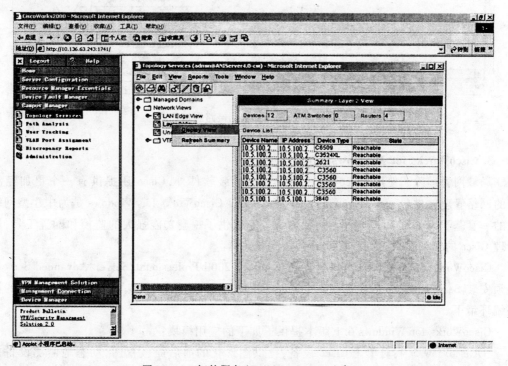

图 13.14　拓扑服务(Topology Services)窗口

右键点击图 13.14 中的 Layer 2 View",选择"Display View"将显示如图 13.15 所示的数据链路层拓扑图。

可以用鼠标拖动拓扑图中的设备图标,将拓扑图更改为清晰、直观的显示方式。

还可以选中一台设备,右键调出关联菜单,直接对该设备进行相关的操作。如在图 13.15 中,点击"Device Attributes"查看设备属性,点击"CiscoView"进入 CiscoView 图形操作界面,点击"Telnet"登录设备等。

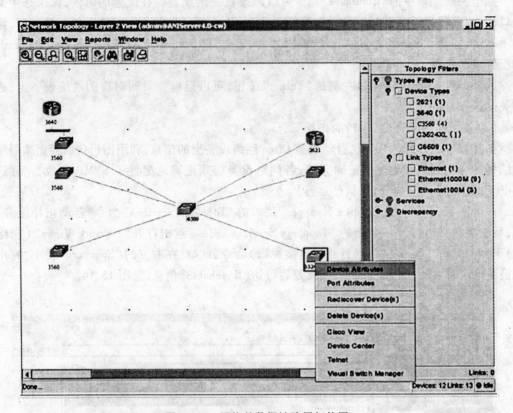

图 13.15　网络的数据链路层拓扑图

3. CiscoWorks for Windows

局域网管理除了使用 CiscoWorks2000 LMS 套装软件外，Cisco 还提供有一个更加经济小巧的网络管理软件包——CiscoWorks for Windows。CiscoWorks for Windows 是为中小型网络开发的一套基于 Web 的集成式网络解决方案。它提供了一套功能强大的监控和配置工具，用来管理 Cisco 的交换机、路由器、集线器和访问服务器。

CiscoWorks for Windows 可以运行在 Windows 2000 Professional/Server/Advanced Server（都必须安装 Service Pack2 或更高版本的补丁）以及 Windows NT（安装了 Service Pack 6）的操作系统环境下。

CiscoWorks for Windows 6.1 版本提供了如下的应用模块：

①CiscoView 5.4：对单个 Cisco 设备，提供图形化的前后面板视图，动态地监测设备的状态，在图形上通过不同颜色进行状态标示，并可对特定设备进行诊断和配置。

②WhatsUp Gold 7.03：由 Ipswitch 公司提供的一种网络管理软件，它与 CiscoView 的区别在于 CiscoView 可以在任意时刻监测一个 Cisco 设备，而 WhatsUp Gold 支持整个拓扑网络内的多个设备。WhatsUp Gold 同时具有网络拓扑发现与显示、状态监测和报警追踪等多项功能。

③Threshold Manager：使用户可以对支持 RMON 的 Cisco 设备设置阈值，以降低网络管理开支，提高检测和排除网络故障的能力。

④Show Commands：使用户不必记住复杂的 Cisco IOS 命令和语法，而是通过 Web 界面就

可以简便地显示路由系统和协议的详细信息。

13.5 网络管理技术的发展趋势

随着网络技术的发展和网络规模的日益扩大,对网络管理的要求也越来越高,作为网络技术的一个重要分支,网络管理技术正在不断飞速地发展,主要表现在以下几个方面:

1. 分布式网络管理

传统的网络管理是在整个网络中仅设置一个网络管理器,该管理器负责网络中所有被管网络设备运行状态的监视和控制,随着网络规模的扩大,网络结构复杂性的增加,这种集中式的网络管理方式使得网络管理的通信负载急剧增加,因此,必须改变原来的集中管理方式,向层次化分布式网络管理方向发展。

1991年Internet网络管理工作组IETF提出的远程网络监视RMON(Remote network MONitoring)技术,首次为网络的分布式管理提供了实现的可能。RMON是对SNMP协议的重要补充,它在不改变SNMP协议的条件下增强了网络管理的功能,使得SNMP更为有效,更为积极主动地监控远程设备。

RMON由RMON代理(即远程监视器)和作为MIB-II扩展分支的RMON MIB组成,RMON代理易于在运行SNMP代理的网络设备上实现,RMON MIB则定义了基于SNMP的网络管理器与RMON代理之间进行通信的接口,它由一组统计数据、分析数据和诊断数据构成。RMON1只能存储MAC层管理信息,1994年扩充的RMON2则可以监视MAC层之上的通信,网络管理器在此基础上可以监视到被管对象的SMTP、FTP、HTTP等应用层协议。

RMON技术提供了一种监测子网段统计信息的有效方式,使得管理器不必再定期轮询代理,从而大大降低了管理器与代理之间的通信流量。

智能和移动代理(Intelligent and Mobile Agent)和主动网络技术的研究为分布式网络管理技术的发展提供了更为强大的支持。通过代理分担原来管理器上的一些计算操作,减轻了管理器的处理负担,加快了网络管理的效率。同时,代理只需要向管理器返回计算后的统计结果而不是大量的原始数据,有效减少了网络管理的通信流量。

2. 基于Web的网络管理

传统的网络管理器一般都配置有复杂的图形用户界面(GUI),除了对特定硬件和操作系统环境的依赖性以外,还存在着系统开销庞大、安装运行维护复杂、管理结构集中和难以支持远程访问管理等诸多缺陷。近年来随着Web技术的发展,通过将Web技术和Java技术集成到网络管理系统中,可以方便地生成在各种操作系统平台上使用的简单而有效的Web风格的网络管理界面。基于Web的网络管理模式具有低成本、平台独立、易于理解、方便远程访问等优点,是网络管理的一个必然发展方向。

一种普遍采用的基于Web的网络管理方式是在网络管理工作站上安装一个Web服务器程序,一方面,网络管理工作站通过简单网络管理协议SNMP与被管网络对象通信,另一方面,网络管理人员通过客户端浏览器访问该Web服务器进行网络管理和配置。第二种实现方式是嵌入式。它将Web功能嵌入到被管网络设备中,每个设备有自己的Web地址,管理员可通过浏览器直接访问并管理该设备。

基于Web的网络管理方式中需要重视网络管理的安全性问题,需要对不同用户设置不同的访问权限:对于普通用户仅允许其访问一些公开的网络状态和流量统计信息,对于不同级别的网络管理人员则分别定义不同级别的网络管理访问权限。

3. 智能化网络管理

网络管理包括网络的监测和控制两个方面,目前大多数网络管理系统都比较好地实现了网络监测的功能,但是大部分网络控制功能还依赖于网络管理人员的手工配置,随着人工智能技术在计算机领域的广泛应用,网络管理的智能化已成为网络管理的一个新的发展方向。智能化网络管理的研究涉及专家系统、确定性理论、神经元网络等诸多人工智能领域的技术,理想的智能化网络管理应具有多个管理系统的层次性和相互协作能力、适应网络系统变化的能力、处理不确定性事件的能力以及解释和推理判断能力等。另外,在智能化网络管理研究中需要平衡考虑智能化的实现复杂度以及系统整体性能及稳定性等多种因素。

4. 标准化、综合化网络管理

随着网络管理技术的发展,用户对网络管理的要求不再仅仅局限于简单的对"网络"本身的管理,还逐渐深入到对系统和服务等方面的综合管理,系统管理和网络管理之间的关系变得越来越密切,把它们集成在一起是网络管理的一个重要发展趋势,也是很多网络管理系统厂商正在做的。另外,网络分层管理要求不同子网管理域中的网络管理系统之间相互兼容或者都采用统一标准的网络管理支持,只有实现网络管理的标准化,才能够更好地适应网络的发展。

另外,网络管理软件的可塑性也将进一步增强,即企业能够根据自身的需要,定制特定的网络管理模块和数据视图。

13.6 本章小结

网络管理是指对网络的运行状态进行监测和控制,使其能够有效、可靠、安全、经济地提供服务。网络管理的目标就是通过规划、监督、控制网络资源的使用和网络的各种活动,对网络软硬件资源进行合理的分配和管理,使网络的整体性能达到最优。

网络管理包括五个基本功能域:配置管理、故障和失效管理、性能管理、计费管理以及安全管理。其中,故障管理是整个网络管理的核心,配置管理则是各管理功能的基础。

Manager/Agent 网管模型主要由四部分组成:网络管理器、驻留在被管对象上的代理程序、管理信息库 MIB 及一种通用网络管理协议。网络管理器负责发出查询和控制操作的指令,同时接收来自代理的响应。MIB 是一个虚拟的数据库,它定义了被管对象的属性信息。网络管理协议精确定义了网络管理器传送给代理的请求格式和代理进行响应的格式,以及每种可能的请求和响应的确切含义。

简单网络管理协议 SNMP 是基于 TCP/IP 的一个应用层协议,该协议工作在无链接的 UDP 协议之上,采用的工作机制为陷入制导轮询方法。管理器与网管代理之间采用 Get、Set 和 Trap 原语进行通信。在网络管理中,使用抽象语法表示 ASN.1 定义和引用 MIB 变量。

操作系统提供了一组简单的 TCP/IP 网络管理工具:ping、tracert/traceroute、netstat 和 ipconfig 等,灵活使用这些工具,可帮助人们检查和排除网络中出现的故障。

网络管理软件分为开放式的网络管理平台和专用的网络管理系统。CiscoWorks 是 Cisco 公司针对其网络互连产品推出的基于 SNMP 协议的专用网络管理软件。它既可以独立安装,又可以集成在多个流行的网络管理平台软件上。CiscoWorks 提供了多种公共网络管理组件模块,各解决方案根据需要分别选择相应的功能组件,以实现网络拓扑自动发现、网络故障报告和处理、性能数据采集和可视化分析工具,以及安全管理等基本的网络管理功能。

网络管理技术的发展主要表现在网络管理的分布式、智能化、标准化、综合化以及基于Web的特性等几个方面。

思考与练习

13.1 简述网络管理的概念。

13.2 什么是网管代理？网管代理的作用是什么？

13.3 简述 Manager/Agent 网管模型的组成和各部分的功能。

13.4 网络管理有哪些主要功能？

13.5 命令"ping 127.0.0.1"的作用是什么？

13.6 为了分析一台安装了 Windows Server 的服务器的网络流量，使用统计命令 netstat，假设每 20 秒统计一次 TCP 连接情况，请写出完整的命令格式。

13.7 试着用 ipconfig 命令查看本机的以下 TCP/IP 配置信息：IP 地址、子网掩码、网关地址、MAC 地址、DNS 服务器地址。

13.8 查找资料，用你的语言简述网络管理技术的发展趋势。

第14章 网络与信息安全

随着信息技术的迅猛发展和广泛应用,社会信息化进程不断加快,社会对信息化的依赖性也越来越强。但信息和信息技术的发展同样也带来了一系列的安全问题,信息与网络的安全面临着严重的挑战:计算机病毒、特洛伊木马、逻辑炸弹、各种形式的网络犯罪、重要情报泄露等,这就要求每一位网络用户都必须掌握一定的网络与信息安全防护知识和技能。

14.1 概述

14.1.1 网络与信息安全问题

1. 网络信息安全的概念

信息安全的内涵和外延是在不断变化的。早期的信息安全主要是要确保信息的保密性、完整性和可用性。随着通信技术和计算机技术的不断发展,特别是二者结合所产生的网络技术的不断发展和广泛应用,对信息安全又提出了新的要求。信息安全应该包括了防止网络自身及其采集、加工、存储、传输的信息数据被故意或偶然的非授权泄露、更改、破坏或使信息被非法辨认、控制,确保经过网络传输的信息不被截获、不被破译,也不被篡改,并且能被控制和合法使用。

通常认为,信息安全应该实现以下五个方面的特性:
① 机密性:确保信息不被非授权者获得与使用。
② 完整性:信息是真实可信的,其发布者不被冒充,来源不被伪造,内容不被篡改。
③ 可用性:保证信息可被授权人在需要时立即获得并正常使用。
④ 可控性:信息能被信息的所有者或被授权人所控制,防止被非法利用。
⑤ 抗抵赖性:通信双方不能否认已方曾经签发的信息。

保证网络信息的安全需要依靠密码、数字签名、身份验证等技术以及防火墙、安全审计、灾难恢复、防病毒、防黑客入侵等安全机制和措施。

2. 安全威胁来自何方

网络信息系统所面临的安全威胁到底来自何方,又到底会带来什么样的威胁呢?由于信息网络自身的脆弱性,如:在信息输入、处理、传输、存储、输出过程中存在着信息容易被篡改、伪造、破坏、窃取、泄漏等不安全因素;信息网络自身在操作系统、数据库以及通信协议等方面存在安全漏洞和隐蔽通道等不安全因素;在其他方面如磁盘高密度存储受到损坏造成大量信息的丢失,存储介质中的残留信息泄密,计算机设备工作时产生的辐射电磁波造成的信息泄密等。概括起来,网络与信息安全的主要威胁有:软硬件故障和工作人员误操作等人为或偶然事故构成的威胁,利用计算机实施盗窃、诈骗等违法犯罪活动的威胁,网络攻击和计算机病毒构成的威胁,以及信息战的威胁等。

黑客入侵和计算机犯罪对网络信息安全构成重大的威胁。网络犯罪最初表现是有害信息的传播，盗用互联网的服务。而随着互联网应用范围的拓宽，利用互联网危害国家安全、社会公共安全、破坏社会市场经济秩序、侵犯公民的人身权利、以及经济犯罪都大量发生。可以说，现实生活中的违法犯罪类型都会映射到网上，在网上找到相同或相似的案例。

从网上黑客入侵事件，可以看到黑客的攻击越来越频繁，现在全世界有黑客站点 20 多万个，黑客的攻击手段上千种并且在网上都可以找到。2001 年初，美国许多著名的网站包括雅虎、亚马逊等都遭到了破坏，很多系统瘫痪了几个小时，网站的损失 12 亿美元，破坏的电脑系统包括国家的经济系统、基础设施，比如电力系统、交通运输设施等，还有国防系统；很多领域都面临黑客的入侵和潜在的威胁。黑客入侵网络的事件数不可数，黑客攻击的技术手段也是多种多样的。

计算机病毒也在不断蔓延。进入 21 世纪，病毒发展的速度更加迅猛，预计今后病毒的数量将以每年 2 万种的数量增长，病毒的传播速度也越来越快，破坏力越来越强。红色代码病毒出现 9 个小时后，全世界就有超过 20 万台计算机被感染病毒；冲击波病毒统计至少已经感染了 50 万台电脑，造成了严重的损失。据我国调查，2001 年感染病毒的数量占被调查人数的 73%，造成损失的占 43%。到 2002 年感染病毒的数量占调查人数的 83.9%，其中造成损失的占 64%，有的是一次感染，有的是二次感染甚至多次感染。

此外，信息作为一个重要的战略资源，国际上围绕信息的获取、使用和控制的竞争也愈演愈烈。计算机网络的建设与普及将彻底改变人类生存和生活的模式，而控制、掌握网络的人就是人类未来命运的主宰，谁掌握和控制了网络，谁就将拥有这个世界。今后的时代控制世界的国家不是靠军事，而是靠信息技术能力走在前面的国家。

从以上几个方面可以看出，信息系统和信息网络面临着重大的安全威胁。操作系统、网络系统与数据库管理系统是信息系统的核心技术，没有系统的安全就没有信息的安全。现实中，部分计算机系统采用开放式的操作系统，安全级别较低，不能抵抗黑客的攻击与信息炸弹的攻击；有些系统网络具有多路出口，对信息系统安全没有概念，完全没有安全措施，更谈不上安全管理与安全策略的制定；有的行业的信息系统业务是在没有安全保障的情况下发展的。然而，由于计算机、通信、网络等现代化技术的普及应用，现实世界中的各种安全问题都会反映到网络当中。

3. 网络与信息安全防护的内容

网络与信息安全是一个复杂的社会系统工程，应该从整体上认识和处理。具体地讲，现代的信息安全包括物理安全、网络安全、数据安全、信息内容安全、信息基础设施安全与公共、国家信息安全等方面。它涉及个人权益、企业生存、金融风险防范、社会稳定和国家的安全。面向数据的安全是传统意义上的信息安全，即信息的保密性、完整性和可用性；而面向使用者的安全，则包含了鉴别、授权、访问控制、抗抵赖性以及基于内容的个人隐私、知识产权保护等。

14.1.2 计算机系统的安全等级

有关信息安全的国内外标准已有很多，下面简单介绍其中三个。

1. TCSEC 标准

可信计算机系统评价准则 TCSEC（Trusted Computer System Evaluation Criteria）是 1985 年美国国防部（美国国家安全计算中心 NCSC）制定的计算机安全标准，即橙皮书。橙皮书是一个比较成功的计算机安全标准，得到了广泛的应用，并且已成为其他国家和国际组织制定计算机标准的基础和参照,具有划时代的意义。TCSEC 将计算机硬件与支持不可信用户的操作系统的组合称为可信计算基础 TCB。

TCSEC 标准定义了系统安全的五个要素:安全策略、可审计机制、可操作性、生命期保证、建立并维护系统安全的相关文件。

TCSEC 标准定义系统安全等级来描述以上所有要素的安全特性,它将安全分为四个方面和七个安全级别。四个方面为安全策略、可说明性、安全保障和文档;七个安全级别从低到高依次为 D、C1、C2、B1、B2、B3 和 A1。

①D:最低保护,指未加任何实际的安全措施,D 级的安全等级最低。D 级只为文件和用户提供安全保护。D 级最普遍的形式是本地操作系统或一个完全没有保护的网络,如 DOS 被定义为 D 级。

②C1:具有一定的自主型访问控制(DAC)机制,通过将用户和数据分开达到安全的目的,用户认为 C1 级所有文档具有相同的机密性。

③C2:为每一个单独用户规定自主型访问控制,引入了审计机制。在连接到网络时,C2 级的用户分别对各自的行为负责。C2 级系统通过登录过程、安全事件和资源隔离来增强这种机制。

④B1:满足 C2 级所有的要求,且具有所有安全策略模型的非形式化描述,实施了强制访问控制(MAC)。

⑤B2:基于明确定义的形式化模型,并对系统中所有的主体和客体实施自主型访问控制。具有可信通路机制、系统结构优化设计、最小特权管理以及对隐通道的分析和处理等。

⑥B3:对系统中所有的主体对客体访问进行控制,TCB 不会被非法篡改,且 TCB 设计要小巧且结构化,以便于分析和测试其正确性。审计机制能实时报告系统的安全性事件,支持系统恢复。

⑦A1:类同于 B3 级,具有形式化的顶层设计规格、形式化验证与形式化模型的一致性和由此产生的更高的可信度。

2. 信息安全管理标准 BS7799/ISO17799

BS7799 由英国标准协会提出,2000 年由 ISO 审核通过成为国际标准(代号 ISO17799),现已成为信息安全领域中应用最普遍、最典型的标准之一。

BS7799 是一个非常详细的安全标准,有十个组成部分,每部分覆盖一个不同的主题或领域。

(1)商务可持续计划

商务可持续计划可以消除失误或灾难的影响,恢复商务运转及关键性业务流程的行动计划。

(2)系统访问权限控制

包括:控制对信息的访问权限;阻止对信息系统的非授权访问;确保网络服务切实有效、防止非授权访问计算机;检测非授权行为;确保使用移动计算机和远程网络设备的信息安全。

(3)系统开发和维护

包括:确保可以让用户操控的系统都已建好安全防护措施;防止应用系统用户数据的丢失、修改或滥用;确保信息的机密性、真实性和完整性;确保 IT 项目及支持活动以安全的方式运行;维护应用系统软件和数据的安全。

(4)物理与环境安全

包括:防止针对业务机密和信息进行的非授权访问、损坏和干扰;防止企业资产丢失、损坏或滥用,以及业务活动的中断;防止信息和信息处理设备的损坏或失窃。

(5) 遵守法律和规定

包括:避免违反任何刑事或民事法律,避免违反法令性、政策性和合同性义务,避免违反安防制度要求;保证企业的安防制度符合国际和国内的相关标准;最大限度地发挥企业监督机制的效能,减少其带来的不便。

(6) 人事安全

包括:减少信息处理设备由人为失误、盗窃、欺骗、滥用所造成的风险;确保用户了解信息安全的威胁和关注点,在其日常工作过程进行相应的培训,以利于信息安全方针的贯彻和实施;从前面的安全事件和故障中吸取教训,最大限度地降级安全的损失。

(7) 安全组织

包括:加强企业内部的信息安全管理;对允许第三方访问的企业信息设备和信息资产进行安全防护;对外包给其他公司的信息处理业务所涉及的信息进行安全防护。

(8) 计算机和网络管理

包括:确保对信息处理设备正确和安全操作;降低系统故障风险;保护软件和信息的完整性;保持维护信息处理和通信的完整性和可用性;确保网上信息的安全防护监控及支持体系的安全防护;防止有损企业资产和中断公司业务活动的行为;防止企业间在交换信息时丢失、修改或滥用现象。

(9) 资产分类和控制

对公司资产采取适当的保护措施,确保无形资产都能得到足够级别的保护。

(10) 安全方针

安全方针提供信息安全防护方面的管理支持指导和支持。

3. 中国计算机安全等级划分

1999年,中国颁布了《计算机信息系统安全保护等级划分准则》(以下简称《准则》)。《准则》将计算机信息系统安全保护能力划分为五个等级,计算机信息系统安全保护能力随着安全保护等级的增高,逐渐增强。

第一级:用户自主保护级。由用户来决定如何对资源进行保护,以及采用何种方式进行保护。它的安全保护机制使用户具备自主安全保护的能力,保护用户的信息免受非法的读写破坏。

第二级:系统审计保护级。本级的安全保护机制支持用户具有更强的自主保护能力。特别是具有访问审记能力,即它能创建、维护受保护对象的访问审计跟踪记录,记录与系统安全相关事件发生的日期、时间、用户和事件类型等信息,所有和安全相关的操作都能够被记录下来,以便当系统发生安全问题时,可以根据审记记录,分析追查事故责任人,使所有的用户对自己行为的合法性负责。

第三级:安全标记保护级。具有第二级系统审计保护级的所有功能,并对访问者及其访问对象实施强制访问控制。通过对访问者和访问对象指定不同安全标记,限制访问者的权限。

第四级:结构化保护级。将前三级的安全保护能力扩展到所有访问者和访问对象,支持形式化的安全保护策略。其本身构造也是结构化的,以使之具有相当的抗渗透能力。本级的安全保护机制能够使信息系统实施一种系统化的安全保护。在继承前面安全级别安全功能的基础上,将安全保护机制划分为关键和非关键部分,直接控制访问者对访问对象的存取,从而加强系统的抗渗透能力。

第五级:访问验证保护级:具备第四级的所有功能,还具有仲裁访问者能否访问某些对象的能力。为此,本级的安全保护机制是不能被攻击、被篡改的,具有极强的抗渗透能力。

14.1.3 网络与信息安全措施

1. 网络与信息安全综合防护

网络与信息安全是一个非常复杂的问题,是一项庞大的社会系统工程,需要采取多方面的手段和方法来确保网络的安全。任何单一的网络安全技术和网络安全产品都无法解决网络与信息安全的全部问题,需要增强安全意识,强化安全管理,采用安全技术和产品等综合防护的安全解决方案。

首先,意识不到安全问题的存在或严重性,是产生安全事件的重要原因之一。因此,增强安全意识是极其重要的。任何网络用户,都应该做到以下几点:

- 不随意打开来历不明的电子邮件及文件,不随便运行不太了解的人给你的程序,比如"特洛伊"类黑客程序就需要骗你运行。
- 尽量避免从 Internet 下载不知名的软件,游戏程序。即使从知名的网站下载的软件,也要及时用最新的病毒和木马查杀软件对软件和系统进行扫描。
- 密码设置尽可能使用字母数字混排,单纯的英文或者数字很容易穷举。将常用的密码设置为不同的内容,防止被人查出一个,连带到重要密码。重要密码最好经常更换。
- 及时下载和安装系统补丁程序。
- 不随便运行黑客程序,不少这类程序运行时会泄露你的个人信息。
- 由于黑客经常会在特定的日期发动攻击,计算机用户在此期间应特别提高警戒。
- 对于重要的个人资料做好严密的保护,并养成资料备份的习惯。

下面简要介绍常见的一些安全措施。

(1) 防病毒软件

防病毒软件对好的安全程序是必需的部分。如果恰当地配置和执行,能减少一个组织对恶意程序的暴露。然而,防病毒软件并不能对所有恶意程序都能有效防护。它既不能防止入侵者借用合法程序得到系统的访问,也不能防止合法用户企图得到超出其权限的访问。

(2) 防火墙

防火墙是用于网络的访问控制设备,有助于帮助保护组织内部的网络,以防外部攻击。本质上讲防火墙是边界安全产品,存在于内部网和外部网的边界。因此,防火墙是必需的安全设备。但是,防火墙对内部用户没有防范作用。

(3) 数据加密

加密是通信安全最重要的机制,它能保护传输中的信息。将加密后的文件进行存储,当用户访问这些文件时,如果他们出示同样的密码算法的密钥,而密码系统并不区分合法用户和非法用户。因此,密码本身并不提供安全措施,它们必须由密钥控制以及将系统作为整体来管理。

(4) 访问控制

组织内的每一个计算机系统具有基于用户身份的访问权限的控制。假如系统配置正确,文件的访问许可权配置合理,文件访问权限能限制用户进行超出其权限的访问。但是文件访问控制不能阻止一些人利用系统的漏洞,得到与管理员一样的权限来访问系统及读写系统的文件。

(5) 智能卡

对身份进行鉴别可以根据你知道什么(如口令)、你有什么(如智能卡)、你是什么(如指纹)或它们的组合来完成。利用口令来鉴别身份是一种传统的鉴别方法,但这不是最好的方法,因为口令可猜测或留在某个地方被他人知道。智能卡是一种较安全的鉴别方法,可减少人们猜测口令的风险。然而如果仅仅用它来鉴别身份,若智能卡被偷,则小偷可伪装成网络和计算机系统的合法用户。对有漏洞的系统,智能卡也不能防止攻击,因为智能卡的正确鉴别依赖于用户确实使用正确的系统进入路径。

(6) 漏洞扫描

对计算机系统进行漏洞扫描可帮助系统管理员发现入侵者潜在的进入点。然而,漏洞扫描本身并不能起到保护计算机系统的作用,并对每个发现的漏洞及时加补丁。漏洞扫描不检测合法用户不合适的访问,也不检测已经在系统中的入侵者。

(7) 入侵检测

入侵检测系统曾被宣传成能完全解决网络安全问题,有了它就无需再保护我们的文件和系统,它可以检测出何时、何人在入侵,并且阻止它的攻击。事实上,没有一个入侵检测系统是完全安全的,它也不能检测合法用户进行超权限的信息访问。

(8) 策略管理

安全策略和过程是一个好的安全程序的重要组成部分,它对网络和计算机系统的策略管理也同样重要。策略管理系统会对任何不符合安全策略的系统给出提醒。然而,策略管理并没有考虑系统的漏洞或应用软件的错误设置。计算机系统的策略管理也无法保证用户不会留下口令或将口令给非授权用户。

2. 网络与信息安全防护过程

网络安全防护过程是一个周而复始的连续过程,包含五个关键的阶段。

(1) 评估阶段

网络安全处理过程始于评估阶段。评估阶段要回答以下几个基本问题:①一个组织的信息资产的价值;②对资产的威胁及网络系统的漏洞;③风险对该组织的重要性;④如何将风险降低到可接受的水平。

(2) 策略制定阶段

在评估基础上要确定安全策略及其过程。该阶段要确定该组织期望的安全状态以及实施期间需要做的工作。没有正确的安全策略,就不可能制定有效的设计和实施网络安全的计划。

(3) 实施阶段

安全策略的实施包括技术工具、物理控制,以及安全职员招聘的鉴别和实施。在实施阶段需要改变系统的配置,因此安全程序的实施也需介入系统和网络管理员。

(4) 培训阶段

为了保护一个组织的敏感信息,需要该组织全体员工介入。而培训是为员工提供必需的安全信息和知识的机制。培训有多样形式,如短期授课、新闻报导以及在公共场所张贴有关安全的信息等。

(5) 审计阶段

审计是网络安全过程的最后阶段。该阶段是要保证安全策略规定的所有安全控制是否得到正确的配置。

14.2 数据加密技术

14.2.1 密码学的基本概念

　　数据加密是将要保护的信息变成伪装信息,使未授权者不能理解它的真正含义,只有合法接收者才能从中识别出真实信息。所谓伪装就是对信息进行一组可逆的数学变换。伪装前的信息称为明文(Plaintext),伪装后的信息称为密文(Ciphertext),伪装的过程即把明文转换为密文的过程,称为加密(Encryption)。加密是在加密密钥(Key)的控制下进行的。用于对数据加密的一组数学变换称为加密算法。发信者将明文数据加密成密文,然后将密文数据送入数据通信网络或存入计算机文件。授权的收信者接收到密文后,施行与加密变换相逆的变换,去掉密文的伪装信息恢复出明文,这一过程称为解密(Decryption)。解密是在解密密钥的控制下进行的。用于解密的一组数学变换称为解密算法。因为数据以密文的形式存储在计算机文件中,或在数据通信网络中传输,因此即使数据被未授权者非法窃取或因系统故障和操作人员误操作而造成数据泄露,未授权者也不能理解它的真正含义,从而达到数据保密的目的。同样,未授权者也不能伪造合理的密文,因而不能篡改数据,从而达到确保数据真实性的目的。

　　研究密码技术的学科称为密码学,包括密码编码学和密码分析学。密码编码学意在对信息进行编码,实现信息隐藏;密码分析学是研究分析破译密码的学问,意在得到密文所对应的明文或得到密钥。

　　通常一个密码系统由以下五个部分组成:

　　(1) 明文空间 M,它是全体明文的集合;

　　(2) 密文空间 C,它是全体密文的集合;

　　(3) 密钥空间 K,它是全体密钥的集合。其中每个密钥 K 均由加密密钥 Ke 和解密密钥 Kd 组成,即 $K = <Ke, Kd>$;

　　(4) 加密算法 E,它是一簇由 M 到 C 的加密变换,每一特定的加密密钥 Ke 确定一特定的加密算法;

　　(5) 解密算法 D,它是一簇由 C 到 M 的解密变换,每一特定的解密密钥 Kd 确定一特定的解密算法。

　　对于每一确定的密钥 $K = <Ke, Kd>$,加密算法将确定一个具体的加密变换,解密算法将确定一个具体的解密变换,而且解密变换是加密变换的逆过程。对于明文空间 M 中的每一个明文 M,加密算法在加密密钥 Ke 的控制下将 M 加密成密文 C,$C = E(M, Ke)$;而解密算法在解密密钥 Kd 的控制下从密文 C 中解出同一明文 M,$M = D(C, Kd) = D(E(M, Ke), Kd)$。

　　一个密码通信系统的基本模型如图 14.1 所示。

　　密码学是信息安全的核心。要保证信息的保密性使用密码对其加密是最有效的办法。要保证信息的完整性使用密码技术实施数字签名,进行身份认证,对信息进行完整性校验是当前实际可行的办法。保障信息系统和信息为授权者所用,利用密码进行系统登录管理,存取授权管理是有效的办法。保证信息系统的可控性也可以有效地利用密码和密钥管理来实施。数据加密作为一项基本技术是所有通信安全的基石,数据加密过程是由各种各样的加密算法来具体实施的,它以很小的代价提供很大的安全保护。密码技术是信息网络安全最有效的技术之

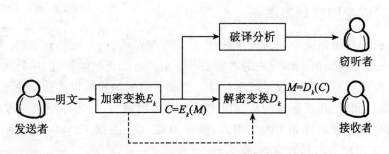

图 14.1 密码通信的系统模型

一,在很多情况下,数据加密是保证信息机密性的惟一方法。

如果按照收发双方密钥是否相同来分类,可以将这些加密系统分为对称密钥密码系统(传统密码系统)和非对称密钥密码系统(公钥密码系统)。

14.2.2 对称密钥密码系统

在对称密钥密码系统中,收信方和发信方使用相同的密钥,并且该密钥必须保密。发送方用该密钥对待发报文进行加密,然后将报文传送至接收方,接收方再用相同的密钥对收到的报文进行解密。这一过程可以表现为如下数学形式,发送方使用的加密函数 encrypt 有两个参数:密钥 K 和待加密报文 M,加密后的报文为 E,

$$E = encrypt(K, M)$$

接收方使用的解密函数 decrypt 把这一过程逆过来,就产生了原来的报文:

$$M = decrypt(K, E)$$

数学上,decrypt 和 encrypt 互为逆函数。

对称密钥加密系统如图 14.2 所示。

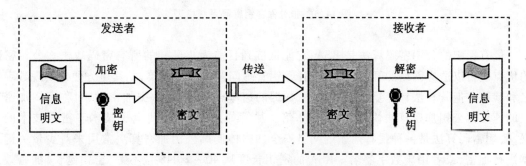

图 14.2 对称密钥加密系统模型

在众多的对称密钥密码系统中影响最大的是 DES 密码算法,该算法加密时把明文以 64 位为单位分成块,而后密钥把每一块明文转化为同样 64 位长度的密文块。

对称密钥密码系统具有加解密速度快、安全强度高等优点,如果用每微秒可进行一次 DES 加密的机器来破译密码需要 2000 年。所以,对称密钥密码系统在军事、外交及商业应用中使用越来越普遍。但其密钥必须通过安全的途径传送,因此,其密钥管理成为系统安全的重要因素。

14.2.3 非对称密钥密码系统

在非对称密钥密码系统中,它给每个用户分配两把密钥:一个称私有密钥,是保密的;一个称公共密钥,是众所周知的。该方法的加密函数必须具有如下数学特性:用公共密钥加密的报文除了使用相应的私有密钥外很难解密;同样,用私有密钥加密的报文除了使用相应的公共密钥外也很难解密;同时,几乎不可能从加密密钥推导解密密钥,反之亦然。这种用两把密钥加密和解密的方法可以表示成如下数学形式,假设 M 表示一条报文,pub-u1 表示用户 L 的公共密钥,prv-u1 表示用户 L 的私有密钥,那么有:

$$E = encrypt(pub\text{-}u1, M)$$

收到 E 后,只有用 prv-u1 才能解密:

$$M = decrypt(prv\text{-}u1, E)$$

这种方法是安全的,因为加密和解密的函数具有单向性质。也就是说,仅知道了公共密钥并不能伪造由相应私有密钥加密过的报文。可以证明,公共密钥加密法能够保证保密性。只要发送方使用接收方的公共密钥来加密待发报文,就只有接收方能够读懂该报文,因为要解密必须要知道接收方的私有密钥。非对称密钥加密系统如图 14.3 所示。

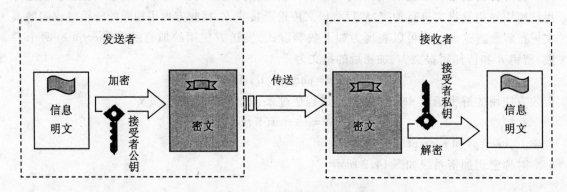

图 14.3 非对称密钥密码系统模型

最有影响的公钥密码算法是 RSA,它能抵抗到目前为止已知的所有密码攻击。公钥密码的优点是可以适应网络的开放性要求,且密钥管理问题也较为简单,尤其可方便地实现数字签名和验证。但其算法计算复杂度高,加密数据的速率较低,大量数据加密时,对称密钥加密算法的速度比公钥加密算法快 100~1 000 倍。尽管如此,随着现代电子技术和密码技术的发展,公钥密码算法是一种很有前途的网络安全加密体制。公钥加密算法常用来对少量关键数据进行加密,或者用于数字签名。RSA 的密钥长度从 40~2 048 位不等,密钥越长,加密效果越好。

在实际应用中通常将传统密码和公钥密码结合在一起使用实现最佳性能,即加/解密时采用对称密钥密码,密钥传送则采用非对称密钥密码。比如:利用 DES 来加密信息,而采用 RSA 来传递 DES 的会话密钥,这样可以大大提高处理速度。这样既解决了密钥管理的困难,又解决了加/解密速度慢的问题。

14.2.4 密钥管理

信息加密是保障信息安全的重要途径,以密文方式在相对安全的信道上传递信息,可以让用户比较放心地使用网络。然而,如果密钥泄露或居心不良者通过积累大量密文而增加密文的破译机会,仍会对通信安全造成威胁。因此,对密钥的产生、存储、传递和定期更换进行有效地控制,并引入密钥管理机制,对增加网络的安全性和抗攻击性是非常重要的。

在传统的密钥管理系统中,密钥通常是存储在设计机或磁盘里,并借助于网络、磁盘以邮件的方式进行传递。为了安全起见,通常在传递之前,必须先将所要传递的密钥进行加密处理,接收方收到后再对其进行解密处理。由于采用这种方式时仍然需要传递密钥,只是具体的密钥对象改变了,因此安全性还是没有明显地提高;即使采用专门的硬件加密机器进行加密处理,但由于储存和传递环节的影响,其安全性能仍等同于软件加密效果,为此有必要提高储存和传递环节的安全性。

传递密钥比较安全的做法是采用非对称加密体制,如用已方私钥和对方公钥进行双重签名加密,对方用其私钥和已方公钥进行解密处理。但采用这种方法来传递密钥比较麻烦,实现起来非常困难,不仅要求通信双方要有已方的公钥和私钥,而且还要获得对方的公钥。公钥和私钥的产生比较复杂和困难,而且通常还需要作为公证的第三方介入。目前绝大多数的通信双方都没有这些条件,并且它们之间的通信绝大多数是一次性的。考虑到上述原因,往往不采用非对称加密体制,而仍然采用实现方法和途径都相对简单和容易得到的对称加密体制。

采用对称加密体制时,加密密钥和解密密钥是相同的或相关联的,因此对其存储和传递的安全性要求非常高。如前所述,采用传统方式进行加密处理时,其效果等同于软件加密效果,在安全性方面不如硬件直接加密的效果;由此可以看出,如果我们既用硬件设备进行加密处理,又用专门的硬件设备来存储和传递密钥,这样就可以极大地提高密钥系统的安全性。目前能满足这两种要求,而且得到业界广泛认可的器件只有 CPU 智能卡。CPU 卡具有硬件加密结构,可以作为加密器件使用;而且其特殊的软件体系-COS(Chip Operation System)又为数据存储和操作提供了较高的安全性,可用于小批量数据的存储。

在信息处理系统中,密码学的主要应用有两类:数据的通信保护和数据的存储保护。在这些应用领域,密码方法的使用与过去在军事、外交上的传统使用方法有很大的区别。在传统应用中,双方所需的密钥通过另外的安全途径传送;而在信息处理系统中,密钥的某些信息必须放在机器中。如此一来,总有一些特权用户有机会存取密钥,这对加密系统的安全是十分不利的。解决这一问题的方法之一是研制多级密钥管理体制。例如,在二级密钥管理体制中,一级密钥(也称主密钥)存储在安全区域,用它对二级密钥信息加密生成二级密钥(也称为工作密钥),再用工作密钥对数据加密。当然,这些动作都应该是连贯的密箱操作。然而纯软件的加密系统难以做到密箱操作。

实际上,无论多么高明的反跟踪技术也难以让人放心,因为软件跟踪高手会将整个程序分解、剖析。但如果把主密钥、加密算法等关键数据、程序固化在加密卡中,就能解决密箱操作的难题。主程序将待加密的一组明文数据、一组二级密钥信息传给加密卡,加密卡则完成以下的工作:用主密钥和加密算法将取得的一组二级密钥信息加密成工作密钥,再用该工作密钥和加密算法将明文数据加密并将所得密文经接口返回给主程序。

总之,密钥管理体系直接关系到整个系统的安全控制。密钥管理系统一般包括三个部分:密钥生成、密钥发行和密钥更新。不同的加密体制需要不同的密钥管理机制。

14.3 认证技术

14.3.1 消息认证

消息认证码(MAC)并不是密码,而是校验和(通常是32位)的一种特殊形式,它是通过使用一个秘钥并结合一个特定认证方案而生成的,并且附加在一条消息后。即发送方通过某一算法(一般是一种哈希摘要算法)将某一明文和密钥转换成某一固定长度的密文(该密文即是包含密钥信息的哈希摘要),并将该密文同明文一起发送,拥有相同密钥的接收者按照同样的算法能够将该明文转换成同样的密文。对于接收者来说,当接收到的明文和密文匹配时,可以认为该消息从特定的发送者发出,实现了对发送方的认证。

对于消息认证码,收发双方有相同的密钥,且该密钥是保密的。

一般来说,该方法和数字签名认证相比,计算量小,但是安全性差。因为数字签名除了哈希摘要过程,还有数据加密过程,而消息认证码只有一个哈希摘要过程。二者相比,哈希摘要算法的安全性比一般的加密算法要差。

消息认证方法只能保证第三方不能伪造和篡改数据,而不能保证数据的机密性。

14.3.2 身份认证

身份认证过程指的是当用户试图访问资源的时候,系统确定用户的身份是否真实的过程。认证对所有需要安全的服务来说是至关重要的,因为认证是访问控制执行的前提,是判断用户是否有权访问信息的先决条件,同时也为日后追究责任提供不可抵赖的证据。通常可以根据以下五种信息进行认证:

(1)用户所知道的。如密码认证过程 PAP(Password Authentication Procedure)。当用户和服务器建立连接后,服务器根据用户输入的 ID 和密码决定是满足用户请求,还是中断请求,或是再提供一次机会给用户重新输入。

(2)用户所拥有的。常见的有基于智能卡的认证系统,智能卡即是用户所拥有的标志。用该身份卡系统可以判断用户 ID,从而知道用户是否合法。

(3)用户本身的特征。指的是用户的一些生物学上的属性,如指纹、虹膜特征等。因为模仿这些特征比较难,并且不能转让,所以,根据这些信息就可以识别用户。

(4)根据特定地点(或特定时间)。Bellcore 的 S/KEY 一次一密系统所用到的认证方法可以认为是一个例子。用户登录的时候,用自己的密码 s 和一个难计算的单项哈希函数 f,计算出 $P_0 = f^N(s)$ 作为第一次的密钥,以后第 i 次的密钥为 $p_i = f^{N-i}(s)$。这个密钥跟特定时间有关,也跟用户的认证次数 i 有关。

(5)通过信任第三方。典型的为 Kerberos 认证,信任的第三方包括认证服务器 AS 和票据分发服务器 TGS,每一个与 AS 共享一个用户密钥。由 AS 对用户进行认证并颁发访问 TGS 票据。用户拿到票据后,就可以到服务器进行认证。

认证在一个安全系统中起着至关重要的作用,认证技术决定了系统的安全程度。通常可以从以下几个方面来评价一个认证系统:

(1)可行性。从用户的观点来看,认证方法应该提高用户访问应用的效率,减少多余的交互认证过程,提供一次性认证。另外,所有用户可访问的资源应该提供友好的界面给用户访问。

（2）认证强度。认证强度取决于采用的算法的复杂度以及密钥的长度,采用越复杂的算法、越长的密钥,就越能提高系统的认证强度,提高系统的安全性。

（3）认证粒度。身份认证只决定是否允许用户进入服务应用。之后如何控制用户访问的内容,以及控制的粒度也是认证系统的重要标志。有些认证系统仅限于判断用户是否具有合法身份,有些则按权限等级划分成几个密级,严格控制用户按照自己所属的密级访问。

（4）认证数据正确。消息的接受者能够验证消息的合法性、真实性和完整性,而消息的发送者对所发的消息不可抵赖。除了合法的消息发送者以外,任何其他人不能伪造合法的消息。当通信双方(或多方)发生争执时,由公正、权威的第三方解决纠纷。

（5）不同协议间的适应性。认证系统应该对所有协议的应用进行有效的身份识别,除了HTTP,E-mail访问也是企业内部所要求的一个安全控制,其中包括认证SMTP,POP或者IMAP。这些也应该包含在认证系统中。

在入网认证中使用最广泛的身份认证是利用"用户所知道的"信息进行认证。用户的入网认证可分成如下三个步骤:

（1）用户名的识别与验证。即根据用户输入的用户名与保存在服务器上的数据库中的用户名进行比较,确定是否存在该用户的信息,如果存在,则取出与该用户有关的信息用于下一步的检验。

（2）用户口令的识别与验证。即利用口令认证技术确定用户输入的口令是否正确。

（3）用户账号的缺省限制检查。即根据用户的相关信息,确定该用户账号是否可用,以及能够进行哪些操作、访问哪些资源等用户的权限。

这三道检验关卡中只要有一道未通过,该用户就不能进入该网络。

14.3.3 数字签名

非对称密钥加密方法可以被用于验证报文发送方,这种技术称为数字签名。

在传统密码中,通信双方用的密钥是一样的。因此,收信方可以伪造、修改密文,发信方也可以否认和抵赖他发过该密文,如果因此而引起纠纷,就无法裁决。

在数字签名技术出现之前,曾经出现过一种"数字化签名"技术,简单地说就是在手写板上签名,然后将图像传输到电子文档中,这种"数字化签名"可以被剪切,然后粘贴到任意文档上,这样非法复制变得非常容易,所以这种签名的方式是不安全的。

数字签名技术与数字化签名技术是两种截然不同的安全技术,数字签名与用户的姓名和手写签名形式毫无关系。利用非对称密钥系统,发送方使用私有密钥加密报文来进行签名,接收方查阅发送方公开密钥,并使用它来解密,从而对签名进行验证。因为只有发送方才知道自己的私有密钥,因此任何人都无法伪造或篡改报文,接收方也能确认是谁发来的报文。

数字签名可以解决否认、伪造、篡改及冒充等问题,是通信双方在网上交换信息时用公钥密码防止伪造和欺骗的一种身份认证,也即:发送者事后不能否认发送的报文内容、接收者能够核实发送者发送的报文签名、接收者不能伪造发送者的报文签名、接收者不能对发送者的报文进行部分篡改、网络中的某一用户不能冒充另一用户作为发送者或接收者(当发送者同时使用自己的私有密钥和接收者的公开密钥签名时,则数据不能被非合法接收者解密)。

数字签名的应用范围十分广泛,凡是需要对用户的身份进行判断的情况都可以使用数字签名,比如加密信件、商务信函、定货购买系统、远程金融交易、自动模式处理等。

14.4 常用安全协议

14.4.1 SSL 协议

安全套接层(Security Socket Layer,SSL)协议是用来保护网络传输信息的。它最早由Netscape公司于1994年11月提出并率先实现(SSLv2),之后经过多次修改,最终被IETF所采纳,并制定为传输层安全(Transport Layer Security,TLS)标准。该标准刚开始制定时是面向Web应用的安全解决方案,随着SSL部署的简易性和较高的安全性逐渐为人所知,现在已经成为Web上部署最为广泛的信息安全协议之一。近年来SSL的应用领域不断被拓宽,许多在网络上传输的敏感信息(如电子商务、金融业务中的信用卡号或PIN码等机密信息)都纷纷采用SSL来进行安全保护。

1. SSL协议的体系结构

SSL协议位于可靠的面向连接传输层协议(即TCP)和应用层协议(如HTTP)协议之间,如图14.4所示。它在客户端和服务器之间提供安全通信,允许双方互相认证、使用消息的数字签名来提供完整性,通过加密提供消息保密性。

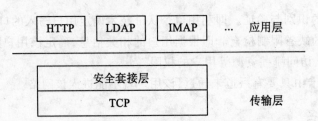

图14.4 SSL在TCP/IP层次结构模型中的位置

SSL协议由多个协议组成,采用两层协议体系结构,如图14.5所示。

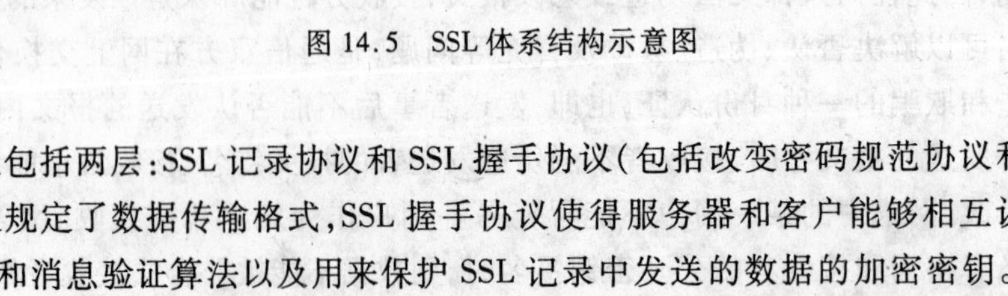

SSL握手协议	SSL改变密码规范协议	SSL告警协议	HTTP	Telnet	…
SSL记录协议					
TCP					
IP					

图14.5 SSL体系结构示意图

SSL协议包括两层:SSL记录协议和SSL握手协议(包括改变密码规范协议和告警协议)。SSL记录协议规定了数据传输格式,SSL握手协议使得服务器和客户能够相互认证对方的身份,协商加密和消息验证算法以及用来保护SSL记录中发送的数据的加密密钥。这中间客户和服务器之间需要交换大量信息。信息交换的目的是为了实现SSL的下述功能:认证服务器身份;认证客户端身份;使用公钥加密技术产生共享秘密信息;建立加密的SSL连接。

SSL 协议支持多种加密、哈希和签名算法,使得服务器在选择算法时有很大的灵活性,这样就可以根据以往的算法、进出口限制或者最新开发的算法来进行选择。具体使用什么样的算法,双方可以在建立协议会话之初进行协商。

SSL 的两个重要概念是 SSL 会话和 SSL 连接。连接是能够提供合适服务类型的传输。对于 SSL 而言,这种连接是对等的、暂时的。每个连接都和一个会话相关。SSL 会话是指客户机和服务器之间的关联。会话由握手协议创建。会话定义了一组可以被多个连接共用的密码安全参数。对于每个连接,可以利用会话来避免对新的安全参数进行代价昂贵的协商。

2. SSL 记录协议

SSL 协议的底层是记录协议。SSL 记录协议在客户机和服务器之间传输应用数据和 SSL 控制协议,期间有可能对数据进行分段或者把多个高层协议数据组合成单个数据单元。它最多能够传送 16 384 个字节的数据块。

图 14.6 描述了 SSL 记录协议的整个操作过程。

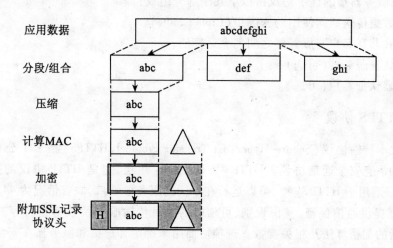

图 14.6　SSL 记录协议操作过程

第一步:分段。每一个高层消息都要分段,使其长度不超过 2^{14} 个字节。

第二步:压缩。压缩是可选的。目前的版本没有指定压缩算法,但是压缩必须是无损的,而且不会增加 1 024 以上长度的内容。一般总希望压缩是缩短数据而不是扩大了数据,但是对于非常短的数据块,由于格式原因,有可能压缩算法的输出比输入更长。

第三步:计算消息验证码(MAC)。这一步需要给压缩后的数据计算消息验证码。MAC 的计算有特定的公式。需要注意的是 MAC 运算要先于加密运算进行。

第四步:使用对称加密算法对添加了 MAC 的压缩消息进行加密,而且加密不能增加 1 024 字节以上的内容长度。

第五步:添加报头。报头包含 4 个字段,分别是:内容类型(8 位,所封装分段的高层协议类型)、主版本(8 位,使用 SSL 协议的主要版本号,对于 SSLv3 值为 3)、次版本号(8 位,使用 SSL 协议的次要版本号,对于 SSLv3 值为 0)、压缩长度(16 位,分段的字节长度,不能超过 $2^{14} + 2\,048$)。

3. 改变密码规范协议

改变密码规范协议是使用 SSL 记录协议的三个特定协议之一(由 SSL 记录头格式的内容

类型字段确定),也是最为简单的协议。改变密码协议由单个字节消息组成,用于从一种加密算法转变为另外一种加密算法。虽然加密规范通常是在 SSL 握手协议结束时才被改变,但实际上,它可以在任何时候被改变。

4. 告警协议

告警是能够通过 SSL 记录协议进行传输的特定类型消息。告警由两个部分组成:告警级别和告警类型。它们都用 8 比特进行编码。告警消息也被压缩和加密。具体的告警级别和告警类型的代码可以参看相关参考文献。

5. 握手协议

SSL 中最复杂的部分就是握手协议。该协议允许客户和服务器相互验证、协商加密和消息验证算法以及保密密钥,以保护 SSL 记录发送的数据。握手协议由一系列客户机和服务器的交换消息来实现。该过程根据服务器是否配置要求提供的服务器证书或者请求客户端证书而不同。同样,如果要管理密码信息可能需要额外的握手步骤。

客户端和服务器端的握手协议由以下几个部分组成:
- 协商数据传送期间使用的密码组(Cipher Suite);
- 建立和共享客户与服务器之间的会话密钥;
- 客户认证服务器(可选);
- 服务器认证客户(可选)。

14.4.2 HTTPS 协议

安全超文本传输协议(Secure HyperText Transfer Protocol,HTTPS)是 EIT 公司结合 HTTP 而设计的一种消息安全通信协议。HTTPS 协议处于应用层,它是 HTTP 协议的扩展,运行在 SSL 之上,它仅适用于 HTTP 连接,可以运行在不同的服务器端口,缺省情况为 443。

HTTPS 可提供通信保密、身份识别、可信赖的信息传输服务及数字签名等。HTTPS 提供了完整且灵活的加密算法及相关参数。选项协商用来确定客户机和服务器在安全事务处理模式、加密算法(如用于签名的非对称算法 RSA 和 DSA 等、用于对称加解密的 DES 和 RC2 等)及证书选择等方面达成一致。

HTTPS 支持端对端安全传输,客户机可能"首先"启动安全传输(使用报头的信息),如,它可以用来支持加密技术。HTTPS 是通过在 HTTPS 所交换包的特殊头标志来建立安全通信的。当使用 HTTPS 时,敏感的数据信息不会在网络上明文传输。

14.4.3 S/MIME 协议

S/MIME 是"安全通用 Internet 邮件扩展(Secure/Multipurpose Internet Mail Extensions)"的缩写,是在 MIME(Internet 邮件的附件标准)基础上发展而来的。

MIME 协议是 SMTP/RFC822 框架的扩充,它增加了 MIME 头和 MIME 体两个部分,目的是解决 SMTP/RFC822 模式只能传输文本信息的局限性。在报头部分,MIME 增加了 MIME-Version、Content-Type、Content-Transfer-Encoding 三个字段,以识别报体的内容;在报体部分,MIME 根据需要定义了七种类型的数据,分别是 Text、Message、Image、Video、Audio、Application、Multipart。

S/MIME 对安全电子邮件的支持从以下两个方面来实现:

一是对 MIME 的扩展,在内容类型 Multipart 和 Application 中增加了新的子类型,可以把

MIME 实体封装成安全对象,用于提供数据保密、完整性保护、认证和鉴定服务等功能,从而使得安全特性能够被加到 MIME 定义的邮件结构中。新增加的子类型有 multipart|signed、application|x-pkcs7-signature、application|x-pkcs7-mime。前两种类型的组合支持签名邮件,后一种类型支持加密邮件,如果将签名邮件再进行一次加密,封装成后一种类型,就生成了签名加密邮件,理论上这种封装是没有限制的。因此,仅依靠这种对 MIME 类型的简单扩充,便可以实现复杂的安全应用。

二是定义了相关协议来实现邮件的安全特性。在框架之外,S/MIME 还需要一个实现安全特性的协议,CMS(Cryptographic Message Syntax)就是充当这个角色的。CMS 源于 PKCS7,它定义了安全数据的封装格式,支持数字签名、消息验证和消息加密。CMS 也支持封装的嵌套,可以对封装好的 CMS 格式的数据再进行签名或加密封装。CMS 还支持一些相当实用的特性,如签名时把时间也作为内容一起签名,从而可以记录签名发生的时间,又如连署签名。CMS 与 S/MIME 框架的结合构成了非常完美的应用体系。

在加密方面,S/MIME 是利用单向散列算法(如 SHA-1、MD5 等)和公钥机制的加密体系。S/MIME 的证书格式采用 X.509 标准格式。S/MIME 的认证机制依赖于层次结构的证书认证机构,所有下一级的组织和个人的证书均由上一级的组织负责认证,而最上一级的组织(根证书)之间相互认证,整个信任关系是树状结构的。S/MIME 将信件内容加密签名后作为特殊的附件传送。

14.4.4 IPSec 协议

IPSec 是 IP Security(IP 安全)的缩写,它是 IETF 为在 IP 层提供安全服务而定义的一组相关协议的集合。设计 IPSec 的目的是为 IPv4 和 IPv6 提供可互操作的、高性能的、基于加密技术的通信安全。目前,IPSec 已经被业界普遍接受和应用,遵循 IPSec 标准的产品不仅可以实现无缝连接和互操作,而且对传输层以上的应用是透明的。IPSec 是下一代 Internet 协议 IPv6 的基本组成部分,是 IPv6 必须支持的功能。目前 IPSec 最主要的应用是构造虚拟专用网(VPN)。

IPSec 提供了完整的保护机制,包括访问控制、无连接的完整性认证、数据来源认证、抗重传、完整性、数据保密以及有限的通信流量保密等,从而有效地保护 IP 数据报的安全。IPSec 提供了一种标准的、健壮的和包容广泛的机制,可以为 IP 及其上层传输协议提供安全措施。它定义了一套默认的强制实施的算法,用以确保不同实现的系统的互通性。

IPSec 协议主要由 Internet 密钥交换(IKE)协议、认证头(AH)以及封装安全载荷(ESP)三个子协议组成,同时还涉及认证和加密算法以及安全联盟等内容。其中,Internet 密钥交换协议用于动态建立安全联盟(SA);认证头是插入 IP 数据报内的一个协议头,具有为 IP 数据报提供机密性、数据完整性、数据源认证和抗重传攻击等功能;安全联盟是发送者和接收者之间的一个简单的单项逻辑连接,是一组与连接相关的安全信息参数的集合,是安全协议 AH 和 ESP 的基础;此外还有相关的认证/加密算法,它们是 IPSec 实现安全数据传输的核心。

认证头的协议代号为 51,是基于网络层的一个协议头,是 IPSec 协议的重要组成部分,用于为 IP 数据报提供安全认证的一种安全协议,其格式在 RFC2402 中有明确的规定。认证头的认证算法包括基于对称密码算法(如 DES)或基于单向散列函数(如 MD5 或 SHA-1)的带密钥的消息认证码(MAC)。最新 Internet 草案建议的 AH 的认证算法是 HMAC-MD5 或 HMAC-SHA。

认证头有两种工作方式,即传输模式和隧道模式。传输模式只对上层协议数据(传输层数据)和 IP 头中的固定字段提供认证保护,主要适合于主机实现。隧道模式对整个 IP 数据报提供认证保护,既可以用于主机,也可以用于安全网关,并且当 AH 在安全网关上实现时,必须采用隧道模式。

由于认证信息只确保 IP 数据报的来源和完整性,而不能为 IP 数据报提供机密性保护,因此需要引入机密性服务,这就是封装安全载荷(ESP),其协议代号为 50,具体格式在 RFC2406 中有明确规定。ESP 除了能将需要保护的用户数据进行加密后再封装到新的 IP 数据报中外,还可以提供认证服务。但是与 AH 相比,其认证范围要小,它只认证 IP 头之后的信息。ESP 要求至少支持 HMAC-MD5 和 HMAC-SHA-1 两种认证算法。

ESP 有两种使用模式:传输模式和隧道模式。在传输模式下,ESP 头部被插入到 IP 头部后面,尾部和可选的认证数据被放在原 IP 数据报的最后面。该模式下只对 IP 数据报上层协议数据(传输层数据)和 ESP 头部、ESP 尾部字段提供认证保护,如果选择了加密,那么就可以对原始 IP 数据报的负载和 ESP 尾部进行加密处理,这种模式仅适合于主机实现。在隧道模式下,需要创建一个新的 IP 头,将原始 IP 数据报作为数据封装在新的 IP 数据报中,然后对新的 IP 数据报实施传输模式的 ESP。隧道模式下的 ESP 不但为原始 IP 数据报提供身份认证,而且还对原始 IP 数据报和 ESP 尾部进行加密处理(如果选择了加密),不过新的 IP 包还是没有得到保护。这种模式既可以用于主机,也可以用于安全网关,并且在安全网关上实现时必须采用隧道模式。

安全联盟(SA)是构成 IPSec 的基础,它是两个 IPSec 通信实体之间经协商建立起来的一种共同协定,规定了通信双方使用哪种 IPSec 协议保护数据安全、应用的转码类型、加密和验证的密钥取值以及密钥的生存周期等安全属性值。从逻辑角度来看,SA 是为实现 IPSec 安全机制而建立起来的单向"连接"。通过使用 AH 或 ESP 协议,SA 为其上承载的 IP 数据流提供安全服务。但是 SA 不能同时用于两者。为了保证在主机或网关之间双向通信的安全,通常需要在每台主机或网关上建立两个 SA,以在输入和输出两个不同的方向应用相应的 SA 对 IP 数据流进行处理。

14.5 防火墙技术

14.5.1 防火墙的基本概念

防火墙是设置在两个或多个网络之间的安全阻隔,用于保证本地网络资源的安全,通常是包含软件部分和硬件部分的一个系统或多个系统的组合。内部网络被认为是安全和可信赖的,而外部网络(通常是 Internet)被认为是不安全和不可信赖的。防火墙的作用是通过允许、拒绝或重新定向经过防火墙的数据流,防止不希望的、未经授权的通信进出被保护的内部网络,并对进、出内部网络的服务和访问进行审计和控制。防火墙本身具有较强的抗攻击能力,并且只有授权的管理员方可对防火墙进行管理。防火墙提供了通过边界控制来强化内部网络安全的措施。防火墙在网络中的位置通常如图 14.7 所示。

如果没有防火墙,则整个内部网络的安全性完全依赖于每个主机,因此,所有的主机都必须达到一致的高度安全水平,也就是说,网络的安全水平是由最低的那个安全水平的主机决定的。网络越大,对主机进行管理使它们达到统一的安全级别水平就越不容易。

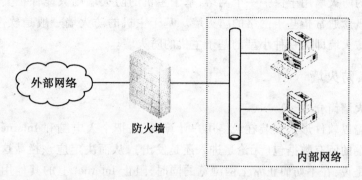

图 14.7 防火墙在网络中的位置

防火墙一般安放在被保护网络的边界,必须做到以下几点,才能使防火墙起到安全防护的作用:

(1)所有进出被保护网络的通信都必须通过防火墙;
(2)所有通过防火墙的通信必须经过安全策略的过滤或者防火墙的授权;
(3)防火墙本身是不可侵入的。

总之,防火墙是在被保护网络和非信任网络之间进行访问控制的一个或一组访问控制部件。防火墙是一种逻辑隔离部件,而不是物理隔离部件,它所遵循的原则是,在保证网络畅通的情况下,尽可能地保证内部网络的安全。防火墙是在已经制定好的安全策略下进行访问控制,所以一般情况下它是一种静态安全部件,但随防火墙技术的发展,防火墙或通过与 IDS(入侵检测系统)进行联动,或自身集成 IDS 功能,将能够根据实际的情况进行动态的策略调整。

14.5.2 防火墙的类型

目前,防火墙有如下几种基本类型:嵌入式防火墙、软件防火墙、硬件防火墙和特殊防火墙。

(1)嵌入式防火墙:就是内嵌于路由器或交换机的防火墙。嵌入式防火墙是某些路由器的标准配置。用户也可以购买防火墙模块,安装到已有的路由器或交换机中。嵌入式防火墙也被称为阻塞点防火墙。由于互联网使用的协议多种多样,所以不是所有的网络服务都能得到嵌入式防火墙的有效处理。嵌入式防火墙工作于 IP 层,无法保护网络免受病毒、蠕虫和特洛伊木马程序等来自应用层的威胁。就本质而言,嵌入式防火墙常常是无监控状态的,它在传递信息包时并不考虑以前的连接状态。

(2)软件防火墙:是能够安装在操作系统和硬件平台上的防火墙软件包。如果用户的服务器装有企业级操作系统,购买基于软件的防火墙则是合理的选择。如果用户是一家小企业,并且想把防火墙与应用服务器(如网站服务器)结合起来,添加一个软件防火墙就是合理之举。典型的软件防火墙产品如 CheckPoint 公司的 FireWall-1 防火墙。

(3)硬件防火墙:是一个已经装有软件的硬件设备。硬件防火墙也分为家庭办公型和企业型两种款式。典型的硬件防火墙产品如 Cisco Systems 公司的 Cisco PIX 防火墙。

(4)特殊防火墙:是侧重于某一应用的防火墙产品。例如,某类防火墙是专门为过滤内容而设计的。

此外,从防火墙保护的对象的角度,防火墙还可分为基于网络的防火墙和基于主机的防火墙。基于网络的防火墙用于保护一个网络,基于主机的防火墙则只能保护其驻留的主机。传统的防火墙的概念通常指基于网络的防火墙。基于主机的防火墙一般是软件防火墙,下一小节介绍的个人防火墙即为一种小型的基于主机的防火墙。

14.5.3 个人防火墙

1. 个人防火墙简介

个人防火墙以软件形式安装在最终用户计算机上,把个人电脑和 Internet 分隔开,它检查到达防火墙两端的所有数据包(无论是进入还是发出),从而决定应该拦截这个数据包还是将其放行。也就是说:在不妨碍正常上网浏览的同时,阻止 Internet 上的其他用户对个人计算机进行的非法访问。个人防火墙不仅可以监测和控制网络级数据流,而且可以监测和控制应用级数据流,弥补网关型防火墙和防病毒软件等传统防御手段的不足。

个人防火墙可以开放和关闭端口。例如,Sasser 蠕虫试图通过 445/TCP 端口连接到终端 PC 上。个人防火墙能够关闭该端口,使得 PC 即使运行存在安全漏洞的操作系统,也不会受到蠕虫的感染。个人防火墙采用以应用程序为中心的方式控制数据流,根据应用程序开放和关闭端口。此外,个人防火墙能够以隐形方式运行,让外部人员看不到 PC。对于一个关闭的但没有隐形的端口来说,个人防火墙将向被拒绝的数据包的发出者发送"拒绝"响应,使发起方计算机知道这次通信尝试是无效的,因为目标 PC 拒绝连接。但是,攻击者通过研究被拒绝的数据包可以采集以下信息:操作系统信息、安全配置信息以及目标 IP 地址上是否有一台 PC。在隐形模式下,PC 不回答未经认可的数据包,因此黑客不知道这个 IP 地址上存在一台 PC。

即使端口开放并接受通信,个人防火墙仍可以通过状态数据包检查过滤掉恶意连接。通过检查每个输入的数据包,查看它是否对应目标 PC 早先发出的请求,个人防火墙确定哪些数据包是合法通信,哪些是探测数据包。

个人防火墙通过监测应用程序向操作系统发出的通信请求,来进行应用控制。个人防火墙将每个应用程序与它发出的数据流建立关系。然后,防火墙根据最终用户定义的规则,允许或拒绝数据流。这样可以防止未经许可的应用建立与本地网或 Internet 的输出连接。个人防火墙可以在间谍软件、特洛伊木马和病毒试图传播时捕获它们。

恶意软件设计者通过哄骗或劫持获得批准的程序来进行恶意通信,个人防火墙可以通过应用程序认证来防止这些行为。个人防火墙不仅根据文件名来检查应用程序,同时还利用执行程序的 MD5 函数、动态链接库和其他组件来检查应用程序。如果应用程序引发报警,在未经用户批准时个人防火墙不允许与外界联系。个人防火墙还可以提供额外的保护:在启动过程中,个人防火墙防止直接攻击;通过缺省设置提供直接的保护;通过执行相应的安全政策,提供自动的网络检测;以及提供响应或纠正安全事件的知识库。

2. 个人防火墙的选择

对于个人用户来说,选择防火墙软件并不能像选择服务器以及大型网络系统的防火墙那样,以安全防御能力为首要条件,而应该从安全防御能力、易用性、软件稳定性等许多方面来考虑。由于目前流行的个人防火墙软件产品的安全防御能力都不会太差,因此,应该更多侧重软件的功能和易用性,并根据自己的实际情况进行选择。

对网络通信协议和通信端口进行限制,阻断可能的入侵途径,是防火墙软件的基本功能要求。但面对日益严峻的网络安全问题,这种安全防御方式是明显不足的,需要防火墙有其他更灵活的安全技术，例如通过将入侵检测功能与用户设置的安全策略集成一体，以提高防火墙的安全性能，即使安全策略允许所有通信传输，入侵检测功能仍具备检测和拦截具有攻击性的行为和企图。

另外，有许多附加功能对于个人用户的意义也很大，例如让程序经用户许可之后才可运行的程序控制功能，根据程序的特征判断是否为特洛伊木马的功能，此外，还有对于个人用户网络安全影响重大的隐私保护功能。

除了安全防御能力以外，防火墙软件自身的稳定性，运行时系统资源占用的程度，设置与管理是否方便等也应该列入考虑的范围。软件功能一多通常会影响软件的稳定性，同时占用系统的资源也将更多，设置和管理的难度也会相应提高。个人用户应以适用和够用为原则，因此企业版防火墙对个人用户并不适用。

总之，一个好的个人版防火墙必须是较低的系统资源消耗，较高的处理效率，具有简单易懂的设置界面，具有灵活而有效的规则设定，以适用、够用为原则。以下介绍几种常用的个人防火墙产品。

3. 使用天网防火墙个人版

天网个人防火墙是早期国内用户比较喜欢的一款个人防火墙软件，由于该软件可以免费下载测试使用，并且网站提供安全检测服务，为用户检测电脑系统的安全情况所提供的帮助文件与在线使用手册的内容也十分丰富，它曾经是大部分国内用户的首选产品。天网个人防火墙提供多种预先设置的安全级别，同时也支持用户自定义应用程序的安全规则与系统的安全策略，支持应用程序通信控制，同时具备自动识别功能，但绝大部分的应用程序无法自动识别，用户需要在程序第一次访问网络时配置防火墙规则。此外，它还提供特洛伊木马和入侵检测功能，可以通过厂商的安全数据库自动查找系统的漏洞。

(1) 天网个人防火墙的基本设置

在用户的个人 PC 上安装好天网防火墙个人版并运行之后，在防火墙的控制面板中点击"系统设置"按钮 ，即可展开如图 14.8 所示的系统设置面板。

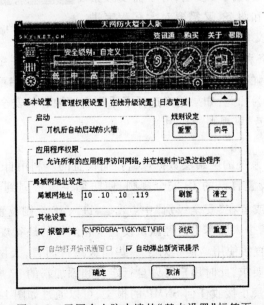

图14.8 天网个人防火墙的"基本设置"标签页

在"基本设置"标签页面,可以对防火墙的一些基本参数进行修改和配置。

①启动:选中"开机后自动启动防火墙",天网个人防火墙将在操作系统启动的时候自动启动,否则天网防火墙需要手工启动。

②防火墙自定义规则重置:点击该按钮,将弹出询问窗口,请用户确认是否重置规则。如果确定,天网防火墙将会把防火墙的安全规则全部恢复为初始设置,原先对安全规则所作的任何添加和修改将会全部被清除。

③防火墙设置向导:为了便于用户合理地设置防火墙,天网防火墙个人版专门为用户设计了防火墙设置向导,用户可以根据该向导的提示一步一步完成天网防火墙的合理设置。

④应用程序权限设置:选中了该选项之后,所有的应用程序对网络的访问都默认设置为不拦截。这适合某些特殊情况下,不需要对所有访问网络的应用程序都作审核的时候。

⑤局域网地址设置:显示用户在局域网内的地址。防火墙将会以这个地址来区分局域网或者是 Internet 的 IP 来源。

此外,在"管理权限设置"中,允许用户设置管理员密码保护防火墙的安全设置,以防止未授权用户随意改动设置,退出防火墙等。初次安装防火墙的时候没有设置密码。此时点击"设置密码",在输入框中设置好管理员密码,确认后密码生效。用户可选择在允许某应用程序访问网络时,需要或者不需要输入密码。点击清除密码,再输入正确的密码,确定后即可清除密码。注意:如果用户连续三次输入错误密码,系统将暂停用户请求三分钟,以保障密码安全。

(2)安全级别设置

天网防火墙个人版的缺省安全级别分为低、中、高、扩四个等级(如图 14.9 所示),默认的安全等级为中级。用户可以根据自己的需要调整自己的安全级别,方便使用。对于普通的个人上网用户,建议使用中级安全规则,它可以在不影响使用网络的情况下,最大限度地保护机器不受到网络攻击;对于需要频繁使用各种新的网络软件和服务、又需要对木马程序进行足够限制的用户,建议其使用扩展级安全规则,在

图 14.9 天网个人防火墙的缺省安全级别

"扩"安全等级,可以对各种木马及间谍程序有相当的限制并保留一定的网络访问便利。

值得注意的是,天网的简易安全级别是为了方便不熟悉防火墙配置的用户能够轻松地使用天网而设计的。正因为如此,如果用户选择了采用上述缺省的安全级别设置,那么天网就会屏蔽高级的"IP 规则设定"里规则的作用。

(3)IP 规则设置

IP 规则是针对整个系统的网络层数据包监控而设置的。利用自定义 IP 规则,用户可针对个人不同的网络状态,设置自己的 IP 安全规则,使防御手段更周到、更实用。用户可以点击"自定义 IP 规则"键 或者在"安全级别"中点击 进入 IP 规则设置界面(见图 14.10)。

实际上,天网防火墙个人版本身已经默认设置了相当好的缺省规则,一般用户不需要做任何 IP 规则修改,就可以直接使用。但是对于一些高级用户而言,天网防火墙自身提供的一些默认规则可能不能满足要求,此时用户可以自行定义和添加新的 IP 规则。

假如当前用户想要禁止接收任何 SNMP 的报文,可以通过如图 14.11 所示的操作实现:

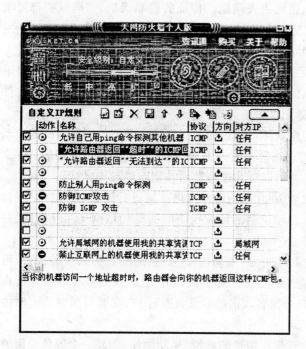

图14.10 "自定义IP规则"界面

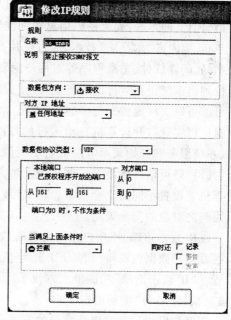

图14.11 添加或修改IP规则

①点击"自定义IP规则"工具栏中的"增加规则"按钮(第一个按钮),将弹出一个用于定义增加IP规则的对话框;

②在"规则名称"和"说明"中任意填写自定义规则的名称以及相关的描述,便于查找和阅读;

③"数据包方向"选择"接收",表示该规则是针对进入的还是发出的数据包有效;

④"对方的IP地址",用于确定选择数据包从哪里来或是去哪里,其中"任何地址"表示数据包从任何地方来都适合本规则,"局域网网络地址"是指数据包来自和发往局域网,"指定地址"可以自己输入一个特定的地址,"指定的网络地址"可以输入一个网络号和掩码;

⑤由于SNMP是基于UDP协议的,因此"数据包协议类型"选择"UDP";

⑥由于SNMP在本地机器上使用的是UDP 161端口,因此在"本地端口"中填写的端口号为161;

⑦"当满足上面条件时"选择"拦截",表示计指定的数据包无法进入当前用户的机器;

⑧最后点击"确认"按钮,将指定的规则添加到IP规则列表中去。

(4)应用程序规则管理。

应用程序规则管理与IP规则设置的操作类似,不再赘述,用户可以自行参看相关的帮助文档和使用手册。

4. 其他几种常用的个人防火墙

(1)瑞星个人防火墙

瑞星个人防火墙能为PC机提供全面的保护,有效地监控任何网络连接。它内置细化的规则设置,使网络保护更加智能;通过过滤不安全的网络访问服务,极大地提高了用户电脑的上网安全。瑞星个人防火墙具有以下功能特点:

①内嵌"木马墙"技术,彻底解决账号、密码丢失问题。传统的隐私保护、密码保护都要求用户事先输入自己的账号、密码等信息,以防止木马对外发送密码。此类隐私保护只能防止发送密码明文的木马,如果密码信息稍加变形或加密就会使此种保护方式失效。瑞星个人防火墙2006版内嵌"木马墙"技术,通过使用反挂钩、反消息拦截以及反进程注入等方式,直接阻断木马、间谍软件、恶意程序等对用户隐私信息的获取,从根本上解决盗号等问题。可疑文件定位列出系统正在运行的所有进程,使病毒无以遁形。

②可疑文件定位。很多病毒、木马、间谍软件及恶意程序都会将自身添加到计算机的启动项中以实现打开计算机自动运行的目的。瑞星个人防火墙2006版可以列出注册表、ini文件、系统服务和开始菜单等随机启动项目,并可以对其进行禁用和删除等操作。

③网络可信区域设置。瑞星个人防火墙2006版通过对可信区域进行设置,可以在同一台计算机上设置不同的安全策略。软件可以自动识别出计算机访问的是局域网还是互联网,并采用与之对应的安全策略。

④IP攻击追踪,使用户在面对黑客攻击时变为"主动出击"。当遇到黑客入侵时,不但可以拦截攻击数据包取得黑客的IP地址信息,还可以根据获取的IP地址找到黑客的物理所在位置。"IP攻击追踪"功能极大方便了用户对黑客攻击的取证,使得用户在面对黑客攻击时由"被动挨打"变为"主动出击"。

⑤家长保护。自动屏蔽常见的不适合青少年浏览的色情、反动网站,创建一个绿色健康的上网环境。

⑥网络游戏账号保护功能。可自动识别流行的网络游戏并进行安全防护,同时,灵活的扩展性允许用户自定义要保护的账号和安全策略。

(2)金山网镖

"金山网镖"是金山公司的个人防火墙产品,主要基于安全规则,通过高、中、低三种安全级别的设定,达到不同程度的保护用户安全的目的。该软件提供了应用程序网络通信控制功能,但只能够选择允许或者禁止应用程序的通信,无法通过防火墙规则对应用程序进行限制。

"金山网镖"具有自身的特色:软件提供一个家长保护功能,可以自动屏蔽一些常见的不适合青少年浏览的网站。提供一个系统漏洞扫描程序,可以检测当前操作系统可能存在的安全漏洞隐患,指出问题所在,并且提供微软官方补丁程序下载地址。此外,"金山网镖"还增加了一个无线局域网监控功能,此功能可以自动检测系统是否接入无线局域网,并对无线网络进行保护。

(3) McAfee Personal Firewall

McAfee Personal Firewall在普通防火墙功能方面比较完善,并且各项功能都相当出色。但由于McAfee公司同时也提供隐私保护和垃圾邮件过滤软件,因此除了防火墙软件的普通功能以外,McAfee Personal Firewall几乎没有任何附加功能。与其他防火墙软件不同的是,该软件的许多功能都依赖于网站的服务,当应用程序请求访问互联网,或查看应用程序的信息时,McAfee Personal Firewall都要访问特定网站来检测该程序,例如利用黑客观察组织网站(Hacker-watch.org)来获取详细信息。

当每个新的应用程序初次访问互联网时,McAfee Personal Firewall会询问您是否信任该程序,如果信任,该程序才被允许访问互联网,否则,该程序的所有通信都会被拦截。这种作法可以让用户了解哪款程序正试图访问互联网,但用户也会被不断弹出的应用程序警报所困扰。McAfee Personal Firewall提供了安全设置助手和设置向导,易用性不错,并且软件的操作界面非常美观。但美中不足的是,许多设置选项的人机界面设计得都不太理想,在检测程序和报告安全警报时的提示信息也缺乏对用户有帮助的内容。如果您也同时使用 McAFee 公司的另外几款安全软件产品的话,那么 McAfee Personal Firewall 是一个不错的选择。

(4) Norton Internet Security

对于个人用户来说,Norton Internet Security(诺顿网络安全特警)是一款简单、易用并且功能强大的防火墙软件。该软件安装非常简单,通过软件提供的设置向导和友好的提示信息,用户可以轻松完成防火墙软件的设置。与其他同类软件相比,Norton Internet Security 能够识别的应用程序种类更多,而且具有更加友好的安全警报界面,还特意为用户提供了警报助手功能,从而能帮助用户进一步了解安全警报的含义,并为不具备专业知识的用户判断风险的大小,提供相应的处理建议。

Norton Internet Security 除了提供防火墙软件的普通功能以外,还提供隐私保护、个人信息保护、网站内容控制、站点广告过滤、邮件过滤、密码保护、病毒防治、父母控制等一系列的安全防护功能。灵活地应用这些功能,一般家庭用户可以构建出一个安全的电脑网络系统。这里暂且先不讨论病毒防治、父母控制等超越防火墙软件专题范围的内容,其中的隐私保护功能对于任何注重网络安全的个人用户来说,都具有很高的实用价值。另外,Norton Internet Security 还提供个人信息保护功能,您可以自定义需要保护的个人信息内容,防火墙软件将检测所有网络通信数据,确保您不会被病毒或者木马等恶意程序将这些信息通过互联网传输出去,可以有效地保护用户的秘密信息。

该软件最大的问题在于占用系统资源较多,但对于一款具有更多安全防护功能的软件来说,比一般的个人防火墙占用更多的系统资源也是无可厚非的。因此,对于同时需要多种安全防护功能的用户来说,该软件是一个很好的选择;对于只需要基本防火墙功能的用户来说,可以考虑关闭其中部分的功能以节省系统资源。

(5) ZoneAlarm Pro

ZoneAlarm Pro 是一款非常优秀的个人防火墙软件,软件的界面十分精美,并且简单易用。其核心的个人防火墙可以保护您的电脑不受互联网上非法用户的入侵,同时还能够自动检测局域网络的设置,确保来自内部网络的通信不受影响。ZoneAlarm Pro 还具备广告过滤、隐私保护等功能,帮您清除 Cookie 等可能泄露个人隐私的内容,阻挡来自 ActiveX 和 Java 脚本的攻击,检测您的电子邮件中是否含有蠕虫病毒,清除自动弹出的广告窗口等。

ZoneAlarm Pro 在安装完毕后,会通过设置向导帮助用户设置防火墙软件,最新版本的 ZoneAlarm Pro 在保留原来简单易用的设置方式的同时,还添加了专家级设定方式,当应用程序试图访问互联网时会发出警报,您可以控制该程序是否允许访问互联网,并进一步设置该程序是否允许发送电子邮件等。该软件十分体贴用户,您可以通过安全级别的选择简单配置防火墙规则,也可以通过高级选项详细设置各项功能。ZoneAlarm Pro 的缺点是没有中文版本以及缺少自动为应用程序创建防火墙规则的功能。

14.6 虚拟专用网(VPN)技术

随着 Internet 和电子商务的蓬勃发展,各企业开始允许其生意伙伴、供应商也能够访问本企业的局域网,从而简化信息交流的途径,加快信息交换速度。这样的信息交流不但带来了网络的复杂性,还带来了管理和安全性的问题。另一方面,随着全球化的发展,企业的分支机构越来越多,其相互间的网络基础设施互不兼容的情况也更为普遍。为了解决这些问题,VPN技术应运而生并迅速发展起来。本节主要对 VPN 技术的概念、相关协议及其安全技术进行介绍。

14.6.1 VPN 的基本概念

VPN(Virtual Private Network)虚拟专用网络,指的是依靠 ISP(Internet 服务提供商)和其他 NSP(网络服务提供商),在公用网络中建立专用的数据通信网络的技术,它提供了一种通过公用网络安全地对企业内部专用网络进行远程访问的连接方式。所谓"虚拟"有两个含义:一是 VPN 是建立在现有物理网络之上,与物理网络具体的网络结构无关,用户一般无需关心物理网络和设备;二是 VPN 用户使用 VPN 时看到的是一个可预先定义的动态的网络。"专用"的含义也有两个:一是表明 VPN 建立在所有用户能到达的公共网络上,特别是 Internet,也包括 PSTN、帧中继、ATM 等,当在一个由专线组成的专网内构建 VPN 时,相对 VPN 这也是一个"公网";二是 VPN 将建立专用网络或者称为私有网络,确保提供安全的网络连接,它必须具备几个关键功能:认证、访问控制、加密和数据完整。

一个普通网络连接通常由三个部分组成:客户机、传输介质和服务器。VPN 同样也由这三部分组成,不同的是 VPN 连接使用隧道作为传输通道,这个隧道是建立在公共网络或专用网络基础之上的。VPN 的组成部分及连接如图 14.12 所示。

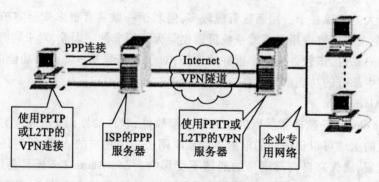

图 14.12 VPN 示意图

也就是说,在虚拟专用网中,任意两个节点之间的连接并没有传统专用网所需的端到端的物理链路,而是利用某种公众网的资源动态组成的。IETF 草案定义基于 IP 的 VPN 为:"使用 IP 机制仿真出一个私有的广域网",是通过隧道技术在公共数据网络上仿真一条点到点的专线技术。所谓虚拟,是指用户不再需要拥有实际的长途数据线路,而是使用 Internet 公众数据网络的长途数据线路。所谓专用网络,是指用户可以为自己制定一个最符合自己需求的网络。所以虚拟专用网可以理解为是建筑在 Internet 上能够自我管理的专用网络,而不是 Frame Relay 或 ATM 等提供虚拟固定线路(PVC)服务的网络。

14.6.2 VPN 的安全技术

目前 VPN 主要采用四项技术来保证安全,这四项技术分别是隧道技术(Tunneling)、加解密技术(Encryption & Decryption)、密钥管理技术(Key Management)、使用者与设备身份认证技术(Authentication)。

1. 隧道技术

隧道技术是 VPN 的基本技术,类似于点对点连接技术,它在公用网建立一条数据通道(隧道),让数据包通过这条隧道传输。隧道是由隧道协议形成的,分为第二、三层隧道协议。

第二层隧道协议是先把各种网络协议封装到 PPP 中,再把整个数据包装入隧道协议中。这种双层封装方法形成的数据包靠第二层协议进行传输。第二层隧道协议有 L2F、PPTP、L2TP 等。L2TP 协议是目前 IETF 的标准,由 IETF 融合 PPTP 与 L2F 而形成。

PPTP 是 PPP 的扩展,它增加了一个新的安全等级,并且可以通过 Internet 进行多协议通信,它支持通过公共网络(如 Internet)建立按需的、多协议的虚拟专用网络。PPTP 可以建立隧道或将 IP、IPX 或 NetBEUI 协议封装在 PPP 数据包内,因此允许用户远程运行依赖特定网络协议的应用程序。PPTP 在基于 TCP/IP 协议的数据网络上创建 VPN 连接,实现从远程计算机到专用服务器的安全数据传输。VPN 服务器执行所有的安全检查和验证,并启用数据加密,使得在不安全的网络上发送信息变得更加安全。

L2TP 是一个工业标准的 Internet 隧道协议,它和 PPTP 的功能大致相同。L2TP 也会压缩 PPP 的帧,从而压缩 IP、IPX 或 NetBEUI 协议,同样允许用户远程运行依赖特定网络协议的应用程序。与 PPTP 不同的是,L2TP 使用新的网际协议安全(IPSec)机制来进行身份验证和数据加密。目前 L2TP 只支持通过 IP 网络建立隧道,不支持通过 X.25、帧中继或 ATM 网络的本地隧道。

第三层隧道协议是把各种网络协议直接装入隧道协议中,形成的数据包依靠第三层协议进行传输。第三层隧道协议有 VTP、IPSec 等。IPSec(IP Security)是由一组 RFC 文档组成,定义了一个系统来提供安全协议选择、安全算法,确定服务所使用密钥等服务,从而在 IP 层提供安全保障。

2. 加解密技术

加解密技术是数据通信中一项较成熟的技术,VPN 并且采用微软点对点加密算法(MPPE)和网际协议安全(IPSec)机制对数据进行加密。

3. 密钥管理技术

密钥管理技术的主要任务是保证在公用数据网上安全地传递密钥而不被窃取。现行密钥管理技术又分为 SKIP 与 ISAKMP/OAKLEY 两种。SKIP 主要是利用 Diffie-Hellman 的演算法则,在网络上传输密钥;在 ISAKMP 中,双方都有两把密钥,分别用于公用、私用。

4. 身份认证技术

身份认证技术最常用的是使用者名称与密码或卡片式认证等方式。VPN 通过使用点到点协议(PPP)用户级身份验证的方法进行验证,这些验证方法包括:密码身份验证协议(PAP)、质询握手身份验证协议(CHAP)、Shiva 密码身份验证协议(SPAP)、Microsoft 质询握手身份验证协议(MS-CHAP)和可选的可扩展身份验证协议(EAP)。

安全问题是 VPN 的核心问题。目前,VPN 的安全保证主要是通过防火墙技术、路由器配以隧道技术、加密协议和安全密钥来实现的,可以保证安全地访问公司网络。

由于 VPN 能给用户带来诸多好处,VPN 在全球发展迅速,在北美和欧洲,VPN 已经是一项相当普遍的业务;在中国,该项服务也已经迅速开展起来。

14.7 网络病毒与特洛伊木马

14.7.1 计算机病毒

1. 计算机病毒的定义

1994年2月28日出台的《中华人民共和国计算机安全保护条例》中,对病毒的定义如下:计算机病毒,是指编制或者在计算机程序中插入的、破坏计算机功能或者毁坏数据、影响计算机使用、并能自我复制的一组计算机指令或者程序代码。

病毒有着许多的破坏行为,可以攻击系统数据区、可以攻击文件、可以攻击内存、可以干扰系统运行、可以占用系统资源使计算机速度明显下降、可以攻击磁盘数据、可以扰乱屏幕显示、可以封锁键盘、破坏系统CMOS中的数据等。

总之,计算机病毒是一种特殊的危害计算机系统的程序,它能在计算机系统中驻留、繁殖和传播,具有类似与生物学中病毒的某些特征:传染性、隐蔽性、潜伏性、破坏性、可触发性、变种性等。

2. 计算机病毒的特性

(1) 传染性

计算机病毒的传染性是指病毒具有把自身复制到其他程序中的特性,是计算机病毒最重要的特征,是判断一段程序代码是否为计算机病毒的依据。病毒可以附着在其他程序上,通过磁盘、光盘、计算机网络等载体进行传染,被传染的计算机又成为病毒的生存的环境及新传染源。

病毒程序一旦侵入计算机系统就开始搜索可以传染的程序或者磁介质,然后通过自我复制迅速传播。由于目前计算机网络日益发达,计算机病毒可以在极短的时间内,通过Internet传遍世界。

(2) 隐蔽性

为了防止用户察觉,计算机病毒会想方设法隐藏自身。计算机病毒是一种具有很高编程技巧、短小精悍的可执行程序,它通常粘附在正常程序之中或磁盘引导扇区中,或者磁盘上标为坏簇的扇区中,以及一些空闲概率较大的扇区中,这是它的非法可存储性。

(3) 潜伏性

计算机病毒的潜伏性是指计算机病毒具有依附其他媒体而寄生的能力。依靠病毒的寄生能力,病毒传染合法的程序和系统后,不立即发作,而是悄悄潜伏起来,然后在用户不察觉的情况下进行传染。这样,病毒的潜伏性越好,它在系统中存在的时间也就越长,病毒传染的范围也越广,其危害性也越大。

(4) 非授权可执行性

用户通常调用执行一个程序时,把系统控制交给这个程序,并分配相应系统资源,如内存,从而使之能够运行完成用户的需求。程序执行的过程对用户是透明的。而计算机病毒是非法程序,正常用户是不会明知是病毒程序,而故意调用执行的。但由于计算机病毒具有正常程序的一切特性:可存储性、可执行性,它隐藏在合法的程序或数据中,当用户运行正常程序时,病毒伺机窃取到系统的控制权,得以抢先运行,然而此时用户还认为在执行正常程序。

(5) 破坏性

无论何种病毒程序,一旦侵入系统都会对操作系统的运行造成不同程度的影响,即使不直接产生破坏作用的病毒程序也要占用系统资源(如占用内存空间,占用磁盘存储空间以及系统运行时间等)。而绝大多数病毒程序要显示一些文字或图像,影响系统的正常运行,还有一些病毒程序会删除文件,加密磁盘中的数据,甚至摧毁整个系统和数据,使之无法恢复,造成无可挽回的损失。因此,病毒程序的副作用轻者降低系统工作效率,重者导致系统崩溃、数据丢失。病毒程序的破坏性体现了病毒设计者的真正意图。

(6)可触发性

计算机病毒一般都有一个或者几个触发条件。满足其触发条件或者激活病毒的传染机制,使之进行传染;或者激活病毒的表现部分或破坏部分。触发的实质是一种条件的控制,病毒程序可以依据设计者的要求,在一定条件下实施攻击。这个条件可以是敲入特定字符,使用特定文件,某个特定日期或特定时刻,或者是病毒内置的计数器达到一定次数等。

(7)变种性

某些病毒可以在传播的过程中自动改变自己的形态,从而衍生出另一种不同于原版病毒的新病毒,这种新病毒称为病毒变种。有变形能力的病毒能更好地在传播过程中隐蔽自己,使之不易被反病毒程序发现及清除。有的病毒能产生几十种甚至更多的变种病毒。

3. 计算机病毒的传播

计算机病毒的传播途径主要有:(1)通过文件系统传播;(2)通过电子邮件传播;(3)通过局域网传播;(4)通过互联网上即时通信软件和点对点软件等常用工具传播;(5)利用系统、应用软件的漏洞进行传播;(6)利用系统配置缺陷传播,如弱口令、完全共享等;(7)利用欺骗等社会工程的方法传播。

4. 计算机病毒的防治

根据计算机病毒的传播特点,防治计算机病毒关键是要做到以下几点:

①要提高对计算机病毒危害的认识。

②养成使用计算机的良好习惯。对重要文件必须保留备份、不在计算机上乱插乱用盗版光盘和来路不明的盘,经常用杀毒软件检查硬盘和每一张外来盘等。

③大力普及杀毒软件,充分利用和正确使用现有的杀毒软件,定期查杀计算机病毒,并及时升级杀毒软件。有的用户对杀毒软件从不升级,仍用几年前的老版本来对付新病毒;有的根本没有启用杀毒软件;还有的则不会使用杀毒软件的定时查杀等功能。

④及时了解计算机病毒的发作时间,特别是在大的计算机病毒爆发前夕,及时采取措施。大多数计算机病毒的发作是有时间限定的。如 CIH 病毒的三个变种的发作时间就限定为 4 月 26 日、6 月 26 日和每月 26 日。

⑤开启计算机病毒查杀软件的实时监测功能,特别有利于及时防范利用网络传播的病毒,如一些恶意脚本程序的传播。

⑥加强对网络流量等异常情况的监测,做好异常情况的技术分析。对于利用网络和操作系统漏洞传播的病毒,可以采取分割区域统一清除的办法,在清除后要及时打补丁和进行系统升级。

⑦有规律地备份系统关键数据,建立应对灾难的数据安全策略,如灾难备份计划(备份时间表、备份方式、容灾措施)和灾难恢复计划,保证备份的数据能够正确、迅速地恢复。

14.7.2 网络病毒

1. 网络病毒的特点

在网络环境下,网络病毒除了具有可传播性、可执行性、破坏性、可触发性等计算机病毒的共性外,还具有如下一些新的特点:

(1)传播形式多样化。计算机病毒在网络上传播的形式复杂多样。从当前流行的计算机病毒来看,绝大部分病毒都可以利用邮件系统和网络进行传播。

(2)传播速度快、扩散面广。在单机环境下,病毒只能通过软盘从一台计算机带到另一台计算机,而在网络中则可以通过网络通信机制迅速扩散,不但能迅速传染局域网内所有计算机,还能在瞬间通过国际互联网传播到世界各地。如"爱虫"病毒就是在一、两天内迅速传播到世界的主要计算机网络,并造成欧、美等国家的计算机网络瘫痪;"冲击波"病毒也是在短短的几小时内感染了全球各地区的众多主机。

(3)危害性大。网络上病毒将直接影响网络的工作,轻则降低速度,影响工作效率,重则使网络崩溃,或者造成重要数据丢失,还有的造成计算机内储存的机密信息被窃取,甚至还有的计算机信息系统和网络被控制,服务器信息被破坏,使多年工作毁于一旦。CIH、"求职信"、"红色代码"、"冲击波"等病毒都曾给世界计算机信息系统和网络带来灾难性的破坏。

(4)变种多。目前,很多病毒使用高级语言编写,如"爱虫"是脚本语言病毒,"美丽莎"是宏病毒,因此,它们容易编写,并且很容易被修改,生成病毒变种。"爱虫"病毒在十几天中,出现三十多种变种;"美丽莎"病毒也生成三、四种变种,并且此后很多宏病毒都是利用了"美丽莎"的传染机理。这些变种的传染和破坏机理与母本病毒基本一致,只是某些代码作了改变。

(5)难于控制。网络病毒一旦在网络中传播、蔓延就很难控制,往往准备采取防护措施的时候,可能已经遭受病毒的侵袭,除非关闭网络服务。关闭网络服务的做法很难被人接受,同时可能会蒙受更大的损失。

(6)难于彻底清除、容易引起多次疫情。单机上的计算机病毒有时可通过删除带毒文件、低级格式化硬盘等措施将病毒彻底清除。在网络中,只要有一台工作站未能消毒干净,就可能使整个网络重新被病毒感染,甚至刚刚完成清除工作的一台工作站就有可能被网上另一台带毒工作站所感染。"美丽莎"病毒最早在1999年3月爆发,人们花了很多精力和财力才得以控制,然而,之后仍常常死灰复燃,再一次形成疫情,造成破坏。之所以出现这种情况,一是由于人们放松了警惕性,新投入的系统未安装防病毒系统,二是使用了以前保存的曾经感染病毒的文档,激活了病毒再次流行。

(7)同时具有病毒、蠕虫和后门(黑客)程序的功能。计算机病毒的编制技术随着网络技术的普及和发展也在不断提高和变化。过去病毒最大的特点是能够复制自身给其他的程序,现在,计算机病毒具有了蠕虫的特点,可以利用网络自行传播。同时,有些病毒还具有了黑客程序的功能,一旦侵入计算机系统后,病毒控制者可以从入侵的系统中窃取信息,远程控制这些系统。计算机病毒功能呈现出了多样化,因而,更具有危害性。

2. 网络病毒的防治

对于网络病毒,除了要做到一般计算机病毒防治应注意的问题外,还要特别注意以下几点:

①安装并启动实时病毒监控软件,对浏览器、邮件客户端及各种应用程序进行实时监控,防止病毒入侵;

②一旦发现病毒,要立即清除,以免扩散和造成更大的破坏;
③病毒防治产品定时在线升级,随时拥有最新的防病毒能力;
④对病毒经常攻击的应用程序提供重点保护(如 Office、Outlook、IE、ICQ/QQ 等);
⑤获取完整、即时的反病毒咨询,尽快了解新病毒的特点和解决方案。

3. 计算机病毒防治产品的选择

对于一般用户,选择的计算机病毒防治产品应具备以下功能:有发现、隔离并清除病毒功能;有实时报警(包括文件监控、邮件监控、网页脚本监控等)功能;提供多种方式升级服务;具有统一部署防范技术的管理功能;对病毒清除要彻底,文件修复后要完整、可用;产品的误报、漏报率较低;占用系统资源合理,产品适应性较好。

对于企业用户,要选择能够从一个中央位置进行远程安装、升级,能够轻松、自动、快速地获得最新病毒代码、扫描引擎和程序文件,使维护成本最小化的产品;产品提供详细的病毒活动记录,跟踪病毒并确保在有新病毒出现时能够为管理员提供警报;为用户提供前瞻性的解决方案,防止新病毒的感染;通过基于 Web 和 Windows 的图形用户界面提供集中的管理,最大限度地减少网络管理员在病毒防护上所花费的时间。

14.7.3 特洛伊木马程序

1. 木马及其工作原理

"特洛伊木马"(Trojan horse)程序,简称"木马",是一种具有隐蔽性的计算机程序,这类程序可以被用户在不知情的情况下执行。当程序被执行后,木马控制者可以执行某种有害功能,例如显示讯息、删除文件或格式化磁盘,并能用于间接实现非授权用户不能直接实现的功能。

特洛伊木马的名称源于古希腊的特洛伊木马神话,传说希腊人围攻特洛伊城,久久不能得手。后来想出了一个木马计,让士兵藏匿于巨大的木马中。大部队假装撤退而将木马摈弃于特洛伊城,让敌人将其作为战利品拖入城内。木马内的士兵则乘夜晚敌人庆祝胜利、放松警惕的时候从木马中爬出来,与城外的部队里应外合而攻下了特洛伊城。

从本质上讲,木马是一种远程控制软件,类似于远端管理软件,如 PCAnywhere。与一般远程管理软件的区别在于,木马具有隐蔽性和非授权性的特点。所谓隐蔽性是指木马的设计者为防止木马被发现会采用多种手段隐藏木马。非授权性是指控制端与木马建立连接后,控制端将能窃取用户密码,并获取大部分操作权限,如:修改文件、修改注册表、重启或关闭服务端操作系统、断开网络连接、控制服务端的鼠标及键盘、监视服务器端桌面操作、查看服务器端的进程等,这些权限并不是用户赋予的,而是通过木马程序窃取的。

通过"木马"程序,攻击者可以从远程"窥视"到用户电脑中所有的文件、查看系统信息、盗取电脑中的各种口令、偷走所有他认为有价值的文件、删除所有文件,甚至将整个硬盘格式化,还可以将其他的电脑病毒传染到电脑上来,可以远程控制电脑鼠标、键盘、查看到用户的一举一动。攻击者通过"木马"控制远程主机,就像使用自己的计算机一样,这对于网络用户来说是极其可怕的。

木马程序一般由两部分组成,分别是服务器端和客户端。其中,服务器端安装在被控制机器上,客户端安装在控制端。客户端通过某些方法能够达到对服务器端的控制。当然,这只是最常见的结构,实际中还存在其他的结构形式。

木马程序工作原理为:服务器端程序获得远程计算机的最高操作权限,当远程计算机连入网络后,客户端程序可以与服务器端程序直接或者间接建立连接,并可以通过某些手段向服务器端程序发送各种基本的操作请求,由服务器端程序完成请求的操作,从而达到对远程计算机控制的目的。

一般情况下,系统软件和应用软件中的木马是在文件传播过程中被人为放置的,也有一种情况是系统或软件的设计者故意在其中放置具有特定目的的木马,更多的时候是通过病毒传播的技术来扩散的。

由于"特洛伊木马"是受控的,它能分清敌我,所以,与不分敌我的一般计算机病毒相比,对计算机安全具有更大的危险性。MyParty 携带 Msstask 木马攻击 WindowsNT、Windows 2000 和 Windows XP,通过 Internet 远程遥控受害者计算机。Slapper 病毒利用安装于 Linux 系统中的 Apache OpenSSL 模块漏洞,进行远程复制,并安装木马(后门)程序,自组 P2P 网络攻击企业。新的特洛伊木马程序,像是在你的键盘上方装设隐藏针孔摄影机一般,它可以记录你敲下的键盘指令或操纵你的计算机,如 Bugbear 熊熊虫。

2. 木马的类型

根据木马程序对计算机的具体操作方式,可以把目前的木马程序分为以下几类:

(1)远程访问型木马:远程访问型木马是目前最广泛的特洛伊木马。这种木马具有远程控制的功能,操作非常简单,只需设法启动服务端程序,同时获得远程主机的 IP 地址,控制者就能任意访问被控制端的计算机。这种木马可以使控制者在被控主机上做任何事情,比如键盘记录、上传和下载文件、截取屏幕等。这类木马的典型代表有著名的 BO(BackOffice)和国产的冰河等。

(2)密码发送型木马:密码发送型木马的目的是找到所有的隐藏密码,并且在受害者不知道的情况下把它们发送到指定的信箱。大多数这类木马程序不会在每次系统重启时都自动加载,通常使用 25 号 TCP 端口发送电子邮件。

(3)键盘记录型木马:键盘记录型木马是非常简单的,它们只做一种事情,就是记录受害者的键盘敲击,并且在 Log 文件里生成完整记录。这种木马程序随着系统的启动而启动,知道受害者在线并记录每一个用户事件,然后通过邮件或其他方式发送给控制者。

(4)破坏型木马:大部分木马程序只窃取信息,不做破坏性的事件,但破坏型木马却以毁坏并且删除文件为目的。它们可以自动删除受控计算机上所有的.dll、.ini、.exe 文件,甚至格式化受害者的硬盘,系统中的信息会在顷刻间"灰飞烟灭"。

(5)FTP 型木马:FTP 型木马打开被控制计算机的 21 号 TCP 端口,使任何人无需密码就可以用一个 FTP 客户端程序连接到受控计算机,并且可以进行最高权限的上传和下载,窃取受害者的机密文件。

根据木马的网络连接方向,可以分为如下两类:

(1)正向连接型:发起通信的方向为控制端向被控制端发起,这种技术被早期的木马广泛采用,其缺点是不能透过防火墙发起连接。

(2)反向连接型:发起通信的方向为被控制端向控制端发起,其出现主要是为了解决从内向外不能发起连接的情况的通信要求,在较新的木马中被广泛采用。

根据木马使用的架构,可以分为如下四类:

(1)C/S 架构:这种为普通的服务器、客户机的传统架构。一般都将客户端作为控制端,而服务器端作为受控端。如果采用反向连接的技术,那么控制端应实现为服务器,而被控制端应实现为客户机。

(2)B/S 架构:这种架构为普通的网页木马所采用的方式。通常在 B/S 架构下,Server 端被上传了网页木马,控制端可以使用浏览器来访问相应的网页,达到对 Server 端进行控制的目的。

(3) C/P/S 架构:这里的 P 是 Proxy 的意思,也就是在这种架构中使用了代理。当然,为了实现正常的通信,代理也要由木马作者编程实现,才能够实现一个转换通信。这种架构的出现,主要是为了适应一个内部网络对另外一个内部网络的控制。但是,这种架构的木马目前还没有发现。

(4) B/S/B 架构:这种架构的出现,也是为了适应内部网络对另外的内部网络的控制。当被控制端与控制端都打开浏览器浏览这个 Server 上的网页的时候,一端就变成了控制端,而另外一端就变成了被控制端。这种架构的木马已经在国外出现了。

3. 木马的功能

木马根据其功能,常见的类型如下:密码窃取、文件破坏、自动拨号、寄生 Telnet/FTP/HTTP 服务、蠕虫型、邮件炸弹、ICQ 黑客、IRC 后门、客户/服务器等。目前,数量最多的木马首推客户/服务器类的木马,如 BACK Orifice(简称 BO)、网络公牛、冰河、广外女生、网络神偷等。这类木马不仅功能强大,包括远程文件管理、远程进程控制、远程键盘和鼠标控制、密码窃取等功能,而且变得越来越隐蔽,技术手段日渐完善,对网络安全造成了很大的隐患。

只要人们在本地计算机上能操作的功能,目前的木马基本都能实现。换言之,木马的控制端可以像在本地一样操作远程计算机。

木马的功能可以概括为以下几方面内容:

(1) 窃取数据。以窃取数据为目的,本身不破坏计算机的文件和数据,不妨碍系统的正常工作。它以系统使用者很难察觉的方式向外传送数据。

(2) 接受非授权操作者的指令。当网络中的木马被激活后,它可以获取网络服务器系统管理员的权限,随心所欲地窃取密码和各类数据,逃避追踪,并且不会留下任何痕迹。这时,网络安全的各种措施对它都毫无作用。

(3) 篡改文件和数据。对系统文件和数据有选择地进行篡改,使计算机处理的数据产生错误的结果,导致做出错误的决策。有时也对数据进行加密。

(4) 删除文件和数据。将系统中的文件和数据有选择地删除或全部删除。

(5) 施放病毒。将原先埋伏在系统中但处于休眠状态的病毒激活,或从外界将病毒导入计算机系统,使其感染并实施破坏。

(6) 使系统自毁。可以有多种方法,如改变时钟频率、使芯片热崩溃而损坏、造成系统瘫痪等。

(7) 远程运行程序。当攻击者控制了远程机器之后,如果要执行某个程序,则需要借助这个功能。

(8) 跟踪监视对方屏幕。控制者为了能够监控被控制者的实时屏幕操作,就要采用这个技术来监控对方的屏幕。

(9) 直接实施屏幕鼠标控制,键盘输入控制。如果控制者不仅仅为了能够监视对方的屏幕,还想通过屏幕来控制对方的计算机,这时就要采用这项技术。

(10) 监视对方任务且可以中止对方任务。通过监控对方的正在运行的任务,可以分析对方计算机的安全防护体系,有时为了突破防护体系,就要中止某些任务,达到安全控制的目的。

(11) 锁定鼠标键盘和屏幕。通过在服务端抓取键盘和鼠标的击键操作,然后将这些消息抛弃,可以锁定对方的屏幕,让对方无法进行正常的操作。

（12）远程重启、关闭系统。有些时候，为了能够启动已经安装的服务或者程序，需要从远程重新启动计算机，这样当开机之后，需要的服务或程序就启动了。

（13）远程读取、修改注册表。通过修改注册表，可以修改一些关联选项和自动启动选项，也可以对系统进行一些优化或者减弱系统的安全性。同时，系统所有的信息都是存放在注册表中的，可以通过读取注册表信息来侦查系统信息。

（14）共享被控制端的硬盘。为了能够轻松获取被控制方机器的文件目录信息，需要启用被控制端的硬盘共享，这种共享通常使用隐含共享，从而达到一个人控制的目的。

14.8 电子商务安全

随着 Internet 的发展，电子商务已经逐渐成为人们进行商务活动的新模式，越来越多的人通过 Internet 进行商务活动。电子商务的发展前景十分诱人，而其安全问题也变得越来越突出。如何建立一个安全、便捷的电子商务应用环境，对信息提供足够的保护，已经成为商家和用户都十分关心的话题。

电子商务的安全问题是一个很大很复杂的问题，危害电子商务系统安全的因素很多，其中既有客观因素，更有人为因素。下面分别从技术方面，以及商家和用户在进行电子交易时面临的威胁等方面，来讨论一下电子商务所存在的安全问题。

1. 电子商务面临的安全问题

从技术方面看，电子商务系统面临的安全问题如下：

（1）在网络传输过程中信息的截获和窃取。攻击者可能通过互联网、公共电话网、搭线或者在电磁波辐射范围内安装截收装置等方式，截获传输的机密信息，或通过对信息流量和流向、通信频度和长度等参数的分析，推断出有用信息，如消费者的银行账户、密码以及企业的机密等。

（2）传输中的信息篡改。攻击者可使用篡改、删除、插入等手段来破坏传输中的信息的完整性。篡改指改变信息流的次序，进而更改信息的内容，如购买商品的出货地址；删除是指删除某个消息或消息的某些部分；插入是指在消息中插入一些信息，让接收方读不懂或接收错误的信息。

（3）信息的假冒和伪造。攻击者可以通过假冒合法用户或者发送伪造信息来欺骗其他用户，其手段为伪造电子邮件发送给用户，以达到收订货单和窃取国家的商品信息和用户信息的目的；另一种手段为假冒，包括假冒他人身份，如冒充领导发布命令、调阅密件；冒充他人消费、栽赃；冒充主机欺骗合法主机及合法用户；冒充网络控制程序，套取或修改使用权限、口令、密钥等信息；接管合法用户，欺骗系统，占用合法用户的资源。

（4）交易抵赖。交易抵赖包括：发信者事后否认曾经发送过某条信息和内容；收信者事后否认曾经收到过某条消息或内容；购买者发了订单不承认；商家卖出的商品因价格差而不承认原有的价格。

从电子交易各方来划分，电子商务面临的安全威胁如下：

（1）商家面临的威胁：

- 中央系统安全性被破坏。入侵者假冒合法用户来改变用户数据（如商品送达地址）、解除用户订单或者生成虚假订单。
- 竞争者检索商品递送状况。不诚实的竞争者以他人的名义来定购商品，从而了解有关商品的递送状况和货物的库存情况。
- 客户资料被竞争者获取。被他人假冒而损害公司的信誉。不诚实的人建立与销售者服务器名字相同的另一个服务器来假冒销售者。
- 客户提交订单后拒不付款。
- 客户定下虚假的订单。

(2) 消费者面临的威胁：
- 虚假订单。假冒者可能会以某个客户的名字来定购商品，而且可以收到商品，而此时客户却被要求付款或者返还商品。
- 付款后不能收到商品。在要求客户付款后，销售商中的内部人员不将订单和钱转发给执行部门，因而使客户不能收到商品。
- 机密性丧失。客户有可能将秘密的个人数据或自己的身份数据发送给冒充销售商的机构，这些信息也可能在传递过程中被窃听。
- 拒绝服务。攻击者可能向销售商的服务器发送大量的虚假订单来穷竭它的资源，从而使合法用户不能得到正常的服务。

2. 电子商务对安全的要求

(1) 信息的保密性

交易中的商务信息均有保密的要求。如信用卡的账号和用户名被人知悉，就可能被盗用；订货和付款的信息被竞争对手获得，就可能丧失商机。因此在电子商务的信息传播中一般均有加密的要求。

(2) 信息的完整性

要求数据在传输或存储过程中不会受到非法的修改、删除或重放（指只能使用一次的信息被多次使用），要确保信息的顺序完整性和内容完整性。

(3) 交易者身份的确定性

网上交易的双方很可能素昧平生，相隔千里。要使交易成功，首先要能确认对方的身份，对商家要考虑客户端不能是骗子，而客户也会担心网上的商店不是一个玩弄欺诈的黑店。因此能方便而可靠地确认对方身份是交易的前提。

(4) 信息的不可否认性

由于商情的千变万化，交易一旦达成是不能被否认的。否则必然会损害一方的利益。例如定购黄金，订货时金价较低，但收到订单后，金价上涨了，如收单方只认收到订单的实际时间，或者否认收到订单，则订货方就会蒙受损失。因此电子交易通信过程的各个环节都必须是不可否认的。

(5) 信息的不可修改性

交易的文件是不可被修改的，如上例中所举的定购黄金。供货单位在收到订单后，发现金价大幅度上涨，如其能改动文件内容，将定购数 1 吨改为 1 克，则可大幅受益，那么订货单位可能就会因此而蒙受损失。因此电子交易文件也要能做到不可修改，以保障交易的严肃和公正。

3. 电子商务系统的安全技术

电子商务系统与 Internet 相连接，因而难免会遭受网络安全方面的严峻考验。欺骗、窃听、病毒和非法入侵都在威胁着电子商务，因此要求网络能提供一种端到端的安全解决方案。目前网络上常用的安全技术主要有数据加密技术、数字签名技术、认证技术、防火墙技术、病毒防范技术、虚拟专用网技术等。

（1）数据加密技术

保证电子商务安全的最重要的一点就是使用加密技术对敏感的信息进行加密。现在，一些专用密钥加密（如 3DES、IDEA、RC4 和 RC5）和公钥加密（如 RSA、SEEK、PGP 和 EU）可用来保证电子商务的保密性、完整性、真实性和非否认服务。然而，这些技术的广泛使用却不是一件容易的事情。有关数据加密技术的内容请参考 14.2 节。

密码学界有一句名言：加密技术本身都很优秀，但是它们实现起来却往往很不理想。现在虽然有多种加密标准，但人们真正需要的是针对企业环境开发的标准加密系统。加密技术的多样化为人们提供了更多的选择余地，但也同时带来了一个兼容性问题，不同的商家可能会采用不同的标准。另外，加密技术向来是由国家控制的，例如 SSL 的出口受到美国国家安全局（NSA）的限制，美国以外的国家很难真正在电子商务中充分利用 SSL，这不能不说是一种遗憾。

（2）数字签名技术

在进行电子商务之前，必须首先确认两件事情：确保支付手段和网上传递信息的真实可靠，以及使用支付手段的人是经过授权的合法使用者。这要求建立一种安全机制，能够核实买卖双方、合同等各种信息的真实性，这种交易认证的核心技术就是数字签名。

数字签名除了具有手工签名的全部功能外，还具有易更换、难伪造、可进行远程线路传递等优点，它是目前实现电子商务数据传输中安全保密的主要手段之一。在电子支付系统中，数字签名代替传统银行业务中在支票等纸面有价证券上的真实签名，它是产生同真实签名有相同效果的一种协议，用来保证报文等信息的一致性。有关数字签名技术的内容请参看 14.3.3 节。

（3）数字认证和认证中心

数字认证可用电子方式证明信息发送者和接收者的身份、文件的完整性（如一个发票未被修改过），甚至数据媒体的有效性（如录音、照片等）。目前，数字认证一般都通过单向 Hash 函数来实现，它可以验证交易双方数据的完整性，另外，S/MIME 协议已经有了很大的进展，可以被集成到产品中，以便用户能够对通过 E-mail 发送的信息进行签名和认证。同时，商家也可以使用 PGP(Pretty Good Privacy)技术，它允许利用可信的第三方对密钥进行控制。可见，数字认证技术将具有广阔的应用前景，它的成熟将直接影响电子商务的发展。

此外，随着商家在电子商务中越来越多地使用加密技术，人们都希望有一个可信的第三方，以便对有关数据进行数字认证。电子商务认证中心（Certificate Authority, CA）即承担着这样的责任。实行网上安全支付是顺利开展电子商务的前提，建立安全的认证中心（CA）则是电子商务的中心环节。建立 CA 的目的是加强数字证书和密钥的管理工作，增强网上交易各方的相互信任，提高网上购物和网上交易的安全，控制交易的风险，从而推动电子商务的发展。为了推动电子商务的发展，首先是要确定网上参与交易的各方（例如持卡消费户、商户、收单银行的支付网关等）的身份，相应的数字证书（Digital Certificate, DC）就是为了代表他们身份的。数字证书是由权威的、公正的认证机构管理的。各级认证机构按照根认证中心（Root CA）、品牌认证中心（Brand CA）以及持卡人、商户或收单银行（Acquirer）的支付网关认证中心（Holder Card CA, Merchant CA 或 Payment GatewayCA）由上而下按层次结构建立的。

电子商务安全认证中心（CA）的基本功能包括：

①生成和保管符合安全认证协议要求的公共和私有密钥、数字证书及其数字签名。

②对数字证书和数字签名进行验证。

③对数字证书进行管理，重点是证书的撤消管理，同时追求实施自动管理（非手工管理）。

④建立应用接口，特别是支付接口。CA 是否具有支付接口是能否支持电子商务的关键。

(4) 防火墙技术

防火墙技术是保证电子商务系统各种服务器安全稳定运行的必要措施。有关防火墙技术的内容参见 14.5 节。

(5) 病毒防范技术

不管是商家还是用户,病毒防范技术都是必不可少的安全措施。具体内容参见 14.7 节。

(6) 虚拟专用网技术

这是用于 Internet 交易的一种专用网络,它可以在两个系统之间建立安全的信道(或隧道),用于电子数据交换(EDI)。它与信用卡交易和客户发送订单交易不同,因为在 VPN 中,双方的数据通信量要大得多,而且通信的双方彼此都很熟悉。这意味着可以使用复杂的专用加密和认证技术,只要通信的双方默认即可,没有必要为所有的 VPN 进行统一的加密和认证。现有的或正在开发的数据隧道系统可以进一步增加 VPN 的安全性,因而能够保证数据的保密性和可用性。有关 VPN 的进一步内容请参见 14.6 节。

4. 电子商务安全交易标准

近年来,针对电子交易安全的要求,IT 业界与金融行业一起推出不少有效的安全交易标准和技术。其中主要的协议标准包括:

(1) 安全超文本传输协议(HTTPS)。依靠密钥对的加密,保障 Web 站点间的交易信息传输的安全性。具体参见第 14.4.2 节。

(2) 安全套接层协议(SSL)。由 Netscape 公司提出的安全交易协议,提供加密、认证服务和报文的完整性。SSL 被用于 Netscape Communicator 和 Microsoft IE 浏览器,以完成需要的安全交易操作。具体参见 14.4.1 节。

(3) 安全交易技术协议(STT,Secure Transaction Technology)。由 Microsoft 公司提出,STT 将认证和解密在浏览器中分离开,用以提高安全控制能力。Microsoft 在 Internet Explorer 中采用这一技术。

(4) 安全电子交易协议(SET,Secure Electronic Transaction)。1996 年 6 月,由 IBM、MasterCard International、Visa International、Microsoft、Netscape、GTE、VeriSign、SAIC、Terisa 就共同制定的标准 SET 发布公告,并于 1997 年 5 月底发布了 SET Specification Version 1.0,它涵盖了信用卡在电子商务交易中的交易协定、信息保密、资料完整及数据认证、数据签名等。在新发布的 SET 2.0 中,增加了一些附加的交易要求。这个版本是向后兼容的,因此符合 SET 1.0 的软件并不必要跟着升级,除非它需要新的交易要求。SET 规范的主要目标是保障付款安全,确定应用之互通性,并使全球市场接受。

所有这些安全交易标准中,SET 标准以推广利用信用卡支付网上交易而广受各界瞩目,它将成为网上交易安全通信协议的工业标准,有望进一步推动 Internet 电子商务市场。

14.9 电子邮件安全

电子邮件作为网络上的重要应用之一,在带给人们便利的同时,也带来了诸如垃圾邮件、密码被破译、邮件被监听等安全问题。目前,保障电子邮件通信的安全可以从以下几个方面考虑:

1. 端到端的安全电子邮件技术

一封电子邮件在传送的过程中可能要经过多个中间站点,其中任何一个站点都能够对转发的邮件进行阅读。因此,通过电子邮件传送机密文件是不安全的。

端到端的安全电子邮件技术保证邮件从发出到被接收的整个过程中,内容无法被修改,并且发送方不能否认发送了该邮件。安全电子邮件通过使用数字证书对邮件进行数字签名和加密,以便通过电子邮件发送机密信息,保证邮件的真实性和不被其他人偷阅。

使用安全电子邮件需要先获得数字标识(数字证书,即安全电子邮件证书),所谓数字标识是指由独立的授权机构发放的证明用户在互联网上身份的标识,是用户在互联网上的身份证,是用户收发电子邮件时采用证书机制保证安全所必须具备的证书。

正常情况下个人的证书中含有"私有密钥"和"公用密钥",私钥只有用户自己拥有,而公钥是公开的,其他任何用户都可以获得。用户使用私钥来加密自己的邮件,而收信人通过获取的公用密钥来解密邮件、识别发件人的身份。

安全电子邮件的应用主要包括签名电子邮件和加密电子邮件两方面。签名一个电子邮件意味着,将自己的数字证书附加到电子邮件中,接收方就可以确定发件人的身份。签名提供了验证功能,但是无法保护信息内容的隐私,第三方有可能看到其中的内容。加密电子邮件意味着只有指定的收信人才能够看到信件的内容。要发送加密邮件,必须使用收件人的公用密钥来加密邮件。当收件人收到加密邮件后,用他自己的私有密钥来对邮件进行解密才能阅读。

PGP 和 S/MIME 是目前两种成熟的端到端安全电子邮件标准。

2. 传输层的安全电子邮件技术

电子邮件包括信头和信体。端到端安全电子邮件技术一般只对信体进行加密和签名,信头则由于邮件传输中寻址和路由的需要,必须保证不变。在一些应用环境下,可能会要求信头在传输过程中也能保密,这就需要传输层的技术作为后盾。

目前主要有两种方式能够实现电子邮件在传输层的安全:一种是利用 SSL SMTP 和 SSL POP,另一种是利用 VPN 或者其他 IP 通道技术。

SSL SMTP 和 SSL POP 即在 SSL 所建立的安全传输通道上运行 SMTP 和 POP 协议,同时又对这两种协议作了一定的扩展,以便更好地支持加密认证和传输。这种模式要求客户端的 E-mail 软件和服务器端的 E-mail 服务器都支持并且都必须安装 SSL 证书。

基于 VPN 和 IP 通道技术封装所有的 TCP/IP 服务,也是实现安全电子邮件传输的一种方法。这种模式往往是整个网络安全机制的一部分。

3. 邮件服务器的安全

建立一个安全的电子邮件系统,仅仅依赖安全标准还远远不够,还需要保障邮件服务器本身的安全性。

针对邮件服务器的攻击可以从防止外部攻击、防止内部攻击以及防止中继攻击三方面考虑。防止来自外部网络的攻击,包括拒绝来自指定地址和域名的邮件服务连接请求、拒绝收信人数量大于预定上限的邮件、限制单个 IP 地址的连接数量、暂时搁置可疑的信件等。防止来自内部网络的攻击包括拒绝来自指定用户、IP 地址和域名的邮件服务请求,强制实施 SMTP 认证,实现 SSL POP 和 SSL SMTP 以确认用户身份等。防止中继攻击,包括完全关闭中继转发功能,按照发信和收信的 IP 地址和域名灵活地限制中继,按照收信人数限制中继等。

14.10 网络道德建设

1. 网络道德问题的提出

网络的诞生和发展,给了每个人一个极大开放和自由驰骋的空间。在网络这个任何人都无法准确估量的虚拟空间中,每个人都可以天马行空、畅所欲言,还可以获取资源,丰富自己、展示自己,更可以进行贸易和商务活动,实现自己的人生价值;这些,几乎使网络营造了另外一个生存的世界,人们在这个世界中似乎活得更加如鱼得水。

但同时,我们也遇到了前所未有的道德困境,一些网络上不道德的现象,也利用网络的神秘性和隐蔽性呈愈演愈烈之势。网络的超时空性扩大了交往面,但网络的虚拟性造成人们社会化的"不足"。人们网络道德感的弱化主要是因为网络的高度隐蔽性。每个人在网络上的存在都是虚拟的、数字化的、以符号形式出现的,上网的人都缺少"他人在场"的压力,"快乐原则"支配着个人欲望,日常生活中被压抑的人性中恶的一面会在这种无约束或低约束的状况下得到宣泄。网上道德感的弱化会直接影响网络的建设,而且可能反作用于人们现实生活中的道德行为。因此网络道德教育问题便成了一个迫切的问题。

2. 网络道德建设的主要问题

对于网络带来的新问题,在完善相应的法律,合理制定和实施相关的法律法规来加强管理的同时,还必须加强网络道德建设。网络道德建设是一个全新的世界性课题,因而谈论起来也往往显得头绪纷繁。一般来说,当前网络道德建设的主要问题在于处理好以下几种关系:

(1) 虚拟空间与现实空间的关系。

现实空间是我们大家熟悉并生活其中的空间,虚拟空间则是由于电子技术尤其是计算机网络的兴起而出现的人类交流信息、知识、情感的另一种生存环境。其信息传播方式具有"数码化"或"非物体化"的特点,信息传播的范围具有"时空压缩化"的特点,取得信息模式具有"互动化"和"全面化"的特点。这两种空间共同构成人们的基本生存环境,它们之间的矛盾与网络空间内部的矛盾是网络道德形成与发展的基础。

(2) 网络道德与传统道德的关系。

在虚拟空间中,人的社会角色和道德责任都与在现实空间中有很大不同,人将摆脱各种现实直观角色等制约人们的道德环境,而在超地域的范围内发挥更大的社会作用。这意味着,在传统社会中形成的道德及其运行机制在信息社会中并不完全适用。而且,我们不能为了维护传统道德而拒斥虚拟空间闯入我们的生活,但我们也不能听任虚拟空间的道德无序状态,或消极等待其自发的道德机制的形成,因为它将由于网络道德与传统道德的密切联系而导致传统道德失效。如何在虚拟空间中引入传统道德的优秀成果和富有成效的运行机制?如何在充分利用信息高速公路对人的全面发展和道德文明的促进的同时抵御其消极作用?如何协调既有道德与网络道德之间的关系,使之整体发展为信息社会更高水平的道德?这些均是网络道德建设的重要课题。

(3) 个人隐私与社会安全的关系。

在网络社会中,个人隐私与社会安全出现了矛盾:一方面,为了保护个人隐私,磁盘所记录的个人生活应该完全保密,除网络服务提供商作为计费的依据外,不能作其他利用,并且收集个人信息应该受到严格限制;另一方面,个人要为自己的行为负责,因此,他的网上行为应该记录下来,供人们进行道德评价和道德监督,有关机构也可以查寻,作为执法的证据,以保障社会安全。这就提出了道德法律问题:大众和政府机关在什么情况下可以调阅网上个人的哪些信息?如何协调个人隐私与社会监督之间的平衡?这些问题不解决,网络主体的权益和能力就不能得到充分发挥,网络社会的道德约束机制就不能形成,社会安全也得不到保障。

作为一种新的规范,网络道德的建设,仅靠行政部门的干涉、大众媒体的呼吁是远远不够的。正如同我们的日常生活中有许多约定俗成的东西在深深制约着我们的道德意识一样,网络空间中也会有自己独特的价值体系和行为模式,这些也会对网络道德的建设产生深远影响。从这个意义上说,每一个上网的人其实都在用自己的方式参与网络道德的建设。现在人们仍然更多地把关注的焦点放在网络的物质层面,对于网络道德这样相对抽象的问题并没有给予足够的重视,但毫无疑问,只有具有了一个成熟的网络道德体系,网络这个虚拟的世界才会健康有序的发展。

14.11 本章小结

随着计算机网络技术的不断发展和社会信息化程度的日益提高,各种计算机网络和信息的安全隐患和威胁也与日俱增,目前国内乃至全世界的网络安全形式都面临着严峻的考验,计算机网络以及信息系统的安全问题也显得愈加突出。

本章系统地介绍了与计算机网络安全相关的内容。首先列举了一系列网络与信息安全的问题、计算机系统安全等级的划分以及针对网络与信息安全所采取措施。然后介绍了数据加密常用的技术,包括密码学基本概念、对称和非对称密钥密码系统,以及密钥的管理问题;在认证技术中,介绍了消息认证、身份认证和数字签名技术,以及 SSL、HTTPS、S/MIME 和 IPSec 等几种常用的安全协议;介绍了防火墙的基本概念和防火墙的类型,针对个人用户,介绍了国内外一些著名的个人防火墙产品,并以天网防火墙个人版为例,介绍了个人防火墙产品的使用;越来越多的企业希望在公共数据网络上实现专用网络的特性,VPN 是解决这一问题的有效方案,它利用隧道技术来实现传输数据的安全保密术;针对目前互联网上病毒日益猖獗的现状,介绍了与计算机网络病毒及特洛伊木马相关的内容。本章的最后简单介绍了电子商务系统的安全问题和电子邮件系统的安全问题,并讨论了网络道德建设问题。

思考与练习

14.1 网络信息安全应实现哪五个方面的特性?各自的含义是什么?

14.2 计算机网络系统为什么会受到攻击?你认为根本原因是什么?

14.3 目前国际国内关于计算机系统安全等级划分的标准主要有哪些?比较它们之间的异同点,并思考造成这些异同点的原因。

14.4 常见的网络安全防护措施有哪些?结合自己使用计算机系统和网络的实际经验,谈谈自己的看法和心得。

14.5 简述一个密码系统的组成部分,并据此给出一个密码通信系统的基本模型。

14.6 比较对称密钥密码系统和非对称密钥密码系统的优缺点。这两种密码系统各自有哪些常用的加密算法?

14.7 给出几种在实际应用中使用或可能需要使用数字签名的例子。

14.8 查找并阅读相关的 RFC 文档,叙述在下一代 Internet 协议 IPv6 中如何对 IPSec 进行有效的支持。

14.9 简述 VPN 的概念。在什么应用情况下需要构建 VPN?

14.10 计算机病毒有哪些特征?其传播途径有哪些?如何对计算机病毒进行有效的防治?

14.11 木马程序有哪些类型?会造成哪些危害?如何防治?

14.12 以下特性中不属于网络安全应该具备的特征是(　　)。
　　　A.机密性　　B.完整性　　C.可查性　　D.抗抵赖性

14.13 一个数据包过滤系统被设计成允许你要求服务的数据包进入,而过滤掉不必要的服务,这属于( )基本原则。
 A.最小特权　　B.阻塞点　　C.失效保护状态　　D.防御多样化
14.14 ( )协议主要用于加密机制。
 A.HTTP　　B.FTP　　C.TELNET　　D.SSL
14.15 使网络服务器中充斥着大量要求回复的信息,消耗带宽,导致网络或系统停止正常服务,这属于( )攻击。
 A.拒绝服务　　B.文件共享　　C.BIND漏洞　　D.远程过程调用
14.16 防止电子邮箱入侵的措施中,正确的是( )。
 A.用生日做密码
 B.使用少于5位的密码
 C.使用纯数字密码
 D.使用既包含字母也包含数字且位数较多的密码
14.17 不属于计算机病毒防治策略的是( )。
 A.确认您手头常备一张真正"干净"的引导盘
 B.及时、可靠升级反病毒产品
 C.新购置的计算机软件也要进行病毒检测
 D.整理磁盘
14.18 在电子商务活动中,消费者与银行之间的资金转移通常要用到数字证书,数字证书的发放单位一般是( )。
 A.政府部门
 B.银行
 C.因特网服务提供者
 D.安全认证中心
14.19 数据的完整性就是( )。
 A.保证因特网上传送的数据信息不被第三方监视和窃取
 B.保证因特网上传送的数据信息不被篡改
 C.保证电子商务交易各方的真实身份
 D.保证发送方不能抵赖曾经发送过某数据信息

第四篇 下一代网络技术

第四章　下一片网络森林

第15章 下一代网络技术

15.1 移动IP

移动计算机的应用日益广泛,使得移动办公人群不断增加。像手机用户一样,移动计算机用户不仅希望和台式机一样地接入网络、共享网络资源和服务,而且希望不局限于某一固定区域,在移动时能够不中断正在进行的通信。这一需求推动了人们对移动计算机无线接入互联网络的研究。

针对这种需求,IETF(Internet 工程任务组)正在扩展 Internet 协议,开发一套用于移动 IP 的技术规范,为 Internet 以及采用 TCP/IP 协议簇的网络提供标准,从而使 Internet 上的移动接入成为可能。

移动 IP 技术为移动节点提供了一个高质量的实现技术,可应用于用户需要经常移动的所有领域。本节对移动 IP 技术的概念、工作机制以及关键技术进行简要介绍。

15.1.1 移动IP技术概述

1. 移动IP的概念

简单地说,移动 IP(Mobile IP)技术的目标是:移动用户在跨网络随意移动和漫游中,使用基于 TCP/IP 协议的网络时,不用修改计算机原来的 IP 地址,同时继续享有原网络中一切权限。

移动计算网络允许计算机在网中自由移动,并且对用户完全透明。网络中增加了移动主机(MH)、接入点(AP)以及漫游服务路由器(RSR),而其他设备,如路由器、固定主机等,则与现有 Internet 网络完全相同。

移动 IP 是一种在全球 Internet 上提供移动功能的方案,它具有可扩展性、可靠性和安全性,并使节点在切换链路时仍可保持正在进行的通信。值得注意的是,移动 IP 提供了一种 IP 路由机制,使移动节点可以以一个永久的 IP 地址连接到任何链路上。

2. 移动IP的发展

移动 IP 于 1996 年 6 月由因特网工程指导组 IESG(Internet Engineering Steering Group)通过,并于 1996 年 11 月公布为建议标准(Proposed Standard)。

移动 IP 协议的相关标准由 IETF 的移动 IP 工作组(IP Routing for Wireless/Mobile Hosts)制定,目前已经完成了下面的几个 RFC 文档:

- RFC 2002:定义了移动 IP 协议。
- RFC 2003、2004 和 1701:定义了移动 IP 中用到的三种隧道技术。
- RFC 2005:叙述了移动 IP 的应用。
- RFC 2006:定义了移动 IP 的管理信息库 MIB(Management Information Base)。移动 IP

的 MIB 库是实现移动 IP 的节点的变量集合,管理平台可以通过简单网络管理协议 SNMP (Simple Network Management Protocol)对这些变量进行检查和配置。

目前,移动 IP 技术还处在发展阶段,还有许多需要完善的地方。但是它的出现将无疑带来一次新的通信领域的革新,它带给人们的将是无所不在、无时不有的网络通信服务,因此它的发展前景相当乐观。

3. 移动 IP 的特点

移动 IP 主要具有以下几个特点:

(1)强大的漫游功能。移动用户在企业网各子网之间、Internet 与企业网之间可以自由漫游,方便使用原有企业网中的资源。

(2)双向通信。移动用户在位置变化时,仍然可以方便地通过转交地址进行通信,其他用户也仍然可以通过该用户原来的 IP 地址与该用户通信,不受地理位置对网络通信的限制,实现真正的双向通信。

(3)网络透明性。移动用户漫游时,不需要对计算机原有网络设置做任何改动,也无需改动所接入的外地网络和"家乡"网络设置。

(4)应用透明性。移动用户在进行漫游时,无需对个人计算机和网络服务器上的基于 IP 的应用进行任何改动,无需增加额外的用户管理和权限管理,实现了应用系统的透明性。

(5)良好的安全性。采用隧道技术进行加密传输和身份认证,不会给移动用户带来新的安全隐患。

(6)实现虚拟企业网功能。安装了移动 IP 服务器的子网之间可以通过隧道方式进行通信,移动用户也可以通过隧道方式与企业网进行通信,它实际上已经部分实现了 VPN 的功能。

(7)链路无关性。移动 IP 技术与低层链路无关,可以同时支持无线和有线网络环境。

4. 移动 IP 与传统 IP 的异同

下面将从两个方面比较移动 IP 与传统 IP 的异同。

(1)漫游功能

受 TCP/IP 协议的限制,传统 IP 技术只能实现在同一 IP 子网范围内的移动,在不同的 IP 子网之间是不能漫游的。如果使用 DHCP 协议解决漫游问题(即移动主机动态获取 IP 地址),则其 IP 地址是变化的,最直接的缺点是网络上其他用户不能对它发起访问。

移动 IP 技术可以使移动终端在不同 IP 子网中自由移动,同时移动过程中保持对互联网的访问,扩展了移动用户的移动范围。移动 IP 的应用使主机可以在不同的网络之间用惟一的 IP 地址来标识,无论其物理位置移动到哪里,数据报都能够透明地传输到这一地址。不管用户在不同的网络中移动到何处,都不需要对其 IP 地址做出任何改变,因此,移动 IP 提供了独一无二的、维持会话的能力。

移动 IP 的应用使主机可以从一个连接点到另一个连接点无缝转移,不需要用户干预,并且是第一个提供这种透明移动性的协议。从有线网络到无线或 WAN 的漫游也非常方便,因此,移动 IP 为用户提供了广泛连接,无论他是处于企业网内部还是远离归属地,从用户的角度来看,访问企业内部资源没有任何区别。对于所有与移动节点通信的设备及网络内的中间设备而言,移动 IP 协议提供了真正完全透明的移动性。

(2)接入方式

移动 IP 的另一个优点是,无论用户处于何地,用户接入企业网和接入 Internet 的方式完全相同。移动 IP 提供了一个可工作于任何连接条件的解决方案,使用户可连接于任何种类的媒介,自动确定移动代理,并向归属网关注册其当前位置,随后归属网关将所有发往该移动用户的流量转发到其当前位置。移动 IP 将自动监测用户的移动情况并通知归属网关。这样,无论用户如何移动,通信都得以无缝继续。当用户回到其归属地后,移动 IP 将通知归属网关,用户已经回来,用户设备将恢复原状。

15.1.2 移动 IP 的工作机制

传统的 IP 技术是针对固定节点之间的相互通信而言的,不再适用于移动节点,在 RFC2002 中较为详细地阐述了移动 IP 的原理、实现以及各种细节问题。它是移动互连时代最基础、最关键的技术之一,也是实现"任何时间、任何地方、与任何人通过任何方式进行任何业务通信"的全球个人通信的关键技术之一。

1. 功能实体

在移动 IP 中定义了如下三种功能实体:

(1)移动节点(Mobility Node):指一个主机或路由器,当它在切换链路时可以不改变 IP 地址而仍能保持正在进行的通信。

(2)家乡代理(Home Agent):指一个连接到移动节点本地网络的主机或路由器,它保存有移动节点的位置信息,当移动节点离开本地网络时能够将发往移动节点的数据报传给移动节点。

(3)外地代理(Foreign Agent):指移动节点当前所在的外地网络上的一个主机或路由器,它能够把由家乡代理送来的数据报转发给移动节点。

2. 工作机制

在移动 IP 协议中,每一个移动节点都有一个惟一的本地地址,当移动节点移动时它的本地地址是不变的。在本地网络链路上每一个本地节点还必须有一个家乡代理来为它维护当前的位置信息,这就需要引入转交地址。当移动节点连接到外地网络链路上时,转交地址就用来标识移动节点现在所处的位置,以便进行路由选择。移动节点的本地地址与当前转交地址的联合称做移动绑定或简称绑定。当移动节点得到一个新的转交地址时,通过绑定向家乡代理进行注册,以便让家乡代理及时了解移动节点的当前位置。

当移动节点连接在本地网络链路上时,移动节点的工作机制和固定节点一样,不运用移动 IP 功能。当移动节点到外地网络链路上时,它通常情况下使用一个称做"代理发现"的规程在外地链路上发现一个外地代理,并向这个外地代理进行注册,把这个外地代理的 IP 地址作为自己的转交地址。移动节点通过这种方式获得转交地址的情况较为普遍。但在有些子网中,可能没有配备代埋节点,这时就需要采用其他方法,如 DHCP(动态主机配置协议)或是手工配置的方法在外地链路上获得一个临时 IP 地址作为自己的转交地址。移动节点通过上述两种方法获得转交地址后,再通过注册规程把自己的转交地址告诉家乡代理。这样当有发往移动节点本地地址的数据报时,家乡代理便截取该数据报,并根据注册的转交地址,通过隧道将数据报传送给移动节点。但是由移动节点发出的数据报是可以直接选路到目的节点上的,无需隧道技术。

15.1.3 移动 IP 的关键技术

1. 代理发现(AgentDiscovery)

为了随时随地与其他节点进行通信,移动节点必须首先找到一个移动代理。移动 IP 定义了两种发现移动代理的方法：一是被动发现，即移动节点等待本地移动代理周期性地广播代理通告报文；二是主动发现，即移动节点广播一条请求代理的报文。移动 IP 使用扩展的"ICMP-RouterDiscovery"机制作为代理发现的主要机制。

使用以上任何一种方法都可使移动节点识别出移动代理并获得转交地址，从而获悉移动代理可提供的任何服务，并确定其连至归属网还是某一外区网上。使用代理发现可使移动节点检测到它何时从一个 IP 网络（或子网）漫游（或切换）到另一个 IP 网络（或子网）。

所有移动代理（不管其能否被链路层协议所发现）都应具备代理通告功能，并对代理请求作出响应。所有移动节点必须具备代理请求功能。但是，移动节点只有在没有收到移动代理的代理通告，并且无法通过链路层协议或其他方法获得转交地址的情况下，方可发送代理请求报文。

2. 位置登记（Registration）

移动节点必须将其位置信息向其归属代理进行登记（即注册），以便被找到。在移动 IP 技术中，依不同的网络连接方式，有两种不同的登记规程。

一种是通过外区代理，即移动节点向外区代理发送登记请求报文，外区代理接收并处理登记请求报文，然后将报文中继到移动节点的归属代理；归属代理处理完登记请求报文后向外区代理发送登记应答报文（接受或拒绝登记请求），外区代理处理登记应答报文，并将其转发到移动节点。

另一种是直接向归属代理进行登记，即移动节点向其归属代理发送登记请求报文，归属代理处理后向移动节点发送登记应答报文（接受或拒绝登记请求）。登记请求和登记应答报文使用用户数据报协议（UDP）进行传送。

当移动节点收到来自其归属代理的代理通告报文时，它可判断其已返回到归属网络。此时，移动节点应向归属代理撤销登记。在撤销登记之前，移动节点应配置适用于其归属网络的路由表。

3. 隧道技术（Tunneling）

当移动节点在外区网上时，归属代理需要将原始数据报转发给已登记的外区代理。这时，归属代理使用 IP 隧道技术，将原始 IP 数据报作为净负荷封装在转发的 IP 数据报中，从而使原始 IP 数据报原封不动地转发到处于隧道终点的转交地址处。在转交地址处解除隧道，取出原始数据报，并将原始数据报发送到移动节点。当转交地址为驻留本地的转交地址时，移动节点本身就是隧道的终点，它自身进行解除隧道，取出原始数据报的工作。

IETF 的 RFC2003 和 RFC2004 各自定义了一种利用隧道封装数据报的技术。在 RFC2003 中规定，为了实现在 IP 数据报中封装作为净负荷的原始 IP 数据报，需要在原始数据报的现有头标前插入一个外层 IP 头标。外层头标中的源地址和目的地址分别标识隧道的两个边界节点。内层 IP 头标（即原始 IP 头标）中的源地址和目的地址则分别标识原始数据报的发送节点和接收节点。除了减少 TTL 值之外，封装节点不改变内层的 IP 头标。内存 IP 头标在被传送到隧道出口节点期间保持不变。从而使原始 IP 数据报原封不动地转发到处于隧道终点的转交地址。

使用 RFC2004 定义的 IP 内最小封装有一个前提条件，就是当原始数据报被分片时，不能使用这种封装技术。也就是说，数据报在封装之前不能被分片。因此，对移动 IP 技术来讲，最小封装技术是可选的。为了使用最小封装技术来封装数据报，移动 IP 技术需要在原始数据报中经修改的 IP 头标和未修改的净负荷之间插入最小转发头标。显然，这种最小封装技术比

RFC2003 定义的封装技术节省开销。

当拆装数据报时,隧道的出口节点将最小转发头标的字段保存到 IP 头标中,然后移走这个转发头标。

15.2 多媒体网络与"三网合一"

目前,计算机网络的主要业务仍然是数据通信。随着微电子、音像技术、计算机技术的发展,各类信息系统正由单一媒体文字向着声音、图像、影像和文字一体化的多媒体技术方向发展。只能提供数据业务的计算机网络已不能满足人们日益增长的对多媒体信息的需求。

多媒体网络是计算机技术和通信网络技术发展的必然趋势。但由于多媒体信息具有数据量大的典型特征,很多人对其抱悲观态度,认为在 IP 网络上开发多媒体通信是不现实的。原因是多媒体信息要求提供较大的、容量固定的信道,而 IP 网络是共享带宽的;另一方面是多媒体通信要求实时性,而 IP 网络往往有较大的延时。

美国 Bell 实验室通信研究所对目前国内外广泛应用的 10Mb/s 以下的 LAN 如何支持多媒体通信开展了一系列有成效的研究。其 DEMON(Delivery of Electronic Multimedia Over Networks)课题的研究目的就是致力于建立一个描述交互式多媒体文件在网络环境下的原型系统。其传送的多媒体信息包括各种字形的文字和数据、图形、声音、动画及活动图像,传送的多媒体数据全部数字化。研究的主要障碍是多媒体数据对网络带宽的要求和对多媒体实时性的支持。

15.2.1 多媒体网络的概念和基本特征

1. 媒体与多媒体的概念

通常,媒体指信息表示和传输的载体。ITU-T I.374 建议将媒体划分为感觉媒体、表示媒体、显示媒体、存储媒体和传输媒体五类。

多媒体则指多媒体数据,是指多种信息,如文本、图形、图像、声音和视频等数据的载体,即上述五类媒体中的表示媒体。其特点主要包括:

(1)多媒体数据种类繁多(大多是非结构化数据)。不同来源的媒体,具有完全不同的形式和格式。

(2)多媒体数据量庞大。

(3)多媒体数据具有时间特性和版本概念,如在视频点播系统中必须考虑到媒体间以及媒体内部在时间上的同步关系。

由此可知多媒体数据与传统的数值和字符不同,因而其存储结构和存取方式也具有特殊性,描述它的数据结构和数据模型也是有差别的。

2. 多媒体网络的特征

多媒体网络技术的发展打破了传统通信的单一媒体、单一电信业务的通信系统格局,它是一种综合技术,涉及多媒体技术、计算机技术、网络技术等多个领域。多媒体通信网络必须同时兼有集成性、交互性、同步性三个主要特征。

(1)集成性

多媒体网络系统的集成性指的是能对内容数据信息、多媒体和超媒体信息、脚本信息和特定的应用信息等四类信息进行存储、传输、处理和显现的能力。

信息是以某一种结构的形式存在的,典型的结构有两种:一种是对象结构,即其中可处理的最小单元为对象;另一种是文件结构,即其中可处理的最小单元为文件。

多媒体和超媒体信息与单媒体信息不一样,它们是结构化的信息,由结构框架和内容数据两部分组成。多媒体和超媒体信息的最小表达形式有两类:一类称为对象,另一类称为文件。

脚本信息是一组特定的用语意关系联系起来的、结构化的多媒体和超媒体信息,需要提供表示这一组多媒体信息的运作过程和与外部处理模块间的关系。

上述三类信息都是低层信息,可以由标准来定义和表示。特定的应用信息是高层信息,是与应用密切相关的,将随应用场合的不同有很大的不同,它的表示方法是基于上述三类的基础之上的。

(2)交互性

交互性指的是在网络通信时人与系统之间的相互控制能力。在多媒体网络通信中,交互性有两个方面的内容:一是人机接口,也就是人在使用系统的终端时用户终端向用户提供的操作界面;二是用户终端与系统之间的应用层通信协议。

多媒体网络终端的用户对通信的全过程有完备的交互控制能力,这是多媒体网络的一个主要特征,也是区别多媒体网络与非多媒体网络的一个主要准则。

(3)同步性

同步性指的是在多媒体网络终端上显现的图像、声音和文字均以同步方式工作。如用户要检索一个重要的历史事件的片断,该事件的活动图像或静止图像存放在图像数据库中,其文字叙述和语言说明则是放在其他数据库中。多媒体网络终端通过不同传输途径将所需要的信息从不同的数据库中提取出来,并将这些图像、声音、文字同步起来,构成一个整体的信息呈现在用户面前。

同步性是多媒体通信网络最主要的特征之一,信息的同步与否决定了网络是多媒体网络还是非多种媒体网络。

15.2.2 多媒体网络对服务质量(QoS)的需求

多媒体网络的主要功能是多媒体通信和多媒体资源的共享。为了确保在网络环境下多用户能共享多媒体信息资源,就要保证声音和视频图像的质量,这就是多媒体网络的服务质量(Quality of Service,QoS)问题。

多媒体通信对网络环境要求较高,必然涉及一些关键性的网络性能参数,它们就是网络的传输速率、吞吐量、差错率及传输时延等。在这些性能参数中,除了传输速率对多媒体信息传输产生重要影响外,其他参数对评价网络当前运行状况和多媒体通信质量也是很重要的。

1. 高吞吐量需求

网络吞吐量(Throughput)是指有效的网络带宽,通常定义成物理链路的传输速率减去各种传输开销,如物理传输开销以及网络冲突、瓶颈、拥塞和差错处理等开销,它反映了网络的最大极限容量,测量内容与具体的对象相关。例如,在网络层,吞吐量可表示成单位时间内接收、处理和通过网络的分组数或比特数。它是一种静态参数,反映了网络负载的情况。在许多情况下,人们习惯将额外开销忽略不计,直接把网络传输速率作为吞吐量。实际上,吞吐量要小于传输速率。

无论是局域网还是广域网,网络的吞吐能力大都随时间变化而变化。有时因发生网络故障(节点故障或线路故障)或者出现拥堵的数据流而造成网络拥塞,使网络的吞吐能力发生急剧变化。影响网络吞吐量的因素主要有网络故障、网络拥塞、瓶颈、缓冲区容量和流量控制等。多媒体通信的吞吐量与网络传输速率、接收端缓冲容量以及数据流量有关。

（1）高传输带宽的需求。由于多媒体信息包含了实时音频和视频信息，对多媒体通信网络来说，必须能提供充足的可用传输带宽来传输多媒体信息，同时也意味着网络必须具备成倍地处理这类信息资源的能力。当传输带宽不足时，将会产生网络拥塞现象，导致端到端时延的增加和分组丢失。

（2）大容量缓冲的需求。在高传输带宽的网络中，接收端必须有足够的缓冲区容量来接收源源不断的多媒体信息，否则将会发生缓冲区溢出，造成分组丢失。

（3）处理连续流量的需求。多媒体通信网络必须能够处理冗长的音频和视频数据流，这意味着网络必须有足够的带宽能力来保证以高带宽传输冗长多媒体信息流的时间有效性。例如，一个用户要发送流量为 30Gb 的信息流，而网络只能提供 1.5Mb/s 的有效带宽和 5s 的时间片，这显然是不够的。如果网络允许该用户持续不断地使用这个 1.5Mb/s 的信道，则该用户的流量需求便可得到满足；如果网络在任何时刻都存在着许多数据流，则该网络的有效带宽必须大于或等于所有这些数据流传输速率的总和。

2. 可靠性需求

差错率（Error Rate）是一项重要的性能指标，反映了网络传输的可靠性。它可以用 3 种方法定义：一是位差错率（BER），它定义为出错的位数与所传输的总位数之比；二是帧差错率（FER），它定义为出错的帧数与所传输的总帧数之比；三是分组差错率（PER），它定义为出错的分组数与所传输的总分组数之比。此三种方法分别用于在不同的网络协议层次上计算差错率。例如，在分组交换网中，其传输单位是分组，通常使用 PER 计算差错率；ATM 网络上的传输单位是信元（Cell），可使用 FER 计算差错率；而物理传输网（如 SONET）以位为传输单位，故使用 BER 计算差错率。网络差错主要是由位出错和分组丢失及乱序等原因引起的。

多媒体应用有别于其他的应用，它允许网络传输中存在一定程度的错误。然而精确地表示多媒体网络的可靠性需求是很困难的。由于人类的听觉比视觉更敏感一些，容忍错误的程度相对低一些。在视频流中，个别数据分组的出错很难被人的视觉察觉出来，而在音频流中，如果出现相同数量的出错分组，则可能被人的听觉察觉出来。因此，音频比视频的可靠性需求要高。

3. 低时延需求

时延（Delay）是衡量网络性能的重要参数，它采用多种方式来表示，这里主要是从端到端时延的角度来讨论时延问题。端到端时延是指发送端发送一个分组到接收端正确地接收到该分组所经历的时间，包含了以下三种情况：

（1）传播时延：指电磁波在信道中传播所需要的时间，与信道长度和电磁波在信道上的传播速率有关；

（2）发送时延：指发送数据所需要的时间，与数据块的长度与信道的带宽有关；

（3）处理时延：指数据在各个节点等候发送在缓冲的队列中排队所等待的时间，取决于网络中当时的通信量。

与时延有关的另一个性能参数是时延抖动（Delay Jitter）。在以分组方式传输一个很大文件或数据流时，各个分组到达接收端的时延时间是不相同的。所谓时延抖动是指在一条连接上分组时延的最大变化量，即端到端时延的最大值与最小值之差。在理想情况下，端到端时延为一个恒定值（零抖动）。

网络时延可分成固有时延和随机时延。固有时延与传播时延和链路比特率高低有关,而随机时延则由网络故障、传输错误以及网络拥塞等引起,一般是不可预测的。对于网络来说,最理想的情况是端到端时延为零抖动,这样既便于事先分配缓冲区资源,也能保证音频和视频流的质量。然而,时延抖动总是不可避免的,对于连续媒体流的传输来说,应将时延抖动限制在一定的范围内,这样有利于改善所接收的音频和视频流的质量。在接收端设置足够的缓冲区容量可以缓和时延和时延抖动问题。对于一个冗长的视频流,接收端若在回放之间进行充分的缓冲,则可以大大减小时延抖动引起的服务质量问题。

在多媒体会议之类的应用中,多媒体信息流中包含有音频和视频流,并且它们之间存在着对应的时间关系(如一个画面及解说词等),即流内和流间同步关系。在理想情况下,要求网络以最小的时延来传输这些音频和视频流,并且能够同时到达,这样接收端就能在相应的演示设备上同步地播放。要达到这一目标,网络必须将时延和时延抖动限制在一个很小的范围内,否则,将会在接收端产生同步失调现象,从而对多媒体信息的演播质量产生不利影响。在这种情况下,必须采用同步控制技术来实施强制同步,以维持多媒体流内和流间的同步关系。

4. 多点通信需求

多媒体通信涉及音频和视频数据,在分布式应用中有广播(Broadcast)和多播(Multicast)信息。广播是把相同数据传送到其他所有站点。多播又称组播,其传送方式是把相同的数据传送到其他相关站点。组播信息传递使用组地址(网络上与多个站点相关的多目的地址)。

因此,除常规的点对点通信外,多媒体网络需要支持多点通信(广播和多播)方式。

5. 同步需求

多媒体通信的同步有两种类型:流内同步和流间同步。流内同步是保持单个媒体流内部的时间关系,即按照一定的时延和抖动约束来传送媒体分组流,以满足感官上的需要。流内同步与传输时延抖动等服务质量有关,如果不能满足流内同步,音频会出现断续现象,视频会变得不连续。流间同步是不同媒体间的同步,当音频和视频以及其他数据流经不同的路径或从不同的信源传送过来时,为了达到媒体表现的同步,需要在目的地对这些媒体流进行同步。流间同步和具体应用有关,是一种端到端的服务。

15.2.3 关于"三网合一"

1. 背景

专家们预言,到 2010 年,计算机 CPU 处理能力和 RAM 存储容量都将比现在提高近两个数量级。可以预见,计算机网络由于将能得到功能更加强大的计算机的支持,其传输速率将会更快,而所能提供的服务也将更多和更好。

近几年来,世界各发达国家如美国、法国、日本等陆续通过相应的立法,打破了以往电信运营业与有线电视(Community Antenna Television,CATV)运营业相互独立、不得经营对方业务的局面,以政策手段来促进有线电视业务和电信业务的激烈竞争,以繁荣信息业。随着信息市场的开放,电信部门利用其现有大量光纤干线的优势,首先就瞄准 CATV 业务;而 CATV 公司也一改其传统的单向广播式视频业务,利用现有 CATV 网,架设 SDH 光纤干线以逐步拓展其宽带网,实现语音、数据、视频等双向综合服务。电信部门和 CATV 公司相互独立的重叠网的建设,势必造成大量资金浪费,导致通信局面混乱,也不利于信息业的长远发展。随着电信与信息技术的飞速发展和电信市场的开放以及用户对多种业务需求的与日俱增,国际上出现了"三网合一"的潮流,即原先独立设计运营的传统电信网(以电话语音业务为主)、计算机网(以数据通信业务为主)和CATV网(以视像业务为主)正趋向于相互渗透和相互融合。相应地，三类不同的业务、市场和产业也正在相互渗透和相互融合，以三大业务来分割三大市场和行业的界限正逐步变得模糊。

电话网、计算机网和有线电视网的规模都很大，且使用着截然不同的技术，在短期内要用一种网络来代替这三种网络似乎不太可能。但现实情况是，这三种网络都正在逐渐演变，力图使自己也具有其他网络的特点，即正朝着互相融合的方向发展。"融合"是指三种网络在技术上互相渗透，在网络层上可实现互通，在应用层下可使用相同的协议，但三网的运行和管理仍然是分开的。

总之，"三网合一"已成为国际化的大趋势，形成这种趋势的背景有多种，不光是各国信息通信技术的发展，各国在信息通信领域经营方式的变革、竞争环境的形成，也为实现"三网合一"奠定了基础。

2. "三网合一"的概念

"三网合一"应是指电信网、广播电视网和计算机网的完全融合，它包含两个层次的含义：一是单纯物理通道上的"合一"；二是指信号的通信传输在网络上进行高层次的融合。也就是说，"三网合一"并不只是三种网络简单的互连，它应具有以下几个方面的内涵：

(1)网络之间在物理层可以直接传递，或者经过组织变换，传送到另一个网络中去，或者在通过另外的网络传送到用户的终端时，不改变信息的内容，也就是说，网络之间是互相透明的。

(2)用户只与一个物理网络相联，就可以享用其他网络的资源或者与其他网络上的用户通信。

(3)各种业务可以相互独立，互不妨碍，并且可以像以往那样独立发展自己的新业务。

(4)网络之间的协议是可以兼容或者可以进行转换的。这是由于各个网络都有自己的协议，因此信息从一个网传送到另一个网时它应该满足所转向网络的协议的要求。

从信息高速公路和国家基本建设的角度来看，三网融合需要信息业务来统一原先分散建设的各种网络，以便实现面向用户的自由透明而无缝的信息网络，实现人类在信息传输上的充分自由。

从市场经济来看，三网融合本质的目的是充分利用现有的通信设备和资源为用户服务，在服务过程中保持既得的市场，发展更大的市场。

3. "三网合一"的实现

网络之间的融合，可以分两个阶段去实现：第一阶段是指低级别的融合，即简单的网络互通；第二阶段是高层次的融合，即网络和信号的互连互通。

当然，这两个阶段不一定存在严格的分界线，只是在不同时期过渡和实现网络之间融合的两种途径。总的来看，目前实现"三网合一"存在以下几个方面的问题：

(1)ATM网络与IP网络的互连问题。关于ATM和TCP/IP之间的关系，目前有两种观点，一种认为ATM将为IP所取代，另一种观点则是ATM与IP网络的融合，或者称之为集成。这里面最主要的是需要解决ATM和IP这两种网络技术中使用的寻址方案和地址编码方案的统一问题，以及由此产生的路由协议问题。

实际上，由于ATM技术和IP技术都已经得到应用，因此，两者除了竞争与发展以外，这两种技术的结合，也成为需要研究的技术问题。ATM技术是面向连接的技术，就传输而言，它提供交换机之间的直接的宽带连接，吞吐量大，服务质量高，可以完成宽带电路的连接。就传输信号而言，ATM 既是通过电路的接续实现传输，又是通过信元来实现传送，这一点具有分组交换的特点。IP 技术属于无连接的传输，信息传送根据 IP 包中所含的源和目的地址，依靠计算机通信网络中的路由器完成，这样，ATM 技术的通信网络和 IP 技术的通信网络在互连时，就必须解决一系列技术问题。

（2）缺乏有效的网络管理系统。电信网发展至今，有着相当严密的管理体系。从早期的各种通信协议、建议、规定、章程到如今的智能网络管理系统 TMN，以及正在发展的 TINA，使得各个通信系统有条不紊地规范运作。因此各种电信网络的管理系统保证了通信的正常运行。

但是，IP 网络完全是另外一种管理思想和体系，寄存在电信网上的 Internet 网络也有自己的管理方法和系统。就 Internet 而言，其本身并没有一个主管部门、单位或公司，它的传输保证是路由分配和协议。对于可能丢失的分组，尽管网络可以要求重新传送，但在实时性要求较高的场合，特别是在巨大数据量的情况下，重传丢失的分组很难保证服务质量。另一方面，当上网的用户数量增多之后，目前的 Internet 的数据传输速度之慢令人难以忍受，其他各种管理措施也相当缺乏，这也给网络的融合带来了很大的难度。

（3）作为一个庞大的通信信息网络，在多个经营者面前，还有许多具体的问题有待解决，如计费、折账、接口、连通、互通、维护和更新发展等，目前尽管离解决问题和实现构想还有一定的距离，但是研究和分析这些问题已经提到议事日程上来了。

15.3　下一代 IP 协议——IPv6

15.3.1　IPv6 的提出与发展

现有的互联网是在 IPv4 协议的基础上运行的。这一协议的成功促成了互联网的迅速发展。但是，随着互联网用户数量不断增长以及对互联网应用的要求不断提高，IPv4 的不足逐渐显现出来。

其中，最尖锐的问题就是不断增长的对互联网资源的巨大需求与 IPv4 地址空间不足的矛盾。目前可用的 IPv4 地址已经分配了 70% 左右，其中，B 类地址已经耗尽。据 IETF 预测，IPv4 的地址资源将会在 2005～2010 年枯竭；另外，由于 IPv4 地址方案不能很好地支持地址汇聚，现有的互联网正面临路由表不断膨胀的压力；同时，对服务质量、移动性和安全性等方面的需求都迫切要求开发新一代 IP 协议。

IPv6 是下一版本的互联网协议，也可以说是下一代互联网的协议，它的提出最初就是为了扩大地址空间，即通过 IPv6 重新定义地址空间。IPv4 采用 32 位地址长度，只有大约 43 亿个地址，而 IPv6 采用 128 位地址长度，几乎可以不受限制地提供地址。按保守方法估算 IPv6 实际可分配的地址，整个地球的每平方米面积上仍可分配 1000 多个地址。在 IPv6 的设计过程中，除了一劳永逸地解决了地址短缺问题以外，还考虑了在 IPv4 中不好解决的其他问题，诸如端到端 IP 连接、服务质量（QoS）、安全性、组播、移动性、即插即用等。

为了彻底解决互联网的地址危机，IETF 早在 20 世纪 90 年代中期就提出了拥有 128 位地址的 IPv6 互联网协议，并在 1998 年进行了进一步的标准化工作。除了对地址空间的扩展以外，还对 IPv6 地址的结构重新做了定义。IPv6 还提供了自动配置以及对移动性和安全性的更好支持等新的特性。目前，IPv6 的主要协议都已经成熟并形成了 RFC 文本，其作为 IPv4 的惟一取代者的地位已经得到了世界的一致认可。国外各大通信设备厂商都在 IPv6 的应用与研究方面投入了大量的资源,并开发出了相应的软硬件。

中国政府对互联网信息技术的发展和应用非常重视,启动了一系列的研究项目。2002年,作为全球 IPv6 论坛的成员单位,BII(北京天地互连信息技术有限公司)与信息产业部电信研究院电信传输所联合发起并启动了 6TNet(IPv6 Telecom Trial Net),开展了许多开拓性的研究。

15.3.2 IPv6 与 IPv4 的主要区别

与 IPv4 相比,IPv6 具有许多新的特点,主要归纳为以下几个方面:

(1) 扩大了地址空间。

IPv6 采用 128 位地址长度,几乎可以不受限制地提供 IP 地址,从而确保了端到端连接的可能性。

(2) 固定首部的格式不同。

IPv6 的首部分为基本首部和扩展首部,基本首部相当于 IPv4 的固定首部,而扩展首部相当于 IPv4 的首部选项字段。IPv6 的基本首部总长度为 40 个字节,格式如图 15.1 所示。与 IPv4 的固定首部格式(见图 3.7)相比,IPv6 进行了较大改进:首先,取消了 IPv4 首部的六个字段:"首部长度(Header Length)"、"标识(Identification)"、"标志(Flags)"、"片偏移量(Fragment Offset)"、"协议(Protocol)"及"首部校验和(Header Checksum)";其次,在 IPv6 中有三个控制字段重新命名,并在一些条件下重新定义:"数据长度(Payload Length)"、"通信量类型(Traffic Class)"和"跳数限制(Hop Limit)";最后,增加了两个新的字段:"流标识(Flow Lable)"和"下一个首部(Next Header)"。

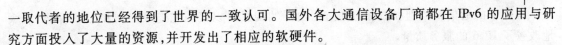

图 15.1 IPv6 基本首部的格式

(3) 提高了网络的整体吞吐量。

由于 IPv6 的数据报可以远远超过 64K 字节,应用程序可以利用最大传输单元(MTU),获得更快、更可靠的数据传输,同时在设计上改进了选路结构,采用简化的首部定长结构和更合理的分段方法,使路由器加快数据报处理速度,提高了转发效率,从而提高网络的整体吞吐量。

(4) 服务质量得到较大改善。

首部中的通信量类别和流标记通过路由器的配置可以实现优先级控制和 QoS 保障,极大地改善了 IPv6 的服务质量。

(5)安全性有了更好的保证。

采用 IPSec 可以为上层协议和应用提供有效的端到端安全保证,能提高在网络层的安全性。

(6)支持即插即用和移动性。

设备接入网络时通过自动配置可自动获取 IP 地址和必要的参数,实现即插即用,简化了网络管理,易于支持移动节点。IPv6 不仅从 IPv4 中借鉴了许多概念和术语,它还定义了许多移动 IPv6 所需的新功能。

(7)更好地实现了组播功能。

在 IPv6 的组播功能中,增加了范围和标志,限定了路由范围和可以区分永久性与临时性地址,更有利于组播功能的实现。

IPv4 与 IPv6 在地址空间、移动 IP、安全性和网络自动配置几方面的特性比较总结于表 15.1。

表 15.1　　　　　　　　　　　　**IPv6 和 IPv4 的特性比较**

特　　性	IPv6	IPv4
地址空间	足够大	理论上是 40 亿,实际要少得多
移动 IP	内置安全性;能够满足全球移动终端的需要	能够满足有限量的移动终端的需要
安全性	采用标准的安全方法,能够应用于全球企业网访问,例如虚拟专用网	有几种方法可选,但每种都由于地址空间有限而无法适应网络规模的发展
网络的自动配置	IPv6 标准的一部分	没有综合性的标准解决办法

从 IPv4 到 IPv6 是一个逐渐演进的过程,而不是彻底改变的过程。虽然已经引入 IPv6 技术,要实现全球所有服务都实现 IPv6 互连,仍需要一段时间。在第一个演进阶段,只要将小规模的 IPv6 网络连入 IPv4 互联网,就可以通过现有网络访问 IPv6 服务。但是,基于 IPv4 的服务已经很成熟,它们不会立即消失,因此,目前 Internet 需要继续维护这些服务,同时还要支持 IPv4 和 IPv6 之间的互通。

15.3.3　IPv6 地址及其表示

1. IPv6 地址的类型

IPv4 与 IPv6 地址之间最明显的差别在于长度:IPv4 地址长度为 32 位,而 IPv6 地址长度为 128 位。RFC 2373 中不仅解释了这些地址的表现方式,同时还介绍了不同的地址类型及其结构。IPv4 地址可以被分为 2 至 3 个不同部分(网络标识符和主机标识符,或网络标识符、子网标识符和主机标识符),IPv6 地址中拥有更大的地址空间,可以支持更多的字段。

IPv6 地址有三类:单播、组播和泛播地址。单播和组播地址与 IPv4 的地址非常类似;但 IPv6 中不再支持 IPv4 中的广播地址,而增加了一个泛播地址。广播地址已不再有效。RFC2373 中定义了以下三种 IPv6 地址类型:

(1)单播地址:一个单接口的标识符。向一个单播地址发送分组将被传送至由该地址标识的接口。

(2)组播地址:一组接口(一般属于不同节点)的标识符。向一个组播地址发送分组将被传送至由该地址标识的所有接口。

(3)泛播地址:一组接口(一般属于不同节点)的标识符。向一个泛播地址发送分组将被传送至由该地址标识的接口之一(按照路由选择协议,是用距离度量的"最近"的一个)。

2. IPv6 地址的表示

我们已经知道,IPv4 地址一般以 4 部分点分十进制的方法表示。IPv6 地址长度 4 倍于 IPv4 地址,表达起来的复杂程度也是 IPv4 地址的 4 倍。

(1)冒号分割的十六进制表示方式。

IPv6 地址的基本表示方式是用冒号分割的 8 组十六进制数表示,形式如下:

$$X:X:X:X:X:X:X:X$$

其中 X 是一个 4 位十六进制整数(16 位二进制)。即 IPv6 地址的表示中,每一个数字对应 4 位二进制数,每个整数包含 4 个数字,每个地址包括 8 个整数,共计 128 位($4 \times 4 \times 8 = 128$)。

例如,下面是几个合法的 IPv6 地址:

CDCD:910A:2222:5498:8475:1111:3900:2020

1030:0:0:0:C9B4:FF12:48AA:1A2B

2000:0:0:0:0:0:0:1

注意 IPv6 地址中的各个数字是十六进制数,其中 A 到 F 表示的是十进制的 10 到 15。地址中的每个整数都必须表示出来,但起始的 0 可以不必表示。

上述是一种比较标准的 IPv6 地址表达方式,此外还有另外两种更加清楚和易于使用的方式。

(2)压缩连续 0 的表示方式。

某些 IPv6 地址中可能包含一长串的 0(就像上面的第二和第三个例子一样),当出现这种情况时,标准中允许压缩这一长串的 0。例如,地址 2000:0:0:0:0:0:0:1 可以被表示为:

2000::1

中间的两个冒号表示该地址可以扩展到一个完整的 128 位地址。在这种方法中,只有当 16 位组全部为 0 时才会被两个冒号取代,且两个冒号在地址中只能出现一次。

(3)十六进制与十进制混合表示方式。

在 IPv4 和 IPv6 的混合环境中可能有第三种方法,即 IPv6 地址中的最低 32 位可以用于表示 IPv4 地址,这种地址可用一种混合方式表达,即表示为如下的形式:

$$X:X:X:X:X:X:d.d.d.d$$

其中 X 表示一个 16 位整数,而 d 表示一个 8 位十进制整数。

例如,地址 0:0:0:0:0:0:10.0.0.1 就是一个合法的 IPv6 地址。把两种可能的表达方式组合在一起,该地址也可以表示为::10.0.0.1。

3. IPv6 地址网络前缀的表示

由于 IPv6 地址被分成两个部分:网络前缀和接口标识符,因此人们期待一个 IP 节点地址可以按照类似 CIDR 地址的方式被表示为一个携带额外数值的地址,其中指出了地址中有多少位是掩码。即在 IPv6 节点地址中指出前缀长度,该长度与 IPv6 地址间以斜杠区分。例如:1030:0:0:0:C9B4:FF12:48AA:1A2B/60 这个地址中用于选路的前缀长度为 60 位。

15.3.4 IPv6 的前景

IPv6 技术体系经历了十多年的发展,其标准化的进程缓慢,严重影响了应用 IPv6 技术的关键应用的建立。近两年来由于亚洲和欧洲力量的推动,IPv6 的标准化进程明显加快,具有 IPv6 特性的网络设备和网络终端以及相关的硬件平台的推出也已加快了进度。在这种趋势下,IPv6 的关键应用将很快出现。

(1) 地址空间巨大,地址配置灵活

IPv6 的 128 位地址长度形成了一个巨大的地址空间。在可预见的较长时期内,它能够为所有可以想象出的网络设备提供一个全球惟一的地址。128 位地址空间包含的准确地址数是 340,282,366,920,938,463,463,374,607,431,768,211,456。这些地址足够为地球上每一粒沙子提供一个独立的 IP 地址。

IPv6 能为主机接口提供各种不同类型的地址配置:全球地址(Globally Address)、全球单播地址(Unicast Address)、区域地址(On-site Address)、链路本地地址(Link Local Address)、地区本地地址(Site Local Address)、广播地址(Broadcast Address)、组播群地址(Multicast Group Address)、任播地址(Anycast Address)、移动地址(Mobility Address)、家乡地址(Home Address)、转交地址(Care-of Address)。

(2) 支持无状态和有状态两种地址自动配置方式

IPv6 的另一个基本特性是它支持无状态和有状态两种地址自动配置的方式。无状态地址自动配置方式是获得地址的关键。在这种方式下,需要配置地址的节点使用一种邻居发现机制获得一个局部连接地址。一旦得到这个地址之后,它使用另一种即插即用的机制,在没有任何人工干预的情况下,获得一个全球惟一的路由地址。有状态配置机制,如 DHCP(动态主机配置协议),需要一个额外的服务器,因此也需要很多额外的操作和维护。

(3) 网络服务质量可望提高

服务质量(QoS)包含几个方面的内容。从协议的角度看,IPv6 的优点体现在能提供不同水平的服务。这主要由于 IPv6 首部中新增加了"业务级别"和"流标号"两个字段。有了它们,在传输过程中,中间的各节点就可以识别和分开处理任何 IP 流。尽管对这个流标号的准确应用还没有制定出相关标准,但将来它会用于基于服务级别的新计费系统。

在其他方面,IPv6 也有助于改进服务质量。这主要表现在支持"时时在线"连接,防止服务中断以及提高网络性能方面。从另一角度看,更好的网络和服务质量提高了用户的期望值和满意度,使网络与用户的关系更上一层楼。

(4) 支持移动性

移动 IPv6(MIPv6)在新功能和新服务方面可提供更大的灵活性。每个移动设备设有一个固定的家乡地址(Home Address),这个地址与设备当前接入互联网的位置无关。当设备在家乡以外的地方使用时,通过一个转交地址(Care-of Address)来提供移动节点当前的位置信息。移动设备每次改变位置,都要将它的转交地址告诉给家乡地址和它所对应的通信节点。在家乡以外的地方,移动设备传送数据报时,通常在 IPv6 首部中将转交地址作为源地址。

移动节点在家乡以外的地方发送数据报时,使用一个家乡地址目标选项。目的是通过这个选项把移动节点的家乡地址告诉数据报的接收者。由于在该数据报里包含家乡地址的选项,接收方通信节点在处理这个数据报时就可以用这个家乡地址替换报文内的转交地址。因此发送给移动节点的 IPv6 数据报就透明地选路到该节点的转交地址处。对通信节点和转交地址之间的路由进行优化就使网络的利用率更高。

基于移动 IPv6 协议集成的 IP 层移动功能具有很重要的优点。尤其是在移动终端数量持续增加的今天,这些优点更加突出。尽管 IPv4 中也存在一个类似的移动协议,但二者之间存在着本质的区别:移动 IPv4 协议不适用于数量庞大的移动终端。

移动 IP 需要为每个设备提供一个全球惟一的 IP 地址。IPv4 没有足够的地址空间可以为在公共互联网上运行的每个移动终端分配一个这样的地址。从另外的角度讲,移动 IPv6 能够通过简单的扩展,满足大规模移动用户的需求。这样,它就能在全球范围内解决有关网络和访问技术之间的移动性问题。

为了全球范围内使用移动 IPv6,在基于 IPv6 网络上增加了一个安全层。例如,如果某个 ISP 的网络停止工作,或者网络出现了阻塞,那么移动 IPv6 终端就可以通过其他 ISP 网络用绑定更新的方式与其家乡代理连接,因此允许使用可选的路由器,对网络来说增加了一层可靠性,同时也提高了网络的鲁棒性。

3GPP 是移动网络的一个标准化组织,IPv6 已经被该组织所采纳,其发布的第五版文件中规定在 IP 多媒体核心网中将采用 IPv6。这个核心网将处理所有 3G 网络中的多媒体数据报。

(5) 内置安全特性

IPv6 协议内置安全机制,并且已经标准化。它支持对企业网的无缝远程访问,例如公司虚拟专用网络的连接。即使终端用户用"时时在线"接入企业网,这种安全机制也是可行的。这种"时时在线"的服务类型在 IPv4 技术中是无法实现的。对于从事移动性工作的人员来说,IPv6 是 IP 级企业网存在的保证。

在安全性方面,IPv6 同 IP 安全性(IPSec)机制和服务一致。除了必须提供网络层这一强制性机制外,IPSec 还提供两种服务。认证首部(AH)用于保证数据的一致性,而封装的安全负载首部(ESP)用于保证数据的保密性和数据的一致性。在 IPv6 数据报中,AH 和 ESP 都是扩展首部,可以同时使用,也可以单独使用其中一个。

作为 IPSec 的一项重要应用,IPv6 集成了虚拟专网(VPN)的功能。

15.4 下一代互联网络

1. 下一代互联网的提出

21 世纪初,受 IP 大潮的冲击,整个通信网络酝酿着一场大革命,网络构架的变革已成为不可阻挡的趋势。于是,下一代网络(NGN)最近成为国内外通信业界关注的焦点话题。

下一代网络(NGN)是可以在电信网、计算机网和有线电视网三种互连互通的网络上提供语音、数据、视频的新一代网络,它实现了业务与网络的分离,并采用开放的体系结构,使 NGN 能够提供丰富的多媒体业务,NGN 时代的到来也就成为电信网络发展中的一座重要里程碑。

NGN 并不是电信网、计算机网和有线电视网的物理结合,它主要是在高层业务应用上的融合,在网络层上实现互连互通,在应用层上使用统一的 IP 协议。所以,NGN 明确的概念是:NGN 是以业务驱动为特征的网络,让电信、电视和数据业务灵活地构建在一个统一的开放平台上,构成可以提供现有三种网络上的语音、数据、视频和各种业务的网络解决方案。

NGN 网络涉及很多新技术和传统意义上的多种网络,因为 NGN 提出的目标需要多种网络能够融合,也就是前面提到的三网(数据网、电话网和有线电视网)的融合。当然三网融合并不是真正的目的,而是实现目的的手段。同时,还需要多种技术的支持,以及网络结构、网络性能等多个方面的进一步发展来保证达到最初的假想目标。

NGN 研究的范围非常广泛,从当前网络及近期发展来看,以智能光网为核心的下一代光网络,以 MPLS(多协议标记交换)和 IPv6 为重点的下一代 IP 网络以及 3G、4G 的下一代无线通信网络都在 NGN 的探讨范畴当中,国际电信联盟(ITU)从 3G 的最新版本 R4 开始,已经将核心网络的技术定义为 NGN。

2. NGN 的功能和地域模型

NGN 是一个综合性的大网,它结合了现有的各种网络环境和周边的接入设备以及终端产品,从功能的角度上来说,我们可以把它划分成四层:网络服务层、控制层、媒体层和传输接入层。

(1)传输接入层:将用户连接至网络,集中用户业务将它们传递至目的地。包括各种接入手段。

(2)媒体层:将信息格式转换成为能够在网络上传递的信息格式。例如,将话音信号分割成 ATM 信元或 IP 包。此外,媒体层可以将信息选路至目的地。

(3)控制层:包含呼叫智能。此层决定用户收到的业务,并能控制低层网络元素对业务流的处理。

(4)网络服务层:在呼叫建立的基础上提供额外的服务,如:增值业务、智能业务。

在地域模型中,把 NGN 分为包括骨干网、城域网、接入网和用户驻地网的四级模型。骨干网是连接城市与城市的网络,城域网是连接城市范围内的若干业务汇接点的网络,接入网解决最后一公里(从业务汇接点到大楼、小区、校园等)的接入,而用户驻地网是在大楼、小区、校园内的连接最终用户的网络。

3. 支撑 NGN 的主要技术

目前,全球支撑 NGN 的主要技术有 IPv6、光纤高速传输技术、光交换与智能光网、宽带接入、城域网技术、软交换、3G 和超 3G、IP 终端、网络安全技术。

(1)IPv6:扩大了地址空间,提高了网络的整体吞吐量,服务质量得到很大改善,安全性有了更好的保证,支持即插即用和移动性,实现了组播功能。

(2)城域网技术:弹性分组环城域网技术是面向数据(特别是以太网)的一种光环新技术,它利用了大部分数据业务的实时性不如话音那样强的事实,使用双环的方式工作。弹性分组环是基于 WDM、在光层上进行操作的城域网技术,是一个扩展性非常好并能适应未来的透明、灵活、可靠的多业务平台,能提供动态的、基于标准的多协议支持,同时具备高效配置、生存能力和综合网络管理的能力。

(3)软交换:为了把控制功能与传送功能完全分开,下一代网络需要使用软交换技术。软交换的概念基于新的网络功能模型分层(分为接入与传送层、媒体层、控制层与网络服务层四层)概念,从而对各种功能作不同程度的集成,把它们分离开来,通过各种接口协议,使业务提供者可以灵活地将业务传送和控制协议结合起来,实现业务融合和业务转移,非常适用于不同网络并存互通的需要,也适用于从话音网向多业务多媒体网的演进。ITU 和 IETF 联合批准的媒体网关控制器和媒体网关之间的接口协议 H.248/Megaco 是一个关键的协议,标志着电信界与互联网界为推进下一代网络而做出的一次重大努力。

(4)3G 与 IPv6:欧洲在互联网方面落后于美国,而在移动通信方面却领先于美国。欧洲发展 IPv6 的基本战略是先移动、后固定,企图在移动 IP 方面掌握先机,通过 2.5G 和 3G 的部署来实现它们在未来互联网中与美国并驾齐驱的愿望。欧盟认为:IPv6 是发展 3G 移动通信的必要工具,若想大规模发展3G,就必须升级到IPv6。制定3G标准的3GPP组织于2000年5月决定以IPv6为基础构筑下一代移动网,使IPv6成为3G必须遵循的标准。

(5)4G移动通信系统:最高传输速率将高达或超过100Mbit/s;可在不同接入技术之间进行全球漫游与互通,实现无缝通信;灵活性要比3G强得多,能自适应地进行资源分配;支持IPv6和所有的信息设备;网络的每比特成本要比3G低,无线连接服务费用将比3G便宜。

(6)IP终端:随着互联网的普及及端到端连接功能的恢复,政府上网、企业上网、个人上网、汽车上网、设备上网、家电上网等的普及,必须要开发相应的IP终端来与之适配。

(7)网络安全技术:除了常用的防火墙、代理服务器、安全过滤、用户证书、授权、访问控制、数据加密、安全审计和故障恢复等安全技术外,我们还要采取更多的措施来加强网络的安全,例如,针对现有路由器、交换机、边界网关协议、域名系统所存在的安全弱点提出解决办法;迅速采用增强安全性的网络协议(特别是IPv6);对关键的网元、网站、数据中心设置真正的冗余、分集和保护;实时全面监测整个互联网的情况,对传送的信息内容负有责任,不盲目传递病毒或攻击代码;严格控制新技术和新系统,在找到和克服安全弱点之前或者另加安全性之前不允许把它们匆忙推向市场。

我国已经对NGN进行了一段时期的跟踪和研究,且一直尽量保持和世界相对同步。当然,很多在各个国家遇到的问题也同样会在我国遇到。从总体来讲,NGN前景广阔,但是在目前阶段又没有完全成熟,主要体现在技术的发展和业务的扩展。在技术和业务都没有被确定的时候,一个项目显然是非成熟的。同时,也只有在一个项目没有完全成熟时才意味着发展和机遇。因此我国开展了若干NGN项目,但都带有试验性质,不过这种类型项目的数量和规模都在不断扩大。另外,在进行各个试验项目的同时,我国也对NGN进行了一些技术上的研究,制定了自己的规范和建议。

15.5 本章小结

本章简要介绍了下一代网络发展涉及的几项主要技术和概念,包括移动IP技术、多媒体网络的概念、对网络的服务质量的需求以及IPv6。

移动IP技术让用户在出行到另外一个网络中时仍然保持相同的IP地址,从而确保漫游的用户可以在移动过程中不中断通信连接。它有效解决了移动计算机的安全和用户管理问题,实现了移动用户的双向访问和基于IP的权限管理、计费管理,实现了移动用户对企业资源的透明访问。

多媒体网络是计算机技术和通信网络技术发展的必然趋势。多媒体信息包括各种字形的文字和数据、图形、声音、动画及活动影像,传送的多媒体数据全部数字化。多媒体通信对网络环境要求较高,这就涉及网络的服务质量,其中包括网络的传输速率、吞吐量、差错率及传输时延等。

"三网合一"是通信技术的新发展,它指的是电信网、广播电视网和计算机网三大网络的融合。

20多年来,TCP/IP协议体系结构的基础一直是IPv4。在1995年,IETF发布了一个关于下一代IP的规约,即IPv6。本章比较了IPv4和IPv6主要区别,分析了IPv6的优越性,然后具体介绍了IPv6地址的表示方法,最后指出了IPv6的应用前景。

IPv6比现行IP有许多功能上的增强,适用于今天急速发展的网络。但是,使所有使用

TCP/IP 的设备都从 IPv4 过渡到 IPv6 的过程还需要较长时间。

建设下一代互联网络(NGN)的设想已经提出,并已在试验中。其目标就是"三网合一",并支持各种 IP 终端。目前,支撑 NGN 的主要技术有 IPv6、光纤高速传输技术、光交换与智能光网、宽带接入、城域网技术、软交换、3G 和超 3G、IP 终端、网络安全技术。

思考与练习

15.1 移动 IP 与传统 IP 的区别在哪里?

15.2 移动 IP 中用到了哪些关键技术?

15.3 多媒体实时传输对网络的服务质量有哪些要求?

15.4 什么是"三网合一"?目前实现"三网合一"存在哪些问题?

15.5 简述引入 IPv6 的主要原因。

15.6 比较 IPv4 首部和 IPv6 首部的单个字段,考虑 IPv4 字段所提供的功能,试说明 IPv6 中是如何提供这些功能的。

15.7 将下列 IPv4 地址改写为 IPv6 地址形式:
  (1) 202.114.64.2   (2) 69.0.1.3

15.8 简述 IPv6 的关键技术。

主要参考文献

1. Andrew S. Tanenbaum 著. 潘爱民译. 计算机网络(第4版). 北京：清华大学出版社，2004
2. Douglas E. Comer 著. 林瑶，蒋慧，杜蔚轩等译. 用TCP/IP进行网际互连 第一卷：原理、协议与结构(第四版). 北京：电子工业出版社，2001
3. 谢希仁. 计算机网络(第四版). 大连：大连理工大学出版社，2005
4. 李刚. 最新网络组建、布线和调试实务. 北京：电子工业出版社，2005
5. 徐祥征，曹忠良主编. 计算机网络与Internet实用教程. 北京：清华大学出版社，2005
6. 教育部考试中心. 全国计算机等级考试三级教程——网络技术. 北京：高等教育出版社，2002
7. 李俊娥，周洞汝. 第三层交换网络体系结构及应用策略. 计算机工程，2003，29(4):19~21.
8. 刘珺，李俊娥，王鹃等. 基于第三层交换的校园网规划与管理. 武汉大学学报(工学版)，2003，36(1):92~95.
9. 李材杰. Internet实用技术教程. 北京：中国商业出版社，2000
10. 姚永翘. 网络基础及Internet使用技术. 北京：清华大学出版社，2003
11. Hypertext Transfer Protocol(HTTP1.0). http://www.faqs.org/rfcs/rfc1945.html.
12. Simple Mail Transfer Protocol. http://www.faqs.org/rfcs/rfc821.html.
13. Post Office Protocol - Version 3. http://www.faqs.org/rfcs/rfc1939.html.
14. Internet Message Access Protocol - Version 4 rev1. http://www.faqs.org/rfcs/rfc2060.html.
15. Multipurpose Internet Mail Extensions (MIME) Part One: Format of Internet Message Bodies. http://www.faqs.org/rfcs/rfc2045.html.
16. Multipurpose Internet Mail Extensions (MIME) Part Two: Media Types, http://www.faqs.org/rfcs/rfc2046.html.
17. MIME (Multipurpose Internet Mail Extensions) Part Three: Message Header Extensions for Non-ASCII Text. http://www.faqs.org/rfcs/rfc2047.html.
18. Multipurpose Internet Mail Extensions (MIME) Part Four: Registration Procedures. http://www.faqs.org/rfcs/rfc2048.html.
19. Multipurpose Internet Mail Extensions (MIME) Part Five: Conformance Criteria and Examples. http://www.faqs.org/rfcs/rfc2049.html.
20. File Transfer Protocol. http://www.faqs.org/rfcs/rfc959.html.
21. Telnet Protocol Specification. http://www.faqs.org/rfcs/rfc854.html.
22. 杨家海，任宪坤，王沛瑜. 网络管理原理与实现技术. 北京：清华大学出版社，2000
23. 张国鸣，曲振英，严体华，黄健斌. 网络管理员教程. 北京：清华大学出版社，2004
24. 解凯，曹璟，周晓云. 网络工程师考试同步辅导(计算机与网络知识篇). 北京：清华大学

出版社，2005

25. William Stallings 著，杨明，胥光辉，齐望东等译．密码编码学与网络安全：原理与实践（第二版）．北京：电子工业出版社，2001
26. 李俊娥，罗剑波，刘开培等．电力系统数据网络安全性设计．电力系统自动化，2003，27(11)：56~60.
27. 韩杨，李俊娥．网络病毒的特点及其防治策略．计算机工程，2003，29(1)：6~7,75.
28. Naganand Doraswamy, Dan Harkins 著．京京工作室译．IPSec：新一代因特网安全标准．北京：机械工业出版社，2000
29. Matt Bishop 著．王立斌，黄征等译．计算机安全学——安全的艺术与科学．北京：电子工业出版社，2005
30. James D. Solomon 著．裴晓峰等译．移动 IP．北京：机械工业出版社，2000